Jerrold Marsden
Alan Weinstein

Calcul différentiel et intégral 2

Adaptation sous la responsabilité de
Pierre Ripeau, collège Lionel-Groulx

En collaboration avec
Maurice Boisclair, collège Lionel-Groulx
Michel Séguin, collège Lionel-Groulx

Traduit de l'américain avec la permission de
Springer-Verlag New York
175 Fifth Avenue
New York, New York 10010, USA

Équipe de production

Traduction : Georges Ligier, Louise Vinet
Révision linguistique : François Morin
Correction d'épreuves : Dolène Schmidt
Typographie : Carole Deslandes
Montage : Andrée Lauzon, Lise Marceau, Nathalie Ménard
Conception de la couverture : Robert Casavant

CALCUL DIFFÉRENTIEL ET INTÉGRAL 2

MODULO ÉDITEUR
233, av. Dunbar, bureau 300
Mont-Royal (Québec)
Canada H3P 2H4
Téléphone (514) 738-9818
Télécopieur (514) 738-5838

Dépôt légal : 4e trimestre 1989
Bibliothèque nationale du Québec
Bibliothèque nationale du Canada
ISBN 2-89113-173-8

Imprimé au Canada
1 2 3 4 5 IG 93 92 91 90 89

Table des matières

Avant-propos

Bien plus qu'une simple traduction de l'excellent **Calculus II** de Marsden et Weinstein, cette adaptation, fruit d'une vaste consultation auprès des professeurs des cégeps, s'inscrit dans l'esprit et la démarche du futur programme en sciences de la nature.

Chaque professeur, c'est connu, a une façon bien personnelle d'organiser son cours. L'adaptation de l'ouvrage tient compte de ce fait. Le découpage du contenu en sections bien définies permettra à chacun d'aménager la matière à sa convenance et selon les besoins de son groupe. Par ailleurs, nous avons fait certains choix. Ainsi, nous expliquons le concept d'intégrale définie à partir de fonctions en escalier. Dans l'étude de la convergence des séries, nous amenons très tôt le concept de convergence absolue, si utile pour résoudre bon nombre de problèmes. De plus, nous utilisons fréquemment les applications pour introduire les notions théoriques et, dans le souci d'initier les étudiants à la rigueur mathématique, nous présentons, dès ce deuxième cours, les preuves formelles des théorèmes d'analyse.

Un apprentissage gradué à partir d'exemples et d'exercices pratiques
Toutes les notions mathématiques sont abondamment illustrées à l'aide d'exemples de complexité croissante. Les étudiants se familiarisent ainsi avec les différentes applications des règles énoncées et en assimilent graduellement les difficultés.

Des exercices
Les sections d'exercices comprennent trois types d'exercices :

— Les exercices du premier type sont des exercices de routine qui ressemblent comme des frères aux exemples donnés dans le bloc théorique. Bien que faciles, ces exercices obligent souvent à une relecture attentive du bloc théorique. Ils ont pour but d'amener les étudiants à avoir confiance en leurs possibilités.

— Les exercices du deuxième type, également construits sur le modèle des exemples du bloc théorique, varient cependant dans la présentation et la formulation et sont susceptibles d'obliger les étudiants à appliquer simultanément plusieurs concepts, dont certains auront été vus dans des sections antérieures. Le but de ce type d'exercices est d'amener les étudiants à réfléchir d'eux-mêmes et à revoir au besoin certains concepts.

— Les exercices du troisième type sont identifiés par un astérisque. Ce sont des exercices difficiles qui mettront à l'épreuve même les meilleurs candidats. Par difficiles, on n'entend pas nécessairement théoriques. En effet, ces problèmes sont souvent des applications intéressantes qui requièrent des étudiants une compréhension profonde de ce qu'est véritablement le calcul différentiel et intégral.

Des applications pratiques

Le calcul différentiel et intégral est si étroitement lié à la physique qu'on aurait tort de l'enseigner à des étudiants de sciences de la nature en se coupant de ce riche domaine de connaissance. Nous utilisons les phénomènes de croissance et d'oscillation pour traiter des équations différentielles.

Des graphiques et des illustrations

L'aspect visuel tient une place très importante dans ces nouveaux manuels. Les auteurs trouvent en effet essentiel de développer chez les étudiants la capacité de visualiser les graphiques de base et l'aptitude à tirer des conclusions justes de la représentation graphique qu'ils font d'un concept.

Des réponses et solutions

Les réponses aux numéros impairs sont données à la fin des volumes. Les solutions détaillées, quant à elles, apparaîtront dans un recueil de solutions qui sera mis en marché après la parution des volumes.

Remerciements

L'Éditeur tient à remercier les conseillères et conseillers dont les noms suivent de leur précieuse collaboration à cet ouvrage :

François Bédard, collège du Vieux-Montréal
Yvonne Bolduc, collège François-Xavier-Garneau
Lionel Décarie, collège du Vieux-Montréal
Pierrette Lapointe, collège de Victoriaville
Jean-Pierre Leclercq, collège de l'Abitibi-Témiscamingue
René Maldonado, collège Édouard-Montpetit
Daniel Martel, collège Édouard-Montpetit
Raouf Rayes, collège de Victoriaville
Roger Warmoes, collège du Vieux-Montréal

Chapitre R

Rappel

La dérivation et l'intégration peuvent être considérées comme des opérations inverses l'une de l'autre.

La notion de limite est utile tant pour la théorie du calcul différentiel et intégral que pour ses applications.

Avant d'aborder l'intégration de façon plus systématique dans ce deuxième cours de calcul, il serait utile de passer en revue les points les plus importants étudiés dans le premier cours.

Notons, de plus, que la preuve de certains résultats a été omise; on pourra toujours consulter *Calcul différentiel et intégral 1*, de Marsden et Weinstein.

R.1 Limite et continuité

Bien qu'elle fasse appel à l'intuition tout en demandant une rigueur particulière, la notion de limite permet d'établir convenablement le concept de dérivée dont les applications sont multiples, entre autres en physique.

Définition de limite

Limite

Si la valeur de $f(x)$ se rapproche du nombre l lorsque x se rapproche de x_0, alors on dit que f tend vers la valeur limite l lorsque x tend vers x_0 et on écrit

$$f(x) \to l \text{ lorsque } x \to x_0, \text{ ou encore } \lim_{x \to x_0} f(x) = l$$

Remarques

1. La valeur de $\lim_{x \to x_0} f(x)$ dépend de la valeur de $f(x)$ pour x près de x_0, mais non pour x égal à x_0. Par exemple, à la figure R.1.1, $\lim_{x \to x_0} f(x) = l$, mais $f(x_0) \neq l$.
2. Lorsque x tend vers x_0, les valeurs de $f(x)$ peuvent ne se rapprocher d'aucun nombre déterminé. Dans ce cas, on dit que $f(x)$ n'a pas de limite lorsque $x \to x_0$ ou que $\lim_{x \to x_0} f(x)$ n'existe pas. Par exemple, pour la fonction représentée à la figure R.1.2, lorsque $x \to x_0$, la valeur de $f(x)$ se rapproche de l_1 et se rapproche aussi de l_2 selon que x tend vers x_0 par la droite ou par la gauche. Ainsi $\lim_{x \to x_0} f(x)$ n'existe pas.

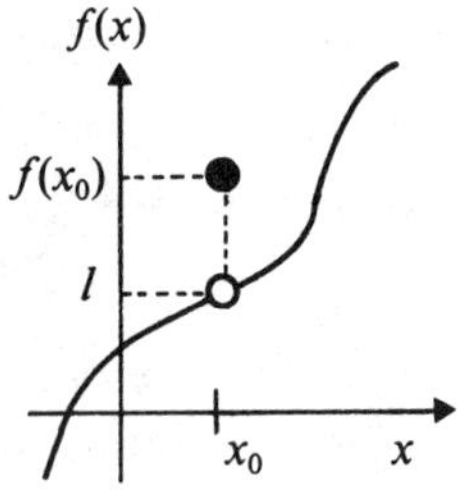

Figure R.1.1

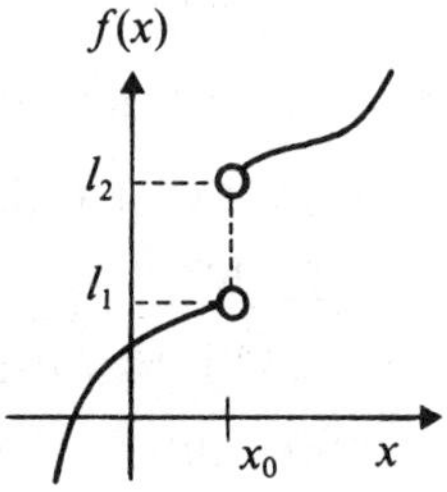

Figure R.1.2

Exemple 1

En observant le graphique de la figure R.1.3, trouver $\lim_{t \to b} g(t)$ si elle existe, pour $b = 1, 2, 3, 4$ et 5.

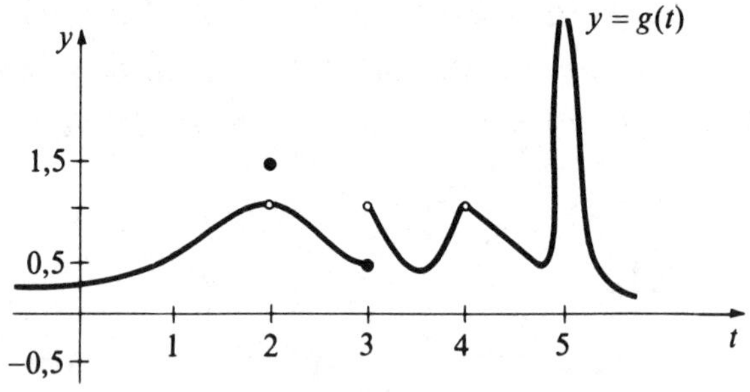

Figure R.1.3

Solution

Par définition, $\lim_{t \to b} g(t)$ représente la valeur vers laquelle tend $g(t)$ lorsque t tend vers b.

Ainsi, on aura $\lim_{t\to 1} g(t) = 0{,}5$; $\lim_{t\to 2} g(t) = 1$; $\lim_{t\to 4} g(t) = 1$ et tant $\lim_{t\to 3} g(t)$ que $\lim_{t\to 5} g(t)$ n'existent pas. □

Propriétés des limites

Propriétés fondamentales des limites

Supposons que $\lim_{x\to x_0} f(x)$ et $\lim_{x\to x_0} g(x)$ existent. On a alors :

La règle de la somme

$$\lim_{x\to x_0} [f(x) + g(x)] = \lim_{x\to x_0} f(x) + \lim_{x\to x_0} g(x)$$

La règle du produit

$$\lim_{x\to x_0} [f(x)g(x)] = \left[\lim_{x\to x_0} f(x)\right]\left[\lim_{x\to x_0} g(x)\right]$$

La règle de 1/*f*(*x*)

$$\lim_{x\to x_0} \left[\frac{1}{f(x)}\right] = \frac{1}{\lim_{x\to x_0} f(x)} \quad \text{si } \lim_{x\to x_0} f(x) \neq 0$$

La règle de la fonction constante

$$\lim_{x\to x_0} c = c$$

La règle de la fonction identité

$$\lim_{x\to x_0} x = x_0$$

La règle de substitution Si les fonctions f et g ont les mêmes valeurs pour tout x près de x_0, mais non nécessairement à $x = x_0$, alors

$$\lim_{x\to x_0} f(x) = \lim_{x\to x_0} g(x)$$

Exemple 2

Trouver $\lim_{x\to 2} \dfrac{x^2 + x - 6}{x^2 + 2x - 8}$.

Solution

Comme $\lim_{x\to 2} x^2 + 2x - 8 = 0$, en effet,

$$\lim_{x\to 2} (x^2 + 2x - 8) = 4 + 2 \cdot (2) - 8 = 0$$

on devra simplifier l'expression $\dfrac{x^2 + x - 6}{x^2 + 2x - 8}$ et utiliser la règle de substitution. En factorisant, on aura

$$\lim_{x \to 2} \frac{x^2 + x - 6}{x^2 + 2x - 8} = \lim_{x \to 2} \frac{(x + 3)(x - 2)}{(x + 4)(x - 2)} = \lim_{x \to 2} \frac{x + 3}{x + 4} \quad \text{si } x \neq 2$$

et finalement $\lim\limits_{x \to 2} \dfrac{x + 3}{x + 4} = \dfrac{5}{6}$. □

Autres propriétés des limites

Supposons que les limites apparaissant dans le membre de droite de chacune des égalités existent. On a alors :

La règle étendue de la somme

$$\lim_{x \to x_0} [f_1(x) + \ldots + f_n(x)] = \lim_{x \to x_0} f_1(x) + \ldots + \lim_{x \to x_0} f_n(x)$$

La règle étendue du produit

$$\lim_{x \to x_0} [f_1(x) \ldots f_n(x)] = \lim_{x \to x_0} f_1(x) \ldots \lim_{x \to x_0} f_n(x)$$

La règle du facteur constant

$$\lim_{x \to x_0} cf(x) = c \lim_{x \to x_0} f(x)$$

La règle du quotient

$$\lim_{x \to x_0} \frac{f(x)}{g(x)} = \frac{\lim\limits_{x \to x_0} f(x)}{\lim\limits_{x \to x_0} g(x)} \quad \text{si } \lim_{x \to x_0} g(x) \neq 0$$

La règle des puissances

$$\lim_{x \to x_0} x^n = \left(\lim_{x \to x_0} x\right)^n = x_0^n \quad (\text{si } n \in \mathbb{Z} \text{ et si } x_0 \neq 0 \text{ quand } n \text{ est négatif})$$

Limite à gauche et limite à droite

Exemple 3

Étudier le comportement de la fonction f définie par $f(x) = \dfrac{|x|}{x}$ lorsque x est près de zéro.

Solution

Représentons d'abord la fonction f à étudier. Nous remarquons que si $x > 0$, $|x| = x$ et $f(x) = \dfrac{|x|}{x} = \dfrac{x}{x} = 1$.

Par contre, si $x < 0$, alors $|x| = -x$ et $f(x) = \dfrac{|x|}{x} = \dfrac{-x}{x} = -1$. De plus, la fonction n'est pas définie pour $x = 0$. (Voir figure R.1.4.)

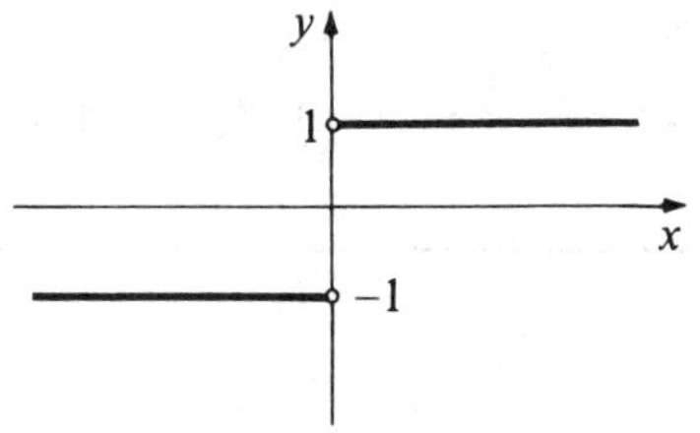

Figure R.1.4

Dire que lim $f(x)$ n'existe pas signifie qu'il n'existe pas de nombre l unique tel que $\lim_{x \to 0} f(x) = l$. Cependant, il serait utile de pouvoir dire que lorsque x s'approche de zéro tout en étant positif, $f(x)$ s'approche de 1, et que $f(x)$ s'approche de -1 si x s'approche de zéro mais en étant négatif. □

Limite à gauche

Si la valeur de $f(x)$ se rapproche du nombre l lorsque x s'approche de x_0 avec $x < x_0$, alors on dit que f tend vers la valeur limite l lorsque x tend vers x_0 à gauche et on écrit

$$f(x) \to l \text{ lorsque } x \to x_0^-$$

ou encore

$$\lim_{x \to x_0^-} f(x) = l$$

Limite à droite

Si la valeur de $f(x)$ se rapproche du nombre l pour x proche de x_0 avec $x > x_0$, alors on dit que f tend vers la valeur limite l lorsque x tend vers x_0 à droite et on écrit

$$f(x) \to l \quad \text{lorsque } x \to x_0^+$$

ou encore

$$\lim_{x \to x_0^+} f(x) = l$$

Critère pour évaluer $\lim_{x \to x_0} f(x)$

Une fonction f admet une limite l lorsque x tend vers x_0 si et seulement si la limite à gauche et la limite à droite lorsque x tend vers x_0 existent et sont égales à l. On peut écrire

$$\lim_{x \to x_0} f(x) = l \quad \Longleftrightarrow \quad \lim_{x \to x_0^-} f(x) = \lim_{x \to x_0^+} f(x) = l$$

Exemple 4
Soit la fonction h définie par

$$h(x) = \begin{cases} x^2 & \text{si } x \leq 1, \\ \dfrac{x+1}{2} & \text{si } 1 < x \leq 5, \\ 2x - 5 & \text{si } x > 5. \end{cases}$$

Calculer : a) $\lim_{x \to 1} h(x)$ b) $\lim_{x \to 3} h(x)$

Solution

a) On se doit d'étudier $\lim_{x \to 1^-} h(x)$ et $\lim_{x \to 1^+} h(x)$:

$$\lim_{x \to 1^-} h(x) = \lim_{x \to 1^-} x^2 = 1$$

$$\lim_{x \to 1^+} h(x) = \lim_{x \to 1^+} \frac{x+1}{2} = \frac{1}{2} \lim_{x \to 1^+} (x+1) = \frac{1}{2}(2) = 1$$

Ainsi $\lim_{x \to 1} h(x) = 1$, car $\lim_{x \to 1^-} h(x) = \lim_{x \to 1^+} h(x) = 1$.

b) Comme la fonction h ne présente pas de particularités pour x près de 3, on peut ici étudier directement la limite demandée :

$$\lim_{x \to 3} h(x) = \lim_{x \to 3} \left(\frac{x+1}{2}\right) = \frac{3+1}{2} = 2$$

□

Limites infinies

Certains des cas où $\lim_{x \to x_0} f(x)$ n'existe pas méritent une attention particulière.

Limites infinies

Si $f(x)$ est définie à gauche et à droite de x_0 (il n'est pas nécessaire qu'elle le soit en x_0), alors écrire $\lim_{x \to x_0} f(x) = +\infty$ signifie que $f(x) > M$ pour tout M lorsque $x \to x_0$; et écrire $\lim_{x \to x_0} f(x) = -\infty$ signifie que $f(x) < M$ pour tout M lorsque $x \to x_0$.

Asymptote verticale

Asymptote verticale

On dira que la droite $x = x_0$ est une asymptote verticale au graphe de la fonction f si au moins une des conditions suivantes se réalise :

i) $\lim_{x \to x_0^+} f(x) = +\infty$

ii) $\lim_{x \to x_0^+} f(x) = -\infty$

iii) $\lim_{x \to x_0^-} f(x) = +\infty$

iv) $\lim_{x \to x_0^-} f(x) = -\infty$

Limites à l'infini

De même qu'il est intéressant d'étudier le comportement d'une fonction autour des points x_0 qui n'appartiennent pas au domaine de la fonction, de même il est intéressant de regarder son comportement lorsque $x \to +\infty$ ou que $x \to -\infty$.

Limites à l'infini

Si $f(x) \to l$ lorsque $x \to +\infty$, on écrira $\lim_{x \to +\infty} f(x) = l$ ou plus simplement $\lim_{x \to \infty} f(x) = l$ et pour signifier que la fonction f est proche de la valeur l quand $x \to -\infty$, on écrira $\lim_{x \to -\infty} f(x) = l$.

Asymptote horizontale

Le fait pour une fonction d'avoir une limite lorsque x tend vers $+\infty$ (ou $-\infty$) nous amène à définir la notion d'asymptote horizontale.

Asymptote horizontale

Si la limite de f se rapproche d'une valeur l lorsque x devient très grand, en valeur absolue, alors la droite d'équation $y = l$ est une asymptote horizontale au graphe de la fonction f.

Si $\lim_{x \to \infty} f(x) = l_1$, alors la droite $y = l_1$ est une asymptote horizontale. De même, si $\lim_{x \to -\infty} f(x) = l_2$, alors la droite $y = l_2$ est une asymptote horizontale.

Exemple 5

Rechercher les asymptotes verticales et horizontales (s'il y a lieu) de la fonction définie par

$$f(x) = \frac{2x - 5}{x - 1}$$

et esquisser le graphe de f.

Solution

On aura une asymptote horizontale si au moins une des limites suivantes existe :

$$\lim_{x \to +\infty} f(x) \quad \text{ou} \quad \lim_{x \to -\infty} f(x)$$

Ainsi,

$$\lim_{x \to \infty} \frac{2x - 5}{x - 1} = \lim_{x \to \infty} \frac{\left(2 - \frac{5}{x}\right)}{\left(1 - \frac{1}{x}\right)} = \frac{2 - 0}{1 - 0} = 2$$

De même $\lim_{x \to -\infty} \frac{2x - 5}{x - 1} = 2$.

Pour savoir si dans le cas présent, le graphe de f est au-dessus ou au-dessous de la droite d'équation $y = 2$, on peut évaluer la valeur de $f(x)$ pour des $x \to \infty$ et $x \to -\infty$.

Par exemple, $f(1000) = 1{,}996\,996...$, ce qui nous permet de penser que la courbe est au-dessous de l'asymptote $y = 2$ quand $x \to \infty$.

Comme $f(-1000) = 2{,}002\,99...$, l'esquisse du graphe de la fonction f est au-dessus de l'asymptote quand $x \to -\infty$.

L'étude des asymptotes verticales a conduit à calculer d'une part

$$\lim_{x \to 1^+} \frac{2x - 5}{x - 1} = \frac{2 - 5}{0^+} = \frac{-3}{0^+} = -\infty$$

et d'autre part

$$\lim_{x \to 1^-} \frac{2x - 5}{x - 1} = \frac{2 - 5}{0^-} = \frac{-3}{0^-} = +\infty$$

D'où la droite $x = 1$ est une asymptote verticale. L'esquisse du graphe de f apparaît à la figure R.1.5.

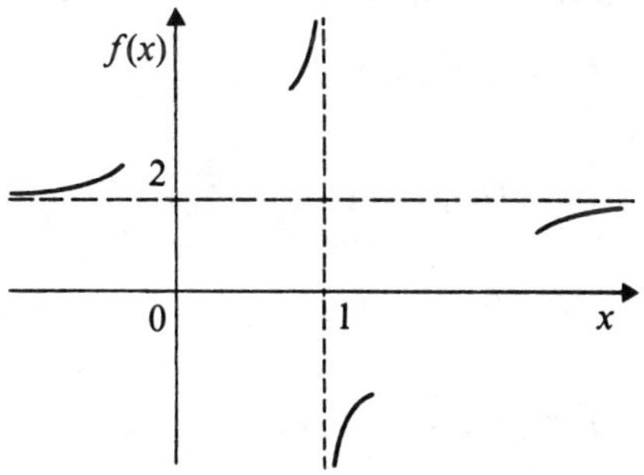

Figure R.1.5

□

Continuité en un point

Définition de la continuité en un point x_0

Une fonction f est continue en un point x_0 si et seulement si

$$\lim_{x \to x_0} f(x) = f(x_0)$$

Cela suppose que :

1° $x_0 \in \text{dom}\, f$;

2° $\lim\limits_{x \to x_0} f(x)$ existe (soit l cette limite);

3° $f(x_0) = l$.

Exemple 6

La fonction f définie par

$$f(x) = \begin{cases} x + 2 & \text{si } x < 0 \\ \dfrac{x+2}{x+1} & \text{si } x \geq 0 \end{cases}$$

est-elle continue en $x = 0$?

Solution

1° $x_0 = 0 \in \operatorname{dom} f$; en effet, $f(0) = \dfrac{0+2}{0+1} = 2$.

2° $\lim\limits_{x \to 0} f(x)$ existe-t-elle ?

Comme $x = 0$ est un point « particulier » de la fonction, pour évaluer $\lim\limits_{x \to 0} f(x)$, il faudra calculer $\lim\limits_{x \to 0^+} f(x)$ et $\lim\limits_{x \to 0^-} f(x)$:

$$\lim_{x \to 0^+} f(x) = \lim_{x \to 0^+} \frac{x+2}{x+1} = \frac{0+2}{0+1} = 2$$

$$\lim_{x \to 0^-} f(x) = \lim_{x \to 0^-} x + 2 = 0 + 2 = 2$$

D'où $\lim\limits_{x \to 0^+} f(x) = \lim\limits_{x \to 0^-} f(x) = 2 = \lim\limits_{x \to 0} f(x)$.

3° $\lim\limits_{x \to 0} f(x) = 2 = f(0)$.

Les trois conditions sont vérifiées. Donc, la fonction f, telle qu'elle est définie, est continue en $x = 0$. □

La continuité d'une fonction f en un point x_0 se remarque bien sur un graphique. En effet, il est alors possible de tracer le graphe de cette fonction en x_0 sans « lever le crayon » (le graphique se fait d'un trait « continu »).

À la figure R.1.6, la courbe de gauche est continue en x_0, tandis que celle de droite ne l'est pas.

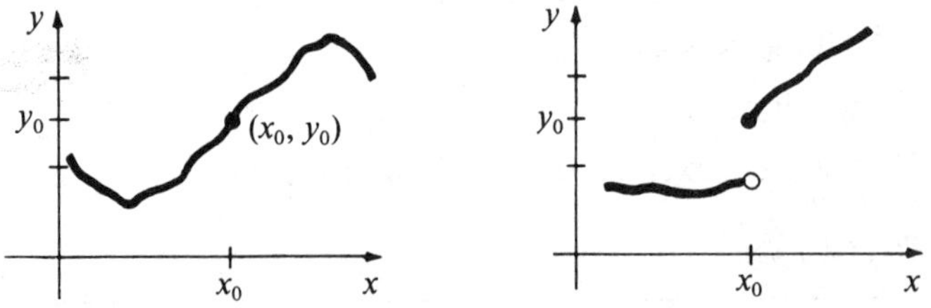

Figure R.1.6

Limite d'une fonction composée

La continuité d'une fonction permet d'établir une règle importante du calcul des limites.

Limite d'une fonction composée

Si la fonction f est une fonction continue en $l = \lim_{x \to x_0} g(x)$, alors

$$\lim_{x \to x_0} f(g(x)) = f\left(\lim_{x \to x_0} g(x)\right) = f(l)$$

Exemple 7

Calculer $\lim_{x \to 8} \sqrt{x + 1}$.

Solution

On aura $\lim_{x \to 8} \sqrt{x + 1} = \sqrt{\lim_{x \to 8} (x + 1)}$ si la fonction $f(x) = \sqrt{x}$ est continue en $l = \lim_{x \to 8} (x + 1)$. Comme $f(x) = \sqrt{x}$ est continue en $x = 9$, alors

$$\lim_{x \to 8} \sqrt{x + 1} = \sqrt{\lim_{x \to 8} (x + 1)} = \sqrt{9} = 3$$ □

Exercices de la section R.1

Aux exercices 1 à 14, évaluer les limites.

1. $\lim_{x \to 1} (x^2 + 1)$

2. $\lim_{x \to 1} \dfrac{x^3 - 1}{x - 1}$

3. $\lim_{h \to 0} \dfrac{(h - 2)^6 - 64}{h}$

4. $\lim_{x \to 3} \dfrac{3x^2 + 2x}{x}$

5. $\lim_{x \to 3} \dfrac{x^2 - 9}{x - 3}$

6. $\lim_{\Delta x \to 0} \dfrac{f(x + \Delta x) - f(x)}{\Delta x}$
   où $f(x) = x^4 + 3x^2 + 2$

7. Pour la fonction de la figure R.1.7, trouver si possible $\lim_{x \to x_0} f(x)$ pour $x_0 = -3, -2, -1, 0, 1, 2, 3$.

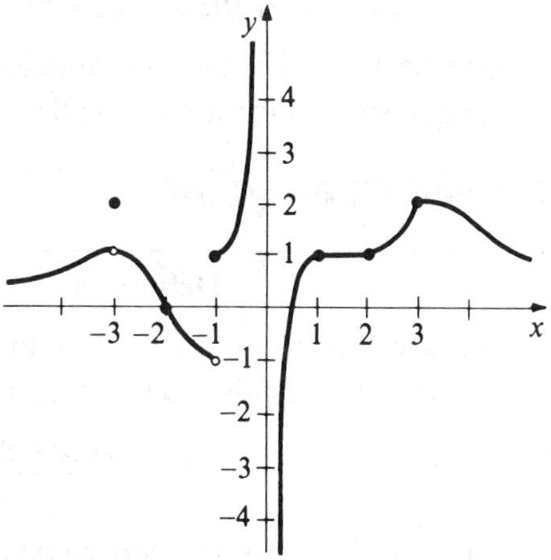

Figure R.1.7

8. $\lim_{x \to -1^-} f(x)$ si $f(x) = \begin{cases} x^2 - 3 \text{ si } x < -1 \\ 2x - 4 \text{ si } x \geq -1 \end{cases}$

9. $\lim_{x\to 0^-} \dfrac{3x^3 + 5x}{2x^2 + x}$

10. $\lim_{x\to 5^+} \dfrac{|x| - 5}{x - 5}$

11. $\lim_{x\to \infty} \dfrac{2x^2 + 3x - 1}{5x^2 + 5}$

12. $\lim_{x\to -\infty} \dfrac{x^3 - 2x^2 + 1}{2x^3 + x - 5}$

13. $\lim_{x\to \infty} \dfrac{2x^4 - x^2 + 7}{x^3 - 1}$

14. $\lim_{x\to -\infty} \dfrac{4x^6 - x + 10}{9x^3 - 2x + 1}$

Trouver les asymptotes horizontales et verticales des fonctions définies aux exercices 15 à 18.

15. $f(x) = \dfrac{1}{x^2 - 5x + 6}$

16. $f(x) = \dfrac{x^2}{x^2 - 1}$

17. $f(x) = \dfrac{x}{x^2 - 9}$

18. $f(x) = \dfrac{x + 2}{x^4 - 4x^2}$

Aux exercices 19 et 20, dire si la fonction est continue au point indiqué.

19. $f(x) = \dfrac{x - 4}{x^2 + 1}$ en $x = 1$

20. $f(x) = \sqrt{3x - 2}$ en $x = 1$

Étudier la continuité des fonctions définies aux exercices 21 et 22.

21. $f(x) = \begin{cases} 2x + 1 & \text{si } x \leq 1 \\ 4x - 1 & \text{si } x > 1 \end{cases}$

22. $f(x) = \begin{cases} \dfrac{9x^2 - 3x^3}{x - 3} & \text{si } x \neq 3 \\ -27 & \text{si } x = 3 \end{cases}$

R.2 La dérivée

La dérivée est la limite d'un taux d'accroissement.

Le concept de dérivée tel que rappelé sommairement ici permet d'élaborer tant la théorie que les applications du calcul différentiel.

Dérivée en un point

Définition de la dérivée en un point

Soit f une fonction dont le domaine contient un intervalle ouvert autour de x_0. On dit que f est **dérivable** en x_0 lorsque la limite suivante existe :

$$\lim_{\Delta x\to 0} \frac{f(x_0 + \Delta x) - f(x_0)}{\Delta x} = f'(x_0);$$

on appelle alors $f'(x_0)$ la **dérivée** de $f(x)$ en x_0.

De plus, si elle existe, $f'(x)$ représente la dérivée de $f(x)$ en un point quelconque x. Ainsi $f'(x) = \lim_{\Delta x\to 0} \dfrac{\Delta y}{\Delta x}$.

Notation de Leibniz

Si $y = f(x)$, la dérivée $f'(x)$ peut s'écrire sous une des formes suivantes :

$$\frac{dy}{dx}, \quad dy/dx, \quad \frac{df(x)}{dx}, \quad (d/dx)f(x) \quad \text{ou} \quad d(f(x))/dx$$

dy/dx se lit « la dérivée de y par rapport à x » ou « dy sur dx ».

Il s'agit seulement de notations et non d'expressions représentant une division. Si l'on désire représenter la valeur de f' en un point particulier x_0, on peut écrire

$$f'(x_0) \quad \text{ou} \quad \left.\frac{dy}{dx}\right|_{x_0} \quad \text{ou} \quad \left.\frac{df(x)}{dx}\right|_{x_0}$$

Règles de dérivation

Règles de dérivation	
Fonction du premier degré	$\frac{d}{dx}(bx + c) = b$
Fonction du second degré	$\frac{d}{dx}(ax^2 + bx + c) = 2ax + b$
Somme	$\frac{d}{dx}(f(x) + g(x)) = f'(x) + g'(x)$
Produit d'une fonction par une constante	$\frac{d}{dx}(kf(x)) = kf'(x)$
x^n	$\frac{d}{dx}(x^n) = nx^{n-1}$
Produit	$\frac{d}{dx}(f(x)g(x)) = f'(x)g(x) + f(x)g'(x)$
Quotient $\{g(x) \neq 0\}$	$\frac{d}{dx}\left(\frac{f(x)}{g(x)}\right) = \frac{f'(x)g(x) - f(x)g'(x)}{[g(x)]^2}$
$\frac{1}{g(x)}$ $\{g(x) \neq 0\}$	$\frac{d}{dx}\left(\frac{1}{g(x)}\right) = -\frac{g'(x)}{[g(x)]^2}$
Polynôme	$\frac{d}{dx}(c_nx^n + \ldots + c_2x^2 + c_1x + c_0) = nc_nx^{n-1} + \ldots + 2c_2x + c_1$

Dérivée de $[g(x)]^n$

Règle de dérivation de $[g(x)]^n$

Pour dériver la n^e puissance d'une fonction g, où n est un entier positif, on utilise la règle suivante :

$$[g(x)^n]' = n[g(x)]^{n-1}g'(x)$$

ou, si $u = g(x)$,

$$\frac{d}{dx}(u^n) = nu^{n-1}\frac{du}{dx}$$

Dérivation d'une fonction composée

Règle de dérivation d'une fonction composée, ou règle de dérivation en chaîne

Pour dériver une composée $f(g(x))$, on utilise la règle suivante :

$$(f \circ g)'(x) = f'(g(x)) \cdot g'(x)$$

Dans la notation de Leibniz,

$$\frac{dy}{dx} = \frac{dy}{du} \cdot \frac{du}{dx}$$

si y est une fonction de u et si u est une fonction de x.

Exemple 1

À l'aide de la règle de dérivation d'un produit, trouver la dérivée de

$$f(x) = (x^2 + 2x - 1)(x^3 - 4x^2)$$

Solution

$$\begin{aligned}\frac{d}{dx}[(x^2 + 2x - 1)(x^3 - 4x^2)] &= \frac{d(x^2 + 2x - 1)}{dx}(x^3 - 4x^2) + (x^2 + 2x - 1)\frac{d(x^3 - 4x^2)}{dx} \\ &= (2x + 2)(x^3 - 4x^2) + (x^2 + 2x - 1)(3x^2 - 8x) \\ &= (2x^4 - 6x^3 - 8x^2) + (3x^4 - 2x^3 - 19x^2 + 8x) \\ &= 5x^4 - 8x^3 - 27x^2 + 8x\end{aligned}$$

□

Exemple 2

Trouver la dérivée de $h(x) = \dfrac{\sqrt{x}}{1 + 3x^2}$.

Solution

$$\frac{d}{dx}\left(\frac{\sqrt{x}}{1+3x^2}\right) = \frac{\left(\frac{d}{dx}(\sqrt{x})\right)(1+3x^2) - \sqrt{x}\,\frac{d}{dx}(1+3x^2)}{(1+3x^2)^2}$$

$$= \frac{\frac{1}{2\sqrt{x}}(1+3x^2) - \sqrt{x}(6x)}{(1+3x^2)^2}$$

$$= \frac{(1+3x^2) - 2x(6x)}{2\sqrt{x}(1+3x^2)^2}$$

$$= \frac{1+3x^2-12x^2}{2\sqrt{x}(1+3x^2)^2}$$

$$= \frac{1-9x^2}{2\sqrt{x}(1+3x^2)^2}$$ □

Exemple 3

Trouver $\frac{d}{ds}(s^4+2s^3+3)^8$.

Solution

On applique la règle avec $u = s^4 + 2s^3 + 3$ (ici la variable x est remplacée par s) :

$$\frac{d}{ds}u^8 = 8u^7\frac{du}{ds}$$

$$\frac{d}{ds}(s^4+2s^3+3)^8 = 8(s^4+2s^3+3)^7\frac{d}{ds}(s^4+2s^3+3)$$

$$= 8(s^4+2s^3+3)^7(4s^3+6s^2)$$ □

Équation de la tangente

Équation de la tangente

L'équation de la tangente à $y = f(x)$ au point $(x_0, f(x_0))$ est

$$y = f(x_0) + f'(x_0)(x - x_0)$$

Exemple 4

Trouver l'équation de la tangente au graphique de la fonction

$$f(x) = \frac{2x+1}{3x+1} \quad \text{en } x = 1$$

Solution

On a $f'(x) = \dfrac{2(3x+1)-(2x+1)3}{(3x+1)^2} = -\dfrac{1}{(3x+1)^2}$. L'équation de la tangente est

$$y = f(1) + f'(1)(x-1) = \frac{3}{4} - \frac{1}{16}(x-1)$$

ou

$$y = -\frac{1}{16}x + \frac{13}{16}$$ □

Notation différentielle

La différentielle de y est notée

$$dy = f'(x_0)\Delta x$$

ou plus simplement,

$$dy = f'(x_0)dx$$

(Voir figure R.2.1.)

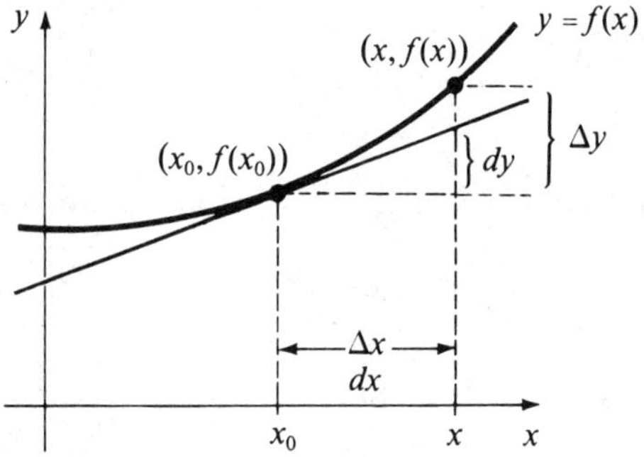

Figure R.2.1

> **Différentielle dy en x_0**
>
> Soit $y = f(x)$ une fonction dérivable en x_0. On appelle différentielle de f en x_0 l'expression définie par $dy = f'(x_0)dx$.

Exemple 5

Soit $y = f(x) = x^2 - \dfrac{1}{x}$. Calculer la différentielle dy en $x = 1$.

Solution

Calculons d'abord $f'(x)$. On a $f'(x) = 2x + \dfrac{1}{x^2}$. La différentielle en $x = 1$ est

$$dy = \left[2(1) + \frac{1}{(1)^2}\right]dx = 3dx$$ □

Exercices de la section R.2

Dériver les fonctions données aux exercices 1 à 20.

1. $f(x) = x^2 - 1$
2. $f(x) = 3x^2 + 2x - 10$
3. $f(x) = x^3 + 1$
4. $f(x) = x^4 - 8$
5. $f(x) = 2x - 1$
6. $f(x) = 8x + 1$
7. $f(s) = s^2 + 2s$
8. $f(r) = r^4 + 10r + 2$
9. $f(x) = -10x^5 + 8x^3$
10. $f(x) = 12x^3 + 2x^2 + 2x - 8$
11. $f(x) = (x^2 - 1)(x^2 + 1)$
12. $f(x) = (x^3 + 2x + 3)(x^2 + 2)$
13. $f(x) = 3x^3 - 2\sqrt{x}$
14. $f(x) = x^4 + 9\sqrt{x}$
15. $f(x) = x^{50} + \dfrac{1}{x}$
16. $f(x) = x^9 - \dfrac{8}{x}$
17. $f(x) = \dfrac{x^2 + 1}{x^2 - 1}$
18. $f(x) = \dfrac{\sqrt{x} + 2}{x^2 - 1}$
19. $f(x) = \dfrac{1}{\sqrt{x}(x^2 + 2)}$
20. $f(x) = \dfrac{\sqrt{x}}{(x^2 + 2)^2}$

Calculer les dérivées aux exercices 21 à 30.

21. $\dfrac{d}{ds}(s + 1)^2(\sqrt{s} + 2)$
22. $\dfrac{d}{du}\left(\dfrac{u^2 + 2 + 3\sqrt{u}}{\sqrt{u}}\right)$
23. $\dfrac{d}{dr}\left(\dfrac{\pi r^2}{1 + \sqrt{r}}\right)$
24. $\dfrac{d}{dv}\left(\dfrac{\sqrt{3}v + 1}{\sqrt{v} + 2}\right)$
25. $\dfrac{d}{dt}(3t^2 + 2)^{-1}$
26. $\dfrac{d}{dx}\left(\dfrac{3}{x^3 + 2x + 1}\right)$
27. $\dfrac{d}{dp}\left(\dfrac{\sqrt{2}p^2}{p^2 + 1}\right)$
28. $\dfrac{d}{dq}(q + 2)^{-3}$
29. $\dfrac{d}{dx}\left(\dfrac{1}{\sqrt{x}(\sqrt{x} - 1)}\right)$
30. $\dfrac{d}{dx}\left(\dfrac{x^2 + 1}{x^2 + x + 1}\right)$

Dériver les fonctions données aux exercices 31 à 38.

31. $f(x) = x^{5/3}$
32. $h(x) = (1 + 2x^{1/2})^{3/2}$
33. $g(x) = \dfrac{x^{3/2}}{\sqrt{1 + x^2}}$
34. $l(y) = \dfrac{y^2}{\sqrt{1 - y^3}}$
35. $f(x) = \dfrac{1 + x^{3/2}}{1 - x^{3/2}}$
36. $f(y) = y^3 + \left(\dfrac{1 + y^3}{1 - y^3}\right)^{1/2}$
37. $f(x) = \dfrac{8\sqrt{x}}{1 + \sqrt{x}} + 3x\left(\dfrac{1 + \sqrt{x}}{1 - \sqrt{x}}\right)$
38. $f(y) = \dfrac{8y^4}{1 + [3/(1 + \sqrt{y})]}$

Aux exercices 39 à 42, trouver l'équation de la tangente au point indiqué.

39. $y = 1 - x^2$; (1, 0)

40. $y = x^2 - x$; (0, 0)

41. $y = x^2 - 2x + 1$; (2, 1)

42. $y = 3x^2 + 1 - x$; (5, 21)

Aux exercices 43 à 46, trouver la différentielle *dy* pour les fonctions données.

43. $y = x^4 + 10x + 2$

44. $y = (x^2 - 1)(x^2 + 1)$

45. $y = 3x^3 - 2\sqrt{x}$

46. $y = \dfrac{\sqrt{x} + 2}{x^2 - 1}$

R.3 Applications de la dérivée

Le calcul différentiel permet de déterminer le taux de variation d'une variable par rapport à une autre et d'identifier certaines particularités d'une fonction.

Dans cette section, nous reverrons quelques applications de la notion de dérivée tant d'un aspect pratique, comme la vitesse et l'accélération, que d'un aspect plus théorique, comme la croissance et la concavité, qui elles-mêmes conduisent à la représentation graphique d'une fonction et à la résolution de problèmes dits d'optimisation.

Taux de variation

Taux de variation

Soit la fonction définie par $y = f(x)$. La dérivée $f'(x_0)$ représente le taux de variation de y par rapport à x au point x_0. On l'exprime en $\dfrac{\text{unités de } y}{\text{unités de } x}$.

Un taux de variation positif est parfois appelé **taux de croissance**.

Un taux négatif de variation indiquera qu'une quantité diminue quand l'autre augmente. Puisque $\Delta y = f(x_0 + \Delta x) - f(x_0)$, Δy est négatif lorsque $f(x_0 + \Delta x) < f(x_0)$. Par conséquent, si $\Delta y/\Delta x$ est négatif, un accroissement en x entraîne une décroissance en y. C'est pourquoi on parle de taux négatif de variation. Si un taux de variation est négatif, sa valeur absolue est parfois appelée **taux de décroissance**.

Vitesse

Si la position d'un mobile est décrite par $x = f(t)$, alors sa vitesse v est donnée par

$$v = \frac{dx}{dt} = f'(t)$$

Accélération

Notons que la **vitesse instantanée** v varie habituellement elle-même en fonction du temps. Le taux de variation de v par rapport au temps est appelé l'**accélération**; on peut la calculer en dérivant $v = f'(t)$.

Exemple 1

Supposons que $x = f(t) = \frac{1}{4}t^2 - t + 2$ représente la position d'un autobus le long d'une route au temps t.

a) Trouver la vitesse de ce véhicule en fonction du temps; représenter graphiquement.
b) Trouver l'accélération.

Solution

a) La vitesse est donnée par $v = \frac{dx}{dt} = \frac{1}{2}t - 1$. (Voir figure R.3.1.)
b) L'accélération est donnée par $\frac{dv}{dt} = \frac{d}{dt}\left(\frac{1}{2}t - 1\right) = \frac{1}{2}$.

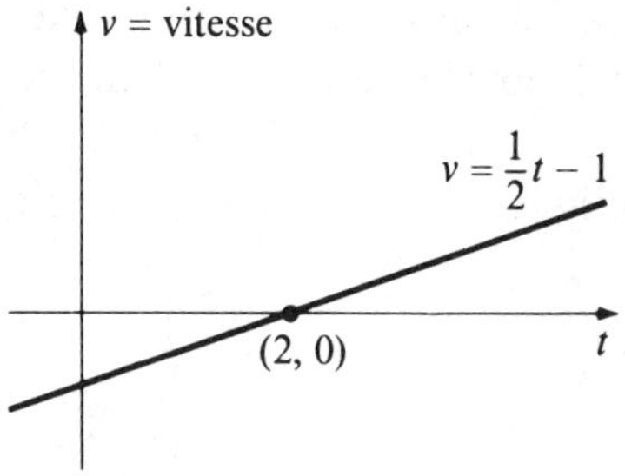

Figure R.3.1 □

Dérivée seconde

Puisque l'accélération est la dérivée de la vitesse et que la vitesse est déjà une dérivée, l'accélération constitue un exemple du concept général de **dérivée seconde**, c'est-à-dire de la dérivée d'une dérivée. Si $y = f(x)$, la dérivée seconde se note $f''(x)$ et se définit comme la dérivée de $f'(x)$. Dans la notation de Leibniz, on écrit d^2y/dx^2 pour la dérivée seconde de $y = f(x)$. Notons que d^2y/dx^2 n'est pas le carré de dy/dx, mais signifie que l'opération d/dx doit être effectuée deux fois.

Dérivée seconde

Pour calculer la dérivée seconde $f''(x)$:

1. On calcule d'abord la dérivée première $f'(x)$.
2. On calcule ensuite la dérivée de $f'(x)$, et le résultat est $f''(x)$.

Dans la notation de Leibniz, la dérivée seconde de $y = f(x)$ s'écrit

$$\frac{d}{dx}\left(\frac{dy}{dx}\right) = \frac{d^2y}{dx^2}$$

Exemple 2
Calculer la dérivée seconde de $f(x) = x^4 + 2x^3 - 8x$.

Solution
Par les règles de dérivation, on a respectivement

$$f'(x) = 4x^3 + 6x^2 - 8$$

et

$$f''(x) = 12x^2 + 12x - 0 = 12(x^2 + x)$$ □

Dérivation implicite

On peut appliquer la dérivation implicite quand la fonction y est définie implicitement au moyen d'une relation. En général, une telle relation permet de définir plus d'une fonction y. Par exemple, le cercle d'équation $x^2 + y^2 = 1$ n'est pas le graphique d'une fonction. Par contre, les demi-cercles supérieur et inférieur, eux, sont effectivement les graphiques de fonctions. (Voir figure R.3.2.)

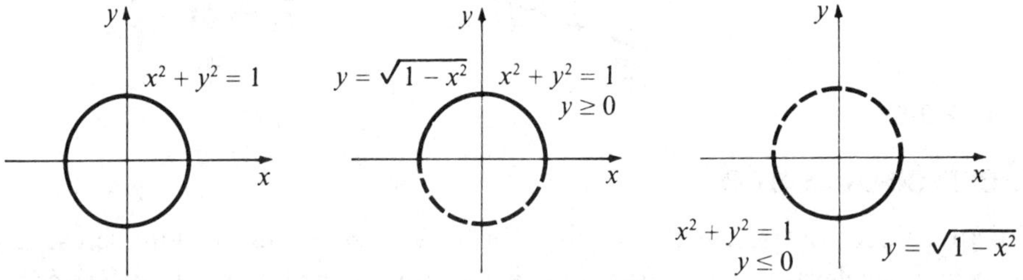

Figure R.3.2

Exemple 3
Soit $x^2 + y^2 = 1$, exprimer dy/dx en termes de x et de y.

Solution
En concevant y comme une fonction de x, on dérive les deux membres de la relation $x^2 + y^2 = 1$ par rapport à x.

$$2x + 2y\frac{dy}{dx} = 0$$

$$2y\frac{dy}{dx} = -2x$$

$$\frac{dy}{dx} = -\frac{2x}{2y}$$

et finalement
$$\frac{dy}{dx} = -\frac{x}{y}$$ □

La notion de dérivée est aussi utilisée pour identifier les particularités du graphique d'une fonction. C'est ainsi qu'à partir du signe de la dérivée première et de celui de la dérivée seconde on peut décrire le comportement d'une fonction.

Croissance et décroissance d'une fonction

On dit qu'une fonction f est **croissante** en x_0 s'il existe un intervalle $]a, b[$ contenant x_0 et tel que :
1° si $a < x < x_0$, alors $f(x) < f(x_0)$;
2° si $x_0 < x < b$, alors $f(x) > f(x_0)$.

De façon semblable, la fonction f est dite **décroissante** en x_0 s'il existe un intervalle $]a, b[$ contenant x_0 et tel que :
1° si $a < x < x_0$, alors $f(x) > f(x_0)$;
2° si $x_0 < x < b$, alors $f(x) < f(x_0)$.

Test de la croissance/décroissance

1. Si $f'(x_0) > 0$, alors f est croissante en x_0.
2. Si $f'(x_0) < 0$, alors f est décroissante en x_0.
3. Si $f'(x_0) = 0$ ou si $f'(x_0)$ n'existe pas, alors le test n'est pas concluant.

Exemple 4
Est-ce que $f(x) = x^5 - x^3 - 2x^2$ croît ou décroît en $x = -2$?

Solution
Soit $f(x) = x^5 - x^3 - 2x^2$. On a

$$f'(x) = 5x^4 - 3x^2 - 4x$$

et

$$f'(-2) = 5(-2)^4 - 3(-2)^2 - 4(-2) = 80 - 12 + 8 = 76$$

Puisque $f'(-2) > 0$, $f(x) = x^5 - x^3 - 2x^2$ croît en $x = -2$. □

Croissance sur un intervalle

Soit f une fonction définie sur un intervalle I. Si $f(x_1) < f(x_2)$ pour tout $x_1 < x_2$ dans I, on dit que f est **croissante sur** I. Si $f(x_1) > f(x_2)$ pour tout $x_1 < x_2$ dans I, on dit que f est **décroissante sur** I.

Exemple 5
Trouver les intervalles sur lesquels la fonction f définie par $f(x) = x^3 - 2x + 6$ est croissante et ceux sur lesquels elle est décroissante.

Solution
Il faut étudier le signe de la dérivée $f'(x) = 3x^2 - 2$.

On a $$f'(x) = 3\left(x^2 - \frac{2}{3}\right)$$
$$= 3(x - \sqrt{2/3})(x + \sqrt{2/3})$$

D'où le tableau que voici :

x		$-\sqrt{2/3}$		$\sqrt{2/3}$	
Signe de $f'(x)$	+	0	−	0	+

Par conséquent, f est croissante sur les intervalles $-\infty, -\sqrt{2/3}[$ et $]\sqrt{2/3}, +\infty$, et f est décroissante sur $]-\sqrt{2/3}, \sqrt{2/3}[$. □

Point critique et tests

Une fonction f admet un **maximum relatif** au point x_0 s'il existe un intervalle ouvert $]a, b[$ autour de x_0 tel que $f(x_0) \geq f(x)$ pour tout x appartenant à $]a, b[$. De même, une fonction f admet un **minimum relatif** au point x_0 s'il existe un intervalle ouvert $]a, b[$ autour de x_0 tel que $f(x_0) \leq f(x)$ pour tout x appartenant à $]a, b[$. (Voir figure R.3.3.)

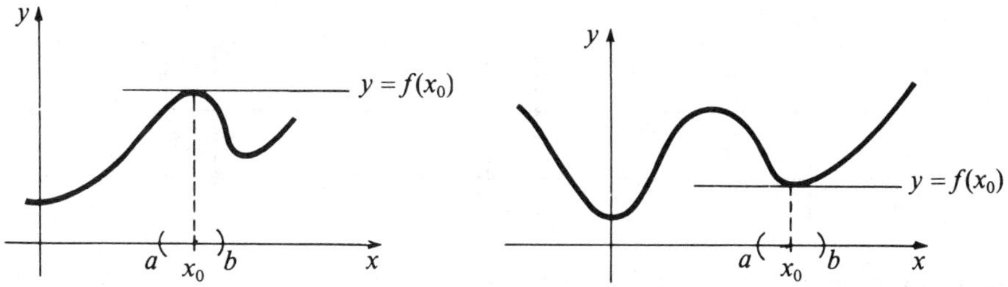

Figure R.3.3

Point critique

x_0 est un point critique de f si $f'(x_0) = 0$ ou si $f'(x_0)$ n'existe pas.

Test de la dérivée première

Supposons que x_0 est un point critique pour $f(x)$, c'est-à-dire que $f'(x_0) = 0$ ou $f'(x_0)$ n'existe pas.

1. Si $f'(x)$ change de signe du négatif au positif en x_0, alors en x_0 on a un minimum relatif pour f.
2. Si $f'(x)$ change de signe du positif au négatif en x_0, alors en x_0 on a un maximum relatif pour f.
3. Si $f'(x)$ est négative pour tout $x \neq x_0$ près de x_0, alors f décroît en x_0.
4. Si $f'(x)$ est positive pour tout $x \neq x_0$ près de x_0, alors f croît en x_0.

Exemple 6

Trouver les points critiques de la fonction définie par $f(x) = 3x^4 - 8x^3 + 6x^2 - 1$ et préciser pour chacun s'ils conduisent à un maximum ou à un minimum.

Solution

Trouvons d'abord les points critiques. La dérivée de f est $f'(x) = 12x^3 - 24x^2 + 12x$.

Comme $f'(x)$ existe pour tout x, les points critiques s'obtiennent en résolvant $f'(x) = 0$. En décomposant $f'(x)$ en facteurs, on obtient

$$f'(x) = 12x(x^2 - 2x + 1) = 12x(x - 1)^2$$

Les points critiques de $f(x)$ sont donc $x = 0$ et $x = 1$. Pour déterminer si les points critiques conduisent à un maximum ou à un minimum, il faut déterminer le signe de $f'(x)$.

x		0		1	
$12x$	−	0	+	+	+
$(x-1)^2$	+	+	+	0	+
Signe de f'	−	0	+	0	+

On a donc un minimum relatif en $x = 0$, alors qu'en $x = 1$ la fonction est tout simplement croissante. □

Test de la dérivée seconde

Supposons que $f'(x_0) = 0$.

1. Si $f''(x_0) > 0$, alors f a un minimum relatif en x_0.
2. *Si* $f''(x_0) < 0$, alors f a un maximum relatif en x_0.
3. Si $f''(x_0) = 0$ ou si $f''(x_0)$ n'existe pas, alors le test n'est pas concluant.

Exemple 7
Utiliser le test de la dérivée seconde pour analyser les points critiques de la fonction f définie par $f(x) = x^3 - 6x^2 + 10$.

Solution

Puisque $f'(x) = 3x^2 - 12x = 3x(x-4)$,

on a $f'(x) = 0 \iff 3x(x-4) = 0$

$\iff x = 0$ ou $x = 4$.

Puisque $f''(x) = 6x - 12$, alors $f''(0) = -12$ et $f''(4) = 24 - 12 = 12$.

Donc f a un maximum relatif en $x = 0$, car $f''(0) < 0$;

et f a un minimum relatif en $x = 4$, car $f''(4) > 0$. □

Concavité

Que $f'(x_0)$ soit nulle ou non, le signe de $f''(x_0)$ est important géométriquement : il nous renseigne sur la variation de la pente de la tangente lorsque la tangente se déplace de gauche à droite le long de ce graphique. Les deux graphiques de la figure R.3.4 ont des courbures différentes. Le graphique en a) est dit **concave vers le haut**; le graphique en b) est dit **concave vers le bas.**

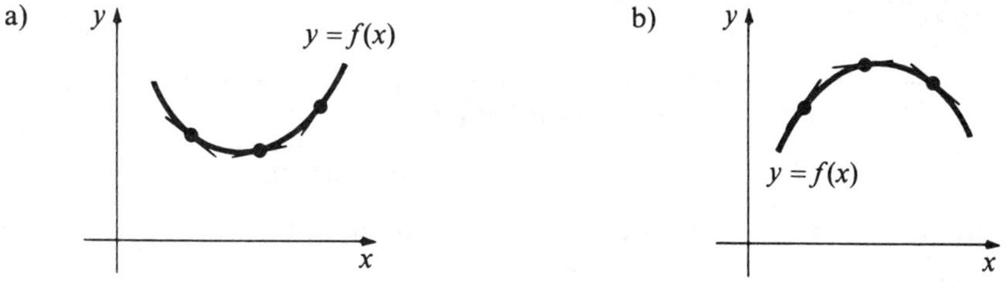

Figure R.3.4 a) La pente de la tangente est croissante; $f''(x) > 0$.
b) La pente de la tangente est décroissante; $f''(x) < 0$.

> **Test de la dérivée seconde pour la concavité**
>
> 1. Si $f''(x_0) > 0$, alors f est concave vers le haut en x_0.
> 2. Si $f''(x_0) < 0$, alors f est concave vers le bas en x_0.
> 3. Si $f''(x_0) = 0$ ou si $f''(x_0)$ n'existe pas, alors f peut être concave vers le haut en x_0, concave vers le bas en x_0 ou ni l'un ni l'autre.

Exemple 8
Étudier la concavité de $f(x) = 4x^3$ en $x = -1$, $x = 0$ et $x = 1$.

Solution

On a d'abord $f'(x) = 12x^2$
$f''(x) = 24x$.

En $x = -1$, $f'(-1) = 12$
$f''(-1) = -24$. Donc f est concave vers le bas.

En $x = 0$, $f'(0) = 0$
$f''(0) = 0$. Le test n'est pas concluant.

En $x = 1$, $f'(1) = 12$
$f''(1) = 24$. Donc f est concave vers le haut.

Revenons au cas $x = 0$.

De fait, autour de $x = 0$, on peut constater d'une part, à l'aide de la dérivée première, que la fonction est croissante tant à gauche de $x = 0$ qu'à sa droite et, d'autre part, à l'aide de la dérivée seconde, que cette même fonction change de concavité. □

Point d'inflexion

Point d'inflexion

Soit f une fonction telle que $f''(x_0) = 0$ ou $f''(x_0)$ n'existe pas.

Si $f''(x)$ change de signe en x_0, alors le graphique de la fonction f a un point d'inflexion en x_0.

Exemple 9

À la figure R.3.5, indiquer si aux points x_1 à x_6 on a des maximums relatifs, des minimums relatifs, des points d'inflexion ou des points n'ayant aucune de ces particularités.

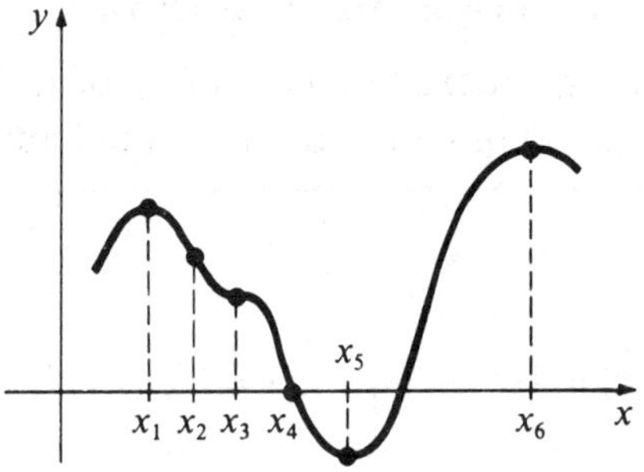

Figure R.3.5

Solution

En x_1 on a un maximum relatif.
En x_2 on a un point d'inflexion.
En x_3 on a un point d'inflexion.
En x_4 on n'a aucune des particularités mentionnées.
En x_5 on a un minimum relatif.
En x_6 on a un maximum relatif. □

Représentation graphique

Décrivons maintenant une marche à suivre systématique pour représenter graphiquement toute fonction.

Marche à suivre pour tracer un graphique

Pour tracer le graphique d'une fonction f:

1. Déterminer le **domaine** de f.
2. Déterminer, si possible, les **asymptotes** de f. On se rappellera que si $\lim_{x \to \pm\infty} f(x) = L$, alors la droite $y = L$ est une asymptote horizontale. Par contre, si $\lim_{x \to c} f(x) = \pm\infty$, alors la droite $x = c$ est une asymptote verticale.
3. Situer les **maximums** et les **minimums** relatifs de f et déterminer les intervalles sur lesquels f est croissante et ceux sur lesquels elle est décroissante.
4. Situer les **points d'inflexion** de f et déterminer les intervalles sur lesquels f est concave vers le haut et ceux sur lesquels elle est concave vers le bas.
5. Construire un tableau récapitulatif des indications recueillies.
6. Tracer quelques autres points clés, tels que l'ordonnée à l'origine et les zéros de la fonction.
7. Tracer une esquisse du graphique à partir de tous ces renseignements.

Exemple 10

Tracer le graphique de $f(x) = \dfrac{x}{x^2 + 1}$.

Solution

Appliquons successivement les sept étapes de la marche à suivre :

1. Domaine.

La fonction f aura comme domaine $\mathbb{R}$. En effet, le dénominateur ne peut pas s'annuler, car l'équation $1 + x^2 = 0$ n'a pas de solution dans $\mathbb{R}$.

2. Asymptotes.

Puisque le dénominateur $1 + x^2$ n'est jamais nul, la fonction est partout définie; il n'existe pas d'asymptotes verticales. Pour $x \neq 0$, on a

$$f(x) = \frac{x}{x^2 + 1} = \frac{1}{x + \dfrac{1}{x}}$$

$$\lim_{x \to +\infty} f(x) = \lim_{x \to +\infty} \frac{1}{x + \dfrac{1}{x}} = 0$$

$$\lim_{x \to -\infty} f(x) = \lim_{x \to -\infty} \frac{1}{x + \dfrac{1}{x}} = 0$$

Par conséquent, $y = 0$ est une asymptote horizontale de f.

3. Croissance, décroissance, maximum et minimum relatifs.

$$f'(x) = \frac{1 + x^2 - x(2x)}{(1 + x^2)^2} = \frac{(1 - x^2)}{(1 + x^2)^2}$$

On a $f'(x) = \dfrac{1 - x^2}{(1 + x^2)^2} = 0 \iff x = \pm 1.$

Ce sont les seuls points critiques de $f(x)$.

Ici, il n'existe aucun x tel que f' n'existe pas.

Un premier tableau nous permet d'étudier la croissance de f à partir du signe de f'.

x		-1		1	
$(1 - x)$	$+$	$+$	$+$	0	$-$
$(1 + x)$	$-$	0	$+$	$+$	$+$
$(1 + x^2)^2$	$+$	$+$	$+$	$+$	$+$
Signe de f'	$-$	0	$+$	0	$-$
Comportement de f	↘	min. relatif	↗	max. relatif	↘

Remarque
On utilise le signe ↗ pour indiquer que f est croissante et le signe ↘ pour indiquer que f est décroissante.

4. Concavité et points d'inflexion.

$$f''(x) = \frac{(1 + x^2)^2(-2x) - (1 - x^2) \cdot 2(1 + x^2)2x}{(1 + x^2)^4} = \frac{2x(x^2 - 3)}{(1 + x^2)^3}$$

Les points critiques de f' sont tels que

$$f''(x) = \frac{2x(x^2 - 3)}{(1 + x^2)^3} = 0$$

c'est-à-dire $2x(x^2 - 3) = 0 \iff x = 0$

ou $x = \pm\sqrt{3}.$

Un second tableau nous permettra d'étudier la concavité de f à partir du signe de f''.

x		$-\sqrt{3}$		0		$\sqrt{3}$	
$2x$	$-$	$-$	$-$	0	$+$	$+$	$+$
$(x-\sqrt{3})$	$-$	$-$	$-$	$-$	$-$	0	$+$
$(x+\sqrt{3})$	$-$	0	$+$	$+$	$+$	$+$	$+$
$(1+x^2)^3$	$+$	$+$	$+$	$+$	$+$	$+$	$+$
Signe de f''	$-$	0	$+$	0	$-$	0	$+$
Concavité de f	∩	P.I.	∪	P.I.	∩	P.I.	∪

Remarque
On utilise le signe ∩ pour indiquer la concavité vers le bas et le signe ∪ pour indiquer la concavité vers le haut.

5. Tableau de synthèse.
Le tableau de synthèse permet de résumer les observations obtenues jusqu'à maintenant.

x		$-\sqrt{3}$		-1		0		$+1$		$+\sqrt{3}$	
Signe de $f'(x)$	$-$	$-$	$-$	0	$+$	$+$	$+$	0	$-$	$-$	$-$
Signe de $f''(x)$	$-$	0	$+$	$+$	$+$	0	$-$	$-$	$-$	0	$+$
Comportement de f	↘	P.I.	↘	Min.	↗	P.I.	↗	Max.	↘	P.I.	↘

Remarque
La représentation schématique de la croissance (↗) et de la décroissance (↘), combinée avec la représentation schématique de la concavité vers le haut (∪) et de la concavité vers le bas (∩), est représentée dans le tableau de l'étape 5 par un des symboles suivants ↗ , ↘ , ↘ , ↗ selon le cas.

6. Points du graphique.
On trouve les coordonnées des points intéressants, en particulier les maximums, les minimums, les points d'inflexion, l'ordonnée à l'origine et les zéros.

En $x = -1$, on a un minimum relatif $f(-1) = -\dfrac{1}{2}$.

En $x = 1$, on a un maximum relatif $f(1) = \dfrac{1}{2}$.

En $x = -\sqrt{3}$, on a un point d'inflexion $f(-\sqrt{3}) = -\frac{1}{4}\sqrt{3}$.

En $x = 0$, on a un point d'inflexion $f(0) = 0$.

En $x = \sqrt{3}$, on a un point d'inflexion $f(\sqrt{3}) = \frac{1}{4}\sqrt{3}$.

On a déjà l'ordonnée à l'origine, puisque $f(0) = 0$ et, de plus, le seul zéro de la fonction f est $x = 0$.

7. Représentation graphique.
   On esquisse le graphique de la fonction à partir du tableau de synthèse de l'étape 5 et des points obtenus à l'étape 6. (Voir figure R.3.6.)

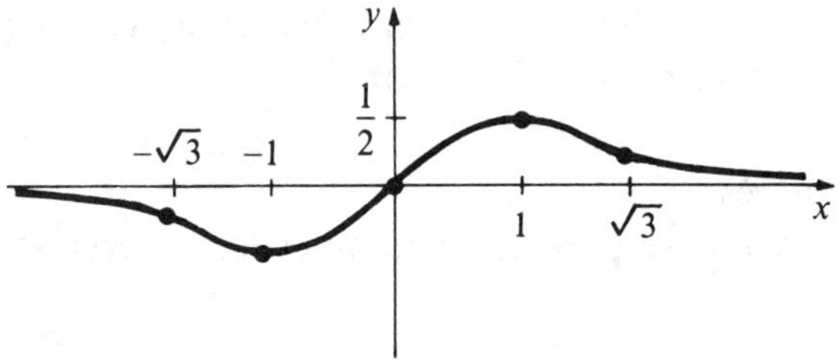

Figure R.3.6 Le graphique de $y = \frac{x}{1+x^2}$. □

Extremums d'une fonction sur un intervalle

Valeurs maximale et minimale sur un intervalle

Soit f une fonction définie sur un intervalle I.

Si M est un nombre réel tel que :

1. $f(x) \leq M, \forall x \in I$,
2. $f(x_0) = M$ pour au moins un $x_0 \in I$,

alors on appelle M la **valeur maximale de** f **sur** I (maximum absolu).

Si m est un nombre réel tel que :

1. $f(x) \geq m, \forall x \in I$,
2. $f(x_1) = m$ pour au moins un $x_1 \in I$,

alors on appelle m la **valeur minimale de** f **sur** I (minimum absolu).

Si I est un intervalle fermé, le théorème suivant assure l'existence d'un maximum absolu et d'un minimum absolu d'une fonction f continue sur I.

> **Théorème des extremums**
>
> Soit f une fonction continue dans l'intervalle fermé $[a, b]$. Alors f possède à la fois une valeur maximale et une valeur minimale dans $[a, b]$.

Notons d'abord que, par le théorème des extremums, les maximums et minimums absolus doivent exister et que ces points se trouvent soit aux points critiques, soit aux bornes. Il reste toutefois à déterminer lesquels des points critiques ou des bornes conduisent aux maximum et minimum absolus; pour cela, il suffit d'évaluer f à chacun d'eux et à comparer les valeurs.

Exemple 11

Trouver les valeurs maximale et minimale de la fonction f définie par

$$f(x) = (x^2 - 8x + 12)^4$$

dans l'intervalle $[-10, 10]$. Trouver également en quels points elles sont atteintes.

Solution

Les bornes sont -10 et 10. On trouve les points critiques en dérivant la fonction f:

$$\begin{aligned}\frac{d}{dx}(x^2 - 8x + 12)^4 &= 4(x^2 - 8x + 12)^3(2x - 8)\\ &= 8(x - 6)^3(x - 2)^3(x - 4)\end{aligned}$$

La dérivée est nulle lorsque $x = 2$, 4 ou 6. On calcule les valeurs de f en chacun de ces points et on rassemble les résultats dans un tableau :

x	-10	2	4	6	10
$f(x)$	$(192)^4$	0	$(-4)^4$	0	$(32)^4$

La valeur maximale est $(192)^4 = 1\,358\,954\,496$ et elle est atteinte à la borne -10. La valeur minimale est zéro et elle est atteinte pour $x = 2$ ou $x = 6$. □

Optimisation

Étape 1 : La préparation du problème

a) Lire le problème attentivement, donner un nom aux variables pertinentes qui ne sont pas nommées et noter toutes les relations entre les variables.
b) Schématiser le problème s'il y a lieu.
c) Déterminer quelle quantité est à maximiser ou à minimiser.
d) S'assurer de bien distinguer les données appropriées de celles qui ne le sont pas.

Étape 2 : La résolution du problème

a) Écrire la quantité à maximiser ou à minimiser sous la forme d'une fonction d'une des autres variables du problème. (Pour ce faire, on exprime habituellement toutes les autres variables en termes de celle qui vient d'être choisie.)
b) Noter toute restriction touchant la variable choisie.
c) Trouver le maximum ou le minimum par les méthodes expliquées dans le présent chapitre.
d) Interpréter les résultats selon le contexte du problème.

Exemple 12

Trouver les dimensions de la boîte rectangulaire coûtant le moins cher à fabriquer si le coût de fabrication est de 10 cents par mètre carré pour le fond, 5 cents par mètre carré pour les côtés et 7 cents par mètre carré pour le dessus. De plus, le volume doit être de 2 m^3 et la hauteur de 1 m.

Solution

Soit x et b les dimensions du fond, la hauteur est 1. (Voir la figure R.3.7.)

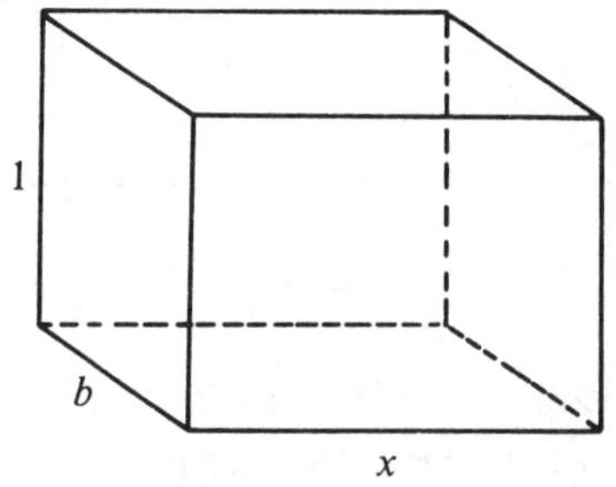

Figure R.3.7

Le coût total C en cents est donné par

$$C = 10xb + 7xb + 2[5 \bullet x \bullet 1 + 5 \bullet b \bullet 1] = 17xb + 10x + 10b$$

On remarque que C dépend des variables x et b. Puisque le volume est de 2 m^3, on a

$$x \bullet b \bullet 1 = 2 \implies b = \frac{2}{x}$$

Ce qui permet d'éliminer b dans l'équation du coût. D'où

$$C = 34 + 10x + \frac{20}{x}$$

Et il nous faut minimiser C.

Soit $f(x) = 34 + 10x + (20/x)$ définie dans $]0, +\infty$. Alors

$$f'(x) = 10 - \frac{20}{x^2}$$

qui vaut zéro lorsque $x = \sqrt{2}$. (Nous nous occupons seulement des valeurs de $x > 0$.) Puisque $f''(x) = 40/x^3$ est positive en $x = \sqrt{2}$, alors en $x = \sqrt{2}$ on a un minimum relatif. Comme ce dernier est le seul point critique, il conduit au minimum absolu puisque la fonction décroît avant et croît après. Par conséquent, les dimensions de la boîte de coût minimal sont $\sqrt{2}$ m sur $\sqrt{2}$ m sur 1 m. □

Exercices de la section R.3

Calculer les dérivées secondes demandées aux exercices 1 à 4.

1. $\frac{d^2}{dx^2}(x^4 - 3x^2)$

2. $\frac{d^2}{dx^2}(3x^2 - 8x + 10)$

3. $\frac{d^2}{dx^2}\left(\frac{x^2+1}{x+2}\right)$

4. $\frac{d^2}{dx^2}\left(\frac{x^3-1}{x^4+8}\right)$

Aux exercices 5 à 8, trouver la vitesse et l'accélération au temps indiqué d'une particule dont la position y (en mètres) sur la droite est donnée par $y = f(t)$ où t est le temps en secondes.

5. $y = 3t + 2$; $t_0 = 1$

6. $y = 5t - 1$; $t_0 = 0$

7. $y = 8t^2 + 1$; $t_0 = 0$

8. $y = 18t^2 - 2t + 5$; $t_0 = 2$

9. Si $x^2 + y^2 = 3$, calculer dy/dx lorsque $x = 0$ et que $y = \sqrt{3}$.

10. Si $x^3 + y^3 = xy$, calculer dx/dy en termes de x et de y.

Aux exercices 11 à 14, déterminer les intervalles sur lesquels les fonctions données sont croissantes et ceux sur lesquels elles sont décroissantes.

11. $f(x) = 8x^3 - 3x^2 + 2$

12. $f(x) = 5x^3 + 2x^2 - 3x + 10$

13. $f(x) = \dfrac{x}{1 + (x - 1)^2}$

14. $f(x) = \dfrac{x}{x^2 - 3x + 2}$, $x \neq 1,2$

Aux exercices 15 à 18, trouver les points critiques de la fonction donnée et déterminer s'ils conduisent à des maximums relatifs, à des minimums relatifs ou à ni l'un ni l'autre.

15. $f(x) = 2x^3 - 5x^2 + 4x + 3$

16. $f(x) = -8x^2 + 2x - 3$

17. $f(x) = (x^2 + 2x - 3)^2$

18. $f(x) = (x^3 - 12x + 1)^6$

Aux exercices 19 à 22, tracer le graphique des fonctions données.

19. $f(x) = x^3 + 3x + 2$

20. $f(x) = \dfrac{1}{x + 3}$

21. $f(x) = \dfrac{1 - x^3}{1 + 2x^3}$

22. $f(x) = x^{2/3} + (x - 1)^{2/3}$

Aux exercices 23 et 24, trouver la valeur maximale et la valeur minimale de la fonction définie dans l'intervalle donné et tracer le graphique.

23. $f(x) = \dfrac{x^3}{x^2 - 4}$;]-2, 2[

24. $f(x) = \dfrac{x^3}{x^2 - 4}$; [-1, 1]

25. Pour encadrer une peinture, on veut fabriquer un cadre en bois de 2 cm de large pour le haut et le bas, et de 1 cm de large pour les côtés. Si le prix d'un cadre est proportionnel à l'aire de sa surface de devant, trouver les dimensions du cadre le moins cher pouvant entourer une aire de 100 cm^2.

26. On veut fabriquer une boîte rectangulaire à fond carré ayant un volume de 648 cm^3. On veut recouvrir le dessus et le fond avec des panneaux de mousse et d'aggloméré, ce qui coûterait, par centimètre carré, trois fois le prix du carton-fibre employé pour les côtés. À quelles dimensions la boîte serait-elle le plus économique ?

27. Un propriétaire projette d'aménager un jardin potager entouré d'une clôture. Le jardin doit avoir 800 m^2 et un de ses côtés suivra les limites de son terrain. Trois côtés du jardin seront délimités par une clôture grillagée coûtant 2,00 $ le mètre linéaire, alors que le côté suivant les limites de son terrain sera délimité par un grillage peu coûteux valant 0,50 $ le mètre linéaire. Quelles seront les dimensions du jardin le moins cher à clôturer ?

R.4 L'intégrale

L'intégration, définie comme une sommation, est reliée à la différentiation par le théorème fondamental du calcul différentiel et intégral.

Comme nous reprendrons en détail ces idées dans le présent volume, nous ne présenterons qu'un résumé des notions déjà discutées dans le premier cours.

Intégration et primitives

Une primitive de f est une fonction F telle que $F'(x) = f(x)$. Et $\int f(x)dx$ représente l'ensemble de toutes les primitives de f. Cet ensemble est appelé l'intégrale de f.

Si F est une primitive de f, l'intégrale a la forme $F(x) + C$ pour une constante C quelconque :

$$\int f(x)dx = F(x) + C, \quad \text{où } F'(x) = f(x)$$

Règles d'intégration

Règles d'intégration

D'une somme	$\int [f(x) + g(x)]dx = \int f(x)dx + \int g(x)dx$
D'une fonction multipliée par une constante	$\int kf(x)dx = k\int f(x)dx$, où k est constant.
De la $n^{\text{ième}}$ puissance de x	$\int x^n dx = \dfrac{x^{n+1}}{n+1} + C \quad (n \neq -1)$

Exemple 1

Trouver $\int (x^3 + 2x + \sqrt{x} - 1)dx$.

Solution

Appliquons les règles appropriées.

$$\begin{aligned}\int (x^3 + 2x + \sqrt{x} - 1)dx &= \int x^3 dx + \int 2x\,dx + \int x^{1/2}dx - \int 1dx \\ &= \int x^3 dx + 2\int x\,dx + \int x^{1/2}dx - \int 1dx \\ &= \frac{x^4}{4} + 2\,\frac{x^2}{2} + \frac{x^{3/2}}{3/2} - x + C \\ &= \frac{x^4}{4} + x^2 + \frac{2}{3}x^{3/2} - x + C\end{aligned}$$

□

Intégration par changement de variable

On utilise parfois un changement de variable pour ramener la forme de l'intégrale à une forme connue.

Exemple 2

Trouver $\int \sqrt{3x+2}\,dx$.

Solution

$\int \sqrt{3x+2}\,dx = \int (3x+2)^{1/2}dx$

Posons $u = 3x+2$, d'où $du = 3dx$, $\frac{du}{3} = dx$.

On a $\int (3x+1)^{1/2}dx = \int u^{1/2}\frac{du}{3} = \frac{1}{3}\int u^{1/2}du$

$$= \frac{1}{3}\left(\frac{u^{3/2}}{3/2}\right) + C$$

$$= \frac{2}{9}u^{3/2} + C$$

$$= \frac{2}{9}(3x+2)^{3/2} + C$$

□

Exercices de la section R.4

Aux exercices 1 à 20, trouver l'intégrale.

1. $\int 10\,dx$
2. $\int (4{,}9t + 15)dt$
3. $\int (4x^3 + 3x^2 + 2x + 1)dx$
4. $\int (s^5 + 4s^4 + 9)ds$
5. $\int \frac{2}{3}x^{2/5}dx$
6. $\int 4x^{3/2}dx$
7. $\int \left[\frac{-1}{x^2} + \frac{-2}{x^3} + \frac{-3}{x^4} + \frac{-4}{x^5}\right]dx$
8. $\int \left(\frac{1}{z^2} + \frac{4}{z^3}\right)dz$
9. $\int (x^2 + \sqrt{x})dx$
10. $\int (x + \sqrt{x} + \sqrt[3]{x})dx$
11. $\int (x^{3/2} + x^{-1/2})dx$
12. $\int \left(\frac{2}{\sqrt{x}}\right)dx$
13. $\int \frac{x^4 + x^6 + 1}{x^{1/2}}dx$
14. $\int \left(\sqrt{x} + \frac{1}{\sqrt{x}}\right)dx$
15. $\int \sqrt{x-1}\,dx$
16. $\int (2x+1)^{3/2}dx$
17. $\int \frac{1}{(x-1)^2}dx$
18. $\int [(8x-10)^{3/2} + 10x]dx$
19. $\int [(x-1)^{1/2} - (x-2)^{5/2}]dx$
20. $\int \frac{(2x-1)^{3/2} - 1}{(10x-5)^{1/2}}dx$

R.5 Fonctions transcendantes

Les fonctions transcendantes permettent de modéliser plusieurs phénomènes physiques intéressants.

Nous présentons dans cette section un résumé tant pour les fonctions trigonométriques et trigonométriques inverses que pour les fonctions exponentielles et logarithmiques.

Dérivée de $y = \sin\theta$

La dérivée de la fonction sinus est, par définition,

$$\frac{d}{d\theta}\sin\theta = \lim_{\Delta\theta\to 0}\frac{\sin(\theta+\Delta\theta)-\sin\theta}{\Delta\theta}$$

$$= \lim_{\Delta\theta\to 0}\frac{\sin\theta\cos\Delta\theta+\sin\Delta\theta\cos\theta-\sin\theta}{\Delta\theta}$$

(puisque $\sin(\theta+\Delta\theta) = \sin\theta\cos\Delta\theta+\sin\Delta\theta\cos\theta$)

$$= \lim_{\Delta\theta\to 0}\frac{\sin\theta\cos\Delta\theta-\sin\theta+\sin\Delta\theta\cos\theta}{\Delta\theta}$$

$$= \lim_{\Delta\theta\to 0}\left[\frac{\sin\theta\,[\cos\Delta\theta-1]}{\Delta\theta}+\frac{\sin\Delta\theta\cos\theta}{\Delta\theta}\right]$$

$$= \sin\theta\lim_{\Delta\theta\to 0}\frac{\cos\Delta\theta-1}{\Delta\theta}+\cos\theta\lim_{\Delta\theta\to 0}\frac{\sin\Delta\theta}{\Delta\theta}$$

$$= \lim_{\Delta\theta\to 0}\left[\frac{\sin\theta\,[\cos\Delta\theta-1]}{\Delta\theta}+\frac{\sin\Delta\theta\cos\theta}{\Delta\theta}\right]$$

$$= \sin\theta\lim_{\Delta\theta\to 0}\frac{\cos\Delta\theta-1}{\Delta\theta}+\cos\theta\lim_{\Delta\theta\to 0}\frac{\sin\Delta\theta}{\Delta\theta}$$

$$= \sin\theta\bullet 0+(\cos\theta)\bullet 1$$

puisque $$\lim_{\Delta\theta\to 0}\frac{\cos\Delta\theta-1}{\Delta\theta}=0 \quad\text{et}\quad \lim_{\Delta\theta\to 0}\frac{\sin\Delta\theta}{\Delta\theta}=1$$

Ainsi $$\frac{d}{d\theta}\sin\theta=\cos\theta$$

Dérivée de $y = \cos\theta$

On évalue la dérivée de $y = \cos\theta$ de façon similaire :

$$\frac{d}{d\theta}\cos\theta = \lim_{\Delta\theta\to 0}\left[\frac{\cos(\theta+\Delta\theta)-\cos\theta}{\Delta\theta}\right]$$

$$= \lim_{\Delta\theta\to 0}\left[\frac{\cos\theta\cos\Delta\theta-\sin\theta\sin\Delta\theta-\cos\theta}{\Delta\theta}\right]$$

(puisque $\cos(\theta+\Delta\theta) = \cos\theta\cos\Delta\theta - \sin\theta\sin\Delta\theta$)

$$= \lim_{\Delta\theta\to 0}\left[\cos\theta\left(\frac{\cos\Delta\theta-1}{\Delta\theta}\right)-\frac{\sin\theta\sin\Delta\theta}{\Delta\theta}\right]$$

$$= \cos\theta\lim_{\Delta\theta\to 0}\left(\frac{\cos\Delta\theta-1}{\Delta\theta}\right)-\sin\theta\lim_{\Delta\theta\to 0}\left(\frac{\sin\Delta\theta}{\Delta\theta}\right)$$

$$= -\sin\theta$$

Dérivée du sinus et du cosinus

$$\frac{d}{d\theta}\sin\theta = \cos\theta \quad \text{et} \quad \frac{d}{d\theta}\cos\theta = -\sin\theta$$

De façon plus générale, si u est une fonction de x, on aura

$$\frac{d}{dx}\sin u = \cos u \bullet \frac{du}{dx} \quad \text{et} \quad \frac{d}{dx}\cos u = -\sin u \bullet \frac{du}{dx}$$

Exemple 1

Dériver :

a) $f(\theta) = (\sin\theta)(\cos\theta)$

b) $f(\theta) = \sin^2\theta = (\sin\theta)^2$

Solution

a) Par la règle de dérivation d'un produit,

$$\frac{d}{d\theta}(\sin\theta)(\cos\theta) = \left(\frac{d}{d\theta}\sin\theta\right)\cos\theta + \sin\theta\left(\frac{d}{d\theta}\cos\theta\right)$$

$$= \cos\theta\cos\theta + \sin\theta\,(-\sin\theta)$$

$$= \cos^2\theta - \sin^2\theta$$

b) Par la règle de dérivation de $[g(x)]^n$,

$$\frac{d}{d\theta}\sin^2\theta = \frac{d}{d\theta}(\sin\theta)^2 = 2\sin\theta\frac{d}{d\theta}\sin\theta = 2\sin\theta\cos\theta$$ □

Dérivée des autres fonctions trigonométriques

Maintenant que nous connaissons les règles de dérivation des fonctions sinus et cosinus, nous pouvons nous en servir pour calculer la dérivée des autres fonctions trigonométriques. Par exemple, pour trouver la dérivée de la fonction $f(\theta) = \tan\theta$, on considère $\tan\theta = (\sin\theta)/(\cos\theta)$. La règle de dérivation d'un quotient donne

$$\begin{aligned}\frac{d}{d\theta}\tan\theta &= \frac{\cos\theta(d/d\theta)\sin\theta - \sin\theta(d/d\theta)\cos\theta}{\cos^2\theta}\\ &= \frac{\cos\theta \cdot \cos\theta + \sin\theta \cdot \sin\theta}{\cos^2\theta}\\ &= \frac{\cos^2\theta + \sin^2\theta}{\cos^2\theta}\\ &= \frac{1}{\cos^2\theta}\\ &= \sec^2\theta\end{aligned}$$

De façon similaire, on trouve que

$$\frac{d}{d\theta}\cot\theta = -\csc^2\theta$$

$$\frac{d}{d\theta}\sec\theta = \tan\theta\sec\theta$$

et

$$\frac{d}{d\theta}\csc\theta = -\cot\theta\csc\theta$$

Exemple 2

Dériver $f(x) = \dfrac{\tan 3x}{1 + \sin^2 x}$.

Solution

Par les règles de dérivation appropriées, on obtient

$$\frac{d}{dx}\left(\frac{\tan 3x}{1 + \sin^2 x}\right) = \frac{(3\sec^2 3x)(1 + \sin^2 x) - (\tan 3x)(2\sin x\cos x)}{(1 + \sin^2 x)^2}$$ □

Dérivée des fonctions trigonométriques		
Fonction	Dérivée	Notation de Leibniz
$\sin\theta$	$\cos\theta$	$\dfrac{d(\sin u)}{du} = \cos u$
$\cos\theta$	$-\sin\theta$	$\dfrac{d(\cos u)}{du} = -\sin u$
$\tan\theta$	$\sec^2\theta$	$\dfrac{d(\tan u)}{du} = \sec^2 u$
$\cot\theta$	$-\csc^2\theta$	$\dfrac{d(\cot u)}{du} = -\csc^2 u$
$\sec\theta$	$\tan\theta\sec\theta$	$\dfrac{d(\sec u)}{du} = \tan u \sec u$
$\csc\theta$	$-\cot\theta\csc\theta$	$\dfrac{d(\csc u)}{du} = -\cot u \csc u$

Intégrales des fonctions trigonométriques

À partir des dérivées des fonctions trigonométriques, on obtient les intégrales (indéfinies) suivantes.

Intégrales de quelques fonctions trigonométriques

$$\int \cos\theta\, d\theta = \sin\theta + C \qquad \int \sin\theta\, d\theta = -\cos\theta + C$$

$$\int \sec^2\theta\, d\theta = \tan\theta + C \qquad \int \csc^2\theta\, d\theta = -\cot\theta + C$$

$$\int \tan\theta\sec\theta\, d\theta = \sec\theta + C \qquad \int \cot\theta\csc\theta\, d\theta = -\csc\theta + C$$

Exemple 3

Trouver les intégrales suivantes :

a) $\int 2\cos 4s\, ds$ b) $\int (1 + \sec^2\theta)d\theta$

Solution

En effectuant un changement de variable, au besoin, et en appliquant les règles appropriées, on obtient

a)
$$\int 2\cos 4s\, ds = 2\int \cos 4s\, ds$$

On pose $u = 4s$, d'où $du = 4ds$ et $\dfrac{du}{4} = ds$.

On a donc

$$2\int \cos 4s\, ds = 2\int \cos u \frac{du}{4}$$
$$= \frac{1}{2}\int \cos u\, du$$
$$= \frac{1}{2}\sin u + C$$
$$= \frac{1}{2}\sin 4s + C$$

b) $\int (1 + \sec^2\theta)d\theta = \int 1 d\theta + \int \sec^2\theta\, d\theta$
$= \theta + \tan\theta + C$ □

Fonctions trigonométriques inverses

La fonction sinus n'admet pas de fonction inverse, car pour une valeur donnée de y il y a plusieurs valeurs de x possibles. On restreint donc le domaine de la fonction sinus à l'intervalle $\left[-\frac{\pi}{2}, \frac{\pi}{2}\right]$, pour qu'elle devienne injective et qu'elle possède une fonction inverse. Cette fonction inverse est appelée fonction arc sinus et est notée soit $y = \text{arc sin } x$, soit $y = \sin^{-1} x$. On obtient le graphe de $y = \sin^{-1}x$ par symétrie selon la bissectrice ou en inversant chaque couple du graphe de la fonction sinus. (Voir figure R.5.1.) Dans cette optique, $\sin^{-1}x$ représente un angle (en radians) appartenant à $\left[-\frac{\pi}{2}, \frac{\pi}{2}\right]$, dont le sinus vaut x.

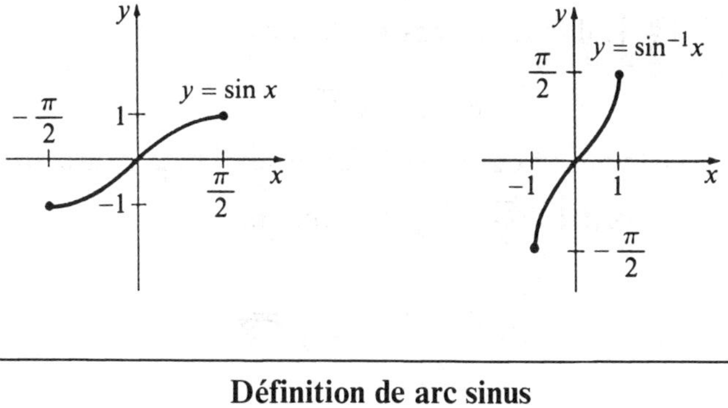

Figure R.5.1

Définition de arc sinus

$$y = \sin^{-1}x \iff x = \sin y \text{ avec } -\frac{\pi}{2} \leq y \leq \frac{\pi}{2}$$

Exemple 4

Calculer $\sin^{-1}\left(\frac{1}{2}\right)$, $\sin^{-1}\left(-\frac{\sqrt{3}}{2}\right)$ et $\sin^{-1}(2)$.

Solution

Puisque $\sin\left(\frac{\pi}{6}\right) = \frac{1}{2}$, $\sin^{-1}\left(\frac{1}{2}\right) = \frac{\pi}{6}$.

De façon semblable, $\sin^{-1}\left(-\frac{\sqrt{3}}{2}\right) = -\frac{\pi}{3}$.

Finalement, $\sin^{-1}(2)$ n'est pas définie, car l'image de la fonction sinus varie entre -1 et 1. □

Dérivée de $y = \sin^{-1}x$

Voyons comment trouver la dérivée de $y = \sin^{-1}x$.

Si $y = \sin^{-1}x$, on a alors $x = \sin y$, par définition de la fonction arc sinus. En dérivant chaque membre de cette dernière équation par rapport à x, on obtient

$$1 = \cos y \frac{dy}{dx}$$

$$\frac{dy}{dx} = \frac{1}{\cos y}$$

Puisque $x = \sin y$, on a, d'après l'identité $\sin^2\theta + \cos^2\theta = 1$,

$$\cos y = \pm\sqrt{1 - \sin^2 y} = \pm\sqrt{1 - x^2}$$

Comme $y \in \left[-\frac{\pi}{2}, \frac{\pi}{2}\right]$, il faut que $\cos y \geq 0$; ainsi

$$\cos y = \sqrt{1 - x^2}$$

On constate que la formule de la dérivée de la fonction arc sinus dépend de l'intervalle choisi, à savoir $\left[-\frac{\pi}{2}, \frac{\pi}{2}\right]$. On obtient

$$\frac{dy}{dx} = \frac{1}{\cos y} = \frac{1}{\sqrt{1 - x^2}}$$

ou encore

$$\frac{d}{dx}\sin^{-1}x = \frac{1}{\sqrt{1 - x^2}}$$

Dérivée de arc sinus

$$\frac{d}{dx}\sin^{-1}x = \frac{1}{\sqrt{1-x^2}}$$

Et de façon générale, si u est une fonction de x, on aura

$$\frac{d}{dx}\sin^{-1}u = \frac{1}{\sqrt{1-u^2}}\frac{du}{dx}$$

Dérivée de $y = \cos^{-1}x$

Il nous faut définir correctement la fonction arc cosinus avant de trouver sa dérivée. Ainsi, pour $-1 \leq x \leq 1$, $\cos^{-1}x$ représente un angle (exprimé en radians) appartenant à l'intervalle $[0, \pi]$ dont le cosinus vaut x. Le graphe de $y = \cos^{-1}x$ apparaît à la figure R.5.2.

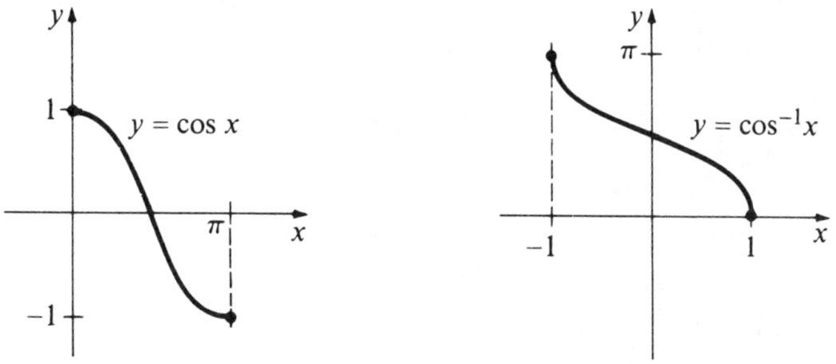

Figure R.5.2

Pour évaluer la dérivée de la fonction arc cosinus, on utilise l'équivalence $y = \cos^{-1}x \iff x = \cos y$.

Si on dérive par rapport à x chaque membre de cette dernière équation, on obtient

$$1 = -\sin y\,\frac{dy}{dx}$$

ce qui amène

$$\frac{dy}{dx} = -\frac{1}{\sin y}$$

Puisque $\sin y = \pm\sqrt{1-\cos^2 y}$ et que $\sin y \geq 0$ dans l'intervalle $[0, \pi]$, on a

$$\sin y = \sqrt{1-\cos^2 y} = \sqrt{1-x^2}$$

Ainsi,

$$\frac{dy}{dx} = \frac{-1}{\sqrt{1 - \cos^2 y}} = \frac{-1}{\sqrt{1 - x^2}}$$

Dérivée de arc cosinus

$$\frac{d}{dx} \cos^{-1} x = \frac{-1}{\sqrt{1 - x^2}}$$

Et de façon générale, si u est une fonction de x, on aura

$$\frac{d}{dx} \cos^{-1} u = \frac{-1}{\sqrt{1 - u^2}} \frac{du}{dx}$$

Dérivée de $y = \tan^{-1} x$

La fonction arc tangente est représentée à la figure R.5.3. Pour en évaluer la dérivée, on utilise l'équivalence $y = \tan^{-1} x \iff x = \tan y$ et on dérive par rapport à x chaque membre de cette dernière égalité.

$$1 = \sec^2 y \frac{dy}{dx}$$

$$\frac{dy}{dx} = \frac{1}{\sec^2 y}$$

Puisque $\sec^2 y = 1 + \tan^2 y$, on a

$$\frac{dy}{dx} = \frac{1}{1 + \tan^2 y} = \frac{1}{1 + x^2}$$

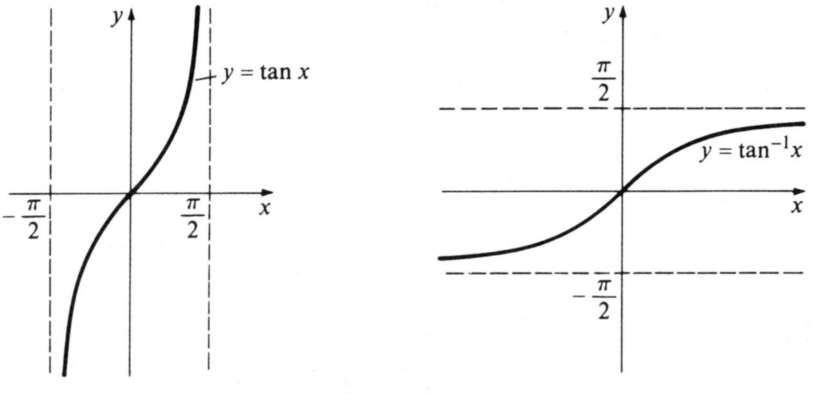

Figure R.5.3

Exemple 5

Dériver $f(x) = \dfrac{\tan^{-1}\sqrt{x}}{\cos^{-1}x}$.

Solution

$$\frac{d}{dx}\frac{\tan^{-1}\sqrt{x}}{\cos^{-1}x} = \frac{\cos^{-1}x \cdot \left[\dfrac{1}{1+(\sqrt{x})^2}\cdot\dfrac{1}{2\sqrt{x}}\right] - \tan^{-1}\sqrt{x}\cdot\left(\dfrac{-1}{\sqrt{1-x^2}}\right)}{(\cos^{-1}x)^2}$$

$$= \frac{\sqrt{1-x^2}\cos^{-1}x + 2\sqrt{x}(1+x)\tan^{-1}\sqrt{x}}{2\sqrt{x}(1+x)\sqrt{1-x^2}(\cos^{-1}x)^2} \quad \square$$

Les dérivées des autres fonctions trigonométriques inverses se calculent selon le même cheminement.

Fonctions trigonométriques inverses

Fonction	Domaine où la fonction possède une inverse	Dérivée de la fonction	Fonction inverse	Domaine de l'inverse	Dérivée de la fonction inverse	
$\sin x$	$\left[-\frac{\pi}{2}, \frac{\pi}{2}\right]$	$\cos x$	$\sin^{-1}x$	$[-1, 1]$	$\frac{1}{\sqrt{1-x^2}}$	$-1 < x < 1$
$\cos x$	$[0, \pi]$	$-\sin x$	$\cos^{-1}x$	$[-1, 1]$	$-\frac{1}{\sqrt{1-x^2}}$	$-1 < x < 1$
$\tan x$	$\left]-\frac{\pi}{2}, \frac{\pi}{2}\right[$	$\sec^2 x$	$\tan^{-1}x$	$\mathbb{R}$	$\frac{1}{1+x^2}$	$-\infty < x < \infty$
$\cot x$	$]0, \pi[$	$-\csc^2 x$	$\cot^{-1}x$	$\mathbb{R}$	$-\frac{1}{1+x^2}$	$-\infty < x < \infty$
$\sec x$	$\left[0, \frac{\pi}{2}\right[$ et $\left]\frac{\pi}{2}, \pi\right]$	$\tan x \sec x$	$\sec^{-1}x$	$-\infty, -1]$ et $[1, +\infty$	$\frac{1}{\sqrt{x^2(x^2-1)}}$	$-\infty < x < -1$ $-1 < x < \infty$
$\csc x$	$\left[-\frac{\pi}{2}, 0\right[$ et $\left]0, \frac{\pi}{2}\right]$	$-\cot x \csc x$	$\csc^{-1}x$	$-\infty, -1]$ et $[1, +\infty$	$-\frac{1}{\sqrt{x^2(x^2-1)}}$	$-\infty < x < -1$ $1 < x < \infty$

Exemple 6

Dériver $f(x) = \cot^{-1}\left(\dfrac{x^3+1}{x^3-1}\right)$.

Solution

$$\begin{aligned}
\frac{d}{dx}\cot^{-1}\left(\frac{x^3+1}{x^3-1}\right) &= \frac{-1}{1+\left(\dfrac{x^3+1}{x^3-1}\right)^2}\frac{d}{dx}\left(\frac{x^3+1}{x^3-1}\right)\\
&= \frac{-(x^3-1)^2}{(x^3-1)^2+(x^3+1)^2}\left[\frac{(x^3-1)\cdot 3x^2-(x^3+1)3x^2}{(x^3-1)^2}\right]\\
&= \frac{6x^2}{(x^3-1)^2+(x^3+1)^2}\\
&= \frac{3x^2}{x^6+1}
\end{aligned}$$

□

Fonctions exponentielles et logarithmiques

Rappelons, pour débuter, quelques propriétés des fonctions exponentielles, puis quelques lois des exposants.

Propriétés de b^x

1. Pour tout $b > 0, f(x) = b^x$ est une fonction continue.
2. $b^0 = 1$.
3. Si $b > 1, f(x) = b^x$ est une fonction croissante.
   Si $b = 1, f(x) = 1$ est une fonction constante.
   Si $0 < b < 1, f(x) = b^x$ est une fonction décroissante.

Lois des exposants

Si b, c, x et y sont des nombres réels et que $b > 0$ et $c > 0$, alors :

1. $b^{x+y} = b^x b^y$
2. $b^{xy} = (b^x)^y$
3. $(bc)^x = b^x c^x$

La notion de logarithme est liée à celle d'exposant par la définition suivante :

Définition de $\log_b x$

$$y = \log_b x \iff b^y = x$$

Voyons quelques propriétés des fonctions logarithmiques, puis quelques lois des logarithmes.

Propriétés de $\log_b x$

1. $\log_b x$ est défini pour $x > 0$ et $b > 0$.
2. $\log_b 1 = 0$.
3. Si $b < 1$, $\log_b x$ est une fonction décroissante de x;
   si $b > 1$, $\log_b x$ est une fonction croissante de x.

Lois des logarithmes

1. $\log_b(xy) = \log_b x + \log_b y$ et $\log_b(x/y) = \log_b x - \log_b y$.
2. $\log_b(x^y) = y \log_b x$.
3. $\log_c x = \dfrac{\log_b x}{\log_b c}$.

Ces lois des logarithmes découlent des lois des exposants.

Le graphe de $y = \log_b x$ pour $b > 1$ est représenté à la figure R.5.4. On l'obtient en traçant le symétrique du graphe de $y = b^x$ par rapport à la bissectrice des quadrants I et III.

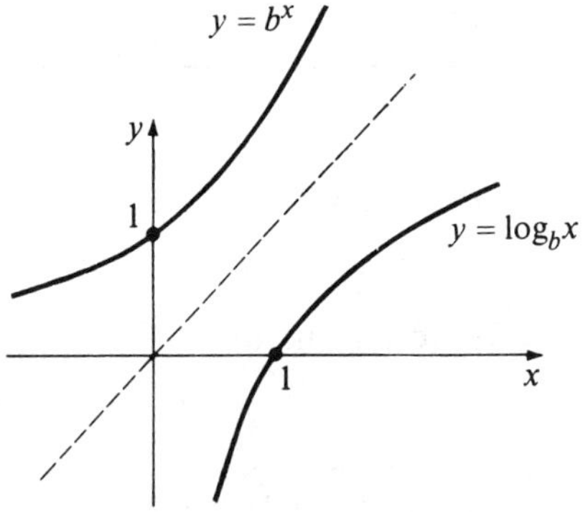

Figure R.5.4

Définition du nombre e

$$e = \lim_{\Delta x \to 0} (1 + \Delta x)^{1/\Delta x}$$

où $e \approx 2{,}718\,28$.

Dérivée de $y = \log_a x$

Considérons maintenant la fonction définie par $y = \log_a x$. On peut calculer $f'(x)$ en utilisant les propriétés appropriées des logarithmes et des limites :

$$f'(x) = \lim_{\Delta x \to 0} \frac{f(x + \Delta x) - f(x)}{\Delta x} = \lim_{\Delta x \to 0} \frac{\log_a(x + \Delta x) - \log_a x}{\Delta x}$$

$$= \lim_{\Delta x \to 0} \frac{1}{\Delta x} \log_a\left(\frac{x + \Delta x}{x}\right)$$

$$= \lim_{\Delta x \to 0} \log_a\left(\frac{x + \Delta x}{x}\right)^{1/\Delta x}$$

$$= \lim_{\Delta x \to 0} \log_a\left(1 + \frac{\Delta x}{x}\right)^{1/\Delta x}$$

$$= \lim_{\Delta x \to 0} \frac{x}{x} \log_a\left(1 + \frac{\Delta x}{x}\right)^{1/\Delta x}$$

$$= \lim_{\Delta x \to 0} \frac{1}{x} \log_a \left[\left(1 + \frac{\Delta x}{x} \right)^{1/\Delta x} \right]^x$$

$$= \lim_{\Delta x \to 0} \frac{1}{x} \log_a \left(1 + \frac{\Delta x}{x} \right)^{x/\Delta x}$$

$$= \frac{1}{x} \lim_{\Delta x \to 0} \log_a \left(1 + \frac{\Delta x}{x} \right)^{x/\Delta x}$$

$$= \frac{1}{x} \log_a \lim_{\Delta x \to 0} \left(1 + \frac{\Delta x}{x} \right)^{x/\Delta x}$$

$$= \frac{1}{x} \log_a e$$

La dérivée de $y = \log_a x$ est donc égale à $\frac{1}{x} \log_a e$.

Dérivée de $\log_a x$

Si $a > 0$, alors, pour $x > 0$, la fonction définie par $y = \log_a x$ est dérivable et

$$y' = \frac{1}{x} \log_a e$$

ou encore

$$\frac{d}{dx} \log_a x = \frac{1}{x} \log_a e$$

De façon générale, si u est une fonction de x, on a

$$\frac{d}{dx} \log_a u = \left(\frac{1}{u} \log_a e \right) \bullet u'$$

Exemple 7

Trouver la dérivée de :

a) $y = \log_5 x$ b) $y = \log_6(x^2 + x)$

Solution

a) $\frac{d}{dx}(\log_5 x) = \frac{1}{x} \log_5 e$

b) $\frac{d}{dx}(\log_6(x^2 + x)) = \frac{1}{x^2 + x}(\log_6 e) \bullet (2x + 1)$ □

La dérivée de la fonction définie par $y = \log_e x$, qu'on écrit $\ln x$, découle directement de la règle précédente.

Dérivée de ln *x*

$$\frac{d}{dx}\ln x = \frac{1}{x}$$

Dans le cas général où u est une fonction de x, on a

$$\frac{d}{dx}\ln u = \frac{1}{u} \cdot u'$$

Dérivée de $y = a^x$

Considérons maintenant la fonction exponentielle définie par $y = a^x$. Pour calculer la dérivée de cette fonction, on procède ainsi :

$$y = a^x \iff x = \log_a y$$

En dérivant par rapport à x chaque membre de cette dernière équation, on obtient

$$1 = \frac{y'}{y}\log_a e$$

$$y' = \frac{y}{\log_a e} = \frac{a^x}{\log_a e} = a^x \ln a$$

Dérivée de a^x

Si $y = a^x$, alors $y' = a^x \ln a$.

De façon générale, si u est une fonction de x, on aura

$$\frac{d}{dx}(a^u) = a^u \ln a \cdot u'$$

Exemple 8

Trouver la dérivée de $y = e^x$.

Solution

De $y = e^x$, on tire $\ln y = x$, puis on dérive chaque membre de cette équation par rapport à x :

$$\frac{1}{y} \cdot y' = 1$$

$$y' = y = e^x$$

□

Dérivée de e^x

Si $y = e^x$, alors $y' = e^x$.

Dans le cas général, si u est une fonction de x, on aura

$$\frac{d}{dx}(e^u) = e^u \bullet u'$$

Exemple 9

Dériver les fonctions suivantes :

a) $f(x) = xe^{3x}$ b) $f(x) = e^{x^2+2x}$

Solution

a) $\frac{d}{dx}(xe^{3x}) = \frac{dx}{dx}e^{3x} + x\frac{d}{dx}e^{3x} = e^{3x} + x \bullet 3e^{3x} = (1 + 3x)e^{3x}$

b) $\frac{d}{dx}e^{x^2+2x} = e^{x^2+2x}\frac{d}{dx}(x^2 + 2x) = (e^{x^2+2x})(2x + 2)$ □

Intégration des fonctions exponentielles

Il est possible à partir des dérivées des fonctions exponentielles et logarithmiques d'établir les règles d'intégration suivantes.

Formules d'intégration

1. $\int e^x\,dx = e^x + C$
2. $\int b^x\,dx = \frac{b^x}{\ln b} + C \quad (b > 0)$
3. $\int \frac{1}{x}\,dx = \ln|x| + C \quad (x \neq 0)$

La formule 3 revêt un intérêt particulier en ce sens qu'elle vient compléter la règle $\int x^n\,dx = \frac{x^{n+1}}{n+1} + C$ qui est valide pour tout $n \neq -1$.

Pour démontrer la formule 3, il faut considérer séparément les cas $x > 0$ et $x < 0$. Pour $x > 0$, $\ln|x| = \ln x$ et la vérification est immédiate.

Pour $x < 0$, $\frac{d}{dx}\ln|x| = \frac{d}{dx}\ln(-x) = \frac{1}{-x} \bullet -1 = \frac{1}{x}$.

Donc $\ln|x|$ est bien la primitive de $1/x$, pour $x \neq 0$.

Exemple 10
Trouver les intégrales suivantes :

a) $\int e^{ax}dx$ b) $\int \frac{dx}{3x+2}$

Solution

a) Nous savons que $(d/dx)e^{ax} = ae^{ax}$, par la règle de dérivation des fonctions composées. Alors

$$\int e^{ax}dx = \frac{1}{a}e^{ax} + C$$

b) En posant $u = 3x + 2$, on a $du = 3dx$, d'où

$$\int \frac{dx}{3x+2} = \int \frac{1}{3}\frac{du}{u} = \frac{1}{3}\int \frac{du}{u} = \frac{1}{3}\ln|u| + C$$
$$= \frac{1}{3}\ln|3x+2| + C$$

□

Exercices de la section R.5

Aux exercices 1 à 20, dériver les fonctions données.

1. $y = -3 \sin 2x$
2. $y = 8 \tan 10x$
3. $y = x + x \sin 3x$
4. $y = x^2 \cos x^2$
5. $f(\theta) = \theta^2 + \frac{\theta}{\sin \theta}$
6. $g(x) = \sec x + \left[\frac{1}{x\cos(x+1)}\right]$
7. $h(y) = y^3 + 2y \tan(y^3) + 1$
8. $x(\theta) = \left[\sin\left(\frac{\theta}{2}\right)\right]^{4/7} + \theta^9 + 11\sqrt{\theta} + 4$
9. $y(x) = \cos(x^8 - 7x^4 - 10)$
10. $f(y) = (2y^3 - 3 \csc \sqrt{y})^{1/3}$
11. $f(x) = \sec^{-1}[(x + \sin x)^2]$
12. $f(x) = \cot^{-1}(20 - \sqrt[4]{x})$
13. $r(\theta) = 6 \cos^3(\theta^2 + 1) + 1$
14. $r(\theta) = \frac{7 \sin a\theta}{\sin b\theta + \cos c\theta}$; a, b sont des constantes.
15. $f(x) = \sin^{-1}(\sqrt{x})$
16. $f(x) = \tan^{-1}(\sqrt{1 + x^2})$
17. $f(x) = \tan(\sin \sqrt{x})$
18. $f(x) = \tan(\cos x + \csc \sqrt{x})$
19. $f(x) = \sin^{-1}(\sqrt{x} + \cos 3x)$
20. $f(x) = \frac{\sin \sqrt{x}}{\cos^{-1}(\sqrt{x} + 1)}$
21. Soit $y = x^2 + \sin(2x + 1)$ et $x = t^3 + 1$. Trouver dy/dx et dy/dt.
22. Soit $g = 1/r^2 + (r^2 + 4)^{1/3}$ et $r = \sin 2\theta$. Trouver dg/dr et $dg/d\theta$.

Aux exercices 23 à 26, trouver les intégrales.

23. $\int \sin 3x \, dx$
24. $\int (4 \cos 4x - 4 \sin 4x)dx$

25. $\int (3x^2 \sin x^3 + 2x)dx$

26. $\int \left[\left(\frac{4}{x^2}\right) \sin \left(1 + \frac{1}{x}\right)\right] dx$

Aux exercices 27 à 44, dériver les fonctions.

27. $f(x) = e^{x^3}$

28. $f(x) = (e^x)^3$

29. $f(x) = e^x \cos x$

30. $f(x) = \cos(e^x)$

31. $f(x) = e^{\cos 2x}$

32. $f(x) = e^{\cos x}$

33. $f(x) = x^2 e^{10x}$

34. $f(x) = xe^{(x+2)^3}$

35. $f(x) = e^{6x}$

36. $f(x) = xe^x - e^x$

37. $f(x) = x \ln(x + 3)$

38. $f(x) = x \ln x$

39. $f(x) = \dfrac{e^{-x^2}}{1 + x^2}$

40. $f(x) = \ln(\sqrt{x})$

41. $f(x) = \dfrac{e^{\cos x}}{\cos(\sin x)}$

42. $f(x) = \dfrac{x^2 + 2x}{1 + e^{\cos x}}$

43. $f(x) = \dfrac{\sin(e^x)}{e^x + x^2}$

44. $f(x) = e^x \cos(x^{3/2})$

Aux exercices 45 à 54, calculer les intégrales.

45. $\int e^{3x}\, dx$

46. $\int (e^{6x} + e^{-6x})dx$

47. $\int \left(\cos x + \frac{1}{3x}\right) dx$

48. $\int \frac{1}{x + 2}\, dx$

49. $\int \left(\frac{x + 1}{x}\right) dx$

50. $\int \frac{x^2 + x + 2}{x}\, dx$

51. $\int_1^2 (x - \cos x - e^x)dx$

52. $\int_1^2 \left(\frac{1}{x} + \frac{1}{x^2} + \frac{1}{x^3}\right) dx$

53. $\int 3^x\, dx$

54. $\int \left(\frac{x^2 + 2x + 2}{x - 8}\right) dx$

[*Indication* : Diviser d'abord.]

Exercices de révision du chapitre R

Évaluer les limites des exercices 1 à 16, si elles existent.

1. $\lim\limits_{x\to 3} \dfrac{x}{3 - x}$

2. $\lim\limits_{k\to 1} \dfrac{k + k^2 - 2}{k - 1}$

3. $\lim\limits_{x\to a} \dfrac{x^2 - a^2}{x - a}$

4. $\lim\limits_{x\to a} \dfrac{\frac{1}{x} - \frac{1}{a}}{x + a}$

5. $\lim\limits_{\Delta x\to 0} \dfrac{(x + \Delta x)^2 - x^2}{\Delta x}$

6. $\lim\limits_{\Delta x\to 0} \dfrac{-(x + \Delta x)^2 + x^2}{\Delta x}$

7. $\lim\limits_{\Delta x\to 0} \dfrac{\frac{1}{x + \Delta x} - \frac{1}{x}}{\Delta x}$

8. $\lim\limits_{\Delta x\to 0} \dfrac{(x + \Delta x)^3 - x^3}{\Delta x}$

9. $f(x) = \begin{cases} x & \text{si } x \leq 3 \\ x^2 - 6 & \text{si } x > 3 \end{cases}$

a) $\lim_{x \to 2} f(x)$ b) $\lim_{x \to 3} f(x)$ c) $\lim_{x \to 6} f(x)$

10. $f(x) = \begin{cases} x + 3 & \text{si } x < 4 \\ 5 & \text{si } x = 4 \\ x^2 - 9 & \text{si } x > 4 \end{cases}$

$\lim_{x \to 4} f(x)$

11. $\lim_{x \to 0} \left(\dfrac{x}{|x|} + 2 \right)$

12. $\lim_{x \to 1} \dfrac{|x - 1|}{x - 1}$

13. $\lim_{x \to \infty} \dfrac{x - 1}{2x + 1}$

14. $\lim_{x \to \infty} \dfrac{2x^2 + 1}{3x^2 + 2}$

15. $\lim_{x \to -\infty} \dfrac{2x - 1}{3x + 1}$

16. $\lim_{x \to \infty} \dfrac{3x^3 + 2x^2 + 1}{4x^3 - x^2 + x + 2}$

Aux exercices 17 et 18, trouver, si elles existent, les asymptotes horizontales et verticales des fonctions définies et esquisser le graphique de la fonction.

17. $f(x) = \dfrac{x + 1}{x - 2}$

18. $f(x) = \dfrac{x^2 - 5x + 4}{x - 4}$

Aux exercices 19 et 20, dire si la fonction est continue aux points indiqués.

19. $f(x) = \begin{cases} 2x + 1 & \text{si } x \leq 1 \\ 4x - 1 & \text{si } x > 1 \end{cases}$

en $x = 0,\ 1,\ 2$

20. $f(x) = \begin{cases} x^2 & \text{si } x \geq 2 \\ 8 - x^3 & \text{si } -1 \leq x < 2 \\ 12x + 1 & \text{si } x < -1 \end{cases}$

en $x = -1,\ 0,\ 2,\ 3$

Aux exercices 21 à 32, trouver la dérivée des fonctions données.

21. $p(x) = (x^2 + 1)^3$

22. $r(t) = (t^4 + 2t^2)^2$

23. $f(t) = (t^3 - 17t + 9)(3t^5 - t^2 - 1)$

24. $h(x) = (x^4 - 1)(x^2 + x + 2)$

25. $f(x) = (1 - \sqrt{x})(1 + \sqrt{x})$

26. $f(x) = (1 + \sqrt{x})\sqrt{x}$

27. $f(x) = (x - 1)(x^2 + x + 1)$

28. $f(x) = (x^3 + 2)(x^2 + 2x + 1)$

29. $f(x) = \dfrac{1}{x^2} + \dfrac{x}{x^2 + 1}$

30. $f(x) = \dfrac{(x^3 - 1)^2}{x^3 + 1}$

31. $f(x) = \dfrac{\sqrt{x} - 1}{\sqrt{x} + 1}$

32. $f(x) = \dfrac{1}{x + \sqrt{x}}$

Aux exercices 33 et 34, trouver l'équation de la tangente au graphe de f au point indiqué.

33. $f(x) = \left[\dfrac{1}{x} - 2x \right](x^2 + 2);\ x_0 = \dfrac{1}{2}$

34. $f(x) = \dfrac{x^2}{1 + x^2};\ x_0 = 1$

Aux exercices 35 à 38, calculer les dérivées secondes des fonctions données.

35. $f(x) = x^2 - 5$

36. $y = [(x - 1) + x^2][x^3 - 1]$

37. $y = \dfrac{t^2 + 1}{t^2 - 1}$

38. $y = \dfrac{s}{s + 1}$

Trouver les maximums relatifs, les minimums relatifs et les points d'inflexion de chacune des fonctions données aux exercices 39 à 42. Trouver aussi les intervalles sur lesquels chaque fonction est croissante, décroissante, concave vers le haut et concave vers le bas.

39. $f(x) = \frac{1}{4}x^2 - 1$

40. $f(x) = \frac{1}{x(x-1)}$

41. $f(x) = x^3 + 2x^2 - 4x + \frac{3}{2}$

42. $f(x) = x^2 - x^4$

Tracer le graphique des fonctions données aux exercices 43 à 46.

43. $f(x) = \frac{x^2}{1-x^2}$

44. $f(x) = \frac{3x^2+4}{x^2-9}$

45. $f(x) = \frac{1-x^2}{1+x^2}$

46. $f(x) = \frac{x}{1-x}$

Aux exercices 47 à 50, trouver les points critiques, les bornes, le maximum absolu et le minimum absolu ainsi que leurs valeurs pour chacune des fonctions sur l'intervalle donné.

47. $f(x) = x^2 - x$ sur $[0, 1[$

48. $f(x) = x^4 - 4x^2 + 7$ sur $[-4, 2]$

49. $f(x) = x^2 - 3x + 1$ sur chacun des intervalles suivants.

a) $]2, +\infty$

b) $-\infty, \frac{1}{2}]$

c) $]-2, 2[$

d) $\mathbb{R}$

50. $f(x) = 7x^2 + 2x + 4$ sur

a) $[-1, 1]$

b) $]0, +\infty$

c) $[-4, 2[$

Aux exercices 51 à 56, trouver l'intégrale.

51. $\int (x^3 + 3x)dx$

52. $\int (t^3 + t^{-2})dt$

53. $\int \frac{1}{(t+1)^2}dt$

54. $\int \frac{w^2+2}{w^5}dw$

55. $\int \sqrt{8x+3}\,dx$

56. $\int \sqrt{10x-3}\,dx$

Dériver les fonctions données aux exercices 57 à 72.

57. $f(\theta) = (\cos\theta)(\sin\theta + \theta)$

58. $f(\theta) = \frac{\cos\theta}{\cos\theta - 1}$

59. $f(\theta) = \frac{\cos\theta + \sin\theta}{\sin\theta + 1}$

60. $f(x) = (\sqrt{x} + \cos x)^4$

61. $f(x) = \frac{x}{\cos x + \sin(x^2)}$

62. $f(x) = \sqrt{\cos x}$

63. $f(x) = \sin^{-1}(8x)$

64. $f(t) = \cos^{-1}\left(\frac{t}{t+1}\right)$

65. $f(x) = \tan^{-1}\left(\frac{2x^5+x}{1-x^2}\right)$

66. $f(y) = \sec^{-1}\left(y - \frac{1}{y^2}\right)$

67. $f(x) = e^{x^2+1}$

68. $f(x) = (e^{3x^3+x})(1-e^x)$

69. $f(x) = e^{1-x^2} + x^3$

70. $f(x) = e^{2x} - \cos(x + e^{2x})$

71. $f(x) = \ln(\sin x)$

72. $f(x) = \ln(x^2 - 3x)$

Aux exercices 73 à 78, trouver les intégrales.

73. $\int (x^3 + \sin x)dx$

74. $\int (\sin 2x + \sqrt{x})dx$

75. $\int e^{2x}\, dx$

76. $\int (x^2 + e^x)dx$

77. $\int (\cos x + e^{4x})dx$

78. $\int \left(\frac{x^2 + 1}{2x}\right)dx$

Chapitre 1

Intégration

L'intégration, définie comme un procédé de sommation continue, est reliée à la différentiation par le théorème fondamental du calcul intégral.

Dans toutes les langues, le terme *intégrer* s'emploie pour indiquer que l'on rassemble des objets dans un tout, tandis que le terme *différentier* indique que l'on sépare ou que l'on distingue des objets.

Faire la soustraction de deux nombres, c'est en calculer la différence soit, en quelque sorte, les différentier. La dérivation, ou différentiation, en analyse, consiste à faire la différence entre les valeurs d'une fonction en deux points voisins de son domaine de définition.

Par analogie, on peut dire que l'addition est une intégration. En effet, on rassemble en quelque sorte deux nombres pour en obtenir la somme. En analyse, l'intégration est une opération sur les fonctions qui consiste à faire la « somme continue » de toutes les valeurs de la fonction sur un intervalle. Ce procédé peut être appliqué chaque fois qu'une grandeur physique est fonction du temps ou d'une autre grandeur. Nous verrons, par exemple, dans ce chapitre que la distance parcourue par un mobile en mouvement sur une droite est l'intégrale de la vitesse par rapport au temps, généralisant ainsi la formule « distance = vitesse × temps », qui est valable quand la vitesse est constante. On peut montrer aussi qu'on obtient le volume d'un fil de section variable en intégrant l'aire de la section sur l'intervalle de la longueur du fil et qu'on obtient l'énergie totale consommée dans une maison durant un jour en intégrant sur l'intervalle d'un jour la puissance variable consommée en fonction du temps.

1.1 Sommation

Le symbole $\sum_{i=1}^{n} a_i$ *est une façon concise d'écrire* $a_1 + a_2 + a_3 + \ldots + a_n$.

Pour illustrer le concept d'intégration et ses propriétés fondamentales, revenons à la relation entre distance et vitesse. Dans un premier cours, nous avons vu que la vitesse est la dérivée par rapport au temps de la distance parcourue :

$$\text{vitesse} \approx \frac{\Delta d}{\Delta t} = \frac{\text{variation de la distance}}{\text{variation du temps}} \tag{1}$$

Dans ce cours, il est beaucoup plus intéressant de considérer cette dernière relation sous la forme

$$\Delta d \approx \text{vitesse} \times \Delta t \tag{2}$$

Par exemple, considérons un autobus parcourant une autoroute rectiligne; supposons que sa position par rapport à la position de départ y est donnée par la fonction $y = F(t)$, où y est mesurée en mètres et t, le temps, en secondes. (Voir figure 1.1.1.) Cherchons à calculer la position y à partir de la vitesse v.

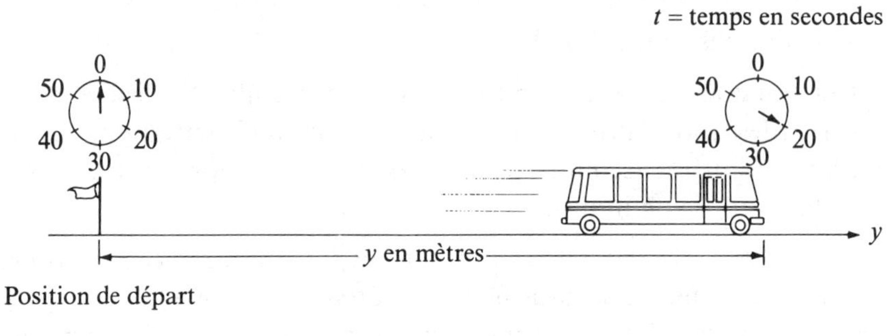

Figure 1.1.1

Une première façon d'obtenir explicitement y revient à utiliser la formule $v = dy/dt$ et la notion de primitive. Ici, nous présentons une autre approche basée sur l'équation (2).

Si la vitesse est constante sur un intervalle Δt, alors l'approximation ($\approx$) dans l'équation (2), devient une égalité : $\Delta d = v \times \Delta t$. Cela nous amène à une autre éventualité très simple : supposons que l'intervalle de temps Δt soit divisé en deux sous-intervalles Δt_1 et Δt_2 sur lesquels les vitesses respectives v_1 et v_2 seraient constantes. (Cela n'est pas tout à fait vrai, mais convient à notre façon de voir.) La distance parcourue pendant le premier intervalle est $v_1 \times \Delta t_1$ et, durant le second intervalle, elle est $v_2 \times \Delta t_2$; la distance totale parcourue est alors

$$\Delta d = v_1 \Delta t_1 + v_2 \Delta t_2$$

En continuant ainsi, nous obtenons le résultat suivant.

Distance et vitesse

Si une particule se déplace à une vitesse constante v_1 sur un intervalle de temps Δt_1, v_2 sur l'intervalle Δt_2, v_3 sur l'intervalle Δt_3 ... et v_n sur l'intervalle Δt_n, la distance totale parcourue est

$$\Delta d = v_1 \Delta t_1 + v_2 \Delta t_2 + v_3 \Delta t_3 + \ldots + v_n \Delta t_n \qquad (3)$$

Dans (3), le symbole « + ... + » indique que l'on ajoute tous les termes sans en oublier un jusqu'au dernier $v_n \Delta t_n$.

Exemple 1

Supposons que l'autobus de la figure 1.1.1 se déplace aux vitesses suivantes :

4 mètres par seconde pendant les 2,5 premières secondes;
5 mètres par seconde pendant les 3 secondes suivantes;
3,2 mètres par seconde pendant les 2 secondes suivantes;
1,4 mètre par seconde pendant la dernière seconde.

Quelle distance aura-t-il parcourue après 8,5 secondes ?

Solution

Utilisons la formule (3) avec $n = 4$ et

$$\begin{aligned} v_1 &= 4, & \Delta t_1 &= 2{,}5 \\ v_2 &= 5, & \Delta t_2 &= 3 \\ v_3 &= 3{,}2, & \Delta t_3 &= 2 \\ v_4 &= 1{,}4, & \Delta t_4 &= 1 \end{aligned}$$

Nous obtenons

$$\begin{aligned} \Delta d &= 4 \times 2{,}5 + 5 \times 3 + 3{,}2 \times 2 + 1{,}4 \times 1 \\ &= 10 + 15 + 6{,}4 + 1{,}4 \\ &= 32{,}8 \text{ mètres} \end{aligned}$$

□

Nous verrons bientôt que l'intégration utilise un procédé de sommation analogue à (3). Pour préparer cet exposé, nous devons établir une notation systématique pour la sommation; cette notation sera aussi utilisée au chapitre 6 pour les séries.

Symbole Σ

Étant donné n nombres, $a_1, a_2, ..., a_n$, leur somme sera notée $\sum_{i=1}^{n} a_i$.

On aura donc :

$$a_1 + a_2 + a_3 + ... + a_n = \sum_{i=1}^{n} a_i \tag{4}$$

Σ est la lettre grecque *sigma* majuscule, l'équivalent de la lettre romaine S (initiale de *somme*). On lit l'expression (4) « somme des a_i pour i entier variant de 1 à n ».

Exemple 2

a) Calculer $\sum_{i=1}^{4} a_i$, si $a_1 = 2, a_2 = 3, a_3 = 4, a_4 = 6$.

b) Calculer $\sum_{i=1}^{4} i^2$.

Solution

a) $\sum_{i=1}^{4} a_i = a_1 + a_2 + a_3 = a_4 = 2 + 3 + 4 + 6 = 15$.

b) Dans ce cas $a_i = i^2$, de sorte que

$$\sum_{i=1}^{4} i^2 = 1^2 + 2^2 + 3^2 + 4^2 = 1 + 4 + 9 + 16 = 30. \qquad \square$$

La formule (3) de la page précédente peut alors s'écrire :

$$\Delta d = \sum_{i=1}^{n} v_i \, \Delta t_i \tag{3'}$$

La lettre i dans (4) est appelée **indice muet**; nous pouvons la remplacer par une autre lettre partout où elle apparaît, sans changer la valeur de l'expression. Ainsi,

$$\sum_{k=1}^{n} a_k \quad \text{et} \quad \sum_{i=1}^{n} a_i$$

ont la même valeur puisque les deux expressions sont égales à $a_1 + a_2 + a_3 + \ldots + a_n$.

Il n'est pas nécessaire qu'une sommation commence à 1; ainsi

$$\sum_{i=2}^{6} b_i = b_2 + b_3 + b_4 + b_5 + b_6$$

et

$$\sum_{j=-2}^{3} c_j = c_{-2} + c_{-1} + c_0 + c_1 + c_2 + c_3$$

Exemple 3

Calculer $\sum_{k=2}^{5} (k^2 - k)$.

Solution

$$\begin{aligned}\sum_{k=2}^{5} (k^2 - k) &= (2^2 - 2) + (3^2 - 3) + (4^2 - 4) + (5^2 - 5) \\ &= 2 + 6 + 12 + 20 \\ &= 40\end{aligned}$$

□

Notation d'une sommation

Pour évaluer

$$\sum_{i=m}^{n} a_i$$

où m et n sont des entiers et les a_i des nombres réels, on donne à i toutes les valeurs entières comprises entre m et n ($m \leq i \leq n$). Pour chaque i, on évalue a_i et on fait la somme de tous les a_i (on y dénombre $(n - m + 1)$ termes).

Propriétés des sommations

Nous donnons ci-dessous des propriétés générales de l'opération de sommation.

Propriétés des sommations

1. $\sum_{i=m}^{n} (a_i + b_i) = \sum_{i=m}^{n} a_i + \sum_{i=m}^{n} b_i$

2. $\sum_{i=m}^{n} ca_i = c \sum_{i=m}^{n} a_i$, où c est une constante.

3. Si $m \leq n$ et $n + 1 \leq p$,

$$\sum_{i=m}^{p} a_i = \sum_{i=m}^{n} a_i + \sum_{i=n+1}^{p} a_i$$

4. Si $a_i = C$ pour tout i tel que $m \leq i \leq n$ et C est une constante,

$$\sum_{i=m}^{n} a_i = C(n - m + 1)$$

5. Si $a_i \leq b_i$ pour tout i tel que $m \leq i \leq n$,

$$\sum_{i=m}^{n} a_i \leq \sum_{i=m}^{n} b_i$$

Ce sont, en fait, des propriétés fondamentales de l'addition étendues aux sommes de plusieurs nombres. Par exemple, la propriété 2 est une loi de distributivité. La propriété 3 indique que $a_m + a_{m+1} + \ldots + a_p = (a_m + \ldots + a_n) + (a_{n+1} + \ldots + a_p)$, qui n'est rien d'autre qu'une généralisation de la loi d'associativité. La propriété 5 est une généralisation de la loi fondamentale des inégalités : si $a \leq b$ et $c \leq d$ alors $a + c \leq b + d$.

La formule suivante donne la somme des n premiers nombres entiers. Elle est très utile.

Somme des *n* premiers nombres entiers

$$\sum_{i=1}^{n} i = \frac{1}{2} n(n + 1) \qquad (5)$$

Pour prouver cette formule, considérons $S = \sum_{i=1}^{n} i = 1 + 2 + \ldots + n$ et écrivons-la en inversant l'ordre des termes. Additionnons les deux équations membre à membre :

$$\begin{array}{rcccccccc} S = & 1 & + 2 & + 3 & + \ldots & + (n-2) & + (n-1) & + n \\ S = & n & + (n-1) & + (n-2) & + \ldots & + 3 & + 2 & + 1 \\ \hline 2S = & (n+1) & + (n+1) & + (n+1) & + \ldots & + (n+1) & + (n+1) & + (n+1) \end{array}$$

Puisqu'il y a n termes dans la somme, le membre de droite de la dernière équation vaut $n(n+1)$ et donc $2S = n(n+1)$, d'où $S = \frac{1}{2}n(n+1)$.

Exemple 4

Trouver la somme des 100 premiers nombres entiers [1].

Solution

En remplaçant n par 100 dans $S = \frac{1}{2}n(n+1)$, on obtient

$$S = \frac{1}{2} \times 100 \times 101 = 50 \times 101 = 5\,050 \qquad \square$$

Exemple 5

Trouver la somme de $4 + 5 + 6 + \ldots + 29$ à l'aide des propriétés des sommations.

Solution

Cette somme est

$$\sum_{i=4}^{29} i$$

En appliquant la propriété 3, on peut l'écrire comme la différence

$$\sum_{i=1}^{29} i - \sum_{i=1}^{3} i$$

Puis en utilisant (5) deux fois, on obtient :

$$\sum_{i=4}^{29} i = \frac{1}{2} \cdot 29 \cdot 30 - \frac{1}{2} \cdot 3 \cdot 4 = 29 \cdot 15 - 3 \cdot 2 = 435 - 6 = 429 \qquad \square$$

1. On raconte que l'illustre mathématicien C.F. Gauss (1777-1855), à qui son instituteur demandait d'additionner les 100 premiers nombres entiers, répondit immédiatement 5050; il avait établi de tête la formule $S = 1/2\,n(n+1)$. Il avait alors 10 ans !

Exemple 6

Évaluer $\sum_{j=3}^{102} (j-2)$.

Solution

Utilisons les propriétés des sommations :

$$\sum_{j=3}^{102} (j-2) = \sum_{j=3}^{102} j - \sum_{j=3}^{102} 2 \qquad \text{(propriété 1)}$$

$$= \sum_{j=1}^{102} j - \sum_{j=1}^{2} j - 2(100) \qquad \text{(propriétés 3 et 4)}$$

$$= \frac{1}{2}(102)(103) - 3 - 200 \qquad \text{(formule 5)}$$

$$= 5\,050$$

Nous aurions pu aussi résoudre ce problème en faisant la substitution $i = j - 2$; ainsi, pour j variant de 3 à 102, i varie de 1 à 100 et on obtient

$$\sum_{j=3}^{102} (j-2) = \sum_{i=1}^{100} i = \frac{1}{2} \times 100 \times 101 = 5\,050$$ □

Pour bien utiliser la seconde méthode appliquée dans l'exemple 6, il faut bien comprendre les notations. Tout le secret est là !

Exemple 7

Montrer que $\sum_{i=1}^{n} [i^3 - (i-1)^3] = n^3$.

Solution

Développons la somme

$$\sum_{i=1}^{n} [i^3 - (i-1)^3] = [1^3 - 0^3] + [2^3 - 1^3] + [3^3 - 2^3] + [4^3 - 3^3] + \ldots + [(n-1)^3 - (n-2)^3] + [n^3 - (n-1)^3]$$

Nous voyons que 1^3 et -1^3 s'annulent, de même que 2^3 et -2^3, etc., jusqu'à $(n-1)^3$ et $-(n-1)^3$. Finalement il ne reste que

$$-0^3 + n^3 = n^3$$ □

On peut ainsi éviter de faire la somme au long puisqu'elle se réduit à n^3. On montrerait de la même façon le résultat de l'encadré ci-dessous.

Somme réductible

$$\sum_{i=1}^{n} (a_i - a_{i-1}) = a_n - a_0 \qquad (7)$$

L'exemple suivant utilise une somme réductible.

Exemple 8
Supposons que l'autobus de la figure 1.1.1 est au point y_i au temps t_i, $i = 0, ..., n$ et que durant l'intervalle $]t_{i-1}, t_i[$ sa vitesse est une constante

$$v_i = \frac{y_i - y_{i-1}}{t_i - t_{i-1}} = \frac{\Delta y_i}{\Delta t_i}, \qquad i = 1, ..., n$$

En utilisant une somme réductible, montrer que la distance parcourue est égale à la différence entre les positions initiale et finale, soit :

distance parcourue = position finale – position initiale

Solution
La formule (3′) indique que la distance parcourue est

$$\Delta d = \sum_{i=1}^{n} v_i \, \Delta t_i$$

Puisque $v_i = \Delta y_i / \Delta t_i$, on obtient

$$\Delta d = \sum_{i=1}^{n} \left(\frac{\Delta y_i}{\Delta t_i}\right) \Delta t_i = \sum_{i=1}^{n} \Delta y_i = \sum_{i=1}^{n} (y_i - y_{i-1})$$

C'est une somme réductible qui, d'après (7), vaut $y_n - y_0$, c'est-à-dire la position finale moins la position initiale. (Voir figure 1.1.2, où $n = 3$.)

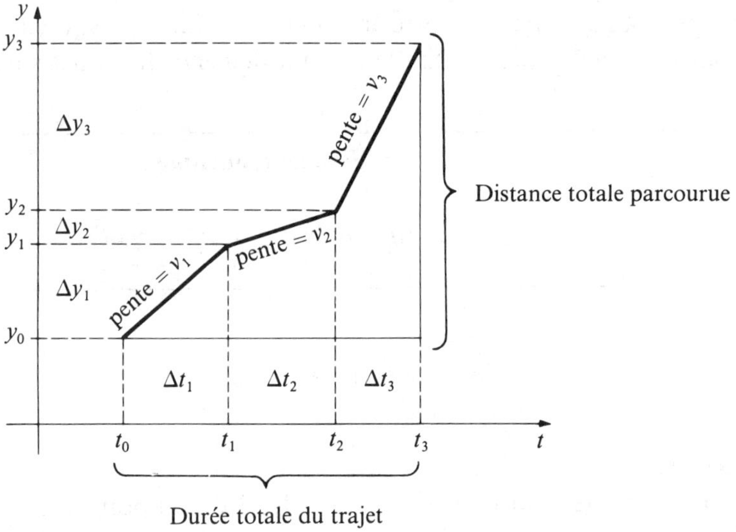

□

Figure 1.1.2

Exercices de la section 1.1

Dans les exercices 1 à 4, un mobile se déplace sur une droite avec des vitesses données sur des intervalles donnés. Calculer la distance totale parcourue.

1. 2 m/s pendant 3 s puis
1,8 m/s pendant 2 s, puis encore
2,1 m/s pendant 3 s et enfin
3 m/s pendant 1,5 s.

2. 3 m/s pendant 1,5 s puis
1,2 m/s pendant 3 s, puis encore
2,1 m/s pendant 2,4 s et enfin
4 m/s pendant 3 s.

3. 8 m/s pendant 1,2 s puis
10 m/s pendant 3,1 s, puis encore
12 m/s pendant 4,2 s.

4. 2 m/s pendant 8,1 s puis
3,2 m/s pendant 2 s, puis encore
4,6 m/s pendant 1,1 s.

Dans les exercices 5 à 8, calculer les sommes.

5. $\sum_{i=1}^{4} (i^2 + 1)$

6. $\sum_{i=1}^{3} i^3$

7. $\sum_{i=1}^{5} i(i - 1)$

8. $\sum_{i=1}^{6} i(i - 2)$

Dans les exercices 9 à 12, calculer les sommes.

9. $1 + 2 + \ldots + 25$

10. $3 + 4 + \ldots + 39$

11. $\sum_{i=1}^{45} i$

12. $\sum_{i=3}^{99} i$

Dans les exercices 13 à 16, calculer les sommes.

13. $\sum_{j=4}^{80} (j-3)$

14. $\sum_{j=8}^{108} (j-7)$

15. $\sum_{i=1}^{99} [(i+1)^2 - i^2]$

16. $\sum_{i=1}^{100} [(i+1)^5 - i^5]$

17. Trouver $\sum_{j=-2}^{2} j^3$

18. Trouver $\sum_{j=-1000}^{1000} j^5$

19. Trouver $\sum_{j=1}^{102} (j+6)$

20. Trouver $\sum_{k=-20}^{10} k$

21. Trouver une formule pour

$$\sum_{i=m}^{n} i$$

où m et n sont des entiers ≥ 0.

22. Trouver

$$\sum_{i=1}^{12} a_i$$

où a_i est le nombre de jours dans le $i^{\text{ième}}$ mois de l'année 1989.

23. Montrer que $\sum_{k=1}^{1000} 1/(1+k^2) \leq 1000$.

24. Montrer que $\sum_{i=1}^{300} 3/(1+i) \leq 300$.

Calculer les sommes réductibles suivantes.

25. $\sum_{i=1}^{100} [i^4 - (i-1)^4]$

26. $\sum_{i=1}^{32} \{(3i)^2 - [3(i-1)]^2\}$

27. $\sum_{i=1}^{100} [(i+2)^2 - (i+1)^2]$

28. $\sum_{i=1}^{41} [(i+3)^2 - (i+2)^2]$

29. Tracer un graphique comme celui de la figure 1.1.2 pour les données de l'exercice 1.

30. Tracer un graphique comme celui de la figure 1.1.2 pour les données de l'exercice 2.

Dans les exercices 31 à 34, calculer les sommes.

31. $\sum_{k=0}^{100} (3k-2)$

32. $\sum_{i=0}^{n} (2i+1)$

33. $\sum_{j=2}^{6} 2^j$

34. $\sum_{k=1}^{3} 3^k$

***35.** Par la méthode des sommes réductibles, nous avons

$$\sum_{i=1}^{n} [(i+1)^3 - i^3] = (n+1)^3 - 1$$

a) Écrire $(i+1)^3 - i^3 = 3i^2 + 3i + 1$ et utiliser les propriétés des sommations pour prouver que

$$\sum_{i=1}^{n} i^2 = \frac{n(n+1)(2n+1)}{6}$$

b) Trouver une formule pour

$$\sum_{i=m}^{n} i^2$$

en fonction de m et n, où m et n sont des entiers ≥ 0.

c) Par une méthode analogue à celle utilisée en a), trouver une formule pour $\sum_{i=1}^{n} i^3$.

1.2 Sommes et aires

L'aire d'une surface sous une courbe peut être approximée par une somme.

Dans la section précédente, nous avons vu que la formule donnant la distance en fonction de la vitesse est

$$\Delta d = \sum_{i=1}^{n} v_i \, \Delta t_i$$

quand la vitesse est une constante v_i pendant l'intervalle $]t_{i-1}, t_i[$. Dans cette section, nous discuterons de l'interprétation géométrique de ce fait.

Représentons la vitesse d'un autobus en fonction du temps. Appelons $[a, b]$ l'intervalle de temps à considérer; t varie de a à b, et cet intervalle est divisé en n sous-intervalles par les points t_i, de sorte que $a = t_0 < t_1 < \dots < t_n = b$. Le $i^{\text{ième}}$ intervalle est $]t_{i-1}, t_i[$ sur lequel la vitesse v_i est une constante[2]. La figure 1.2.1 montre la vitesse en fonction du temps.

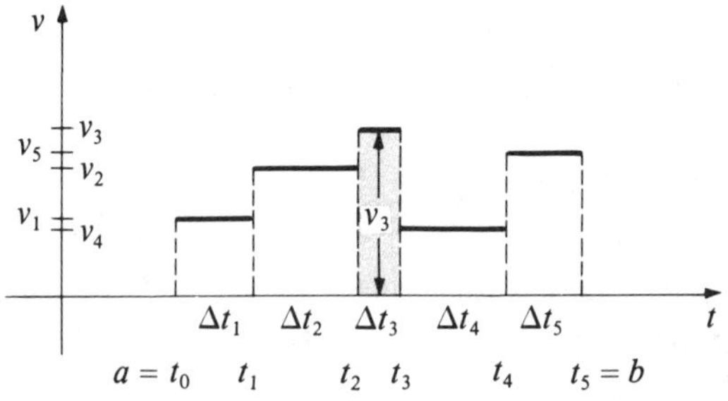

Figure 1.2.1

2. Nous pouvons volontairement rester vagues sur la valeur de v aux extrémités des sous-intervalles quand l'autobus change brusquement de vitesse. La valeur de Δd, en effet, ne dépend pas de v à chaque t_i; nous pouvons donc négliger ces points.

Remarquons que $v_i \, \Delta t_i$ donne exactement l'aire d'un rectangle sur le $i^{\text{ième}}$ intervalle de base Δt_i (le rectangle pour $i = 3$ est ombré). Ainsi

$$\Delta d = \sum_{i=1}^{n} v_i \, \Delta t_i$$

représente la somme des aires des rectangles sous la courbe v. Cela nous suggère que la recherche des distances en fonction des vitesses a quelque chose à voir avec le calcul des aires, peu importe que la vitesse varie de façon continue ou qu'elle change de façon brusque. Considérons alors les aires en désignant la variable indépendante par x plutôt que par t.

Aire sous la courbe

L'**aire sous la courbe** d'une fonction f sur un intervalle donné $[a, b]$ est définie comme l'aire de la région du plan limitée par la courbe $y = f(x)$, l'axe des x et les droites verticales $x = a$ et $x = b$. Nous supposons que $f(x) \geq 0$ sur $[a, b]$. (Voir figure 1.2.2.) Dans la prochaine section, nous travaillerons avec des fonctions éventuellement négatives.

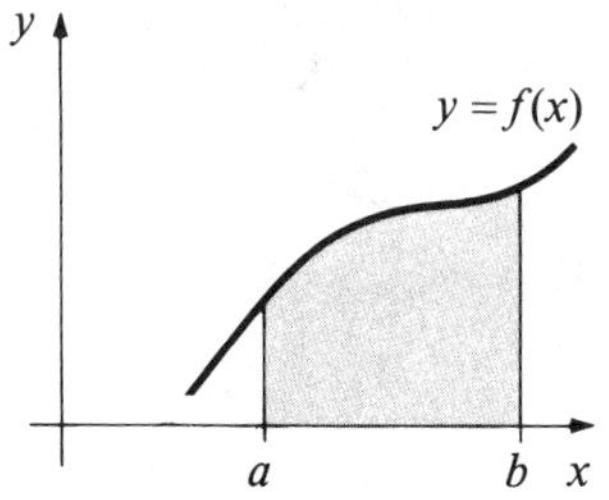

Figure 1.2.2 Aire sous la courbe $y = f(x)$ entre $x = a$ et $x = b$.

Il y a certaines ressemblances entre les propriétés des sommes et celles des aires. La propriété des sommes

$$\sum_{i=m}^{p} a_i = \sum_{i=m}^{n} a_i + \sum_{i=n+1}^{p} a_i$$

correspond à la propriété d'additivité des aires : si une région du plan est partagée en deux parties par une courbe C, l'aire de la région est égale à la somme des aires des deux parties. (Voir figure 1.2.3.)

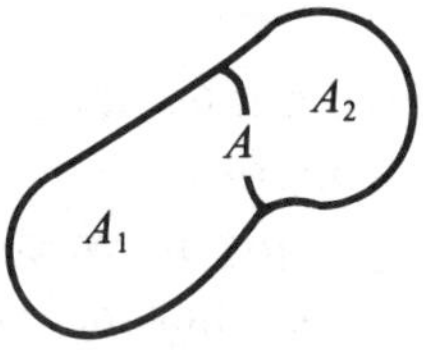

Figure 1.2.3 Aire (A) = aire (A_1) + aire (A_2).

Selon une autre propriété des sommes, si $a_i < b_i$ pour $i = m, m+1, \ldots, n$, alors

$$\sum_{i=m}^{n} a_i \leq \sum_{i=m}^{n} b_i$$

La propriété équivalente pour les aires est l'inclusion : si une région B est contenue dans la région A, la région A a une aire supérieure à celle de B. (Voir figure 1.2.4.)

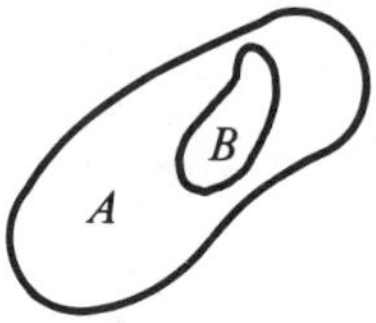

Figure 1.2.4 Aire $(A) \geq$ aire (B).

Fonctions en escalier

Le lien entre les aires et les sommes devient plus clair si nous considérons les fonctions en escalier. Une fonction g définie sur $[a, b]$ est appelée **fonction en escalier** si $[a, b]$ peut être subdivisé en sous-intervalles tels que g soit constante sur chacun d'eux. Plus précisément, il existe $x_0, x_1, \ldots, x_n$ avec

$$a = x_0 < x_1 < x_2 < \ldots < x_{n-1} < x_n = b$$

tels que g est constante sur les intervalles $]x_0, x_1[,]x_1, x_2[, \ldots,]x_{n-1}, x_n[$, comme dans la figure 1.2.5. Les valeurs de g aux extrémités des intervalles n'affecteront en rien nos calculs. La liste $(x_0, x_1, \ldots, x_n)$ est appelée **partition** de $[a, b]$.

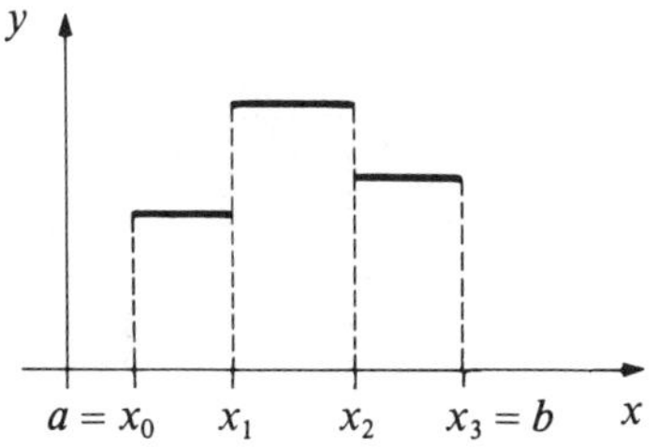

Figure 1.2.5 Une fonction en escalier.

Exemple 1

Représenter graphiquement la fonction en escalier g définie sur [2, 4] par

$$g(x) = \begin{cases} 1 & \text{si } \ 2 \leq x \leq 2{,}5, \\ 3 & \text{si } 2{,}5 < x < 3{,}5, \\ 2 & \text{si } 3{,}5 \leq x \leq 4. \end{cases}$$

Solution

La courbe $y = g(x)$ sur [2, 2,5] est une horizontale car $y = 1$ sur cet intervalle. Les extrémités de cette partie du graphique sont représentées par des points pour indiquer que g vaut 1 pour $x = 2$ et pour $x = 2{,}5$. On procède de même pour les autres sous-intervalles en représentant les extrémités du graphique sur le deuxième intervalle par des petits cercles pour indiquer que ces points n'appartiennent pas au graphe de g. On obtient ainsi le graphe de g, comme à la figure 1.2.6. □

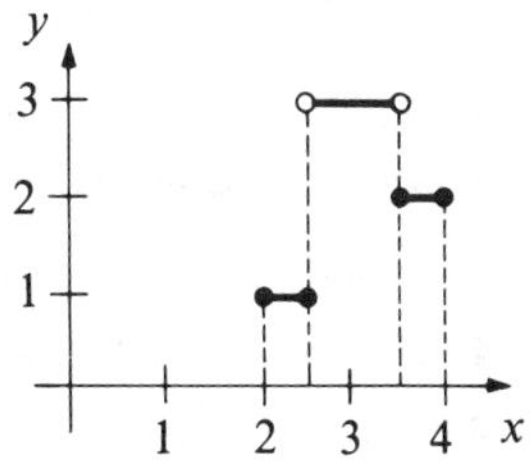

Figure 1.2.6 □

Si la fonction en escalier est non négative, la région sous la courbe peut être divisée en rectangles et son aire peut s'exprimer comme une somme. Habituellement, on note Δx_i la longueur $x_i - x_{i-1}$ du $i^{\text{ième}}$ intervalle. Si la valeur de g sur cet intervalle est $k_i \geq 0$, l'aire du rectangle correspondant de base Δx_i et de hauteur k_i vaut $k_i \times \Delta x_i$. Comme on peut le voir sur la figure 1.2.7, l'aire totale de la région sous la courbe est

$$k_1 \Delta x_1 + k_2 \Delta x_2 + \ldots + k_n \Delta x_n = \sum_{i=1}^{n} k_i \, \Delta x_i$$

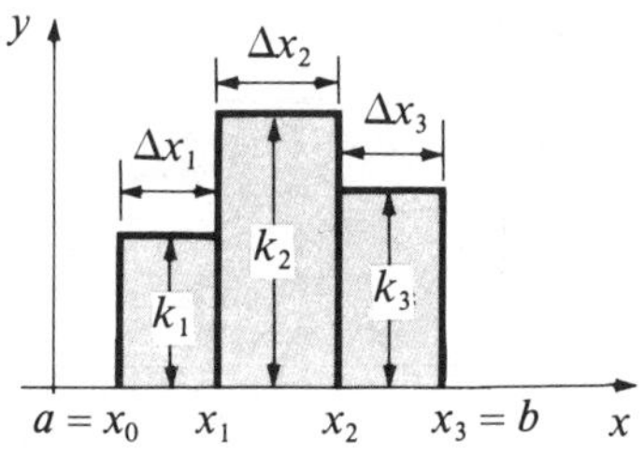

Figure 1.2.7

Exemple 2

Quels sont les x_i, les Δx_i et les k_i pour la fonction en escalier de l'exemple 1? Calculer l'aire de la région sous la courbe $y = g(x)$.

Solution

Observons les figures 1.2.6 et 1.2.7 et commençons par désigner l'extrémité de gauche par x_0, soit $x_0 = 2$. Les autres points de la partition sont $x_1 = 2{,}5$, $x_2 = 3{,}5$ et $x_3 = 4$. Les Δx_i sont les longueurs des intervalles : $\Delta x_1 = x_1 - x_0 = 0{,}5$, $\Delta x_2 = 1$ et $\Delta x_3 = 0{,}5$. Enfin les k_i sont les hauteurs des rectangles : $k_1 = 1$, $k_2 = 3$ et $k_3 = 2$. L'aire de la région sous la courbe est

$$\sum_{i=1}^{3} k_i\,\Delta x_i = (1)(0{,}5) + (3)(1) + (2)(0{,}5) = 4{,}5 \qquad \square$$

Fonction en escalier

Une fonction g définie sur $[a, b]$ est une fonction en escalier si on peut diviser l'intervalle $[a, b]$ en sous-intervalles de largeur Δx_i sur chacun desquels g est égale à une constante k_i.

Si les k_i sont tous positifs ou nuls, l'aire de la région sous la courbe $y = g(x)$ est

$$\sum_{i=1}^{n} k_i\,\Delta x_i$$

Pour établir la formule de l'aire d'une région sous la courbe d'une fonction en escalier, nous avons utilisé le fait que l'aire d'un rectangle est égale au produit de sa longueur par sa largeur et nous avons appliqué également la propriété additive des aires. En utilisant la propriété d'inclusion, nous pouvons trouver l'aire des régions sous la courbe pour des fonctions en général en les comparant avec les fonctions en escalier; cette idée qui remonte à la Grèce antique sera notre point de départ pour définir l'intégrale.

Sommes inférieure et supérieure

Étant donné une fonction non négative f, nous désirons calculer l'aire A de la région située sous la courbe de f entre $x = a$ et $x = b$. Une **somme inférieure** pour f sur $[a, b]$ est définie comme l'aire de la région sous la courbe d'une fonction en escalier g non négative pour laquelle $g(x) \leq f(x)$ sur $[a, b]$. Si $g(x) = k_i$ sur le $i^{\text{ième}}$ sous-intervalle, la propriété d'inclusion des aires nous permet d'écrire

$$\sum_{i=1}^{n} k_i \Delta x_i \leq A$$

(Voir figure 1.2.8.)

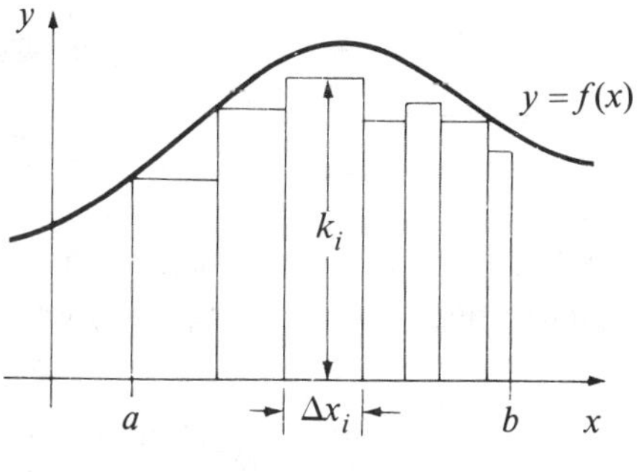

Figure 1.2.8

De la même façon, une **somme supérieure** pour f sur $[a, b]$ est définie comme l'aire de la région sous la courbe d'une fonction en escalier h non négative pour laquelle $f(x) \leq h(x)$ sur $[a, b]$. Si $h(x) = l_j$ sur le $j^{\text{ième}}$ sous-intervalle, la propriété d'inclusion des aires nous permet d'écrire

$$A \leq \sum_{j=1}^{m} l_j \Delta x_j$$

(Voir figure 1.2.9.)

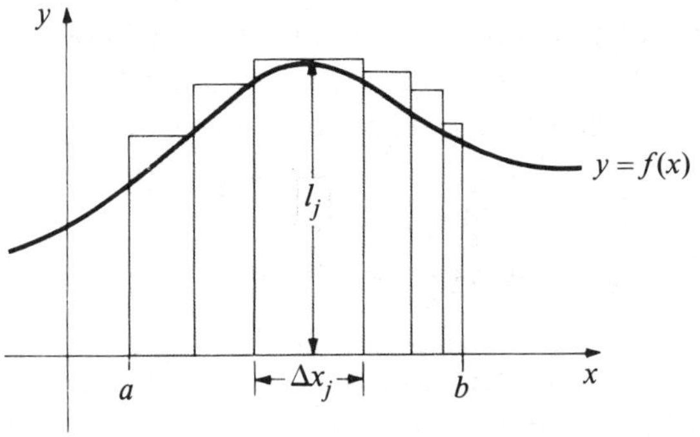

Figure 1.2.9

Ainsi l'aire de la région sous la courbe de f est comprise entre les sommes supérieure et inférieure.

Exemple 3

Soit $f(x) = x^2 + 1$ pour $0 \leq x \leq 2$ et les fonctions en escalier g et h telles que

$$g(x) = \begin{cases} 0 & 0 \leq x \leq 1 \\ 2 & 1 < x \leq 2 \end{cases} \qquad \text{et} \qquad h(x) = \begin{cases} 2 & 0 \leq x \leq \frac{2}{3} \\ 4 & \frac{2}{3} < x \leq \frac{4}{3} \\ 5 & \frac{4}{3} < x \leq 2 \end{cases}$$

Représenter graphiquement $f(x)$, $g(x)$ et $h(x)$ sur le même système d'axes. Quelles sommes supérieure et inférieure peut-on obtenir pour f en utilisant g et h?

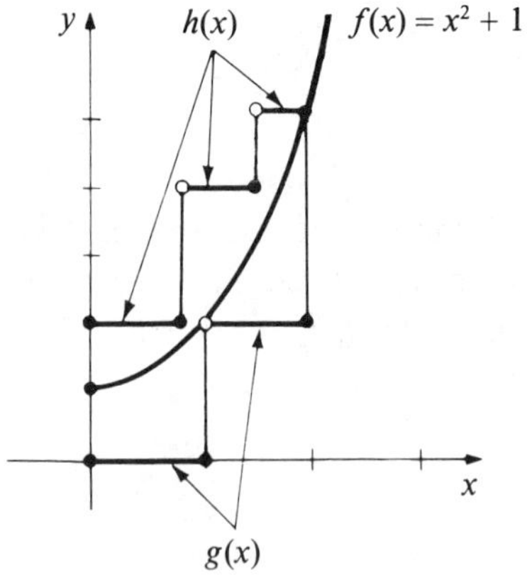

Figure 1.2.10

Solution

Les fonctions sont représentées sur la figure 1.2.10. Pour g, on a $\Delta x_1 = 1$, $k_1 = 0$ et $\Delta x_2 = 1$, $k_2 = 2$. Puisque $g(x) \leq f(x)$ pour tout x dans l'intervalle $]0, 2[$ (le graphique de g est au-dessous de celui de f), on a comme somme inférieure

$$\sum_{i=1}^{2} k_i \, \Delta x_i = 0 \bullet 1 + 2 \bullet 1 = 2$$

Pour h, on a $\Delta x_1 = \frac{2}{3}$, $l_1 = 2$, $\Delta x_2 = \frac{2}{3}$, $l_2 = 4$ et $\Delta x_3 = \frac{2}{3}$, $l_3 = 5$. Puisque le graphique de h est au-dessus de celui de f, $h(x) \geq f(x)$ pour tout x sur l'intervalle $]0, 2[$, on a la somme supérieure

$$\sum_{j=1}^{3} l_j \, \Delta x_j = 2 \bullet \frac{2}{3} + 4 \bullet \frac{2}{3} + 5 \bullet \frac{2}{3} = \frac{22}{3} = 7\frac{1}{3}$$

□

En utilisant des partitions avec suffisamment de sous-intervalles, on peut espérer trouver des fonctions en escalier plus petite et plus grande que f telles que les sommes inférieure et supérieure correspondantes soient aussi proches l'une de l'autre qu'on le désire. Remarquons que la différence entre les sommes supérieure et inférieure est égale à l'aire de la région située entre les graphiques des fonctions en escalier. (Voir figure 1.2.11.) On peut espérer que cette aire sera très petite si les sous-intervalles sont suffisamment petits et si les valeurs des fonctions en escalier sont suffisamment proches de celles de f.

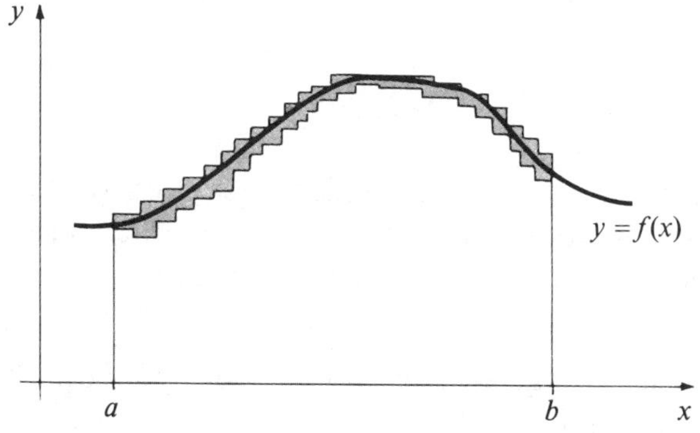

Figure 1.2.11

Supposons que les sommes supérieure et inférieure puissent être arbitrairement proches l'une de l'autre. Alors il ne peut y avoir qu'un seul nombre A tel que $L \leq A \leq U$ pour toute somme inférieure L et toute somme supérieure U, et ce nombre doit être l'aire de la région sous la courbe.

Aire d'une région sous une courbe

Pour calculer l'aire d'une région sous la courbe d'une fonction non négative f, on essaie de trouver des sommes supérieure et inférieure (aire des régions sous les courbes de fonctions en escalier plus petite et plus grande que f) qui soient de plus en plus proches l'une de l'autre. (Voir l'exemple 6 pour comprendre ce que signifie de plus en plus proche.) L'aire A est le nombre qui est plus grand que toute somme inférieure et plus petit que toute somme supérieure.

On peut traiter le problème de déplacement de la même façon que le problème des aires. Supposons que $v = f(t)$, où $a \leq t \leq b$, représente la vitesse de l'autobus et qu'il existe une partition $(t_0, t_1, ..., t_n)$ de $[a, b]$ et des nombres $k_1, ..., k_n$ tels que $k_i \leq f(t)$ pour t appartenant au $i^{\text{ième}}$ intervalle $]t_{i-1}, t_i[$. Étant entendu qu'un mobile plus rapide parcourt une distance plus grande dans un temps donné, l'autobus parcourra une distance au moins égale à $k_i \cdot (t_i - t_{i-1})$ dans le $i^{\text{ième}}$ intervalle. Ainsi la distance totale parcourue doit être au moins égale à

$$k_1 \Delta t_1 + ... + k_n \Delta t_n = \sum_{i=1}^{n} k_i \Delta t_i$$

(où, selon l'usage, on écrit Δt_i pour $t_i - t_{i-1}$); on a alors une **estimation inférieure** de la distance parcourue entre les instants $t = a$ et $t = b$. De même, si l'on sait que $f(t) \leq l_i$ sur $]t_{i-1}, t_i[$ pour les nombres $l_1, ..., l_n$, on obtient une **estimation supérieure**

$$\sum_{i=1}^{n} l_i \Delta t_i$$

de la distance parcourue. En prenant des intervalles de temps suffisamment courts, on peut espérer trouver des k_i et des l_i assez proches les uns des autres, de sorte que l'estimation de la distance parcourue sera aussi exacte qu'on le voudra.

Exemple 4

On mesure la vitesse d'un autobus en m/s sur des périodes de 10 secondes; on trouve les résultats suivants :

$$\begin{aligned} 4 \leq v \leq 5 \quad & \text{pour} \quad 0 \leq t \leq 10, \\ 5{,}5 \leq v \leq 6{,}5 \quad & \text{pour} \quad 10 < t \leq 20, \\ 5 \leq v \leq 5{,}7 \quad & \text{pour} \quad 20 < t \leq 30. \end{aligned}$$

Estimer la distance parcourue pour $0 \leq t \leq 30$.

Solution

Une estimation inférieure est $(4 \times 10) + (5{,}5 \times 10) + (5 \times 10) = 145$ et une estimation supérieure est $(5 \times 10) + (6{,}5 \times 10) + (5{,}7 \times 10) = 172$; la distance parcourue est donc comprise entre 145 et 172 mètres. □

Exemple 5

La vitesse d'un escargot est $0{,}001(t^2 + 1)$ m/s. Utiliser les calculs de l'exemple 3 pour estimer quelle distance l'escargot aura parcourue entre $t = 0$ et $t = 2$.

Solution

On peut utiliser les fonctions de comparaisons g et h de l'exemple 3 si l'on multiplie leurs valeurs par 0,001 (il faut aussi remplacer x par t). Les sommes inférieure et supérieure sont elles aussi multipliées par 0,001; la distance parcourue est alors comprise entre 0,002 et 0,007 33... mètres, soit entre 2 et $7\frac{1}{3}$ mm. □

Quand on calcule des dérivées, on utilise rarement la définition; on recourt évidemment aux règles de calcul des dérivées, ce qui est beaucoup plus efficace. De même, on ne calcule pas les aires en utilisant les sommes inférieure et supérieure; on emploie plutôt le théorème fondamental du calcul intégral, comme nous le ferons quand nous l'aurons étudié. Toutefois, pour bien comprendre l'idée des sommes supérieure et inférieure, résolvons encore un problème par cette méthode.

Exemple 6

Utiliser les sommes supérieure et inférieure pour trouver l'aire de la région sous la courbe de $f(x) = x$ sur [0, 1].

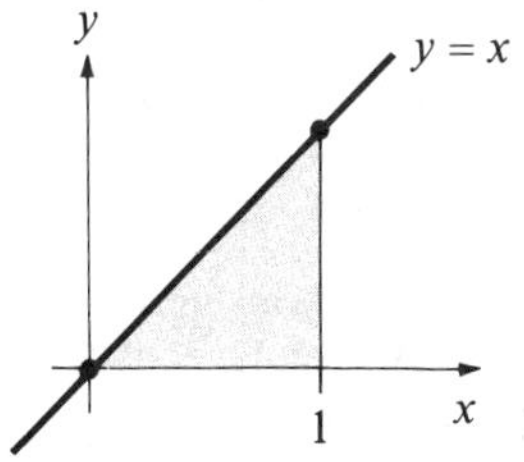

Figure 1.2.12

Solution

L'aire est ombrée sur la figure 1.2.12.

On cherche des sommes supérieure et inférieure très proches l'une de l'autre. Pour ce faire, le plus simple est de diviser l'intervalle [0, 1] en parties égales par les nombres 0, $1/n$, $2/n$, ..., $(n-1)/n$, 1. On obtient une fonction en escalier $g(x) \leq f(x)$ en posant $g(x) = (i-1)/n$ sur l'intervalle $](i-1)/n, i/n[$; une fonction en escalier $h(x) \geq f(x)$ sera $h(x) = i/n$ sur $](i-1)/n, i/n[$. (Voir figure 1.2.13.)

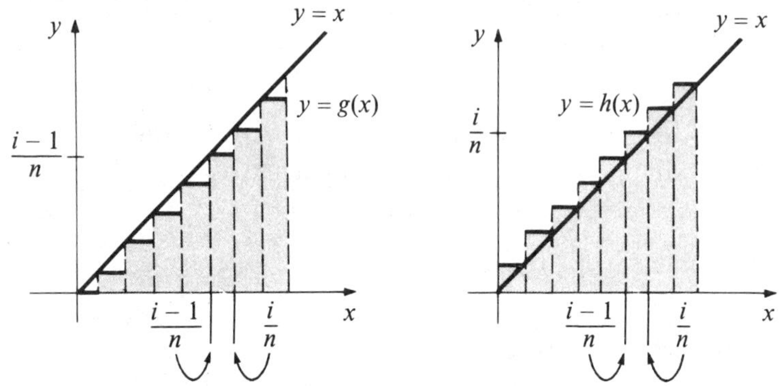

Figure 1.2.13 Sommes inférieure et supérieure de $f(x) = x$ sur [0, 1].

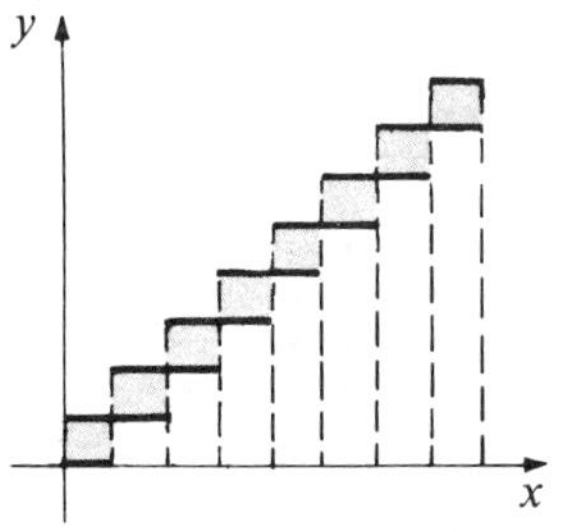

Figure 1.2.14

La différence entre les sommes supérieure et inférieure est égale à l'aire totale de l'ensemble des rectangles ombrés de la figure 1.2.14, sur laquelle les graphes de $g(x)$ et de $h(x)$ sont représentés. Chacun de ces rectangles a une aire égale à $(1/n) \cdot (1/n) = 1/n^2$, de sorte que l'aire totale est $n \cdot (1/n^2) = 1/n$, qui tend vers zéro quand n tend vers l'infini; l'aire de la région pourra donc être calculée avec précision, étant donné que la différence entre les sommes inférieure et supérieure peut être aussi petite que l'on veut. Calculons donc les sommes supérieure et inférieure. Pour la somme inférieure, $g(x) = k_i = (i - 1)/n$ sur le $i^{\text{ième}}$ sous-intervalle et $\Delta x_i = 1/n$ pour tout i; alors

$$\begin{aligned}
\sum_{i=1}^{n} k_i \, \Delta x_i &= \sum_{i=1}^{n} \frac{i-1}{n} \cdot \frac{1}{n} \\
&= \frac{1}{n^2} \sum_{i=1}^{n} (i-1) \\
&= \frac{1}{n^2} \left[\sum_{i=1}^{n} i - \sum_{i=1}^{n} 1 \right] \\
&= \frac{1}{n^2} \left[\frac{n(n+1)}{2} - n \right] \\
&= \frac{n+1}{2n} - \frac{1}{n} \\
&= \frac{1}{2} - \frac{1}{2n}
\end{aligned}$$

Pour la somme supérieure, on obtient

$$\sum_{i=1}^{n} \frac{i}{n} \cdot \frac{1}{n} = \frac{1}{n^2} \sum_{i=1}^{n} i = \frac{1}{n^2} \frac{n(n+1)}{2} = \frac{1}{2} + \frac{1}{2n}$$

L'aire de la région sous la courbe est le nombre unique A qui vérifie les inégalités $1/2 - 1/2n \leq A \leq 1/2 + 1/2n$ pour tout n. (Voir figure 1.2.15.) Le nombre $1/2$ vérifie cette condition, donc $A = 1/2$.

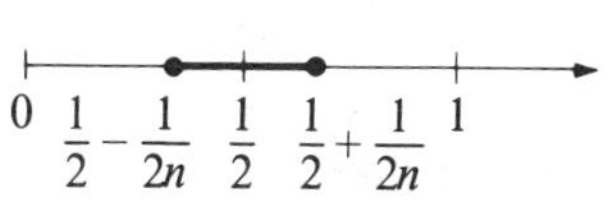

Figure 1.2.15

□

Le résultat de l'exemple 6 confirme la formule géométrique selon laquelle l'aire d'un triangle est la moitié du produit de la base par la hauteur. L'avantage de la méthode utilisée ici est qu'elle peut s'appliquer à des graphiques beaucoup plus généraux. (Un autre cas est donné dans l'exercice 20.) Cette méthode fut très utilisée durant le siècle qui précéda le développement du calcul intégral; elle constitue le fondement de la définition de l'intégrale.

Exercices de la section 1.2

Dans les exercices 1 à 4, représenter graphiquement les fonctions en escalier.

1. $g(x)=\begin{cases}0 \text{ si } 0\le x\le 1,\\ 2 \text{ si } 1<x<2,\\ 1 \text{ si } 2\le x\le 3.\end{cases}$

2. $g(x)=\begin{cases}1 \text{ si } 0\le x\le 0{,}5,\\ 3 \text{ si } 0{,}5<x<2,\\ 2 \text{ si } 2\le x\le 3,\\ 4 \text{ si } 3<x\le 4.\end{cases}$

3. $g(x)=\begin{cases}0 \text{ si } 0\le x< 1,\\ 1 \text{ si } 1\le x<2,\\ 2 \text{ si } 2\le x\le 3.\end{cases}$

4. $g(x)=\begin{cases}1 \text{ si } 2\le x< 2{,}5,\\ 3 \text{ si } 2{,}5\le x\le 3,\\ 4 \text{ si } 3<x<4,\\ 0 \text{ si } 4\le x\le 4{,}5.\end{cases}$

Dans les exercices 5 à 8, calculer les x_i, Δx_i et k_i pour les fonctions en escalier indiquées et calculer l'aire de la région sous la courbe de g.

5. Pour g de l'exercice 1.
6. Pour g de l'exercice 2.
7. Pour g de l'exercice 3.
8. Pour g de l'exercice 4.

Dans les exercices 9 et 10, représenter graphiquement f, g et h, puis calculer les sommes supérieure et inférieure de f obtenues avec g et h.

9. $f(x)=x^2,\ 1\le x\le 3;$

$$g(x)=\begin{cases}1, & 1\le x\le 2,\\ 4, & 2<x\le 3;\end{cases}$$

$$h(x)=\begin{cases}4, & 1\le x< 2,\\ 9, & 2\le x\le 3.\end{cases}$$

10. $f(x)=x^3+1,\ 1\le x\le 3;$

$$g(x)=\begin{cases}2, & 1\le x\le 1{,}5,\\ 4, & 1{,}5<x<2,\\ 9, & 2\le x\le 3;\end{cases}$$

$$h(x)=\begin{cases}9, & 1\le x\le 2,\\ 28, & 2<x\le 3.\end{cases}$$

11. La vitesse d'un autobus (en m/s) est notée sur des périodes de 5 secondes; on a trouvé que :

$5{,}0\le v\le 6{,}0$ quand $0<t<5;$
$4{,}0\le v\le 5{,}5$ quand $5<t<10;$
$6{,}1\le v\le 7{,}2$ quand $10<t<15;$
$3{,}2\le v\le 4{,}7$ quand $15<t<20.$

Évaluer la distance parcourue entre $t=0$ et $t=20$.

12. La vitesse d'un autobus (en m/s) a été mesurée sur des périodes de 7,5 secondes; on a trouvé que :

$4{,}0\le v\le 5{,}1$ quand $0<t<7{,}5;$
$3{,}0\le v\le 5{,}0$ quand $7{,}5<t<15;$
$4{,}4\le v\le 5{,}5$ quand $15<t<22{,}5;$
$3{,}0\le v\le 4{,}1$ quand $22{,}5<t<30;$

Évaluer la distance parcourue entre $t=0$ et $t=30$.

13. La vitesse d'un escargot est donnée par $(0{,}002)t^2$ m/s. Utiliser les fonctions g et h de l'exercice 9 pour évaluer la distance parcourue par l'escargot entre $t=1$ et $t=3$.

14. La vitesse d'un escargot est donnée par $(0{,}005)(t^3+1)$ m/s. Utiliser les fonctions g et h de l'exercice 10 pour évaluer la distance parcourue par l'escargot entre $t=1$ et $t=3$.

Dans les exercices 15 à 18, utiliser les sommes supérieure et inférieure pour calculer l'aire de la région sous la courbe des fonctions données.

15. $f(x) = x$ pour $1 \leq x \leq 2$.

16. $f(x) = 2x$ pour $0 \leq x \leq 1$.

17. $f(x) = 5x$ pour $a \leq x \leq b$, $a > 0$.

18. $f(x) = x + 3$ pour $a \leq x \leq b$, $a > 0$.

19. Utiliser les sommes supérieure et inférieure pour trouver l'aire de la région sous la courbe de $f(x) = 1 - x$ entre $x = 0$ et $x = 1$.

***20.** Utiliser les sommes supérieure et inférieure pour montrer que l'aire de la région sous la courbe de $f(x) = x^2$ entre $x = a$ et $x = b$ est $(1/3)(b^3 - a^3)$. (Vous aurez besoin du résultat de l'exercice 35 a) de la section 1.1.)

***21.** Soit

$$f(x) = \begin{cases} x^2, & 0 \leq x < 1, \\ x, & 1 \leq x \leq 2. \end{cases}$$

Trouver l'aire de la région sous la courbe de f sur [0, 2] en utilisant les résultats des exercices 15 et 20.

***22.** Soit

$$f(x) = \begin{cases} 1 - x, & 0 \leq x < 1, \\ 5x, & 1 \leq x \leq 4. \end{cases}$$

Trouver l'aire de la région sous la courbe de f sur [0, 4] en utilisant les résultats des exercices 17 et 19.

***23.** En utilisant les résultats de l'exemple 6 et de l'exercice 20, trouver l'aire de la région ombrée de la figure 1.2.16. [*Indication*: Écrire l'aire comme la différence de deux aires connues.]

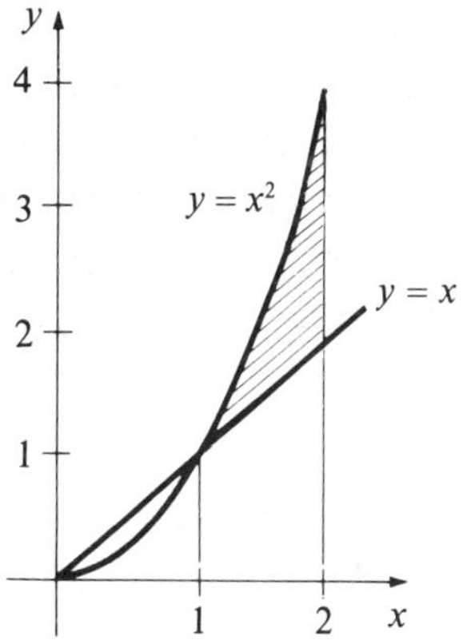

Figure 1.2.16

***24.** En utilisant les résultats des exercices précédents, trouver l'aire de la région hachurée de la figure 1.2.16.

1.3 Définition de l'intégrale

L'intégrale d'une fonction est une aire algébrique.

Dans la section précédente, nous avons vu comment l'aire d'une région sous une courbe pouvait être approximée par les aires des régions sous des courbes de fonctions en escalier. Nous allons appliquer cette idée à des fonctions qui ne sont pas nécessairement positives et donner la définition formelle de l'intégrale.

Rappelons que si g est une fonction en escalier ayant la valeur $k_i \geq 0$ sur l'intervalle $]x_{i-1}, x_i[$ de longueur $\Delta x_i = x_i - x_{i-1}$, l'aire de la région sous la courbe de g est

$$\text{aire} = \sum_{i=1}^{n} k_i \, \Delta x_i$$

Cette formule est analogue à la formule de la distance parcourue si la vitesse est une fonction en escalier. (Voir formule (3) de la section 1.1.) Dans ce cas, il est raisonnable d'accepter des vitesses négatives (mouvement vers l'arrière). De la même façon, on veut accepter des k_i négatifs dans la formule de l'aire. Pour ce faire, il faut interpréter correctement la notion d'aire. Supposons que $g(x)$ est égale à une constante **négative** sur un intervalle de longueur Δx_i. Alors $k_i \, \Delta x_i$ représente l'opposé de l'aire de la région entre la courbe de g et l'axe des x sur cet intervalle. (Voir figure 1.3.1.)

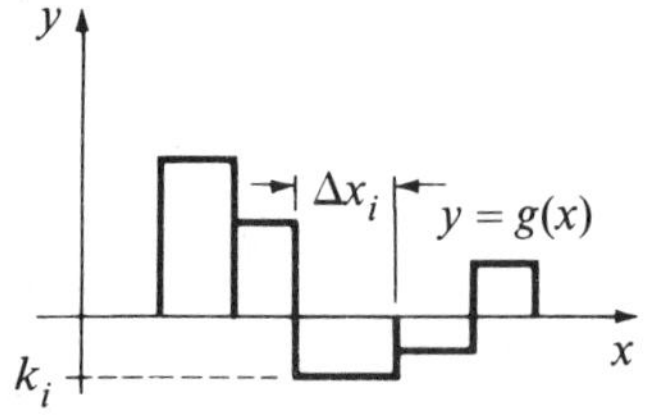

Figure 1.3.1

Pour formaliser cette idée, introduisons la notion d'aire algébrique. Si R est une région du plan xy, son **aire algébrique** sera l'aire de la partie de R qui est au-dessus de l'axe des x moins l'aire de la partie qui est au-dessous de cet axe.

Pour une fonction f définie sur un intervalle $[a, b]$, la région entre sa courbe et l'axe des x est l'ensemble des points (x, y) tels que x appartient à $[a, b]$ et que y est compris entre 0 et $f(x)$. Étant donné un changement de signe possible pour $f(x)$, il est naturel de considérer l'aire algébrique d'une telle région, comme le montre la figure 1.3.2. Pour une fonction en escalier g dont les valeurs sont k_i sur les intervalles correspondants de longueur Δx_i, la somme

$$\sum_{i=1}^{n} k_i \, \Delta x_i$$

donne l'aire algébrique de la région entre la courbe de g et l'axe des x.

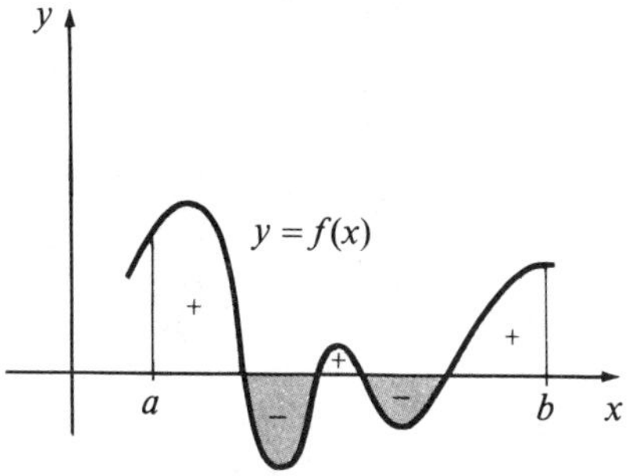

Figure 1.3.2

> **Aire algébrique**
>
> L'aire algébrique d'une région est l'aire de la partie de la région située au-dessus de l'axe des x moins l'aire de la partie de la région située au-dessous de cet axe.
>
> Pour une région située entre l'axe des x et la courbe d'une fonction en escalier g, cette aire est
>
> $$\sum_{i=1}^{n} k_i \, \Delta x_i$$

Exemple 1
Représenter graphiquement la fonction en escalier g sur [0, 1] définie par :

$$g(x) = \begin{cases} -2 & \text{si } 0 \leq x < \frac{1}{3}, \\ 3 & \text{si } \frac{1}{3} \leq x \leq \frac{3}{4}, \\ 1 & \text{si } \frac{3}{4} < x \leq 1. \end{cases}$$

Calculer l'aire algébrique de la région entre sa courbe et l'axe des x.

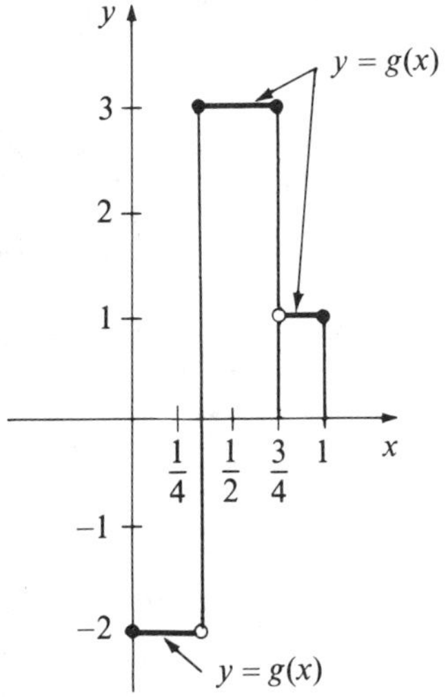

Figure 1.3.3

Solution

Le graphique apparaît à la figure 1.3.3. Il y a 3 intervalles de longueur :

$$\Delta x_1 = \frac{1}{3}, \quad \Delta x_2 = \frac{3}{4} - \frac{1}{3} = \frac{5}{12}, \quad \Delta x_3 = 1 - \frac{3}{4} = \frac{1}{4};$$

on a aussi

$$k_1 = -2, \; k_2 = 3 \text{ et } k_3 = 1$$

Ainsi l'aire algébrique est

$$\sum_{i=1}^{3} k_i \, \Delta x_i = (-2)\left(\frac{1}{3}\right) + (3)\left(\frac{5}{12}\right) + (1)\left(\frac{1}{4}\right) = -\frac{2}{3} + \frac{5}{4} + \frac{1}{4} = \frac{5}{6}$$ □

L'équivalent de l'aire algébrique dans le problème de déplacement est la distance orientée, définie comme suit : quand l'autobus se déplace vers la droite, v est positive et la distance croît; quand l'autobus se déplace vers la gauche, v est négative et la distance décroît. Dans la formule

$$\Delta d = \sum_{i=1}^{n} v_i \, \Delta t_i$$

Δd représente le déplacement, c'est-à-dire que Δd nous renseigne sur la position finale de l'autobus par rapport à son point de départ; Δd ne représente pas la distance totale parcourue, qui serait

$$\sum_{i=1}^{n} |v_i| \, \Delta t_i$$

Tout comme les aires algébriques, le mouvement vers la gauche est considéré comme négatif et il est soustrait du mouvement vers la droite. (Voir figure 1.3.4.)

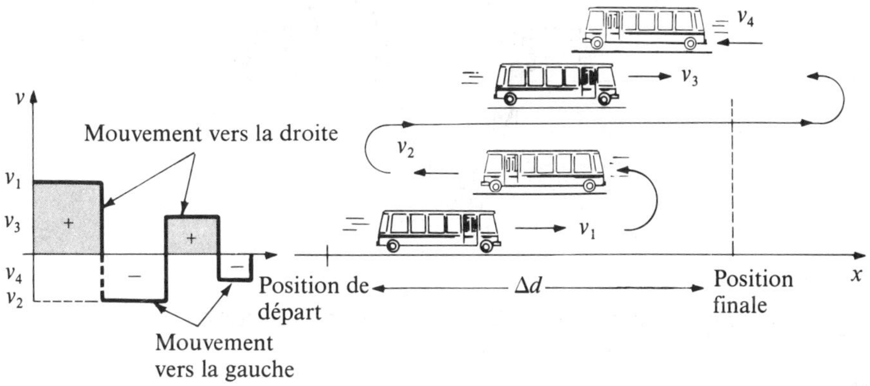

Figure 1.3.4

Pour trouver l'aire algébrique d'une région située entre l'axe des x et la courbe d'une fonction qui n'est pas en escalier, on peut utiliser les sommes supérieure et inférieure. Tout comme pour les fonctions positives, si g est une fonction en escalier dont la courbe est au-dessous de celle de f avec des valeurs k_i sur les intervalles de longueur Δx_i pour $i = 1, ..., n$, alors

$$L = \sum_{i=1}^{n} k_i \Delta x_i$$

est une **somme inférieure** de f. De la même façon, si h est une fonction en escalier dont la courbe est au-dessus de celle de f, avec des valeurs l_j sur les intervalles de longueur Δx_j pour $j = 1, ..., m$, alors

$$U = \sum_{j=1}^{m} l_j \Delta x_j$$

est une **somme supérieure** de f. Si nous trouvons des L et U arbitrairement proches l'une de l'autre, ces nombres encadrent un nombre A qui sera l'aire algébrique de la région située entre la courbe de f et l'axe des x sur $[a, b]$. (Voir figure 1.3.5.)

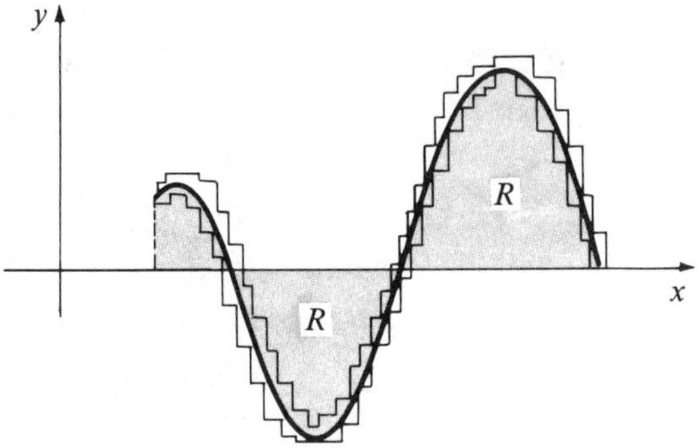

Figure 1.3.5

Nous pouvons maintenant définir l'intégrale d'une fonction f.

Fonction intégrable

Soit f une fonction définie sur $[a, b]$. On dira que f **a une intégrale** ou que f **est intégrable** sur $[a, b]$ si des sommes supérieures et inférieures de f peuvent être aussi proches que l'on veut. Le nombre I tel que $L \leq I \leq U$ pour toute valeur de L et toute valeur de U est appelé **intégrale** de f et on le note

$$\int_a^b f(x)dx$$

Le signe $\int$ est appelé **intégrale**, a et b sont les **bornes d'intégration** et f est l'**intégrande**.

Le sens précis de « arbitrairement proche l'une de l'autre » est le même que dans l'exemple 6 de la section 1.2 : il existe deux suites L_n et U_n de sommes inférieures et supérieures telles que $\lim_{n \to \infty} (U_n - L_n) = 0$.

Intégrale

Étant donné une fonction f définie sur $[a, b]$, l'intégrale de f est, s'il existe, le nombre

$$\int_a^b f(x)dx$$

compris entre les sommes supérieures et les sommes inférieures. Ce nombre est l'aire algébrique de la région située entre la courbe de f et l'axe des x.

La notation de l'intégrale vient de la notation des sommes. La lettre grecque Σ s'est transformée en un S allongé; k_i et l_j sont devenus les valeurs de $f(x)$; Δx_i et Δx_j sont devenus dx; les limites de sommation (i variant de 1 à n et j variant de 1 à m) sont devenues les bornes d'intégration. Ainsi en considérant toutes les sommes possibles

$$\sum_{i=1}^{n} k_i \Delta x_i \quad \text{et} \quad \sum_{j=1}^{m} l_j \Delta x_j$$

$$\searrow \qquad \swarrow$$

$$\int_a^b f(x)dx$$

Tout comme pour les primitives, la lettre x dans dx indique que x est la variable d'intégration.

Exemple 2

Évaluer $\int_{-2}^{3} f(x)dx$ pour la fonction f représentée sur la figure 1.3.6. De quelle façon l'intégrale de f est-elle reliée à l'aire de la région ombrée ?

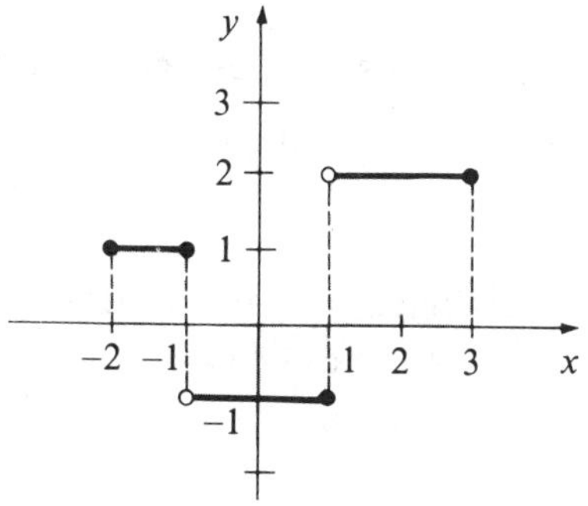

Figure 1.3.6

Solution

$\int_{-2}^{3} f(x)dx$ est l'aire algébrique de la région ombrée.

$$\int_{-2}^{3} f(x)dx = (1)(1) + (-1)(2) + (2)(2) = 1 - 2 + 4 = 3 \qquad \square$$

Exemple 3
Exprimer par une intégrale l'aire de la région ombrée de la figure 1.3.7.

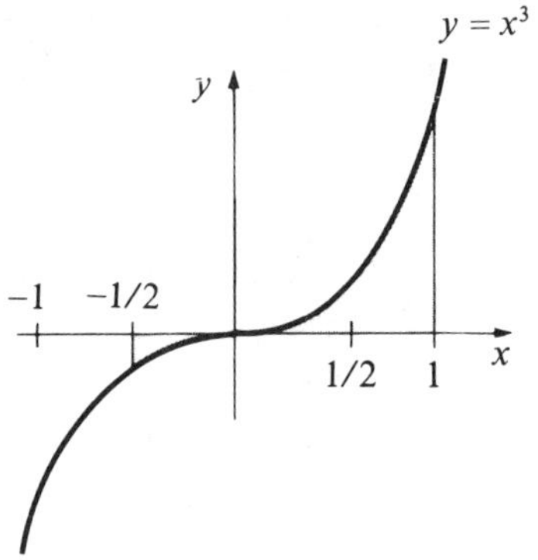

Figure 1.3.7

Solution
La région est située entre la courbe $y = x^3$ et l'axe des x pour x compris entre $-1/2$ et 1; l'aire algébrique sera donc $\int_{-1/2}^{3} x^3\,dx$. □

L'exemple suivant montre comment les sommes supérieure et inférieure peuvent être utilisées pour approximer une intégrale.

Exemple 4
Partager l'intervalle [1, 2] en trois parties égales de façon à calculer l'intégrale $\int_1^2 (1/x)dx$ et commenter la précision de la réponse.

Solution
Divisons l'intervalle en trois parties égales et utilisons les fonctions en escalier pour calculer une somme supérieure et une somme inférieure, comme le montre la figure 1.3.8.

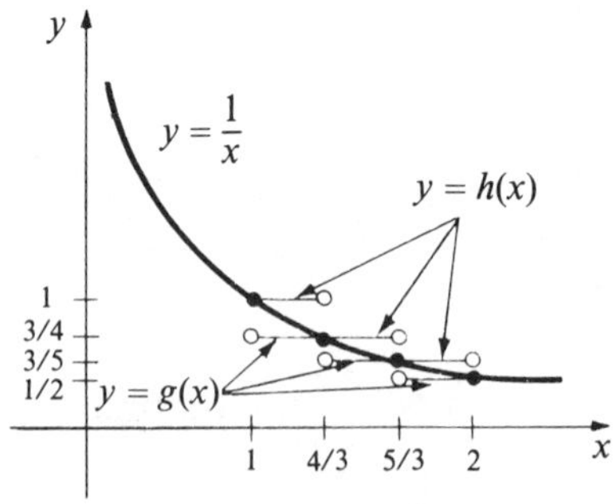

Figure 1.3.8

Pour la somme inférieure, on a

$$\begin{aligned}\int_1^2 g(x)dx &= \frac{1}{4/3}\left(\frac{4}{3}-1\right)+\frac{1}{5/3}\left(\frac{5}{3}-\frac{4}{3}\right)+\frac{1}{2}\left(2-\frac{5}{3}\right)\\ &= \frac{3}{4}\cdot\frac{1}{3}+\frac{3}{5}\cdot\frac{1}{3}+\frac{1}{2}\cdot\frac{1}{3}\\ &= \frac{1}{3}\left(\frac{3}{4}+\frac{3}{5}+\frac{1}{2}\right)\\ &= \frac{1}{3}\left(\frac{37}{20}\right)\\ &= \frac{37}{60}\end{aligned}$$

Pour la somme supérieure, on a

$$\begin{aligned}\int_1^2 h(x)dx &= \frac{1}{1}\cdot\frac{1}{3}+\frac{1}{4/3}\cdot\frac{1}{3}+\frac{1}{5/3}\cdot\frac{1}{3}\\ &= \frac{1}{3}\left(1+\frac{3}{4}+\frac{3}{5}\right)\\ &= \frac{1}{3}\left(\frac{47}{20}\right)\\ &= \frac{47}{60}\end{aligned}$$

Il en résulte que $\frac{37}{60}\leq\int_1^2\frac{1}{x}\,dx\leq\frac{47}{60}$.

L'intégrale étant comprise entre 37/60 et 47/60, la différence est 1/6. Si nous prenons pour la valeur estimée de l'intégrale $1/2(37/60+47/60)=7/10$, ce nombre diffère de la vraie valeur de l'intégrale d'au plus $1/2\times 1/6=1/12$. □

Nous avons jusqu'à maintenant calculé des approximations pour l'intégrale sans savoir si cette intégrale existait ou non. Il peut donc être rassurant de connaître le théorème suivant, dont la preuve est donnée dans des cours plus avancés.

Existence de l'intégrale

Théorème d'existence

Si f est continue sur $[a, b]$, alors elle est intégrable.

Remarque

Notons que toutes les fonctions dérivables sont intégrables; de plus, les fonctions en escalier et les fonctions dont les courbes présentent des points anguleux (telles que $y = |x|$) le sont aussi. Les conditions d'existence de l'intégrale d'une fonction sont donc plus facilement remplies que celles de l'existence de la dérivée.

Interprétons maintenant l'intégrale dans le contexte d'un problème de déplacement. Nous avons vu dans un exercice précédent que les sommes supérieure et inférieure représentent le déplacement des mobiles dont les vitesses sont des fonctions en escalier et sont plus grandes ou plus petites que celle du mouvement que l'on étudie. Ainsi le déplacement, comme l'intégrale, est pris en « sandwich » entre les sommes supérieure et inférieure de la vitesse; on a ainsi :

$$\text{déplacement} = \int_a^b f(t)dt$$

Exemple 5
Un autobus se déplace en ligne droite à une vitesse de $v = (t^2 - 4t + 3)$ mètres par seconde. Écrire les formules, en termes d'intégrale, pour :

a) le déplacement de l'autobus entre $t = 0$ et $t = 3$;
b) la distance réelle (ou totale) parcourue par l'autobus entre $t = 0$ et $t = 3$.

Solution

a) Le déplacement est $\int_0^3 (t^2 - 4t + 3)dt$.

b) On remarque que $v = (t^2 - 4t + 3) = (t - 1)(t - 3)$ est positive sur $[0, 1]$ et négative sur $[1, 3]$. La distance réelle parcourue est donc

$$\int_0^1 (t^2 - 4t + 3)dt - \int_1^3 (t^2 - 4t + 3)dt \qquad \square$$

Somme de Riemann

Terminons cette section par une approche différente de l'intégrale, appelée **méthode des sommes de Riemann.**

L'idée des sommes de Riemann consiste à utiliser une seule fonction en escalier pour approximer la fonction à intégrer, plutôt que de la majorer et de la minorer. Étant donné une fonction f définie sur $[a, b]$ et une partition $(x_0, x_1, ..., x_n)$ de cet intervalle, choisissons sur chaque intervalle $[x_{i-1}, x_i]$ un nombre c_i. La fonction en escalier qui prend la valeur constante $f(c_i)$ sur $]x_{i-1}, x_i[$ est une approximation de f; l'aire algébrique de la région sous sa courbe,

$$S_n = \sum_{i=1}^{n} f(c_i)\,\Delta x_i$$

est appelée **somme de Riemann**[3]. Elle est comprise entre toutes les sommes supérieures et inférieures que l'on peut construire avec la même partition; elle est donc une bonne approximation de l'intégrale f sur $[a, b]$. (Voir figure 1.3.9.) Remarquons que l'on obtient d'abord la somme de Riemann en prenant la valeur $f(c_i)$ de f en un point quelconque c_i de $[x_{i-1}, x_i]$, en la pondérant par la longueur de l'intervalle et en faisant la somme de ces termes.

Si l'on choisit une suite de partitions, une pour chaque valeur de n, telle que tous les Δx_i tendent vers zéro quand n devient grand, les sommes de Riemann tendent vers l'intégrale $\int_a^b f(x)dx$ quand $n \to \infty$.

La figure 1.3.9 montre une fois de plus le lien entre les aires et les intégrales.

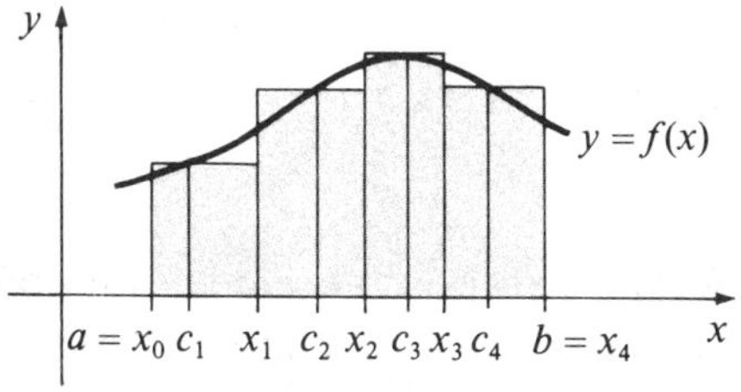

Figure 1.3.9 L'aire de la région ombrée est une somme de Riemann pour f sur $[a, b]$.

De même que la dérivée peut se définir comme la limite d'un quotient de différences, de même l'intégrale peut se définir comme la limite de sommes de Riemann. L'intégrale ainsi définie s'appellera naturellement **intégrale de Riemann.**

Somme de Riemann

Pour un n donné, choisissons une partition de $[a, b]$ en n sous-intervalles tels que le plus grand des Δx_i de la $n^{\text{ième}}$ partition tende vers zéro quand n tend vers l'infini. Si c_i est un point arbitraire de $[x_{i-1}, x_i]$, alors

$$\lim_{n\to\infty} \sum_{i=1}^{n} f(c_i)\Delta x_i = \int_a^b f(x)dx$$

3. Bernhard Riemann était un mathématicien allemand (1826-1866).

Exemple 6

Trouver une somme dont la limite est $\int_0^1 x^3 dx$.

Solution

Comme dans l'exemple 6 de la section 1.2, divisons [0, 1] en n parties égales par la partition $(0, 1/n, 2/n, ..., (n-1)/n, 1)$. Prenons $c_i = i/n$, borne de droite de l'intervalle $[(i-1)/n, i/n]$. (Nous pourrions prendre n'importe quel autre point, par exemple le point milieu ou la borne de gauche.) Alors, pour $f(x) = x^3$, on obtient

$$S_n = \sum_{i=1}^{n} f(c_i)\Delta x_i = \sum_{i=1}^{n} c_i^3 \cdot \frac{1}{n} = \sum_{i=1}^{n} \left(\frac{i}{n}\right)^3 \left(\frac{1}{n}\right) = \sum_{i=1}^{n} \frac{i^3}{n^4}$$

Par suite,

$$\lim_{n\to\infty} \sum_{i=1}^{n} \frac{i^3}{n^4} = \lim_{n\to\infty} \sum_{i=1}^{n} \left(\frac{i}{n}\right)^3 \cdot \frac{1}{n} = \lim_{n\to\infty} \sum_{i=1}^{n} f(x_i)\Delta x_i = \int_0^1 x^3 dx$$

Ainsi, on peut trouver $\int_0^1 x^3 dx$ pour autant que l'on puisse calculer cette limite et vice versa. □

Supplément de la section 1.3

Énergie solaire

Mis à part les problèmes d'aire et de déplacement qui nous ont servi à introduire l'intégrale, d'autres problèmes de physique auraient pu être utilisés. Considérons par exemple le calcul de l'énergie solaire absorbée par un objet; nous verrons alors comment nous sommes conduits tout naturellement à une intégrale définie comme limite de sommes supérieures et inférieures.

Soit une cellule solaire raccordée à un système de stockage de l'énergie, tel qu'une batterie. (Voir figure 1.3.10.) Quand le soleil éclaire la cellule, la lumière est convertie en énergie électrique et emmagasinée dans la batterie (sous forme d'énergie électrochimique) pour un usage ultérieur.

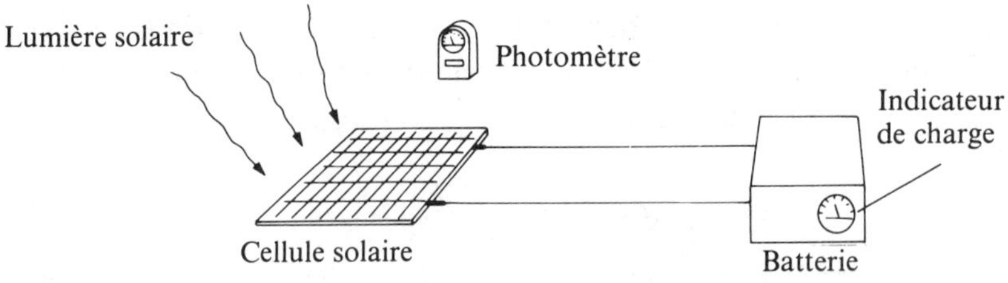

Figure 1.3.10 La batterie emmagasine l'énergie reçue par la cellule solaire.

Nous nous intéressons à la relation qui existe entre la quantité E d'énergie emmagasinée et l'intensité I de la lumière solaire. La valeur de E est indiquée sur le cadran de la batterie; I est mesurée par un photomètre (les unités dans lesquelles sont exprimées I et E n'ont pas d'importance pour notre propos).

Des mesures expérimentales montrent que lorsque la cellule est exposée à une source de lumière solaire d'intensité constante I, la variation ΔE de l'énergie emmagasinée est proportionnelle au produit de I et de la durée Δt d'exposition. Ainsi $\Delta E = \kappa I \Delta t$, où κ est une constante dépendant des unités de mesure de l'énergie, du temps et de l'intensité. (κ est une caractéristique donnée par le fabricant.)

L'intensité I peut changer, par exemple quand le soleil est caché par un nuage. Si pendant deux intervalles de temps Δt_1 et Δt_2 les intensités sont I_1 et I_2 respectivement, la variation totale d'énergie est la somme des énergies emmagasinées sur chaque intervalle, c'est-à-dire

$$\Delta E = \kappa I_1 \Delta t_1 + \kappa I_2 \Delta t_2 = \kappa(I_1 \Delta t_1 + I_2 \Delta t_2)$$

De même, pour n intervalles $\Delta t_1, \ldots, \Delta t_n$, pendant lesquels l'énergie est $I_1, \ldots, I_n$ (comme le montre la figure 1.3.11 a)), l'énergie totale emmagasinée sera la somme de n termes :

$$\Delta E = \kappa(I_1 \Delta t_1 + I_2 \Delta t_2 + \ldots + I_n \Delta t_n) = \kappa \sum_{i=1}^{n} I_i \Delta t_i$$

Remarquons que cette somme est égale à κ multipliée par l'intégrale de la fonction en escalier g, définie par $g(t) = I_i$ sur l'intervalle Δt_i.

En réalité quand le soleil est progressivement caché par un nuage ou quand il s'élève dans le ciel, l'intensité I de sa lumière ne change pas très brusquement mais varie de façon continue avec t. (Voir figure 1.3.11 b).)

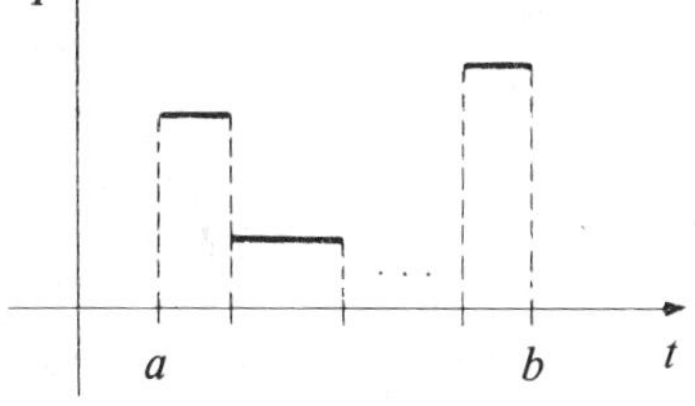

Figure 1.3.11 a)

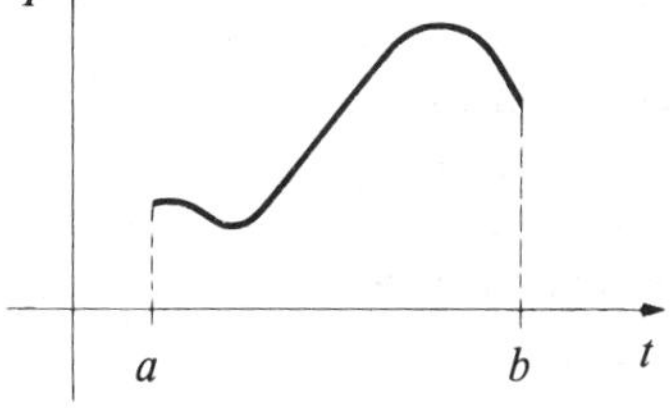

Figure 1.3.11 b)

La variation ΔE de l'énergie emmagasinée peut encore être mesurée par le photomètre, mais elle ne peut plus être représentée par une somme au sens commun du terme. En fait, l'intensité prend une infinité de valeurs et ne reste constante sur aucun intervalle de temps digne de mention.

Si $I = f(t)$, la variation réelle d'énergie emmagasinée est donnée par l'intégrale

$$\Delta E = \kappa \int_a^b f(t)dt$$

qui est l'aire de la région sous la courbe $I = f(t)$ multipliée par κ. Si $g(t)$ est une fonction en escalier telle que $g(t) \leq f(t)$, l'intégrale de g est inférieure ou égale à l'intégrale de $f(t)$, ce que confirme le sens commun : moindre est l'intensité, moindre est l'énergie emmagasinée.

Le passage des fonctions en escalier aux fonctions générales dans la définition de l'intégrale et l'interprétation de l'intégrale peut s'effectuer dans une grande diversité d'applications.

Exercices de la section 1.3

Dans les exercices 1 à 4, représenter graphiquement les fonctions en escalier données et calculer l'aire algébrique de la région entre la courbe et l'axe des x.

1. $g(x) = \begin{cases} 1 & \text{si } 0 \leq x \leq 1, \\ -3 & \text{si } 1 < x \leq 2. \end{cases}$

2. $g(x) = \begin{cases} -4 & \text{si } -1 \leq x < 0, \\ 2 & \text{si } 0 \leq x \leq 1, \\ 3 & \text{si } 1 < x \leq 2. \end{cases}$

3. $g(x) = \begin{cases} 1 & \text{si } -2 \leq x < -1, \\ -1 & \text{si } -1 \leq x \leq 0. \end{cases}$

4. $g(x) = \begin{cases} -3 & \text{si } -3 \leq x \leq -2, \\ -2 & \text{si } -2 < x \leq -1, \\ -1 & \text{si } -1 < x \leq 0. \end{cases}$

Dans les exercices 5 à 8, calculer les intégrales indiquées.

5. $\int_0^2 g(x)dx$, où $g(x)$ est la fonction de l'exercice 1.

6. $\int_{-1}^0 g(x)dx$, où $g(x)$ est la fonction de l'exercice 2.

7. $\int_{-2}^0 g(x)dx$, où $g(x)$ est la fonction de l'exercice 3.

8. $\int_{-2}^0 g(x)dx$, où $g(x)$ est la fonction de l'exercice 4.

Dans les exercices 9 à 12, exprimer les aires algébriques des régions ombrées par des intégrales.

9.

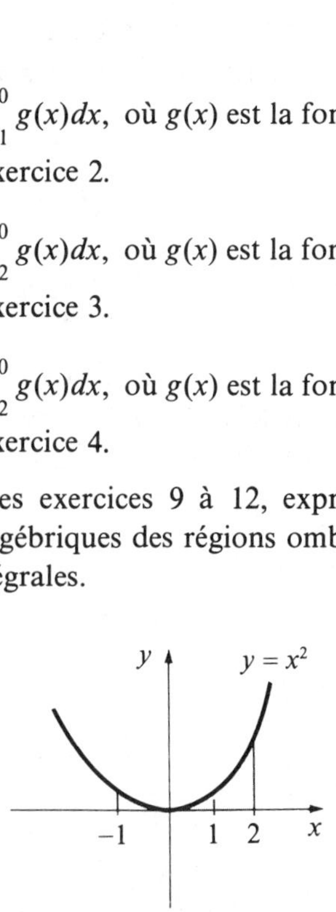

10.

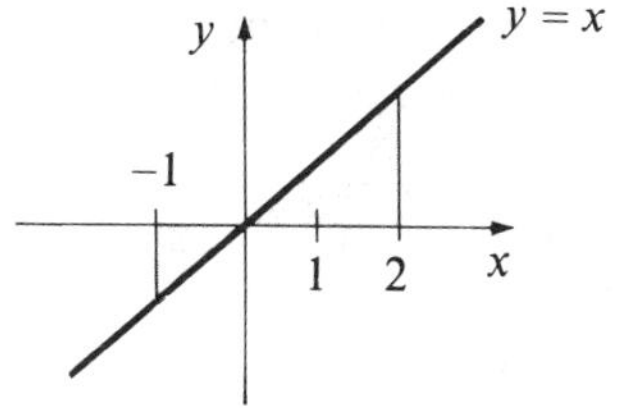

11.

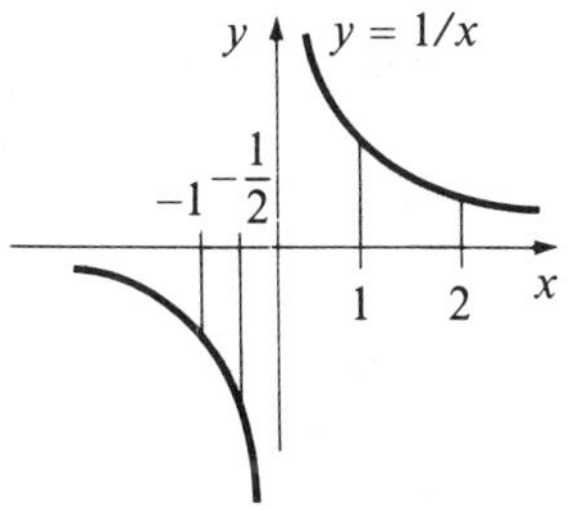

12.

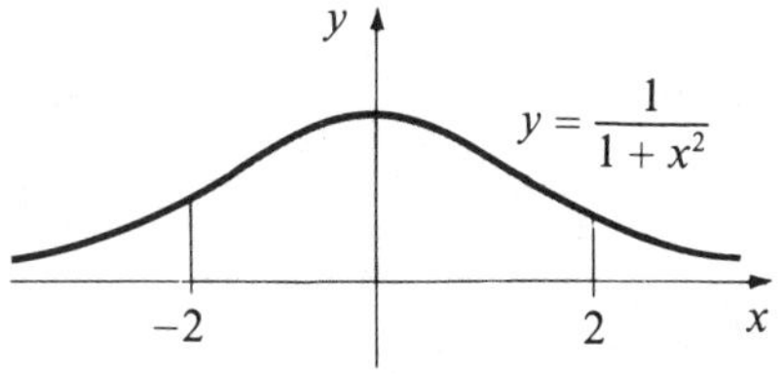

13. Trouver $\int_2^4 (1/x)dx$ en divisant l'intervalle [2, 4] en quatre sous-intervalles. Commenter la précision de votre réponse.

14. Un autobus se déplace en ligne droite à une vitesse $v = 6t^2 - 30t + 24$. Exprimer par une intégrale :

a) le déplacement de l'autobus entre $t = 0$ et $t = 5$.

b) la distance réelle parcourue par l'autobus entre $t = 0$ et $t = 5$.

Dans les exercices 15 à 18, exprimer l'intégrale donnée comme la limite d'une somme.

15. $\int_0^1 x^5 dx$

16. $\int_0^1 9x^3 dx$

17. $\int_2^4 \frac{1}{1+x^2}dx$

18. $\int_3^4 \frac{x^2}{1+x}dx$

19. Montrer que $-3 \leq \int_1^2 (t^3 - 4)dt \leq 4$.

20. Montrer que $\int_0^1 t^{10}dt \leq 1$.

***21.** Soit $f(t)$ définie par

$$f(t) = \begin{cases} 2 & \text{si } 0 \leq t < 1, \\ 0 & \text{si } 1 \leq t < 3, \\ -1 & \text{si } 3 \leq t \leq 4. \end{cases}$$

Pour un nombre x dans]0, 4], $f(t)$ est une fonction en escalier sur [0, x].

a) Exprimer $\int_0^x f(t)dt$ comme une fonction de x. (Vous aurez besoin de formules différentes pour des intervalles différents.)

b) Soit $F(x) = \int_0^x f(t)dt$, pour x appartenant à]0, 4]. Représenter graphiquement $F(x)$.

c) En quels points F est-elle dérivable ? Trouver $F'(x)$.

***22.** Soit f la fonction définie par

$$f(x) = \begin{cases} 2, & 1 \leq x < 4, \\ 5, & 4 \leq x < 7, \\ 1, & 7 \leq x \leq 10. \end{cases}$$

a) Trouver $\int_1^{10} f(x)dx$.

b) Trouver $\int_2^9 f(x)dx$.

c) Supposons que $g(x) \leq f(x)$ pour

tout x appartenant à l'intervalle [1, 10].
Quelle inégalité peut-on déduire pour $\int_1^{10} g(x)dx$?

d) Pour la fonction $g(x)$ de c), quelle inégalité peut-on obtenir pour

$$\int_1^{10} 2g(x)dx$$

et pour

$$\int_1^{10} -g(x)dx$$

[*Indication*: Trouver des fonctions analogues à f que vous pourrez comparer à $2g$ et $-g$.]

***23.** Soit $f(t)$ la « fonction plus grand entier » définie par : $f(t)$ est le plus grand entier inférieur ou égal à t ; par exemple, $f(n) = n$ pour n entier, $f(11/2) = 5, f(-11/2) = -6$, et ainsi de suite.

a) Représenter graphiquement $f(t)$ sur l'intervalle [–4, 4].

b) Calculer

$$\int_0^1 f(t)dt,\ \int_0^6 f(t)dt,\ \int_{-2}^2 f(t)dt$$

et

$$\int_0^{4,5} f(t)dt$$

c) Trouver une formule générale pour $\int_0^n f(t)dt$, où n est un entier positif.

d) Soit $F(x) = \int_0^x f(t)dt$, avec $x > 0$. Représenter graphiquement $F(x)$ pour x appartenant à [0, 4] et trouver l'expression de $F'(x)$ où elle est définie.

***24.** Soit $f(x)$ une fonction en escalier sur $[a, b]$; on considère la fonction $g(x) = f(x) + k$, où k est une constante.

a) Montrer que $g(x)$ est une fonction en escalier.

b) Exprimer $\int_a^b g(x)dx$ en fonction de $\int_a^b f(x)dx$.

***25.** Soit $h(x) = kf(x)$, où $f(x)$ est une fonction en escalier sur $[a, b]$.

a) Montrer que $h(x)$ est aussi une fonction en escalier.

b) Exprimer $\int_a^b h(x)dx$ en fonction de $\int_a^b f(x)dx$.

***26.** Pour x appartenant à [0, 1], on définit $f(x)$ comme étant le premier chiffre après la virgule dans l'expression décimale de x.

a) Représenter graphiquement $f(x)$.

b) Trouver $\int_0^1 f(x)dx$.

***27.** Sur [0, 3], on définit les fonctions f et g par :

$$f(x) = \begin{cases} 4, & 0 \le x < 1, \\ -1, & 1 \le x < 2, \\ 2, & 2 \le x \le 3; \end{cases}$$

$$g(x) = \begin{cases} 2, & 0 \le x < 1\frac{1}{2}, \\ 1, & 1\frac{1}{2} \le x \le 3. \end{cases}$$

a) Représenter graphiquement

$$(f(x) + g(x))$$

et calculer

$$\int_0^3 [f(x) + g(x)]\,dx$$

b) Calculer $\int_1^2 [f(x) + g(x)]\,dx$.

c) Comparer

$$\int_0^3 2[f(x) + g(x)]dx$$

et

$$2\int_0^3 [f(x) + g(x)]dx$$

d) Montrer que

$$\int_0^3 [f(x) - g(x)]\,dx$$

$$= \int_0^3 f(x)dx - \int_0^3 g(x)dx$$

e) L'égalité suivante est-elle vraie ?

$$\int_0^3 f(x) \cdot g(x)dx$$

$$= \int_0^3 f(x)dx \cdot \int_0^3 g(x)dx$$

1.4 Théorème fondamental du calcul intégral

Les opérations d'intégration et de dérivation sont inverses l'une de l'autre.

Nous avons maintenant deux façons d'exprimer la solution du problème de déplacement. Rappelons ce problème et les deux méthodes.

Problème

Un autobus se déplace sur une ligne droite à une vitesse $v = f(t)$, $a \leq t \leq b$. Trouver le déplacement Δd de l'autobus pendant cet intervalle.

Première solution

La première méthode utilise les primitives, comme on l'a vu dans un premier cours de calcul. Soit $y = F(t)$ la position de l'autobus à l'instant t.

Alors, puisque $v = dy/dt$, c'est-à-dire $f = F'$, F est une primitive de f. Le déplacement est la position finale moins la position initiale :

$$\Delta d = F(b) - F(a) \tag{1}$$

soit la différence des valeurs de la primitive à $t = a$ et $t = b$.

Deuxième solution

La deuxième méthode utilise la notion d'intégrale vue dans la section précédente.

Nous avons établi que

$$\Delta d = \int_a^b f(t)dt \tag{2}$$

Nous avons obtenu les formules (1) et (2) par des voies différentes.

Toutefois, le déplacement doit être le même dans les deux cas. Égalant (1) et (2), on obtient

$$F(b) - F(a) = \int_a^b f(t)dt \tag{3}$$

Cette égalité est appelée **théorème fondamental du calcul intégral**. Elle exprime l'intégrale en fonction de la primitive et fait le lien entre la dérivation et l'intégration.

L'argumentation suivie pour obtenir (3) est basée sur un modèle physique. Plus loin, dans cette section, nous en donnerons une preuve purement mathématique.

Avec un léger changement de notation, réexprimons (3) dans l'encadré suivant.

Théorème fondamental

Théorème fondamental du calcul intégral

Si F est dérivable partout sur $[a, b]$ et si F' est intégrable sur $[a, b]$,

$$\int_a^b F'(x)dx = F(b) - F(a)$$

En d'autres termes, si f est intégrable sur $[a, b]$ et a une primitive F, alors

$$\int_a^b f(x)dx = F(b) - F(a)$$

On peut utiliser ce théorème pour trouver l'aire que nous avions calculée laborieusement à l'exemple 6, section 1.2.

Exemple 1

Utiliser le théorème fondamental du calcul intégral pour calculer $\int_0^1 x\,dx$.

Solution

On sait qu'une primitive de x^n est $\left(\frac{1}{n+1}\right)x^{n+1}$, donc $f(x) = x$ a pour primitive $F(x) = \left(\frac{1}{2}\right)x^2$. Le théorème fondamental donne

$$\int_0^1 x\,dx = \int_0^1 f(x)dx = F(1) - F(0) = \frac{1}{2} \cdot 1^2 - \frac{1}{2} \cdot 0^2 = \frac{1}{2}$$

qui correspond au résultat déjà obtenu. □

Exemple 2

Calculer $\int_a^b x^2 dx$ à l'aide du théorème fondamental du calcul intégral.

Solution

Comme dans l'exercice précédent, on trouve une primitive de $f(x) = x^2$:

$$F(x) = \left(\frac{1}{3}\right)x^3$$

Le théorème fondamental donne

$$\int_a^b x^2 dx = \int_a^b f(x)dx = F(b) - F(a) = \frac{1}{3}b^3 - \frac{1}{3}a^3$$

On en déduit que

$$\int_a^b x^2 dx = \frac{1}{3}(b^3 - a^3)$$

Cette formule donne l'aire de la région sous un arc de la parabole $y = x^2$. (Voir figure 1.4.1.)

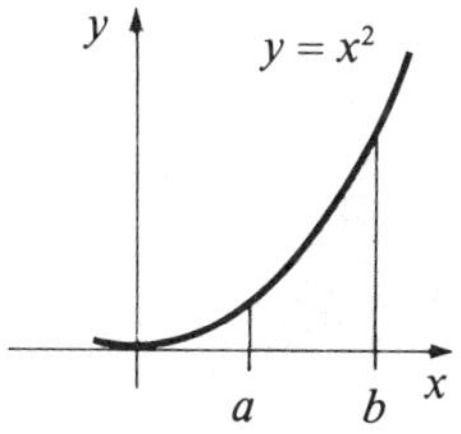

Figure 1.4.1 □

> **Méthode fondamentale d'intégration**
>
> Pour intégrer une fonction $f(x)$ sur un intervalle $[a, b]$, on trouve une primitive $F(x)$ de $f(x)$, on évalue F aux bornes a et b et on soustrait les deux valeurs obtenues :
>
> $$\int_a^b f(x)dx = F(b) - F(a)$$

Remarquons que le théorème fondamental n'exige pas que l'on choisisse une primitive plutôt qu'une autre. En effet, si F_1 et F_2 sont deux primitives de f sur $[a, b]$, elles ne diffèrent que par une constante. Ainsi $F_1(x) = F_2(x) + C$, d'où

$$F_1(b) - F_1(a) = [F_2(b) + C] - [F_2(a) + C] = F_2(b) - F_2(a)$$

La constante C disparaît alors; le choix de F est donc arbitraire.

Comme l'expression $F(b) - F(a)$ se rencontre souvent, il est d'usage de l'écrire comme dans l'encadré de la page suivante.

Notation pour le théorème fondamental

$$F(x)\Big|_a^b \text{ signifie } F(b) - F(a)$$

Exemple 3

Calculer $(x^3 + 5)\Big|_2^3$.

Solution
Ici $F(x) = x^3 + 5$ et

$$\begin{aligned}(x^3 + 5)\Big|_2^3 &= F(3) - F(2)\\ &= (3^3 + 5) - (2^3 + 5)\\ &= 32 - 13\\ &= 19\end{aligned}$$ □

Avec cette notation, le théorème fondamental du calcul intégral s'écrit

$$\int_a^b f(x)dx = F(x)\Big|_a^b$$

où F est une primitive de f sur $[a, b]$.

Exemple 4

Calculer $\int_2^6 (x^2 + 1)dx$.

Solution
En appliquant les règles de primitivation, on trouve comme primitive de $f(x) = x^2 + 1$, la fonction $F(x) = \frac{1}{3}x^3 + x$. Alors, par le théorème fondamental,

$$\begin{aligned}\int_2^6 (x^2 + 1)dx &= \left(\frac{1}{3}x^3 + x\right)\Big|_2^6\\ &= \left(\frac{6^3}{3} + 6\right) - \left(\frac{2^3}{3} + 2\right)\\ &= 78 - 4\frac{2}{3}\\ &= 73\frac{1}{3}\end{aligned}$$ □

Exemple 5

Calculer $\int_1^2 \frac{1}{x^4}\,dx$.

Solution

Une primitive de $f(x) = 1/x^4 = x^{-4}$ est $F(x) = -1/(3x^3)$.

En effet, $\frac{d}{dx}\left(-\frac{1}{3}x^{-3}\right) = -\frac{1}{3} \cdot (-3)x^{-4} = x^{-4}$.

Par suite,

$$\int_1^2 \frac{1}{x^4}\,dx = -\frac{1}{3x^3}\Big|_1^2 = \left(-\frac{1}{3 \cdot 2^3}\right) - \left(-\frac{1}{3 \cdot 1^3}\right) = -\frac{1}{24} + \frac{1}{3} = \frac{7}{24} \qquad \square$$

Preuve du théorème fondamental

Voici maintenant une preuve complète du théorème fondamental du calcul intégral. L'idée de base est la suivante : F étant une primitive de f sur $[a, b]$, nous montrerons que $F(b) - F(a)$ est compris entre les sommes supérieure et inférieure de f sur $[a, b]$. Puisque f est censée être intégrable, les sommes supérieure et inférieure sont aussi proches que l'on veut l'une de l'autre et le seul nombre qui a cette propriété est l'intégrale de f. Ainsi on a bien

$$F(b) - F(a) = \int_a^b f(x)dx$$

Pour les sommes inférieures, on doit montrer que toute fonction g en escalier plus petite que f sur $[a, b]$ a une intégrale au plus égale à $F(b) - F(a)$. Soit donc $k_1, k_2, \ldots, k_n$ les valeurs de g sur les intervalles de la partition $(x_0, x_1, x_2, \ldots, x_n)$. (Voir figure 1.4.2.)

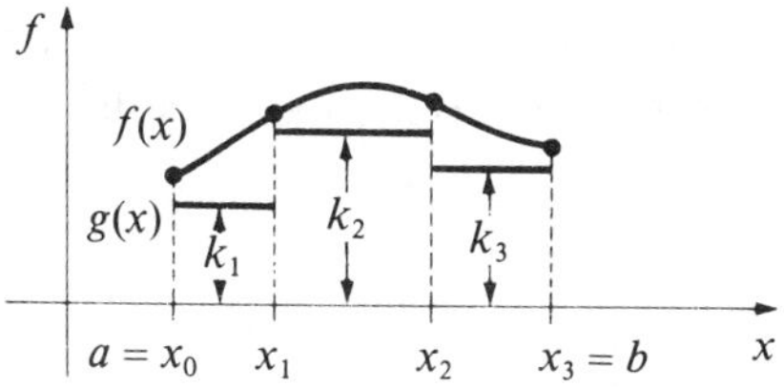

Figure 1.4.2

Pour ce faire, nous utiliserons les résultats d'un théorème, appelé théorème de la valeur moyenne, ou encore théorème des accroissements finis, lequel assure, pour une fonction $f(x)$ continue sur $[a, b]$, l'existence d'un nombre x_0 dans $]a, b[$ tel que

$$f'(x_0) = \frac{f(b) - f(a)}{b - a}$$

Une preuve détaillée et un exposé sur les applications de ce théorème sont présentés à la section 5.1. Mais revenons à notre preuve. Sur $]x_{i-1}, x_i[$, on a

$$k_i \leq f(x) = F'(x)$$

pour tout x dans $]x_{i-1}, x_i[$ et, comme $F(x)$ vérifie les hypothèses du théorème de la valeur moyenne, il s'ensuit que

$$k_i \leq \frac{F(x_i) - F(x_{i-1})}{x_i - x_{i-1}} \quad \text{ou} \quad k_i \, \Delta x_i \leq F(x_i) - F(x_{i-1})$$

En faisant la somme des $k_i \, \Delta x_i$ pour i variant de 1 à n, on obtient

$$\sum_{i=1}^{n} k_i \, \Delta x_i$$

$$\leq [F(x_1) - F(x_0)] + [F(x_2) - F(x_1)] + \ldots + [F(x_{n-1}) - F(x_{n-2})] + [F(x_n) - F(x_{n-1})]$$

À la limite, le membre de gauche est précisément l'intégrale de g sur $[a, b]$, tandis que le membre de droite se réduit à $F(x_n) - F(x_0)$. Nous avons donc prouvé que

$$\int_a^b g(x)dx \leq F(b) - F(a)$$

On peut faire le même raisonnement pour les sommes supérieures. Si h est une fonction en escalier supérieure à f sur $[a, b]$, alors on obtient

$$F(b) - F(a) \leq \int_a^b h(x)dx$$

La preuve du théorème fondamental est donc complète.

Voici deux exemples supplémentaires illustrant l'utilisation du théorème fondamental. Soulignons que n'importe quelle lettre peut servir à désigner la variable d'intégration, comme c'était le cas pour l'indice muet dans les sommations.

Exemple 6

Calculer $\int_0^4 (t^2 + 3t^{7/2})dt$.

Solution

En utilisant les règles de primitivation, on trouve qu'une primitive de

$$f(t) = t^2 + 3t^{7/2}$$

est

$$F(t) = t^3/3 + 3 \cdot (2/9)t^{9/2}$$

Donc

$$\int_0^4 (t^2 + 3t^{7/2})dt = \left(\frac{t^3}{3} + \frac{2t^{9/2}}{3}\right)\Bigg|_0^4$$
$$= \frac{4^3}{3} + \frac{2 \cdot 2^9}{3} - 0$$
$$= \frac{1088}{3}$$

□

Dans l'exemple suivant, quelques calculs algébriques sont nécessaires avant de calculer l'intégrale.

Exemple 7

Calculer $\int_1^2 \frac{(s+5)^2}{s^4} ds$.

Solution

L'intégrande peut être mis sous la forme d'une somme de 3 termes :

$$\frac{(s+5)^2}{s^4} = \frac{s^2 + 10s + 25}{s^4} = \frac{1}{s^2} + \frac{10}{s^3} + \frac{25}{s^4}$$

On peut trouver une primitive en intégrant terme à terme et en utilisant la règle de primitivation de x^n.

$$\int_1^2 \left(\frac{1}{s^2} + \frac{10}{s^3} + \frac{25}{s^4}\right)ds = \int_1^2 (s^{-2} + 10s^{-3} + 25s^{-4})ds$$
$$= \left(\frac{s^{-1}}{(-1)} + \frac{10s^{-2}}{(-2)} + \frac{25s^{-3}}{(-3)}\right)\Bigg|_1^2$$
$$= \left(-\frac{1}{s} - \frac{10}{2s^2} - \frac{25}{3s^3}\right)\Bigg|_1^2$$
$$= -\left(\frac{1}{s} + \frac{10}{2s^2} + \frac{25}{3s^3}\right)\Bigg|_1^2$$
$$= -\left(\left(\frac{1}{2} + \frac{5}{4} + \frac{25}{3 \cdot 8}\right) - \left(1 + 5 + \frac{25}{3}\right)\right)$$
$$= -\left(\frac{67}{24} - \frac{43}{3}\right)$$
$$= \frac{277}{24}$$
$$\approx 11{,}54$$

□

Applications

Maintenant que nous connaissons le théorème fondamental, voyons comment on peut l'utiliser pour résoudre les problèmes d'aire et de déplacement. Rappelons d'abord le problème de l'aire des régions sous les courbes, ainsi qu'on l'a vu aux sections 1.2 et 1.3.

Aire d'une région sous une courbe

Si $f(x) \geq 0$ pour x appartenant à $[a, b]$, l'aire de la région sous la courbe de f entre $x = a$ et $x = b$ est

$$\int_a^b f(x)dx$$

Si f est négative en certains points de $[a, b]$, $\int_a^b f(x)dx$ est l'aire algébrique de la région comprise entre la courbe de f, l'axe des x et les droites $x = a$ et $x = b$.

Exemple 8

a) Trouver l'aire de la région limitée par l'axe des x, la droite $x = 2$ et la parabole $y = x^2$.

b) Calculer l'aire de la région indiquée sur la figure 1.4.3.

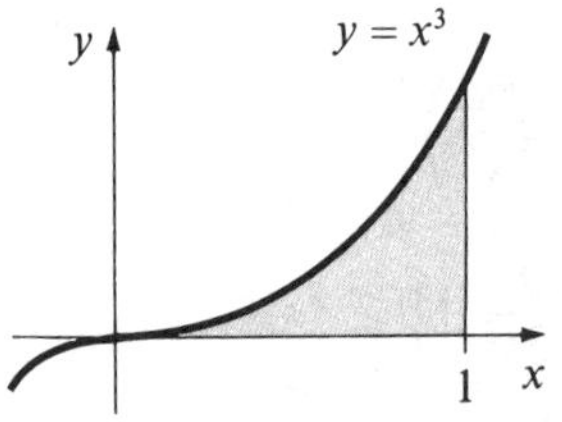

Figure 1.4.3

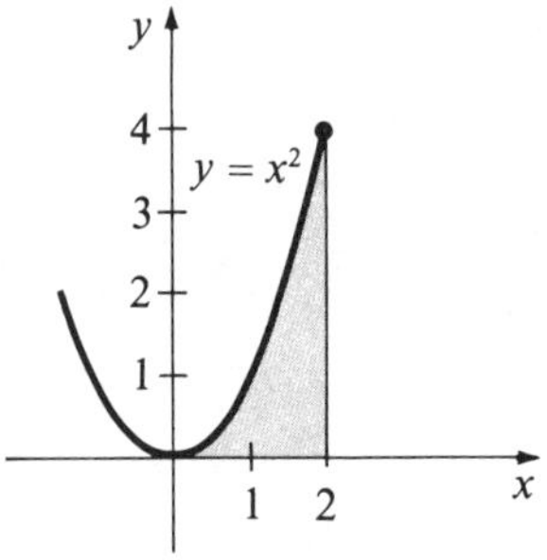

Figure 1.4.4

Solution

a) La région décrite est sous la courbe de $f(x) = x^2$ sur $[0, 2]$. (Voir figure 1.4.4.)

L'aire de la région est $\int_0^2 x^2dx = \frac{1}{3}x^3\Big|_0^2 = \frac{8}{3}$.

b) La région est sous la courbe de $y = x^3$ pour $0 \le x \le 1$; son aire est donnée par $\int_0^1 x^3 dx$.

D'après le théorème fondamental, $\int_0^1 x^3 dx = \left.\frac{x^4}{4}\right|_0^1 = \frac{1}{4}$. Ainsi l'aire est $\frac{1}{4}$. □

Exemple 9

a) Interpréter $\int_0^2 (x^2 - 1)dx$ comme l'aire d'une région sous une courbe.

b) Trouver l'aire de la région ombrée sur la figure 1.4.5.

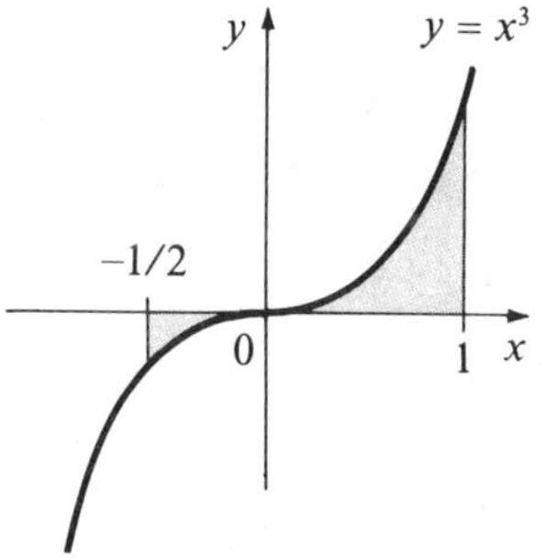

Figure 1.4.5

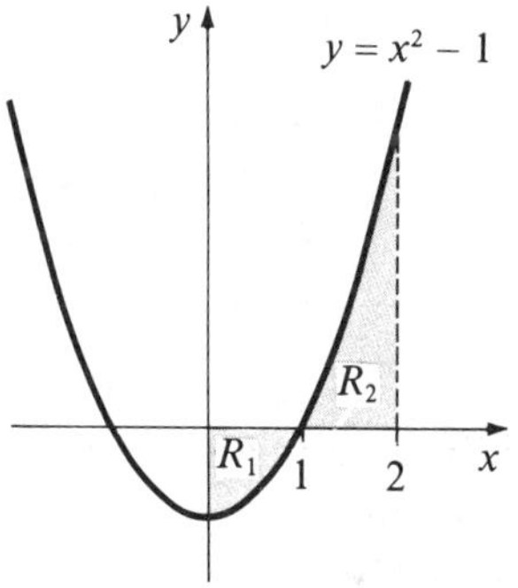

Figure 1.4.6

Solution

a) Reportons-nous à la figure 1.4.6. Nous savons que l'intégrale représente l'aire algébrique de la région comprise entre la courbe de $y = x^2 - 1$ et l'axe des x. En d'autres termes, il s'agit de l'aire de R_2 moins l'aire de R_1. Les calculs donnent

$$\int_0^2 (x^2 - 1)dx = \left.\left(\frac{x^3}{3} - x\right)\right|_0^2 = \frac{8}{3} - 2 = \frac{2}{3}$$

b) Pour des fonctions qui sont négatives sur une partie de l'intervalle, rappelons que l'intégrale représente l'aire **algébrique** de la région entre la courbe et l'axe des x. Pour obtenir l'aire **géométrique** (c'est-à-dire la mesure de l'aire de la région totale, peu importe sa localisation), on doit intégrer séparément sur chaque partie.

L'aire de $x = 0$ à $x = 1$ est $\int_0^1 x^3 dx$. L'opposé de l'aire de la région de $x = -\frac{1}{2}$ à $x = 0$ est $\int_{-1/2}^0 x^3 dx$. Ainsi l'aire de cette partie est $-\int_{-1/2}^0 x^3 dx$. L'aire totale est

donc

$$A = -\int_{-1/2}^{0} x^3dx + \int_{0}^{1} x^3dx$$

$$= -\frac{x^4}{4}\bigg|_{-1/2}^{0} + \frac{x^4}{4}\bigg|_{0}^{1}$$

$$= \frac{(1/2)^4}{4} + \frac{1}{4}$$

$$= \frac{1}{4 \cdot 16} + \frac{1}{4}$$

$$= \frac{17}{64}$$ □

Nous terminerons cette section en utilisant le théorème fondamental pour résoudre des problèmes de déplacement. L'encadré ci-dessous résume la méthode à suivre.

Déplacement et vitesse

Si un mobile se déplace sur l'axe des x à une vitesse $v = f(t)$, sa position est donnée par une primitive $x = F(t)$ et on obtient son déplacement $F(b) - F(a)$ entre les instants $t = a$ et $t = b$ en intégrant la vitesse entre $t = a$ et $t = b$:

$$\Delta d = \text{déplacement (entre } t = a \text{ et } t = b) = \int_{a}^{b} (\text{vitesse})dt$$

Exemple 10

Un mobile se déplace sur une ligne droite à une vitesse $v = 5t^4 + 3t^2$.

Calculer la distance parcourue par le mobile entre $t = 1$ et $t = 2$.

Solution

Puisque $v > 0$, le déplacement est égal à la distance totale parcourue. On a

$$\Delta d = \int_{1}^{2} (5t^4 + 3t^2)dt = (t^5 + t^3)\bigg|_{1}^{2} = (32 + 8) - (1 + 1) = 38$$

Le mobile a parcouru 38 unités de longueur entre les instants $t = 1$ et $t = 2$. □

Nous avons vu que l'interprétation géométrique des intégrales de fonctions qui changent de signe fait appel à la notion d'aire algébrique. De la même façon, quand une vitesse est négative, on doit faire attention au signe. L'intégrale de la vitesse est toujours un déplacement; pour obtenir la distance totale parcourue, il faut changer le signe de l'intégrale de la vitesse sur les périodes où cette vitesse est négative. La figure 1.4.7 décrit une telle situation.

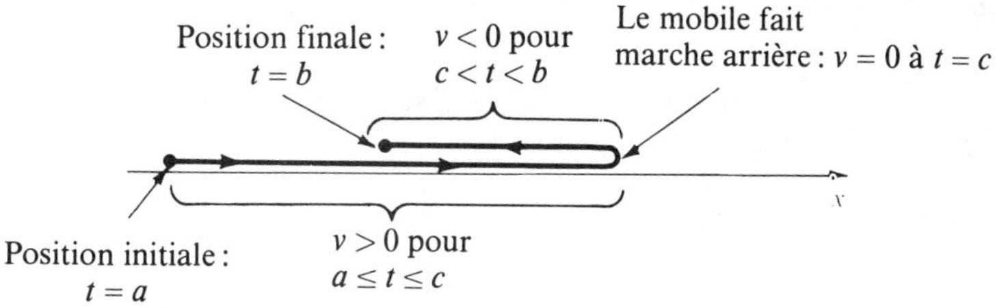

Figure 1.4.7 La distance totale parcourue est $\int_a^c v\,dt - \int_c^b v\,dt$; le déplacement est $\int_a^b v\,dt$.

Exemple 11

Un mobile se déplace sur l'axe des x à une vitesse $v = 2t - t^2$. Si sa position à l'instant $t = 0$ est $x = -1$, où est-il à l'instant $t = 3$? Quelle distance totale a-t-il parcourue ?

Solution

Soit $x = f(t)$ la position à l'instant t. Alors

$$\begin{aligned} f(3) - f(0) &= \int_0^3 (2t - t^2)dt \\ &= \left(t^2 - \frac{t^3}{3}\right)\Bigg|_0^3 \\ &= 9 - \frac{27}{3} \\ &= 0 \end{aligned}$$

Le déplacement étant nul, le mobile, à l'instant $t = 3$, est revenu à sa position initiale, soit $x = -1$.

De fait, le mobile revient en arrière quand v change de signe.

L'étude du signe de $v = 2t - t^2$ révèle que $v > 0$ pour $0 < t < 2$ et que $v < 0$ pour $2 < t < 3$. La distance totale parcourue est alors

$$\begin{aligned} \int_0^2 (2t - t^2)dt - \int_2^3 (2t - t^2)dt &= \left(t^2 - \frac{t^3}{3}\right)\Bigg|_0^2 - \left(t^2 - \frac{t^3}{3}\right)\Bigg|_2^3 \\ &= \left(4 - \frac{8}{3}\right) - \left(9 - \frac{27}{3}\right) + \left(4 - \frac{8}{3}\right) \\ &= \frac{8}{3} \end{aligned}$$

□

Exercices de la section 1.4

Utiliser le théorème fondamental pour calculer les intégrales des exercices 1 à 4.

1. $\int_1^3 x^3 dx$

2. $\int_2^3 x^2 dx$

3. $\int_4^6 3x\, dx$

4. $\int_1^8 (1 + \sqrt{x}) dx$

Dans les exercices 5 à 8, calculer la valeur des expressions données.

5. $x^{3/4} \Big|_0^2$

6. $(x^2 + 2\sqrt[3]{x}) \Big|_0^8$

7. $(3x^2 + 5) \Big|_1^3$

8. $(x^4 + x^2 + 2) \Big|_{-2}^2$

Dans les exercices 9 à 24, évaluer les intégrales données.

9. $\int_a^b s^{4/3} ds$

10. $\int_{-1}^2 (t^4 + 8t) dt$

11. $\int_1^2 4\pi r^{2/3} dr$

12. $\int_{-1}^1 (t^4 + t^{917}) dt$

13. $\int_0^{10} \left(\frac{t^4}{100} - t^2\right) dt$

14. $\int_{-4}^0 (1 + x^2 - x^3) dx$

15. $\int_{-1}^2 (1 + t^2)^2 dt$

16. $\int_1^2 \left(s^3 + \frac{1}{s^2}\right) ds$

17. $\int_1^2 \frac{dt}{(t + 4)^3}$

18. $\int_{\pi/2}^{\pi} (3 + z^2) dz$

19. $\int_1^2 \frac{(1 + t^2)^2}{t^2} dt$

20. $\int_1^2 \frac{t^2 + 8t + 1}{t^4} dt$

21. $\int_1^2 \frac{(x^2 + 5)^2}{x^4} dx$

22. $\int_{-2}^{-1} \frac{(x^2 + x)^2}{x} dx$

23. $\int_2^3 \frac{u^3 - 1}{u - 1} du$

24. $\int_2^4 \frac{u^4 - 1}{u - 1} du$

Calculer l'aire des régions représentées sur les figures des exercices 25 à 28.

25.

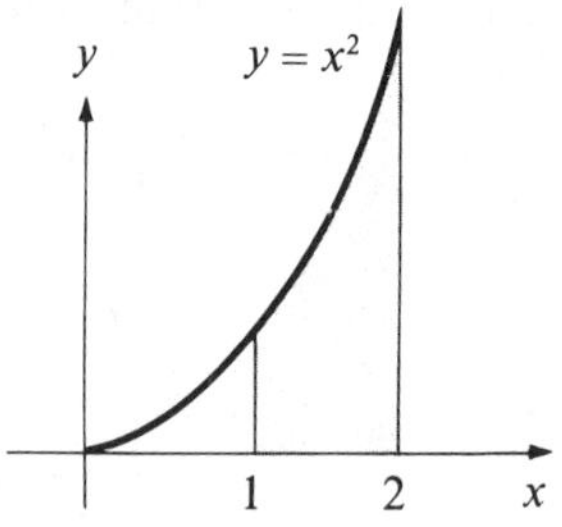

26.

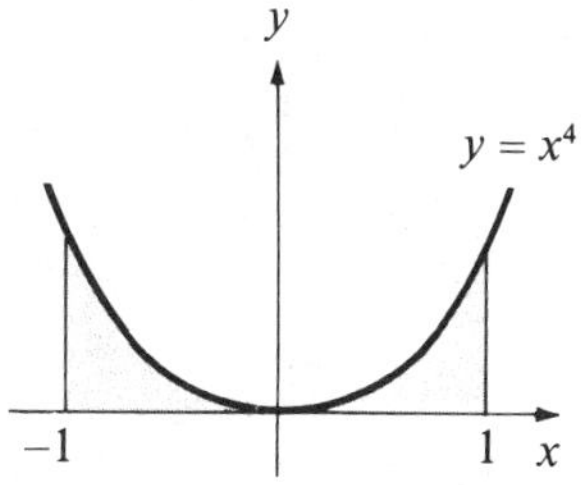

27.

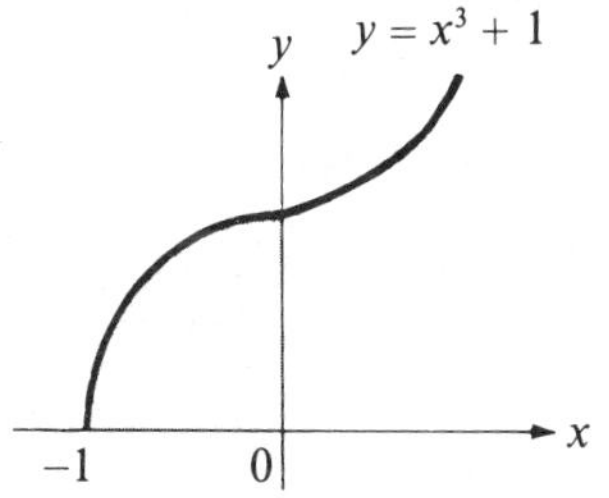

28.

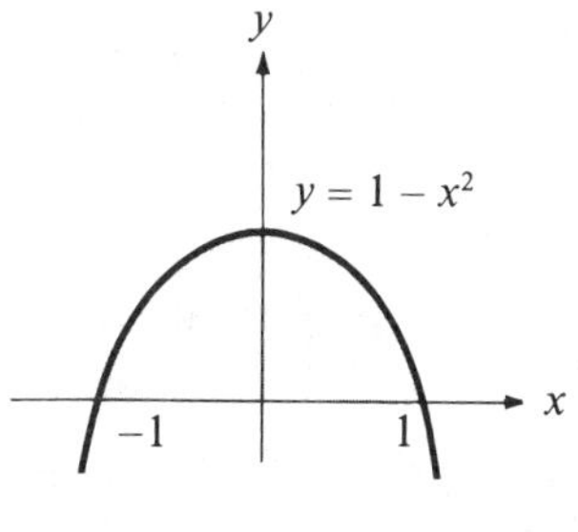

Dans les exercices 29 et 30, interpréter géométriquement les intégrales. Représenter les régions et calculer leur aire.

29. $\int_0^2 (x^3 - 1)dx.$

30. $\int_1^2 (x^2 - 3)dx.$

Dans les exercices 31 à 40, trouver l'aire de la région comprise entre la courbe de la fonction et l'axe des x sur l'intervalle donné. Représenter graphiquement.

31. x^3 sur $[0, 2]$.

32. $1/x^2$ sur $[1, 2]$.

33. $x^2 + 2x + 3$ sur $[1, 2]$.

34. $x^3 + 3x + 2$ sur $[0, 2]$.

35. $x^4 + 2$ sur $[-1, 1]$.

36. $3x^4 - 2x + 2$ sur $[-1, 1]$.

37. $x^4 + 3x^2 + 1$; $-2 \leq x \leq 1$.

38. $8x^6 + 3x^4 - 2$; $1 \leq x \leq 2$.

39. $(1/x^3) + x^2$; $1 \leq x \leq 3$.

40. $(3x + 5)/x^3$; $1 \leq x \leq 2$.

41. Un mobile se déplace sur une droite de telle façon qu'à l'instant t sa vitesse $v = 6t^4 + 3t^2$. Quelle est la distance parcourue entre les instants $t = 1$ et $t = 10$?

42. Un mobile se déplace sur une droite de telle façon qu'à l'instant t sa vitesse $v = 2t^3 + t^4$. Quelle est la distance parcourue entre les instants $t = 0$ et $t = 2$?

43. La vitesse d'un mobile sur l'axe des x est $v = 4t - 2t^2$. Si, à l'instant $t = 0$, il est au point $x = 1$, où sera-t-il à l'instant $t = 4$? Quelle est la distance totale parcourue ?

44. La vitesse d'un mobile sur l'axe des x est $v = t^2 - 3t + 2$. Si, à l'instant $t = 0$, il est au point $x = 1$, où sera-t-il à l'instant $t = 2$? Quelle est la distance totale parcourue ?

45. La vitesse d'une pierre tombée d'une montgolfière est $9{,}8t$ m/s, où t est le temps en secondes écoulé depuis l'instant du départ. Quelle distance la pierre aura-t-elle parcourue après les 10 premières secondes ?

46. Entre 10 secondes et 20 secondes après le départ, quelle est la distance parcourue par la pierre de l'exercice précédent ? Et entre 20 et 30 secondes ?

***47.** Supposons que F est une fonction continue sur $[0, 2]$, que $F'(x) < 2$ pour $0 \le x < 1/3$ et que $F'(x) < 1$ pour $1/3 \le x \le 2$. Que pouvez-vous dire de la différence $F(2) - F(0)$?

***48.** Démontrer que si $h(t)$ est une fonction en escalier sur $[a, b]$ telle que $f(t) \le h(t)$ pour tout t sur $[a, b]$, alors

$$F(b) - F(a) \le \int_a^b h(t)dt$$

où F est une primitive de f sur $[a, b]$.

1.5 Intégrales définies et intégrales indéfinies

Les intégrales et les sommations ont les mêmes propriétés.

Lors de l'étude des primitives, nous avons utilisé la notation $\int f(x)dx$ pour désigner la famille de toutes les primitives de $f(x)$. C'est l'**intégrale indéfinie.** Aussi pouvons-nous écrire

$$\int_a^b f(x)dx = \int f(x)dx\Big|_a^b = F(x) + C\Big|_a^b$$

L'expression $F(x) + C\Big|_a^b$ représente un nombre bien défini puisque la constante C disparaît quand on soustrait la valeur de l'intégrale indéfinie à $x = a$ de sa valeur à $x = b$.

Une expression de la forme $\int_a^b f(x)dx$ avec des bornes spécifiées, que nous avons appelée simplement « une intégrale », est parfois appelée **intégrale définie** pour la distinguer d'une intégrale indéfinie.

Notons qu'une intégrale définie est un nombre, tandis qu'une intégrale indéfinie est une famille de fonctions.

Rappelons enfin qu'on peut toujours vérifier la famille de primitives associée à une intégrale indéfinie par dérivation.

Vérification de la primitive

Pour vérifier la formule $\int f(x)dx = F(x) + C$, on dérive le membre de droite et on vérifie si le résultat est égal à $f(x)$.

Exemple 1

Vérifier l'égalité $\int 3x^8 dx = x^9/3 + C$.

Solution
Dérivons le membre de droite :

$$\frac{d}{dx}\left(\frac{x^9}{3}+C\right)=\frac{9x^8}{3}=3x^8$$

L'égalité est donc vraie. □

L'exemple suivant fait intervenir une intégrale dont on ne peut obtenir aisément une primitive.

Exemple 2

a) Vérifier l'égalité $\int x(1+x)^6\,dx=\frac{1}{56}(7x-1)(1+x)^7+C.$

b) Calculer $\int_0^2 x(1+x)^6\,dx.$

Solution

a) Dérivons le membre de droite :

$$\begin{aligned}\frac{d}{dx}\left[\frac{1}{56}(7x-1)(1+x)^7+C\right]&=\frac{1}{56}[7(1+x)^7+(7x-1)7(1+x)^6]\\&=\frac{1}{56}(1+x)^6[7(1+x)+7(7x-1)]\\&=(1+x)^6x\end{aligned}$$

L'égalité est donc vraie.

b) Par le théorème fondamental et l'égalité que nous venons de vérifier, nous obtenons :

$$\begin{aligned}\int_0^2 x(1+x)^6\,dx&=\frac{1}{56}(7x-1)(1+x)^7\Big|_0^2\\&=\frac{1}{56}[13\cdot 3^7-(-1)]\\&=\frac{28\,432}{56}\\&=\frac{3\,554}{7}\\&\approx 507{,}7\end{aligned}$$

□

À la section 1.1, nous avons vu cinq propriétés importantes du procédé de sommation. L'encadré de la page suivante donne la liste des propriétés correspondantes de l'intégrale définie. Ces propriétés sont valables pour toutes les fonctions intégrables. On peut les déduire à partir des règles de primitivation et du théorème fondamental du calcul intégral en supposant que non seulement f et g

sont intégrables (c'est-à-dire $\int_a^b f(x)dx$ et $\int_a^b g(x)dx$ existent) mais aussi qu'elles ont des primitives (c'est-à-dire que l'on peut trouver une fonction $F(x)$ telle que $F'(x) = f(x)$ et une fonction $G(x)$ telle que $G'(x) = g(x)$).

Propriétés de l'intégrale définie

Propriétés de l'intégrale définie

1. $\int_a^b [f(x) + g(x)]dx = \int_a^b f(x)dx + \int_a^b g(x)dx$ (intégrale d'une somme)

2. $\int_a^b cf(x)dx = c\int_a^b f(x)dx$, c étant une constante
(intégrale du produit d'une fonction par une constante)

3. Si $a < b < c$, alors $\int_a^c f(x)dx = \int_a^b f(x)dx + \int_b^c f(x)dx$.

4. Si $f(x) = C$ est constante, alors $\int_a^b f(x)dx = C(b - a)$.

5. Si $f(x) \leq g(x)$ pour tout x vérifiant $a \leq x \leq b$, alors $\int_a^b f(x)dx \leq \int_a^b g(x)dx$.

Exemple 3
Démontrer la propriété 1 de l'encadré ci-dessus en supposant que f et g ont des primitives.

Solution
Soit F une primitive de f et G une primitive de g. Alors $F + G$ est une primitive de $f + g$ d'après la règle de la primitive d'une somme. Donc

$$\begin{aligned}\int_a^b [f(x) + g(x)]dx &= [F(x) + G(x)]\Big|_a^b \\ &= [F(b) + G(b)] - [F(a) + G(a)] \\ &= [F(b) - F(a)] + [G(b) - G(a)] \\ &= \int_a^b f(x)dx + \int_a^b g(x)dx\end{aligned}$$ □

Exemple 4
Démontrer la propriété 5.

Solution
Si $f(x) \leq g(x)$ sur $]a, b[$, alors $(F - G)'(x) = F'(x) - G'(x) = f(x) - g(x) \leq 0$ pour x sur $]a, b[$.

Puisqu'une fonction dont la dérivée est négative est décroissante, on a

$$[F(b) - G(b)] - [F(a) - G(a)] \leq 0 \quad \Leftrightarrow \quad F(b) - F(a) \leq G(b) - G(a)$$

En utilisant le théorème fondamental du calcul intégral, la dernière inégalité s'écrit

$$\int_a^b f(x)dx \leq \int_a^b g(x)dx$$ □

Les propriétés 2 et 3 peuvent être démontrées de la même façon que la propriété 1.

La propriété 4 est évidente puisque nous savons calculer l'aire des rectangles.

Exemple 5

Interpréter la troisième propriété en termes :

a) d'aire en supposant que f est positive;

b) de distance et de vitesse.

Solution

a) Puisque $\int_a^c f(x)dx$ est l'aire de la région sous la courbe de f pour $a < x < c$, la propriété 3 signifie simplement que la somme des aires des régions A et B sur la figure 1.5.1 est l'aire totale.

b) La propriété 3 signifie que le déplacement d'un mobile entre les instants a et c est égal à la somme des déplacements entre a et b et entre b et c.

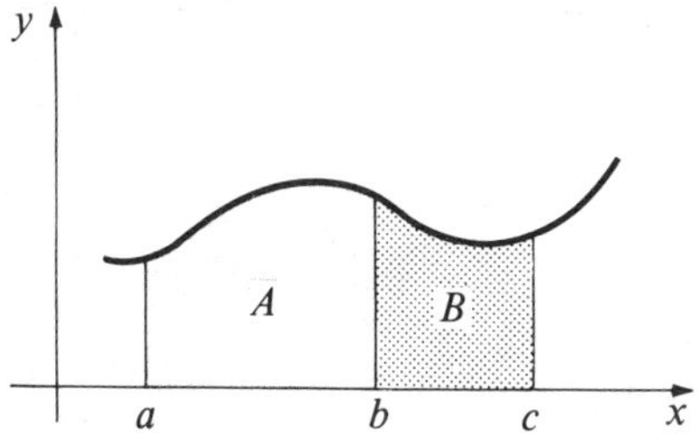

Figure 1.5.1 □

Extension de $\int_a^b f(x)dx$

Nous avons défini l'intégrale $\int_a^b f(x)dx$ quand $a < b$; mais le membre de droite de l'égalité

$$\int_a^b F'(x)dx = F(b) - F(a)$$

peut être évalué même quand $a \geq b$. Peut-on alors définir $\int_a^b f(x)dx$ quand $a \geq b$ de telle façon que cette égalité ait un sens ? La réponse est simple :

Si $b < a$ et si f est intégrable sur $[a, b]$, alors nous posons $\int_a^b f(x)dx = -\int_b^a f(x)dx$.

Si $a = b$, alors $\int_a^b f(x)dx = 0$.

Remarquons que si F' est intégrable sur $[b, a]$ avec $b < a$, alors de la définition précédente et du théorème fondamental on tire

$$\int_a^b F'(x)dx = -\int_b^a F'(x)dx = -[F(a) - F(b)] = F(b) - F(a)$$

de sorte que l'égalité $\int_a^b F'(x)dx = F(b) - F(a)$ est encore vérifiée.

Intégrale définie

1. $\int_a^b F'(x)dx = F(b) - F(a)$, pour tout a et b.
2. $\int_a^b f(x)dx = -\int_b^a f(x)dx$.
3. $\int_a^a f(x)dx = 0$.

Exemple 6

Calculer $\int_6^2 x^3 dx$.

Solution

$$\int_6^2 x^3 dx = (x^4/4)\Big|_6^2 = \frac{1}{4}(16 - 1\,296) = -320.$$

(Bien que la fonction $f(x) = x^3$ soit positive, l'intégrale est négative. Pour expliquer ce fait, remarquons que quand x va de 6 à 2, dx est interprété comme négatif.) □

Le théorème fondamental du calcul intégral nous permet de calculer les intégrales en utilisant les primitives. La relation entre l'intégration et la dérivation est précisée par une autre version du théorème fondamental, que voici avec sa démonstration; l'interprétation géométrique sera brièvement donnée ensuite.

Seconde version du théorème fondamental du calcul intégral

Si f est continue sur $[a, b]$, alors $\frac{d}{dx}\int_a^x f(s)ds = f(x)$.

Justifions cette version du théorème fondamental.

L'application du théorème fondamental à f sur $[a, x]$ donne

$$\int_a^x f(s)ds = F(x) - F(a)$$

En dérivant les deux membres de l'égalité, on obtient

$$\begin{aligned}\frac{d}{dx}\int_a^x f(s)ds &= \frac{d}{dx}[F(x) - F(a)] \\ &= \frac{d}{dx}F(x) \qquad \text{(puisque } F(a) \text{ est constante)} \\ &= f(x) \qquad \text{(puisque } F \text{ est une primitive de } f)\end{aligned}$$

La deuxième version est donc prouvée.

Remarquons que, dans le raisonnement, nous avons pris « s » comme variable (muette) d'intégration au lieu de « x » pour éviter la confusion avec la valeur de la borne supérieure d'intégration.

Exemple 7

Vérifier la formule $\frac{d}{dx}\int_a^x f(s)ds = f(x)$ pour $f(x) = x$.

Solution
L'intégrale en question est

$$\int_a^x f(s)ds = \int_a^x s\,ds = \frac{s^2}{2}\Big|_a^x = \frac{x^2}{2} - \frac{a^2}{2}$$

Ainsi,

$$\frac{d}{dx}\left(\int_a^x f(s)ds\right) = \frac{d}{dx}\left(\frac{x^2}{2} - \frac{a^2}{2}\right) = x = f(x)$$

de sorte que la formule est vérifiée. □

Exemple 8

Soit $F(x) = \int_2^x \frac{1}{1 + s^2 + s^3}\,ds$. Calculer $F'(3)$.

Solution

En utilisant la seconde version du théorème fondamental avec $f(s) = 1/(1 + s^2 + s^3)$, on obtient $F'(3) = f(3) = 1/(1 + 3^2 + 3^3) = 1/37$. Remarquons que nous n'avons pas besoin d'intégrer ni de dériver pour obtenir la réponse. □

L'encadré suivant résume les deux versions du théorème fondamental.

Théorème fondamental du calcul intégral

Version habituelle : $\int_a^b F'(x)dx = F(b) - F(a)$.

L'intégration de la dérivée de F donne la variation de F.

Seconde version : $\frac{d}{dx}\int_a^x f(s)ds = f(x)$.

La dérivée de l'intégrale de f par rapport à la borne supérieure redonne la fonction f elle-même.

La seconde version du théorème fondamental du calcul possède, en termes d'aire, une interprétation qui facilite grandement la compréhension du théorème.

Supposons que $f(x)$ est non négative sur $[a, b]$. Imaginons que l'on découvre la courbe de f en déplaçant un cache vers la droite. Comme le montre la figure 1.5.2, quand l'écran est en x, l'aire de la région exposée est

$$A = \int_a^x f(s)ds$$

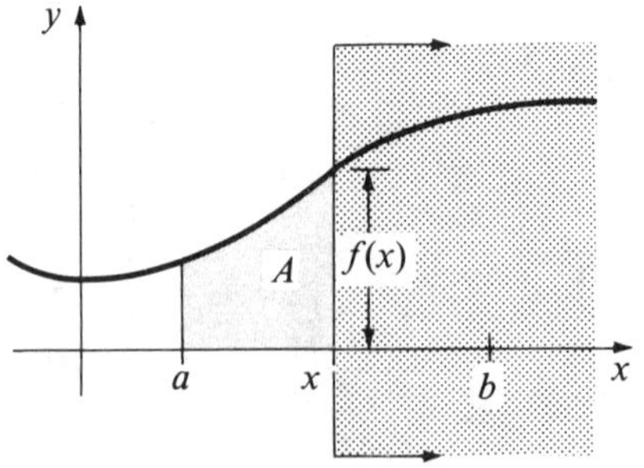

Figure 1.5.2

Ainsi quand le cache se déplace vers la droite, le taux de variation par rapport à x

de l'aire de la région visible est $f(x)$. On peut graphiquement arriver à cette même conclusion en étudiant le quotient

$$\frac{A(x+\Delta x)-A(x)}{\Delta x}$$

L'expression $A(x+\Delta x)-A(x)$ mesure l'aire de la région sous la courbe de f entre x et $x+\Delta x$. Quand x est petit, cette aire est approximativement l'aire d'un rectangle de base Δx et de hauteur $f(x)$, comme le montre la figure 1.5.3.

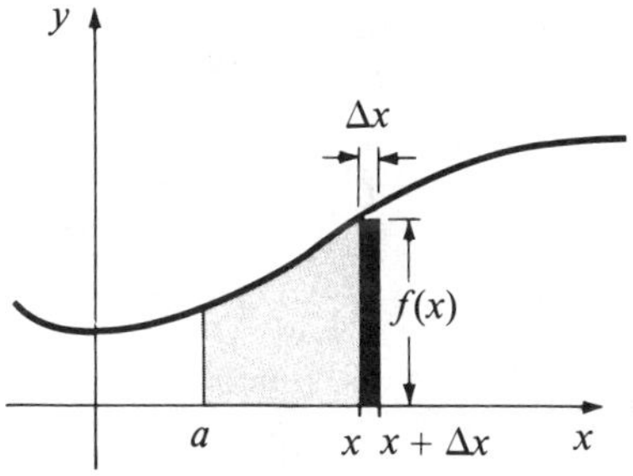

Figure 1.5.3

Ainsi

$$\frac{A(x+\Delta x)-A(x)}{\Delta x}\approx\frac{f(x)\Delta x}{\Delta x}=f(x)$$

et l'approximation est d'autant meilleure que Δx est petit. Donc

$$\frac{A(x+\Delta x)-A(x)}{\Delta x}$$

tend vers $f(x)$ quand $\Delta x \to 0$, ce qui signifie que $dA/dx = f(x)$.

Si f est continue, cet argument est la base d'une preuve rigoureuse de la seconde version du théorème fondamental.

Exercices de la section 1.5

Dans les exercices 1 à 4, vérifier la formule d'intégration en dérivant le membre de droite.

1. $\int 5x^4 dx = x^5 + C$

2. $\int \frac{1+t}{t^3} dt = -\frac{1}{2t^2} - \frac{1}{t} + C$

3. $\int 5(t^9 + t^4) dt = \frac{t^{10}}{2} + t^5 + C$

4. $\int \frac{x - x^3 + 1}{x^3} dx = -\frac{1}{x} - x - \frac{1}{2x^2} + C$

5. a) Vérifier la formule d'intégration suivante :

$$\int \frac{3t^2}{(1+t^3)^2}dt = \frac{t^3}{1+t^3} + C$$

b) Calculer $\int_0^1 \frac{3t^2}{(1+t^3)^2}dt$.

6. a) Vérifier la formule d'intégration suivante :

$$\int \frac{x^3+2x+1}{(1-x)^5}dx = \frac{1}{x-1} + \frac{3}{2(x-1)^2} + \frac{5}{3(x-1)^3} + \frac{1}{(x-1)^4} + C$$

b) Calculer

$$\int_2^3 [(s^3+2s+1)/(1-s)^5]\,ds$$

7. a) Calculer la dérivée de $\frac{x^3}{x^2+1}$.

b) Calculer $\int_0^1 \frac{(3x^2+x^4)}{(1+x^2)^2}dx$.

8. a) Dériver $\frac{x}{1+x}$ et $-\frac{1}{1+x}$.

b) Calculer $\int_3^2 \frac{1}{(1+x)^2}dx$ de deux façons différentes.

Dans les exercices 9 à 18, calculer les intégrales définies.

9. $\int_{-2}^{3} (x^4+5x^2+2x+1)dx$

10. $\int_{-1}^{1} (x^3+7)dx$

11. $\int_{-2}^{4} x^6dx$

12. $\int_{-3}^{472} 0dt$

13. $\int_1^2 \frac{x^2+2x+2}{x^4}dx$

14. $\int_1^8 \frac{1+\theta^2}{\theta^4}d\theta$

15. $\int_2^3 \frac{dt}{t^2}$

16. $\int_2^{-2} t^4dt$

17. $\int_1^2 (1+2t)^5\,dt$

18. $\int_2^1 (1-x)^6\,dx$

19. Expliquer la propriété 2 de l'intégrale définie en termes d'aire puis en termes de distance et vitesse.

20. Expliquer la propriété 5 de l'intégrale définie en termes d'aire puis en termes de distance et vitesse.

Calculer les intégrales des exercices 21 à 24 en utilisant les propriétés de l'intégration et les données suivantes :

$$\int_0^1 f(x)dx = 3,\quad \int_1^2 f(x)dx = 4$$

$$\text{et}\quad \int_2^3 f(x)dx = -8.$$

21. $\int_0^2 f(x)dx$

22. $\int_0^1 3f(x)dx$

23. $\int_0^3 8f(x)dx$

24. $\int_1^3 10f(x)dx$

Dans les exercices 25 à 28, calculer les intégrales.

25. $\int_3^2 x\,dx$

26. $\int_8^4 (x^2 - 1)dx$

27. $\int_{10}^9 \frac{x+1}{x^3} dx$

28. $\int_{-3}^{-2} \frac{x^3 - 1}{x - 1} dx$

Vérifier la formule

$$\frac{d}{dx} \int_a^x f(s)ds = f(x)$$

pour les fonctions des exercices 29 et 30.

29. $f(x) = x^3 - 1$

30. $f(x) = x^4 - x^2 + x$

31. Soit $F(t) = \int_3^t \frac{1}{[(4-s)^2 + 8]^3} ds$.

Calculer $F'(4)$.

32. Calculer $\frac{d}{dx} \int_0^x \frac{t^4}{1 + t^6} dt$.

Dans les exercices 33 à 36, calculer les dérivées.

33. $\frac{d}{dt} \int_0^t \frac{3}{(x^4 + x^3 + 1)^6} dx$

34. $\frac{d}{dt} \int_3^t \frac{1}{x^4 + x^6} dx$

35. $\frac{d}{dt} \int_t^3 x^2(1 + x)^5 dx$

36. $\frac{d}{dt} \int_t^4 \frac{u^4}{(u^2 + 1)^3} du$

37. Soit v la vitesse d'un mobile; interpréter alors la formule

$$\frac{d}{dt} \int_a^t v(s)ds = v(t)$$

38. Interpréter la seconde version du théorème fondamental dans le contexte de l'exemple de l'énergie solaire (supplément de la section 1.3).

39. Supposons que

$$f(t) = \begin{cases} t^2, & 0 \le t < 1, \\ 1, & 1 \le t < 5, \\ (t-6)^2, & 5 \le t \le 6. \end{cases}$$

a) Représenter graphiquement f sur l'intervalle $[0, 6]$.

b) Calculer $\int_0^6 f(t)dt$.

c) Calculer $\int_0^6 f(x)dx$.

d) Soit $F(t) = \int_0^t f(s)ds$.

Trouver l'expression de $F(t)$ sur $[0, 6]$ et représenter graphiquement F.

e) Calculer $F'(t)$ pour t appartenant à l'intervalle $]0, 6[$.

40. a) Trouver l'expression de la fonction f dont la courbe est la ligne brisée $ABCD$ de la figure 1.5.4.

b) Calculer $\int_3^{10} f(t)dt$.

c) Trouver l'aire du quadrilatère $ABCD$ par des procédés géométriques et comparer le résultat à la valeur de l'intégrale dans b).

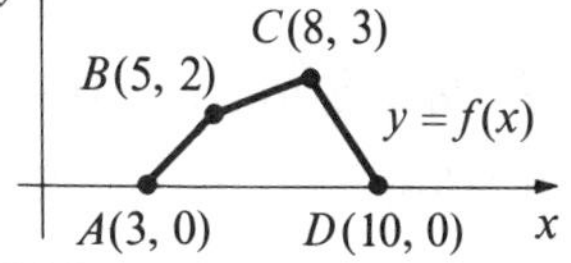

Figure 1.5.4

***41.** Soit f une fonction continue sur un intervalle I et soit a_1 et a_2 deux points de cet intervalle. On considère les fonctions

$$F_1(t) = \int_{a_1}^t f(s)ds \text{ et } F_2(t) = \int_{a_2}^t f(s)ds$$

a) Montrer que F_1 et F_2 diffèrent par une constante.
b) Exprimer la constante $F_2 - F_1$ à l'aide d'une intégrale.

***42.** Trouver une formule pour

$$\int x(1+x)^n\,dx$$

où $n \neq -1$ et $n \neq -2$ en s'inspirant de l'exemple 2. [*Indication* : Chercher une solution de la forme $(ax+b)(1+x)^{n+1}$ et déterminer a et b.]

***43.** a) Utiliser la seconde version du théorème fondamental et la règle de dérivation d'une fonction composée pour prouver que

$$\frac{d}{dt}\int_a^{g(t)} f(s)ds = f(g(t)) \bullet g'(t)$$

b) Interpréter a) à l'aide de la figure 1.5.5.

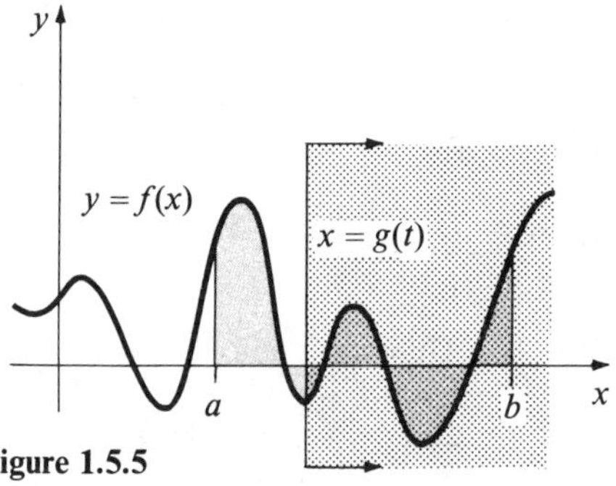

Figure 1.5.5

***44.** Calculer $\dfrac{d}{dt}\displaystyle\int_0^{t^2}\frac{dx}{1+x^2}$.

***45.** Soit $F(x) = \displaystyle\int_1^{x^2}\frac{dt}{t}$. Calculer $F'(x)$.

***46.** Calculer $\dfrac{d}{ds}\displaystyle\int_0^{s^4+s^2}\frac{dx}{1+x^4}$.

***47.** Calculer $\dfrac{d}{dt}\displaystyle\int_{h(t)}^{g(t)} f(x)dx$.

***48.** Calculer $\dfrac{d}{ds}\displaystyle\int_{s^2}^{s^3}\frac{x^3}{1+x^4}dx$.

1.6 Applications de l'intégrale

L'aire de la région comprise entre deux courbes peut être calculée par des intégrales.

Nous avons vu que l'aire d'une région sous la courbe d'une fonction peut être exprimée par une intégrale. Après un exercice basé sur ce fait, nous montrerons comment calculer l'aire d'une région située entre deux courbes dans le plan. Enfin, d'autres applications de l'intégration montreront que l'on peut calculer la variation totale d'une grandeur à partir de son taux de variation.

Exemple 1
Une porte de forme parabolique est découpée dans un mur. Si sa base mesure 2 mètres et sa hauteur 4 mètres, quelle est l'aire de la partie du mur à découper ?

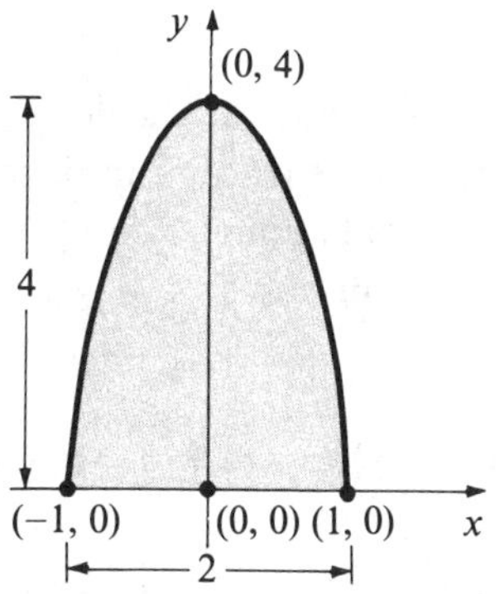

Figure 1.6.1

Solution

Choisissons le système de coordonnées comme l'indique la figure 1.6.1. Soit la parabole d'équation $y = ax^2 + c$; puisque $y = 4$ quand $x = 0$, alors $c = 4$; puisque $y = 0$ quand $x = 1$, on a $0 = a \times 1^2 + 4$, soit $a = -4$. L'équation de la parabole est donc $y = -4x^2 + 4$. L'aire de la région sous la courbe est

$$\int_{-1}^{1} (-4x^2 + 4)dx = \left(-\frac{4x^3}{3} + 4x\right)\Bigg|_{-1}^{1} = \left(-\frac{4}{3} + 4\right) - \left(\frac{4}{3} - 4\right) = \frac{16}{3}\,\text{m}^2. \qquad \square$$

Aire entre deux courbes

Considérons maintenant le calcul de l'aire de la région située entre les courbes de deux fonctions. Si f et g sont deux fonctions définies sur $[a, b]$ et telles que $f(x) \leq g(x)$ pour tout x dans $[a, b]$, la région située entre les courbes de f et de g sur $[a, b]$ est l'ensemble des points dont les coordonnées x et y vérifient $a \leq x \leq b$ et $f(x) \leq y \leq g(x)$.

Exemple 2

Représenter graphiquement la région comprise entre les courbes $f(x) = x^2$ et $g(x) = x + 3$ sur $[-1, 1]$, puis calculer son aire.

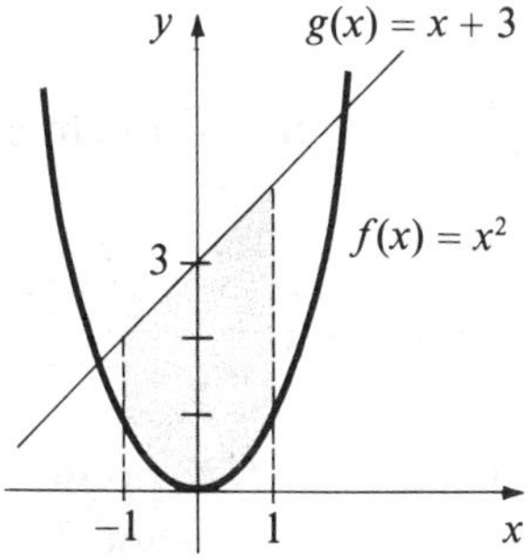

Figure 1.6.2

Solution
La région est ombrée sur la figure 1.6.2. Elle n'a pas tout à fait la forme des régions que nous avons rencontrées jusqu'à maintenant; cependant, si l'on ajoute à son aire l'aire de la région sous la courbe de $f(x)$ sur $[-1, 1]$, on obtient l'aire de la région sous la courbe de $g(x)$ sur $[-1, 1]$. Si A désigne l'aire de la région ombrée, on a

$$\int_{-1}^{1} f(x)dx + A = \int_{-1}^{1} g(x)dx$$

$$\int_{-1}^{1} x^2dx + A = \int_{-1}^{1} (x + 3)dx$$

ou

$$A = \int_{-1}^{1} (x + 3)dx - \int_{-1}^{1} x^2dx = \int_{-1}^{1} (x + 3 - x^2)dx$$

Le calcul de l'intégrale donne

$$A = \left(\frac{1}{2}x^2 + 3x - \frac{1}{3}x^3\right)\Bigg|_{-1}^{1} = 5\frac{1}{3}$$ □

La méthode de l'exemple 2 peut servir à montrer que si $0 \leq f(x) \leq g(x)$ pour x dans $[a, b]$, l'aire de la région située entre les courbes de f et de g est égale à

$$\int_a^b g(x)dx - \int_a^b f(x)dx = \int_a^b [g(x) - f(x)]\,dx$$

Exemple 3
Trouver l'aire de la région située entre les courbes de $y = x^2$ et $y = x^3$ pour x compris entre 0 et 1.

Solution
Puisque $0 \leq x^3 \leq x^2$ sur $[0, 1]$, en vertu du principe qui vient d'être établi, l'aire est

$$\int_0^1 (x^2 - x^3)dx = \left(\frac{x^3}{3} - \frac{x^4}{4}\right)\Bigg|_0^1 = \frac{1}{3} - \frac{1}{4} = \frac{1}{12}$$ □

La même méthode convient même si $f(x)$ prend des valeurs négatives; c'est seulement la différence entre $f(x)$ et $g(x)$ qui importe.

Aire d'une région située entre deux courbes

Si $f(x) \leq g(x)$, pour x dans $[a, b]$, et si f et g sont intégrables sur $[a, b]$, alors l'aire de la région située entre les courbes de f et g sur $[a, b]$ est égale à

$$\int_a^b [g(x) - f(x)]\,dx$$

Pour mieux se souvenir de cette formule et en trouver d'autres analogues, on peut recourir à l'explication intuitive suivante. La région entre les deux courbes apparaît comme composée d'une infinité de rectangles de largeur infiniment petite dx pour tout x dans $[a, b]$. (Voir figure 1.6.3.)

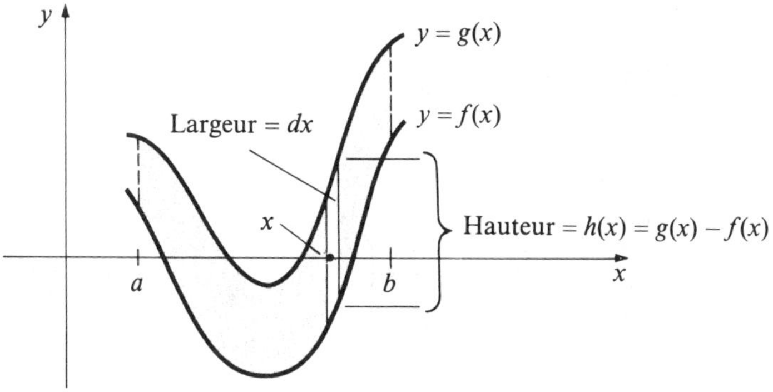

Figure 1.6.3 La région ombrée peut être considérée comme la réunion d'une infinité de rectangles de largeur infiniment petite.

L'aire totale est la « somme continue » des aires de ces rectangles. La hauteur d'un rectangle est $h(x) = g(x) - f(x)$ et l'aire du rectangle est $[g(x) - f(x)]\,dx$. Ce genre de raisonnement fut très utilisé dans les débuts du calcul intégral; il était alors considéré comme parfaitement acceptable. Aujourd'hui, on adopte le point de vue d'Archimède, qui utilisait les infiniment petits pour trouver des résultats qu'on démontra plus rigoureusement plus tard.

Exemple 4

Représenter graphiquement la région comprise entre les courbes $y = x$ et $y = x^2 + 1$ sur $[-2, 2]$, puis calculer son aire.

Solution

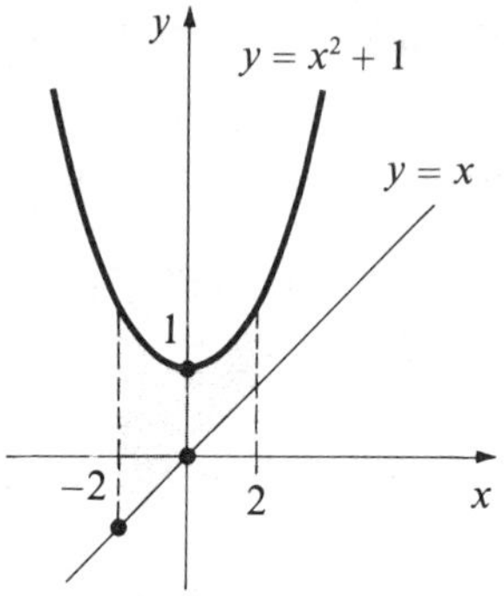

Figure 1.6.4

La région en question est ombrée sur la figure 1.6.4. La formule de l'aire de la région entre deux courbes donne :

$$\begin{aligned}\int_{-2}^{2}[(x^2+1)-(x)]\,dx &= \int_{-2}^{2}(x^2+1-x)\,dx \\ &= \left(\frac{x^3}{3}+x-\frac{x^2}{2}\right)\Bigg|_{-2}^{2} \\ &= \left(\frac{8}{3}+2-\frac{4}{2}\right)-\left(-\frac{8}{3}-2-\frac{4}{2}\right) \\ &= \frac{28}{3}\end{aligned}$$ □

Si les courbes de f et de g se coupent, on calculera l'aire de la région comprise entre elles en partageant la région en sous-régions et en appliquant la méthode précédente à chacune d'elles.

Aire de la région située entre deux courbes qui se coupent

Pour trouver l'aire de la région située entre les courbes $y = f(x)$ et $y = g(x)$ pour $a \leq x \leq b$, on trace les deux courbes et on détermine les valeurs de x pour lesquelles $f(x) = g(x)$. Ensuite, si par exemple $f(c) = g(c)$ et que $f(x) \geq g(x)$ pour $a \leq x \leq c$ et $f(x) \leq g(x)$ pour $c \leq x \leq b$, alors l'aire de la région sera

$$A = \int_a^c [f(x)-g(x)]\,dx + \int_c^b [g(x)-f(x)]\,dx$$

(Voir figure 1.6.5.)

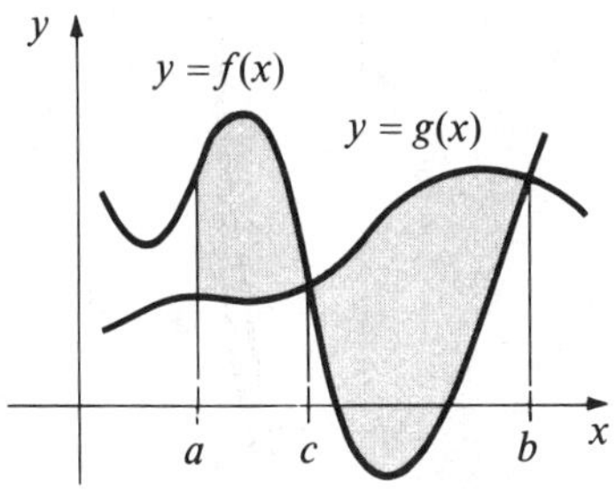

Figure 1.6.5

Exemple 5
Calculer l'aire de la région ombrée de la figure 1.6.6.

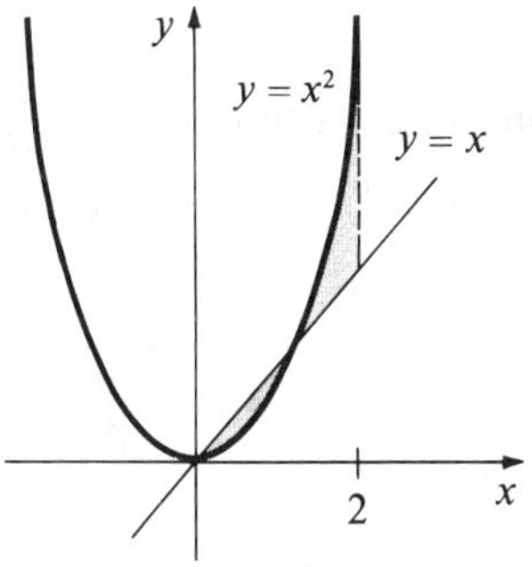

Figure 1.6.6

Solution
Trouvons les points d'intersection en résolvant l'équation $x^2 = x$. Les solutions sont $x = 0$ et $x = 1$. Puisque entre 0 et 1, $x^2 \leq x$ et que, entre 1 et 2, $x^2 \geq x$, l'aire est

$$\begin{aligned} A &= \int_0^1 (x - x^2)dx + \int_1^2 (x^2 - x)dx \\ &= \left(\frac{x^2}{2} - \frac{x^3}{3}\right)\Big|_0^1 + \left(\frac{x^3}{3} - \frac{x^2}{2}\right)\Big|_1^2 \\ &= \left(\frac{1}{2} - \frac{1}{3}\right) + \left[\left(\frac{8}{3} - \frac{4}{2}\right) - \left(\frac{1}{3} - \frac{1}{2}\right)\right] \\ &= 1 \end{aligned}$$

□

Exemple 6
Calculer l'aire de la région située entre les courbes $y = x^3$ et $y = 3x^2 - 2x$ pour $0 \leq x \leq 2$.

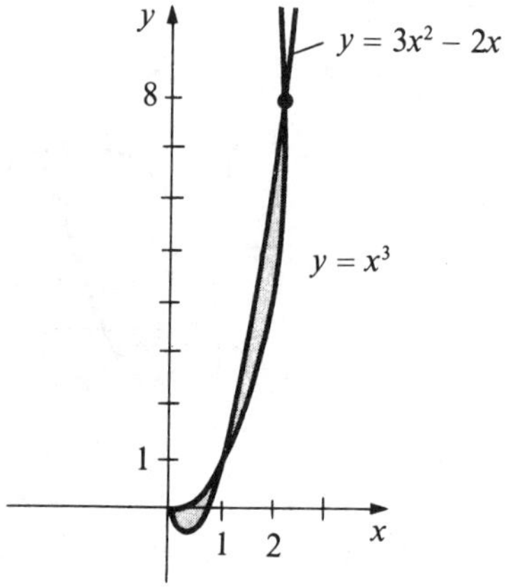

Figure 1.6.7

Solution

Les courbes sont représentées sur la figure 1.6.7. Elles se coupent quand

$$x^3 = 3x^2 - 2x \iff x(x^2 - 3x + 2) = 0 \iff x(x-2)(x-1) = 0 \iff x = 0,\ 1 \text{ ou } 2$$

comme le montre la figure. Ainsi l'aire est

$$\begin{aligned} A &= \int_0^1 [x^3 - (3x^2 - 2x)]\,dx + \int_1^2 [(3x^2 - 2x) - x^3]\,dx \\ &= \left[\frac{x^4}{4} - (x^3 - x^2)\right]\Bigg|_0^1 + \left[(x^3 - x^2) - \frac{x^4}{4}\right]\Bigg|_1^2 \\ &= \frac{1}{4} + \left[(8-4) - \frac{16}{4} + \frac{1}{4}\right] \\ &= \frac{1}{2} \end{aligned}$$

□

Dans le problème suivant, les points d'intersection des deux courbes déterminent les bornes d'intégration.

Exemple 7

Trouver l'aire de la région délimitée par les courbes $x = y^2 - 2$ et $y = x$.

Solution

Cet exemple montre que parfois on a le choix entre différentes méthodes et qu'un choix judicieux peut faciliter la démarche.

Tout d'abord, représentons les courbes comme le montre la figure 1.6.8. Pour tracer la courbe $x = y^2 - 2$, on peut écrire $y = \pm\sqrt{x + 2}$ et tracer la courbe correspondant à chacune des racines carrées, ou tout simplement considérer x comme une fonction de y et tracer la parabole. Les points d'intersection de la parabole et de la droite sont $P(-1, -1)$ et $Q(2, 2)$.

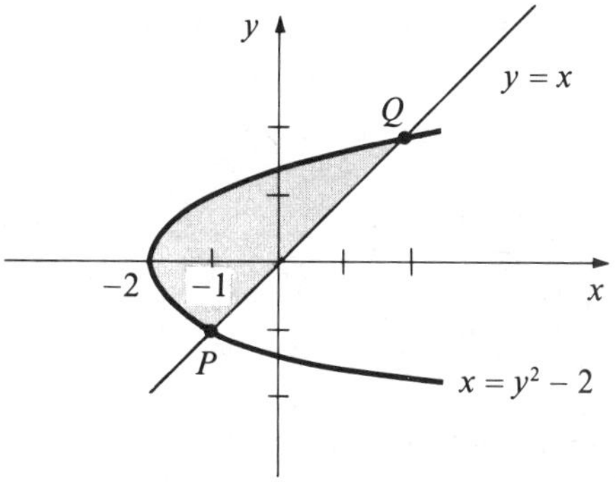

Figure 1.6.8

Méthode 1

En considérant y comme une fonction de x, on écrit $y = \pm\sqrt{x+2}$ et la région est délimitée par trois fonctions, à savoir $y = x$, $y = \sqrt{x+2}$ et $y = -\sqrt{x+2}$. On obtient l'aire en partageant la région en deux parties, comme le montre la figure 1.6.9 :

$$A = \int_{-2}^{-1} [\sqrt{x+2} - (-\sqrt{x+2})]\,dx + \int_{-1}^{2} [\sqrt{x+2} - x]\,dx$$

$$= \frac{4}{3}(x+2)^{3/2}\Big|_{-2}^{-1} + \left(\frac{2}{3}(x+2)^{3/2} - \frac{x^2}{2}\right)\Big|_{-1}^{2}$$

$$= \frac{4}{3} - 0 + \left(\frac{2}{3}\cdot 8 - 2\right) - \left(\frac{2}{3} - \frac{1}{2}\right)$$

$$= \frac{9}{2}$$

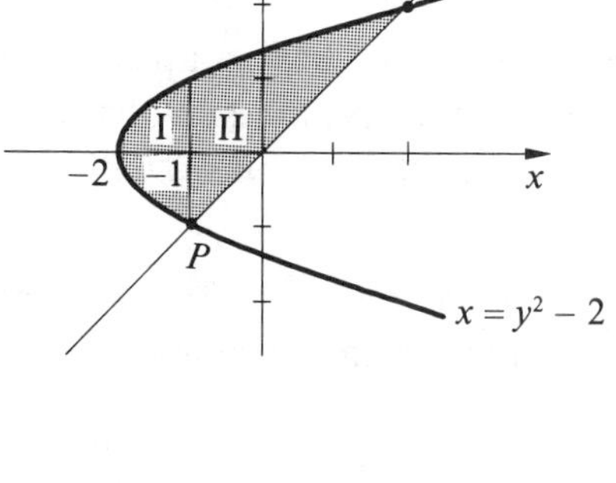

Figure 1.6.9

Méthode 2
Si l'on considère x comme une fonction de y, la région est alors délimitée par deux fonctions, à savoir $x = y$ et $x = y^2 + 2$. L'aire se calcule alors directement :

$$\begin{aligned} A &= \int_{-1}^{2} [y - (y^2 - 2)]\,dy \\ &= \left(\frac{y^2}{2} - \frac{y^3}{3} + 2y\right)\Bigg|_{-1}^{2} \\ &= \left(2 - \frac{8}{3} + 4\right) - \left(\frac{1}{2} + \frac{1}{3} - 2\right) \\ &= \frac{9}{2} \end{aligned}$$

La méthode 2 demande un peu de réflexion pour considérer x comme une fonction de y, mais les calculs qui s'ensuivent sont plus simples. □

Variation totale

Les constatations faites lors de l'étude du problème de déplacement sont applicables à tous les taux de variation. Si une grandeur Q dépend de x et que $Q'(x)$ est connue, alors le théorème fondamental donne $Q(b) - Q(a) = \int_a^b Q'(x)dx$.

Variation totale déduite du taux de variation

Si le taux de variation de Q par rapport à x pour $a \leq x \leq b$ est donné par $Q'(x) = f(x)$, on obtient la variation totale de Q en intégrant :

$$\Delta Q = Q(b) - Q(a) = \int_a^b f(x)dx$$

Cette formule peut être utilisée dans beaucoup de cas différents, selon la signification de Q et de x. Dans ce chapitre, nous avons surtout considéré Q comme la position, $Q'(x)$ comme la vitesse et x comme le temps.

Exemple 8
De l'eau coule dans une cuve à raison de $3t^2 + 6$ litres par minute à l'instant t pour $0 \leq t \leq 2$. Combien de litres d'eau auront coulé dans la cuve au bout de cette période ?

Solution

Si $Q(t)$ désigne le nombre de litres déversés dans la cuve à l'instant t, alors $Q'(t) = 3t^2 + 6t$ et donc

$$Q(2) - Q(0) = \int_0^2 (3t^2 + 6t)dt = (t^3 + 3t^2)\Big|_0^2 = 20$$

Pendant cette période de deux minutes, 20 litres d'eau sont entrés dans la cuve. □

Exercices de la section 1.6

1. Une arche parabolique a une base de 8 mètres et une hauteur de 10 mètres. Quelle est l'aire de la région qu'elle délimite ?

2. Une arche parabolique a une base de 10 mètres et une hauteur de 12 mètres. Quelle est l'aire de la région qu'elle délimite ?

3. Une piscine a la même forme que la région délimitée par $y = x^2$ et $y = 2$. Le couvercle de la piscine coûte 20 dollars le mètre carré. Si l'unité de longueur sur les axes x et y est 15 mètres, combien coûtera le couvercle ?

4. Un lac artificiel avec deux baies a la forme de la région délimitée par les courbes $y = x^4 - x^2$ et $y = 8$ (x et y sont mesurées en km); sa profondeur est de 10 m. Combien de mètres cubes d'eau le lac peut-il contenir ?

5. Trouver l'aire de la région ombrée de la figure 1.6.10.

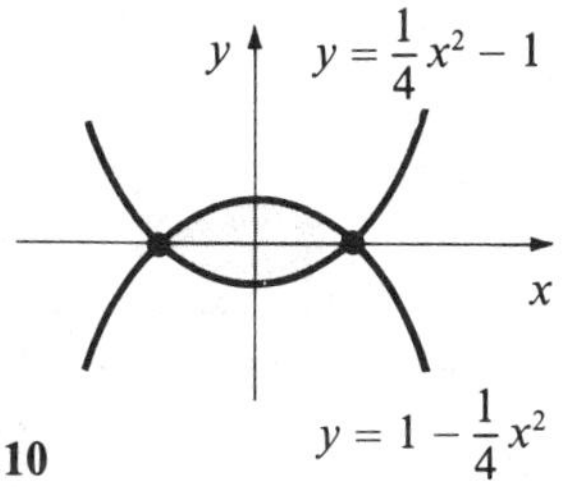

Figure 1.6.10

6. Trouver l'aire de la région ombrée de la figure 1.6.11.

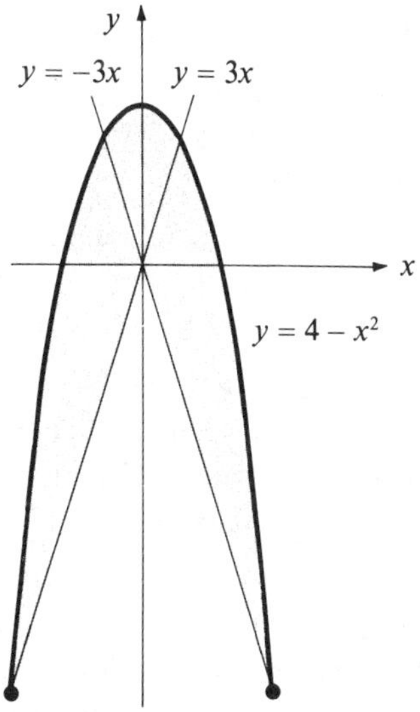

Figure 1.6.11

Dans les exercices 7 à 10, trouver l'aire de la région délimitée par les deux courbes sur les intervalles indiqués.

7. $y = (2/x^2) + x^4$ et $y = 1$, $1 \leq x \leq 2$.

8. $y = x^4$ et $y = x^3$, $-1 \leq x \leq 0$.

9. $y = \sqrt{x}$ et $y = x$, $0 \leq x \leq 1$.

10. $y = \sqrt[3]{x}$ et $y = 1/x^2$, $8 \leq x \leq 27$.

Dans les exercices 11 à 16, trouver l'aire de la région délimitée par les deux courbes des fonctions indiquées sur les intervalles indiqués.

11. $y = x$ et $y = x^4$ sur $[0, 1]$.

12. $y = x^2$ et $y = 4x^4$ sur $[2, 3]$.

13. $y = 3x^2$ et $y = x^4 + 2$ sur $[-1/2, 1/2]$.

14. $y = x^4 + 1$ et $y = 1/x^2$ sur $[1, 2]$.

15. $y = 3 + \dfrac{x^4 + x^2}{x^{59} + x^2}$ et $y = 7 + \dfrac{x^4 + x^2}{x^{59} + x^2}$ sur $[46\,917, 46\,919]$.

16. $y = \dfrac{4(x^6 - 1)}{x^6 + 1}$ et $y = \dfrac{(3x^6 - 1)(x^6 - 1)}{x^6(x^6 + 1)}$ sur $[1, 2]$.

17. Trouver l'aire de la région délimitée par les courbes $y = x^3$ et $y = 5x^2 + 6x$ pour x dans $[0, 3]$.

18. Trouver l'aire de la région délimitée par les courbes $y = x^3 + 1$ et $y = x^2 - 1$ pour x dans $[-1, 1]$.

19. Les courbes $y = x^3$ et $y = x$ divisent le plan en six régions dont deux seulement sont bornées. Calculer les aires de ces deux régions.

20. Les droites $y = x$ et $y = 2x$ ainsi que la courbe $y = 2/x^2$ partagent le plan en plusieurs régions dont l'une est bornée.
a) Combien de régions y a-t-il ?
b) Trouver l'aire de la région bornée.

Dans les exercices 21 à 24, calculer l'aire de la région entre les courbes données.

21. $x = y^2 - 3$ et $x = 2y$.

22. $x = y^2 + 8$ et $x = -6y$.

23. $x = y^3$ et $y = 2x$.

24. $x = y^4 - 2$ et $x = y^2$.

25. L'eau coule d'un réservoir à raison de $300t^2$ litres par seconde pour $0 \leq t \leq 5$. Combien de litres d'eau auront coulé à la fin de cette période ?

26. L'air s'échappe d'un ballon à raison de $3t^2 + 2t$ cm^3 par seconde pour $1 \leq t \leq 3$. Combien d'air sera sorti pendant cette période ?

27. a) Calculer par une intégrale l'aire d'un triangle dont les sommets ont pour coordonnées $(0, 0)$, (a, h) et $(b, 0)$. (Supposer que $0 < a < b$ et que $0 < h$.) Comparer le résultat avec celui obtenu par la géométrie.
b) Refaire a) dans le cas où $0 < b < a$.

28. Dans l'exemple 2 de la section 1.5, on a montré que

$$\int x(1 + x)^6 dx = \frac{1}{56}(7x - 1)(1 + x)^7 + C$$

Utiliser ce résultat pour calculer l'aire de la région sous la courbe $y = 1 + x(1 + x)^6$ entre $x = -1$ et $x = 1$.

29. La tente d'un cirque est équipée de quatre ventilateurs à l'une de ses extrémités, chacun d'eux étant capable d'évacuer 150 m^3 d'air par minute. La tente a une base rectangulaire de 30 mètres sur 60 mètres. À chaque coin se dresse un poteau de 7 mètres de haut et le toit est soutenu par une poutre centrale s'élevant à 10 mètres au-dessus du sol. La toile du toit a une forme parabolique de chaque côté de la poutre centrale. (Voir figure 1.6.12.)

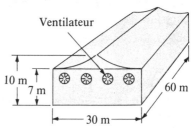

Figure 1.6.12

Déterminer le temps nécessaire pour renouveler complètement l'air intérieur.

30. Une petite mine d'or du nord du Nevada a été réouverte en janvier 1989; la première année, elle a produit 500 000 tonnes de minerai. Soit $A(t)$ le nombre de milliers de tonnes produites et t le nombre d'années écoulées depuis 1989. Il est prévu que la production diminuera de 20 000 tonnes par année jusqu'à l'an 2000.

a) Trouver une expression pour $A'(t)$ en supposant que le déclin de la production est constant.

b) Combien de minerai sera extrait, approximativement, t années après 1989 durant une période Δt ?

c) Calculer par une intégrale définie le nombre de tonnes de minerai qu'on a extrait de 1991 à 1996.

31. Soit $W(t)$ le nombre de mots appris après t minutes passées à mémoriser une liste de mots anglais. Supposons que

$$W(0) = 0$$

et

$$W'(t) = 4(t/100) - 3(t/100)^2$$

a) Utiliser le théorème fondamental pour montrer que

$$W(t) = \int_0^t [4(x/100) - 3(x/100)^2]\,dx$$

b) Calculer l'intégrale de a).

c) Combien de mots sont appris après 1 heure 40 minutes d'étude ?

***32.** On divise par une verticale la région sous la courbe de $y = 1/x^2$ sur [1, 4]; on veut que les deux parties aient la même aire. Où faut-il tracer la droite ?

Exercices de révision du chapitre 1

Dans les exercices 1 à 8, calculer les sommes indiquées.

1. $\sum_{i=1}^{4} i^2$

2. $\sum_{j=1}^{3} j^3$

3. $\sum_{i=1}^{5} \frac{2^i}{i(i+1)}$

4. $\sum_{j=4}^{8} \frac{j^2-10}{3j}$

5. $\sum_{i=1}^{500} (3i+7)$

6. $\sum_{i=n}^{n+3} \frac{i^2-1}{i+1}$ (n entier non négatif)

7. $\sum_{i=0}^{10} [(i+1)^4 - i^4]$

8. $\sum_{i=2}^{60} \left(\frac{1}{i} - \frac{1}{i-1}\right)$

9. Soit f définie sur [0, 1] par

$$f(x) = \begin{cases} 1, & 0 \le x < 1/5, \\ 2, & 1/5 \le x < 1/4, \\ 3, & 1/4 \le x < 1/3, \\ 4, & 1/3 \le x < 1/2, \\ 5, & 1/2 \le x \le 1. \end{cases}$$

Calculer $\int_0^1 f(x)dx$.

10. Soit f définie par

$$f(x) = \begin{cases} -1, & -1 \leq x < 0, \\ 2, & 0 \leq x < 1, \\ 3, & 1 \leq x \leq 2. \end{cases}$$

Trouver $\int_{-1}^{2} f(x)dx$.

11. Interpréter l'intégrale de l'exercice 9 en termes de distance et de vitesse.

12. Interpréter l'intégrale de l'exercice 10 en termes de distance et de vitesse.

Dans les exercices 13 à 16, évaluer les intégrales données.

13. $\int_3^5 (-2x^3 + x^2)dx$

14. $\int_1^3 \frac{x^3 - 5}{x^2} dx$

15. $\int_1^2 \frac{(1/3)s^2 - (s^4 + 1)}{2s^2} ds$

16. $\int_1^2 \frac{x^2 + 3x + 2}{x + 1} dx$

Dans les exercices 17 à 20, calculer l'aire de la région sous la courbe des fonctions indiquées entre les bornes données.

17. $y = x^3 + x^2, \quad 0 \leq x \leq 1$

18. $y = \frac{x^2 + 2x + 1}{x^4}, \quad 1 \leq x \leq 2$

19. $y = (x + 3)^{4/3}, \quad 0 \leq x \leq 2$

20. $y = (x - 1)^{1/2}, \quad 1 \leq x \leq 2$

21. a) Trouver des sommes supérieure et inférieure pour $\int_0^1 \frac{4}{1 + x^2} dx$ dont la différence soit plus petite que 0,2.

b) En utilisant la moyenne de ces deux sommes, peut-on prévoir la valeur exacte de l'intégrale ?

22. Trouver une somme supérieure et une somme inférieure pour $\int_2^3 \frac{1}{x} dx$ différentes de moins de 1/10.

23. a) Calculer $\frac{d}{dx}\left[\frac{1}{(1 + x^2)}\right]$

b) Trouver l'aire de la région sous la courbe de la fonction

$$f(x) = x/(1 + x^2)^2$$

pour $0 \leq x \leq 1$.

24. a) Calculer $(d/dx)[1/(1 + x^3)]$.

b) Calculer l'aire de la région sous la courbe de $f(x) = x^2/(1 + x^3)^2$ pour $1 \leq x \leq 2$.

25. Calculer l'aire de la région sous la courbe de $y = mx + b$ pour $a_1 \leq x \leq a_2$ et vérifier votre réponse en utilisant la géométrie. On supposera $mx + b \geq 0$ sur $[a_1, a_2]$.

26. Calculer l'aire de la région sous la courbe de la fonction $y = (1/x^2) + x + 1$ pour $1 \leq x \leq 2$.

27. Calculer l'aire de la région sous la courbe $y = x^2 + 1$ pour x allant de -1 à 2 et représenter graphiquement la région.

28. Calculer l'aire de la région sous la courbe

$$f(x) = \begin{cases} -x^3 & \text{si } x \leq 0 \\ x^3 & \text{si } x > 0 \end{cases} \quad \text{pour } -1 \leq x \leq 1.$$

Représenter graphiquement la région.

29. a) Vérifier la formule

$$\int \frac{x^2}{(x^3 + 6)^2} dx = \frac{1}{12}\left[\frac{x^3 + 2}{(x^3 + 6)}\right] + C$$

b) Calculer l'aire de la région sous la courbe de $y = x^2/(x^3 + 6)^2$ pour $0 \leq x \leq 2$.

30. Calculer l'aire de la région entre les courbes $y = x^3$ et $y = 5x^2 + 2x$ pour $0 \leq x \leq 2$. Représenter graphiquement la région.

31. Les courbes $y = x^6 - 3$ et $y = -x^2 - 1$ divisent le plan en 5 régions dont l'une est bornée ou délimitée. Calculer l'aire de cette dernière.

32. Calculer l'aire de chacune des régions numérotées de 1 à 6 de la figure 1.R.1.

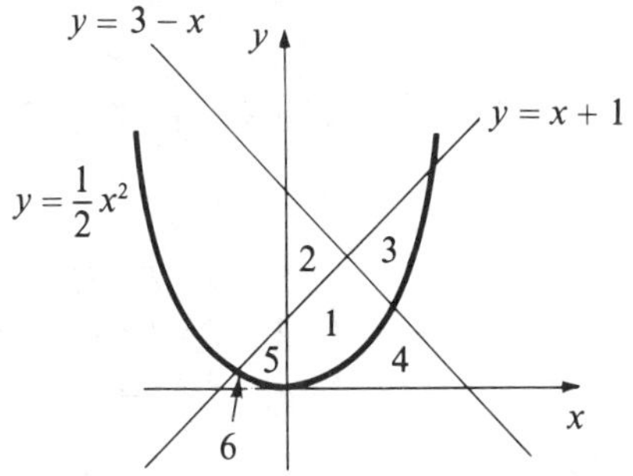

Figure 1.R.1

33. Calculer l'aire de la région délimitée par les courbes des fonctions $x = y^2 - 6$ et $x = y$.

34. Calculer l'aire de la région délimitée par les courbes $y = x^2 - 2$ et $y = 2 - x^2$.

35. Un objet est jeté d'un avion; sa vitesse dirigée vers le bas à la verticale est $v = -10 - 9{,}8t$ m/s. Si l'objet n'est pas encore au sol après 10 secondes, que pouvez-vous dire de l'altitude de l'avion à $t = 0$?

36. Supposons que la vitesse d'un objet est x^n (n entier $\neq 1$) quand l'objet est à la position x. Calculer le temps nécessaire pour qu'il se déplace de $x = 1/1000$ à $x = 1$.

37. a) À l'instant $t = 0$, un bidon contient 1 litre d'eau. On verse de l'eau dans ce bidon à raison de $3t^2 - 2t + 3$ litres par minute (t = temps en minutes). Si le bidon a une fuite et perd 2 litres par minute, combien contiendra-t-il d'eau au bout de 3 minutes ?

b) Qu'arrivera-t-il si le bidon perd 4 litres par minute ?

c) Qu'arrivera-t-il si le bidon perd 8 litres par minute ? [*Indication* : Qu'arrivera-t-il si le bidon est vide pendant un moment ?]

38. On verse de l'eau dans un bidon à raison de t litres par minute. En même temps, le bidon perd t^2 litres par minute. Supposons que le bidon est vide à l'instant $t = 0$.

a) À quel instant la quantité d'eau dans le bidon est-elle maximale ?

b) À quel instant le bidon est-il à nouveau vide ?

39. Supposons qu'un mobile se déplace sur l'axe des x à une vitesse

$$v = t^2 - 4t - 5$$

Quelle sera la distance totale parcourue entre $t = 0$ et $t = 6$?

40. Montrer que la distance totale parcourue par un autobus à une vitesse $v = f(t)$ est

$$\int_a^b |f(t)|\, dt$$

Quelle condition vérifie $v = f(t)$ si l'autobus fait un aller et retour pour $a \leq t \leq b$?

***41.** Depuis un pont, on laisse tomber une pierre au fond d'une gorge à la verticale. Le bruit du contact de la pierre avec le sol est entendu 5,6 secondes après l'instant du lancement. Supposons que la vitesse de la pierre est $9{,}8t$ mètres par seconde et celle du son, de 340 mètres par seconde.

a) Montrer que pendant t secondes la pierre a parcouru $4{,}9t^2$ mètres et le son, $340t$ mètres.

b) Le temps T nécessaire pour que la pierre touche le fond de la gorge vérifie l'équation

$$4{,}9T^2 = 340(5{,}6 - T)$$

parce que la pierre et le son parcourent la même distance. Trouver alors T.

c) Calculer la hauteur du pont.

d) Calculer le nombre de secondes nécessaires pour que le bruit du choc de la pierre arrive à la hauteur du pont.

***42.** L'intensité du courant $I(t)$ et la charge $Q(t)$ à un instant t en un point de circuit sont reliées par $I(t) = Q'(t)$ (I en ampères et Q en coulombs).

a) Si $Q(0) = 1$, utiliser le théorème fondamental pour justifier

$$Q(t) = 1 + \int_0^t I(r)dr$$

b) La chute de tension V (en volts) à travers une résistance de R ohms est reliée à l'intensité I (en ampères) par la formule $V = RI$. Supposons que, dans un circuit formé d'un fil en nickel-chrome et d'une résistance, on ait $V = 4{,}36$, $R = 1$ et $Q(0) = 1$. Calculer $Q(t)$.

c) Refaire la question b) pour un circuit contenant une batterie de 12 volts et une résistance de 4 ohms.

43. Soit

$$g(y) = \begin{cases} y, & 0 \leq y < 1, \\ 2, & 1 \leq y < 2, \\ y, & 2 \leq y \leq 4. \end{cases}$$

Calculer $\int_0^1 g(y)dy + \int_3^4 g(y)dy$.

44. Soit

$$y(t) = \begin{cases} t, & 2 \leq t < 3, \\ -4, & 3 \leq t < 4, \\ 1, & 4 \leq t \leq 5. \end{cases}$$

Calculer $\int_5^2 y(t)dt$.

45. Calculer $\dfrac{d}{dx}\displaystyle\int_0^x \frac{s^2}{1+s^3}\,ds$.

46. Calculer $\dfrac{d}{dx}\displaystyle\int_2^x \frac{t^3}{1-t^4}\,dt$.

47. Trouver l'aire de la région entre la courbe de la fonction de l'exercice 43 et l'axe horizontal.

Chapitre 2

Méthodes d'intégration et applications aux équations différentielles

2.1 Intégration par changement de variable

La règle de dérivation d'une fonction composée suggère la méthode du changement de variable dans l'intégration.

La méthode d'intégration par changement de variable est fondée sur la règle de dérivation d'une fonction composée. Si F et g sont des fonctions dérivables, la dérivée de $F(g(x))$ est $F'(g(x)) \cdot g'(x)$; autrement dit, $F(g(x))$ est une primitive de $F'(g(x)) \cdot g'(x)$. Avec la notation de l'intégrale indéfinie, cela donne

$$\int F'(g(x)) \cdot g'(x)dx = F(g(x)) + C$$

Comme dans la dérivation, il est commode d'introduire une variable intermédiaire $u = g(x)$; ainsi la formule précédente s'écrit

$$\int F'(u) \frac{du}{dx} dx = F(u) + C$$

En vertu de la définition de la différentielle de la fonction u, on a

$$du = u'(x)dx = \frac{du}{dx} dx$$

et si on écrit $f(u)$ à la place de $F'(u)$, on obtient

$$\int f(u) \frac{du}{dx} dx = \int f(u)du \qquad (1)$$

Cette dernière expression, en termes de u, est souvent plus facile à traiter que l'intégrale de départ.

Exemple 1

Calculer $\int 2x\sqrt{x^2+1}\,dx$ et vérifier la réponse par dérivation.

Solution

Aucune des méthodes vues jusqu'à maintenant ne permet de trouver cette intégrale; essayons d'intégrer par changement de variable. Remarquons que $2x$ est la dérivée de $x^2 + 1$ et apparaît dans l'intégrande; nous sommes donc amenés à poser $u = x^2 + 1$; on obtient alors

$$\int 2x\sqrt{x^2+1}\,dx = \int \sqrt{x^2+1} \cdot 2x\,dx = \int \sqrt{u}\left(\frac{du}{dx}\right)dx$$

Par la formule (1), on voit que la dernière intégrale est

$$\int \sqrt{u}\,du = \int u^{1/2}\,du = \frac{2}{3}u^{3/2} + C$$

Dans le résultat, remplaçons u par $x^2 + 1$, ce qui donne

$$\int 2x\sqrt{x^2+1}\,dx = \frac{2}{3}(x^2+1)^{3/2} + C$$

La vérification de la réponse par dérivation est utile autant pour comprendre la méthode que pour s'assurer du résultat, puisqu'elle montre comment la règle de dérivation d'une fonction composée donne l'intégrande de départ :

$$\frac{d}{dx}\left[\frac{2}{3}(x^2+1)^{3/2} + C\right] = \frac{2}{3} \cdot \frac{3}{2}(x^2+1)^{1/2}\frac{d}{dx}(x^2+1) = [\sqrt{x^2+1}\,]\,2x \qquad \square$$

Parfois, la dérivée de la variable intermédiaire est cachée dans l'intégrande. Un esprit alerte la découvrira et pourra alors utiliser un changement de variable approprié, comme le montrent les exemples suivants.

Exemple 2

Calculer $\int \cos^2 x \sin x\,dx$.

Solution

Essayons la substitution $u = \cos x$; mais $du/dx = -\sin x$ et non $\sin x$; on règle la difficulté en récrivant l'intégrale sous la forme

$$\int (-\cos^2 x)(-\sin x)\,dx$$

En posant $u = \cos x$, on obtient

$$\int -u^2 \frac{du}{dx}\, dx = \int -u^2\, du = -\frac{u^3}{3} + C$$

et finalement, en remplaçant u, on obtient

$$\int \cos^2 x \sin x\, dx = -\frac{1}{3}\cos^3 x + C$$

On peut vérifier la réponse par dérivation. □

Exemple 3

Calculer $\displaystyle\int \frac{e^x}{1 + e^{2x}}\, dx$.

Solution

Il n'est pas utile de poser $u = 1 + e^{2x}$ car $du/dx = 2e^{2x} \neq e^x$. Mais remarquons que $e^{2x} = (e^x)^2$ et que $(e^x)' = e^x$. Le changement de variable $u = e^x$ amène $du/dx = e^x$ et conduit alors à la solution :

$$\begin{aligned}\int \frac{e^x}{1 + e^{2x}}\, dx &= \int \frac{1}{1 + (e^x)^2} \cdot e^x\, dx \\ &= \int \frac{1}{1 + u^2} \cdot \frac{du}{dx} \cdot dx \\ &= \int \frac{1}{1 + u^2}\, du \\ &= \tan^{-1} u + C \\ &= \tan^{-1}(e^x) + C\end{aligned}$$

La dérivation permettrait de vérifier le résultat. □

L'encadré suivant résume la méthode. (Voir aussi la figure 2.1.1.)

Intégration par changement de variable

Pour intégrer une fonction qui peut, par un changement de variable, être ramenée à la forme $f(u)u'(x)$ à un facteur constant près, on utilise la formule

$$\int f(u) \frac{du}{dx}\, dx = \int f(u)\, du$$

Ensuite, on trouve $\int f(u)du$ si c'est possible, et on remplace u par son expression en x.

$$\int(\text{expression en } x)dx$$
$$= \int(\text{expression en } u)(\text{dérivée de } u) \bullet dx$$
$$= \int(\text{expression en } u) \bullet du$$

Figure 2.1.1

Exemple 4

Calculer

a) $\int x^2\sin(x^3)dx$; b) $\int \sin 2x\, dx$.

Solution

a) x^2 est, au facteur 3 près, la dérivée de x^3. Posons $u = x^3$, d'où

$$\frac{du}{dx} = 3x^2 \quad \text{et} \quad x^2 = \frac{1}{3}\left(\frac{du}{dx}\right)$$

Ainsi

$$\begin{aligned}\int x^2\sin(x^3)dx &= \int \frac{1}{3}\frac{du}{dx}\sin u\, dx \\ &= \frac{1}{3}\int(\sin u)\frac{du}{dx}dx \\ &= \frac{1}{3}\int \sin u\, du \\ &= -\frac{1}{3}\cos u + C\end{aligned}$$

et finalement

$$\int x^2\sin(x^3)dx = -\frac{1}{3}\cos(x^3) + C$$

b) Posons $u = 2x$, d'où $du/dx = 2$. Alors

$$\begin{aligned}\int \sin 2x\, dx &= \int \frac{1}{2}(\sin 2x)2dx \\ &= \frac{1}{2}\int \sin u \frac{du}{dx}dx \\ &= \frac{1}{2}\int \sin u\, du \\ &= -\frac{1}{2}\cos u + C\end{aligned}$$

Finalement

$$\int \sin 2x\, dx = -\frac{1}{2}\cos 2x + C$$ □

Exemple 5
Calculer

a) $\displaystyle\int \frac{x^2}{x^3+5}\,dx$

b) $\displaystyle\int \frac{dt}{t^2-6t+10}$ [*Indication* : Compléter le carré au dénominateur.]

c) $\displaystyle\int \sin^2 2x \cos 2x\,dx$

Solution

a) Posons $u = x^3 + 5$, de sorte que $du/dx = 3x^2$.

Alors

$$\begin{aligned}\int \frac{x^2}{x^3+5}\,dx &= \int \frac{1}{3(x^3+5)}\,3x^2dx\\ &= \frac{1}{3}\int \frac{1}{u}\frac{du}{dx}\,dx\\ &= \frac{1}{3}\int \frac{du}{u}\\ &= \frac{1}{3}\ln|u| + C\\ &= \frac{1}{3}\ln|x^3+5| + C\end{aligned}$$

b) La complétion du carré donne

$$\begin{aligned}t^2 - 6t + 10 &= (t^2 - 6t + 9) - 9 + 10\\ &= (t-3)^2 + 1\end{aligned}$$

Posons $u = t - 3$, d'où $du/dt = 1$.

Alors

$$\int \frac{dt}{t^2-6t+10} = \int \frac{dt}{1+(t-3)^2} = \int \frac{1}{1+u^2}\frac{du}{dt}\,dt = \int \frac{1}{1+u^2}\,du = \tan^{-1}u + C$$

et finalement

$$\int \frac{dt}{t^2-6t+10} = \tan^{-1}(t-3) + C$$

c) Comme dans l'exemple 4 b), posons $u = 2x$, de sorte que $du/dx = 2$. On a donc

$$\int \sin^2 2x \cos 2x\,dx = \int \sin^2 u \cos u\,\frac{1}{2}\frac{du}{dx}\,dx = \frac{1}{2}\int \sin^2 u \cos u\,du$$

Une nouvelle substitution est alors nécessaire. Posons $s = \sin u$, d'où $\dfrac{ds}{du} = \cos u$.

Alors

$$\begin{aligned} \frac{1}{2}\int \sin^2 u \cos u\, du &= \frac{1}{2}\int s^2 \frac{ds}{du}\, du \\ &= \frac{1}{2}\int s^2\, ds \\ &= \frac{1}{2}\cdot\frac{1}{3}s^3 + C \\ &= \frac{s^3}{6} + C \end{aligned}$$

Revenons maintenant à la variable x; puisque $s = \sin u$ et $u = 2x$, on obtient

$$\int \sin^2 2x \cos 2x\, dx = \frac{s^3}{6} + C = \frac{\sin^3 u}{6} + C = \frac{\sin^3 2x}{6} + C$$

La réponse peut être vérifiée par dérivation. Il faut remarquer qu'on aurait pu résoudre le problème en posant $u = \sin 2x$ dès le début; cependant il arrive souvent qu'on ne perçoive pas du premier coup la meilleure substitution. □

Cas particuliers

Deux changements de variable très simples, souvent utilisés, méritent une attention particulière.

Le premier, où l'on pose $u = x + a$ avec a constant, est appelé **règle de translation**. À noter que ce changement implique que $du/dx = 1$.

Règle de translation

Pour calculer $\int f(x + a)dx$, on évalue $\int f(u)du$ et on remplace u par $x + a$ dans le résultat

$$\int f(x + a)dx = F(x + a) + C, \quad \text{où } F(u) = \int f(u)du$$

Quant au second changement, appelé **règle de changement d'échelle**, on l'obtient en posant $u = bx$ avec b constant; on a alors $du/dx = b$. Cette substitution correspond à un changement d'unité de longueur sur l'axe des x.

Règle de changement d'échelle

Pour calculer $\int f(bx)dx$, on évalue $\int f(u)du$; on divise le résultat par b et enfin on remplace u par bx; ainsi

$$\int f(bx)dx = \frac{1}{b}F(bx) + C, \quad \text{où } F(u) = \int f(u)du$$

Exemple 6
Calculer

a) $\int \sec^2(x + 7)dx$; b) $\int \cos 10x\,dx$.

Solution

a) Puisque $\int \sec^2 u\,du = \tan u + C$, la règle de translation donne

$$\int \sec^2(x + 7)dx = \tan(x + 7) + C$$

b) Puisque $\int \cos u\,du = \sin u + C$, la règle de changement d'échelle donne

$$\int \cos 10x\,dx = \frac{1}{10}\sin(10x) + C$$

□

Il n'est pas nécessaire d'apprendre par cœur les règles de changement d'échelle et de translation; toutefois, les changements de variable correspondants sont si fréquents qu'il est bon de pouvoir les utiliser rapidement et sans faute.

Méthode de la notation différentielle

Pour terminer cette section, introduisons un procédé utile, appelé **méthode de la notation différentielle**, qui rend le changement de variable plus mécanique. En particulier, cette notation permet de garder visibles les facteurs constants qui doivent être répartis entre $f(u)$ et du/dx dans l'intégrande. Illustrons ce procédé par un exemple avant d'expliquer pourquoi et comment il fonctionne.

Exemple 7
Calculer $\int \frac{x^4 + 2}{(x^5 + 10x)^5}dx$.

Solution
Nous voulons poser $u = x^5 + 10x$; alors $du/dx = 5x^4 + 10$. Si l'on pouvait considérer du/dx comme une fraction, on pourrait écrire $dx = du/(5x^4 + 10)$. Puis, en remplaçant $x^5 + 10$ par u et dx par $du/(5x^4 + 10)$ dans l'intégrande, on obtiendrait :

$$\int \frac{x^4 + 2}{(x^5 + 10x)^5} dx = \int \frac{x^4 + 2}{u^5} \frac{du}{5x^4 + 10} = \int \frac{x^4 + 2}{5(x^4 + 2)} \frac{du}{u^5} = \int \frac{1}{5} \frac{du}{u^5}$$

Remarquons la simplification par $x^4 + 2$, qui donne l'intégrale en u :

$$\frac{1}{5} \int \frac{du}{u^5} = \frac{1}{5} \left(-\frac{1}{4} u^{-4} \right) + C = -\frac{1}{20u^4} + C$$

Finalement, si l'on remplaçait u par $x^5 + 10x$, le résultat cherché serait

$$\int \frac{x^4 + 2}{(x^5 + 10x)^5} dx = -\frac{1}{20(x^5 + 10x)^4} + C \qquad \square$$

Mais $\frac{du}{dx}$ n'est pas une fraction; toutefois, écrire $dx = \frac{du}{5x^4 + 10}$ peut se justifier à l'aide de la notion de différentielle, déjà abordée dans un premier cours de calcul. En effet, la différentielle de la fonction u a été définie de sorte que $du = u'(x)dx$.

Appliquée à l'exemple précédent, elle donne $du = (5x^4 + 10)dx$, car $u(x) = x^5 + 10x$, d'où $dx = \frac{du}{5x^4 + 10}$.

On peut donc dire que le tout revient à faire comme si l'expression du/dx de la dérivée de u était une fraction (ou un quotient de différentielles). Aussi, à l'avenir, nous nous permettrons de considérer comme une fraction l'expression du/dx de la dérivée de u.

Exemple 8
Calculer $\int \left(\frac{e^{1/x}}{x^2} \right) dx$.

Solution
Posons $u = 1/x$; $du/dx = -1/x^2$ et $dx = -x^2 du$, de sorte que

$$\int \left(\frac{1}{x^2} \right) e^{1/x} dx = \int \left(\frac{1}{x^2} \right) e^u (-x^2 du) = -\int e^u du = -e^u + C$$

et, par suite, on obtient

$$\int \left(\frac{1}{x^2} \right) e^{1/x} dx = -e^{1/x} + C \qquad \square$$

Intégration par changement de variable
Méthode de la notation différentielle

Pour intégrer $\int h(x)dx$ par changement de variable :

1. On choisit une nouvelle variable $u = g(x)$.
2. On dérive pour obtenir $du/dx = g'(x)$ et on isole dx.
3. On remplace dx dans l'intégrale par son expression obtenue en 2.
4. On essaie d'exprimer le nouvel intégrande en fonction de u seulement par élimination de x. (Si ce n'est pas possible, on essaie un autre changement de variable ou une autre méthode.)
5. On calcule la nouvelle intégrale $\int f(u)du$ si c'est possible.
6. On revient à la variable x par $u = g(x)$.
7. On peut vérifier le résultat par dérivation.

Exemple 9

Calculer les intégrales suivantes :

a) $\displaystyle\int \frac{x^2 + 2x}{\sqrt[3]{x^3 + 3x^2 + 1}}\, dx$, b) $\int \cos x\,[\cos(\sin x)]\, dx$ et c) $\displaystyle\int \left(\frac{\sqrt{1 + \ln x}}{x}\right) dx$.

Solution

a) Soit $u = x^3 + 3x^2 + 1$; $du/dx = 3x^2 + 6x$, de sorte que $dx = du/(3x^2 + 6x)$; alors

$$\int \frac{x^2 + 2x}{\sqrt[3]{x^3 + 3x^2 + 1}}\, dx = \int \frac{1}{\sqrt[3]{u}}\, \frac{x^2 + 2x}{3x^2 + 6x}\, du = \frac{1}{3} \int \frac{1}{\sqrt[3]{u}}\, du = \frac{1}{3} \cdot \frac{3}{2} u^{2/3} + C$$

Ainsi

$$\int \frac{x^2 + 2x}{\sqrt[3]{x^3 + 3x^2 + 1}}\, dx = \frac{1}{2}(x^3 + 3x^2 + 1)^{2/3} + C$$

b) Soit $u = \sin x$; $du/dx = \cos x$, $dx = du/\cos x$, d'où

$$\int \cos x\,[\cos(\sin x)]\, dx = \int \cos x\,[\cos(\sin x)]\, \frac{du}{\cos x} = \int \cos u\, du = \sin u + C$$

et, par suite,

$$\int \cos x\,[\cos(\sin x)]\, dx = \sin(\sin x) + C$$

c) Soit $u = 1 + \ln x$; $du/dx = 1/x$, $dx = x\,du$, d'où

$$\int \frac{\sqrt{1 + \ln x}}{x}\,dx = \int \frac{\sqrt{u}}{x}(x\,du) = \int u^{1/2}du = \frac{2}{3}u^{3/2} + C$$

et, par suite,

$$\int \frac{\sqrt{1 + \ln x}}{x}\,dx = \frac{2}{3}(1 + \ln x)^{3/2} + C$$ □

Exercices de la section 2.1

Dans les exercices 1 à 6, calculer l'intégrale donnée par le changement de variable indiqué et vérifier la réponse par dérivation.

1. $\int 2x(x^2 + 4)^{3/2}dx$; $u = x^2 + 4$
2. $\int (x + 1)(x^2 + 2x - 4)^{-4}dx$; $u = x^2 + 2x - 4$
3. $\int \frac{2y^7 + 1}{(y^8 + 4y - 1)^2}dy$; $x = y^8 + 4y - 1$
4. $\int \frac{x}{1 + x^4}dx$; $u = x^2$
5. $\int \frac{\sec^2\theta}{\tan^3\theta}d\theta$; $u = \tan\theta$
6. $\int \tan x\,dx$; $u = \cos x$

Dans les exercices 7 à 22, calculer les intégrales par changement de variable et vérifier la réponse par dérivation.

7. $\int (x + 1)\cos(x^2 + 2x)dx$
8. $\int u\sin(u^2)du$
9. $\int \frac{x^3}{\sqrt{x^4 + 2}}dx$
10. $\int \frac{x}{(x^2 + 3)^2}dx$
11. $\int \frac{t^{1/3}}{(t^{4/3} + 1)^{3/2}}dt$
12. $\int \frac{x^{1/2}}{(x^{3/2} + 2)^2}dx$
13. $\int 2r\sin(r^2)\cos^3(r^2)dr$
14. $\int e^{\sin x}\cos x\,dx$
15. $\int \frac{x^3}{1 + x^8}dx$
16. $\int \frac{dx}{\sqrt{1 - 4x^2}}$
17. $\int \sin(\theta + 4)d\theta$
18. $\int \frac{1}{x^2}\sin\frac{1}{x}dx$
19. $\int (5x^4 + 1)(x^5 + x)^{100}dx$
20. $\int (1 + \cos s)\sqrt{s + \sin s}\,ds$
21. $\int \left(\frac{t + 1}{\sqrt{t^2 + 2t + 3}}\right)dt$
22. $\int \frac{dx}{x^2 + 4}$

Dans les exercices 23 à 36, calculer les intégrales indéfinies.

23. $\int t\sqrt{t^2 + 1}\,dt$
24. $\int t\sqrt{t + 1}\,dt$
25. $\int \cos^3\theta\,d\theta$
    [*Indication* : Utiliser $\cos^2\theta + \sin^2\theta = 1$.]
26. $\int \cot x\,dx$

27. $\displaystyle\int \frac{dx}{x \ln x}$

28. $\displaystyle\int \frac{dx}{\ln(x^x)}$

29. $\int \sqrt{4 - x^2}\, dx$
[*Indication* : Poser $x = 2 \sin u$.]

30. $\int \sin^2 x\, dx$
[*Indication* : Utiliser

$$\cos 2x = 1 - 2 \sin^2 x.]$$

31. $\displaystyle\int \frac{\cos \theta}{1 + \sin \theta}\, d\theta$

32. $\int \sec^2 x(e^{\tan x} + 1)dx$

33. $\displaystyle\int \frac{\sin(\ln t)}{t}\, dt$

34. $\displaystyle\int \frac{e^{2s}}{1 + e^{2s}}\, ds$

35. $\displaystyle\int \frac{\sqrt[3]{3 + 1/x}}{x^2}\, dx$

36. $\displaystyle\int \frac{1}{x^3}\left(1 - \frac{1}{x^2}\right)^{1/3} dx$

37. Calculer $\int \sin x \cos x\, dx$ par les trois méthodes suivantes :

a) poser $u = \sin x$;
b) poser $u = \cos x$;
c) utiliser l'identité $\sin 2x = 2 \sin x \cos x$.

Montrer que les trois réponses obtenues sont identiques.

38. Calculer $\int e^{ax}\, dx$, où a est une constante, par les deux méthodes suivantes :

a) $u = ax$; b) $u = e^x$.

Montrer que les deux réponses obtenues sont identiques.

***39.** Pour chaque couple de valeurs de m et n, peut-on calculer

$$\int \sin^m x \cos^n x\, dx$$

en posant $u = \sin x$ ou $u = \cos x$ et l'identité $\cos^2 x + \sin^2 x = 1$?

***40.** Pour quelles valeurs de r peut-on calculer $\int \tan^r x\, dx$ en utilisant le changement de variable suggéré dans l'exercice 39 ?

2.2 Changement de variable dans l'intégrale définie

Quand on effectue un changement de variable dans une intégrale définie, on doit penser à modifier la valeur des bornes de l'intégrale.

Nous venons d'apprendre comment calculer de nombreuses intégrales indéfinies par un changement de variable. Voyons comment, par la même méthode, on calcule des intégrales définies.

Exemple 1

Calculer $\int_0^2 \sqrt{x+3}\,dx$.

Solution
Posons $u = x + 3$; alors $du = dx$ et

$$\int \sqrt{x+3}\,dx = \int \sqrt{u}\,du = \frac{2}{3}u^{3/2} + C = \frac{2}{3}(x+3)^{3/2} + C$$

Par le théorème fondamental du calcul intégral,

$$\int_0^2 \sqrt{x+3}\,dx = \frac{2}{3}(x+3)^{3/2}\Big|_0^2 = \frac{2}{3}(5^{3/2} - 3^{3/2}) \approx 3{,}99$$

Rappelons que la valeur de C n'influence pas le résultat puisque la valeur de l'intégrale ne dépend pas du choix de la primitive. Avant d'évaluer la primitive aux bornes, il faut exprimer l'intégrale indéfinie en fonction de x. Toutefois, il est possible de calculer l'intégrale définie directement avec la variable u, pourvu que les bornes indiquent sur quel intervalle u varie. Ainsi, dans cet exemple, si x varie de 0 à 2, alors $u = x + 3$ variera de 3 à 5 :

$$\int_0^2 \sqrt{x+3}\,dx = \int_3^5 \sqrt{u}\,du = \frac{2}{3}u^{3/2}\Big|_3^5 = \frac{2}{3}(5^{3/2} - 3^{3/2}) \approx 3{,}99 \qquad \square$$

Remarque
Il est souvent utile de vérifier la plausibilité d'un résultat. Dans l'exemple précédent, remarquons que sur l'intervalle [0, 2], l'intégrale peut correspondre à l'aire d'un rectangle de base 2 et de hauteur $\sqrt{x+3}$, comprise entre $\sqrt{3}$ et $\sqrt{5}$, de sorte que la valeur de l'intégrale est comprise entre $2\sqrt{3}$ ($\approx 3{,}46$) et $2\sqrt{5}$ ($\approx 4{,}47$). Une telle vérification permet de déceler si une erreur « bête » a été commise.

Exemple 2

Calculer $\int_1^4 \frac{x}{1+x^4}\,dx$.

Solution

Posons $u = x^2$; alors $du = 2x\,dx$ et $dx = du/2x$. Quand x varie de 1 à 4, $u = x^2$ varie de 1 à 16; on a donc

$$\begin{aligned}\int_1^4 \frac{x}{1+x^4}\,dx &= \int_1^{16} \frac{x}{1+u^2}\frac{du}{2x}\\ &= \frac{1}{2}\int_1^{16}\frac{du}{1+u^2}\\ &= \frac{1}{2}\tan^{-1}u\,\Big|_1^{16}\\ &= \frac{1}{2}(\tan^{-1}16 - \tan^{-1}1)\\ &\approx 0{,}361\end{aligned}$$

□

En général, supposons que nous ayons une intégrale de la forme

$$\int_a^b F'(g(x))\cdot g'(x)dx \quad \text{ou encore} \quad \int_a^b f(g(x))\cdot g'(x)dx$$

Si $F'(u) = f(u)$, $F(g(x))$ est une primitive de $f(g(x))\cdot g'(x)$; le théorème fondamental du calcul nous donne

$$\int_a^b f(g(x))\cdot g'(x)dx = F(g(b)) - F(g(a))$$

Mais le membre de droite est égal à $\int_{g(a)}^{g(b)} f(u)du$; on a donc

$$\int_a^b f(g(x))\cdot g'(x)dx = \int_{g(a)}^{g(b)} f(u)du$$

Remarquons que $g(a)$ et $g(b)$ sont les valeurs de $u = g(x)$ quand $x = a$ et $x = b$.

Ainsi, il est possible de calculer une intégrale $\int_a^b h(x)dx$ en écrivant

$$h(x) = f(g(x))\cdot g'(x)$$

et en utilisant la formule

$$\int_a^b h(x)dx = \int_{g(a)}^{g(b)} f(u)du$$

Exemple 3

Calculer $\int_0^{\pi/4} \cos 2\theta \, d\theta$.

Solution

Posons $u = 2\theta$; alors $du = 2d\theta$ et $d\theta = \frac{1}{2} du$; $u = 0$ quand $\theta = 0$, $u = \frac{\pi}{2}$ quand $\theta = \frac{\pi}{4}$.

Donc

$$\int_0^{\pi/4} \cos 2\theta \, d\theta = \frac{1}{2} \int_0^{\pi/2} \cos u \, du = \frac{1}{2} \sin u \Big|_0^{\pi/2} = \frac{1}{2} \left(\sin \frac{\pi}{2} - \sin 0 \right) = \frac{1}{2} \qquad \square$$

Calcul d'une intégrale définie par changement de variable

Pour calculer l'intégrale $\int_a^b h(x)dx$ par le changement de variable $u = g(x)$, il faut :

1. Remplacer dx par $du/g'(x)$ et essayer d'exprimer l'intégrande $h(x)/g'(x)$ en fonction de u.
2. Remplacer les bornes a et b par $g(a)$ et $g(b)$, valeurs correspondantes de u. Alors

$$\int_a^b h(x)dx = \int_{g(a)}^{g(b)} f(u)du$$

où $f(u) = h(x)/(du/dx)$.

Puisque $h(x) = f(g(x))g'(x)$, l'égalité ci-dessus peut s'écrire

$$\int_a^b f(g(x)) \cdot g'(x)dx = \int_{g(a)}^{g(b)} f(u)du$$

Exemple 4

Calculer $\int_1^5 \frac{dx}{x^2 + 10x + 25}$.

Solution

Le dénominateur est $(x + 5)^2$; posons donc $u = x + 5$; $du = dx$.

On a alors que $x = 1 \Rightarrow u = 6$ et que $x = 5 \Rightarrow u = 10$. D'où

$$\int_1^5 \frac{dx}{x^2 + 10x + 25} = \int_0^{10} \frac{du}{u^2}$$

$$= -\frac{1}{u}\Big|_6^{10}$$

$$= -\frac{1}{10} - \left(-\frac{1}{6}\right)$$

$$= -\frac{1}{10} + \frac{1}{6}$$

$$= -\frac{6}{60} + \frac{10}{60}$$

$$= \frac{1}{15}$$

□

Exemple 5

Calculer $\int_0^{\pi/4} (\cos^2\theta - \sin^2\theta)d\theta$.

Solution

Dans ce cas-ci, le changement de variable à utiliser n'est pas évident. Il est parfois nécessaire de recourir à une identité trigonométrique. Dans cet exemple, en se rappelant que $\cos 2\theta = \cos^2\theta - \sin^2\theta$, on obtient immédiatement

$$\int_0^{\pi/4} (\cos^2\theta - \sin^2\theta)d\theta = \int_0^{\pi/4} \cos 2\theta \, d\theta$$

$$= \int_0^{\pi/2} \cos u \frac{du}{2} \qquad (u = 2\theta)$$

$$= \frac{\sin u}{2}\Big|_0^{\pi/2}$$

$$= \frac{1 - 0}{2}$$

$$= \frac{1}{2}$$

Pour une autre méthode, voir l'exercice 32. □

Exemple 6

Calculer $\int_0^1 \frac{e^x}{1 + e^x} dx$.

Solution
Posons $u = 1 + e^x$.

Alors $du = e^x\,dx$, $dx = du/e^x$, $x = 0 \Rightarrow u = 1 + e^0 = 2$ et $x = 1 \Rightarrow u = 1 + e$.

Ainsi

$$\int_0^1 \frac{e^x}{1 + e^x}\,dx = \int_2^{1+e} \frac{1}{u}\,du = \ln u\Big|_2^{1+e} = \ln(1 + e) - \ln 2 = \ln\left(\frac{1+e}{2}\right) \qquad \square$$

Tout changement de variable n'est pas nécessairement fructueux. Voyons-en un exemple.

Exemple 7

Que devient l'intégrale $\int_0^2 \frac{dx}{1 + x^4}$ quand on pose $u = x^2$?

Solution
$u = x^2 \Rightarrow du/dx = 2x \Leftrightarrow dx = du/2x$; donc

$$\int_0^2 \frac{dx}{1+x^4} = \int_0^4 \frac{1}{1+u^2}\,\frac{du}{2x}$$

Il faut exprimer x en fonction de u; puisque $x \geq 0$, il s'ensuit que $x = \sqrt{u}$; donc

$$\int_0^2 \frac{dx}{1+x^4} = \int_0^4 \frac{du}{2\sqrt{u}(1+u^2)}$$

Malheureusement, nous ne savons pas encore calculer cette nouvelle intégrale en u; nous n'avons fait qu'égaler deux quantités. $\square$

Après un changement de variable, l'intégrale $\int f(u)du$ peut ne pas être calculable; il faut alors utiliser un autre changement de variable ou recourir à une méthode totalement différente. Pour une intégrale donnée, il existe une infinité de changements de variable possibles; il faut une grande habitude pour en trouver un qui convient.

Ainsi, pour intégrer, on procède par tâtonnements. Mais cela nécessite un entraînement pour juger quelle sera la meilleure méthode. Bien plus, les primitives de fonctions d'aspect tout à fait anodin comme

$$\frac{1}{\sqrt{(1-x^2)(1-2x^2)}} \quad \text{et} \quad \frac{1}{\sqrt{3-\sin^2 x}}$$

ne peuvent s'exprimer d'aucune façon comme des combinaisons algébriques ou des compositions de fonctions telles que des polynômes, des fonctions trigonométriques ou des fonctions exponentielles. (La preuve de cette affirmation n'est pas simple, elle fait appel à une partie des mathématiques appelée algèbre différentielle). En dépit de ces difficultés, il est possible d'apprendre à intégrer beaucoup de fonctions, mais cet apprentissage est beaucoup plus lent que pour la dérivation, et la pratique, plus importante que jamais.

Puisqu'il est plus difficile d'intégrer que de dériver, l'usage des tables d'intégrales est fréquent. À la fin de ce livre, en annexe, on trouvera une table des intégrales des fonctions usuelles, mais il existe des répertoires beaucoup plus complets. L'usage de ces tables exige toutefois une bonne connaissance des techniques fondamentales d'intégration.

Exemple 8

Calculer $\int_1^3 \frac{dx}{x(1+x)}$ en utilisant les tables d'intégrales.

Solution

Cherchons dans la table une intégrale semblable. Nous la trouvons au numéro 29 avec $a = 1$ et $b = 1$. Ainsi

$$\int \frac{dx}{x(1+x)} = \ln\left|\frac{x}{1+x}\right| + C$$

D'où

$$\begin{aligned}\int_1^3 \frac{dx}{x(1+x)} &= \ln\left|\frac{x}{1+x}\right|\Bigg|_1^3 \\ &= \ln\frac{3}{4} - \ln\frac{1}{2} \\ &= \ln\left(\frac{3}{4}\times\frac{2}{1}\right) \\ &= \ln\frac{3}{2}\end{aligned}$$

□

Exercices de la section 2.2

Dans les exercices 1 à 22, calculer les intégrales indiquées.

1. $\int_{-1}^{1} \sqrt{x+2}\,dx$

2. $\int_2^3 \frac{dt}{t-1}$

3. $\int_0^2 x\sqrt{x^2+1}\,dx$

4. $\int_0^1 t\sqrt{t^2+1}\,dt$

5. $\int_2^4 (x+1)(x^2+2x+1)^{5/4}\,dx$

6. $\int_1^2 \frac{\sqrt{1+\ln x}}{x}\,dx$

7. $\int_1^3 \frac{3x}{(x^2+5)^2}\,dx$

8. $\int_1^2 \frac{t^2+1}{\sqrt{t^3+3t+3}}\,dt$

9. $\int_0^1 xe^{(x^2)}\,dx$

10. $\int_0^1 \frac{e^x}{1+e^{2x}}\,dx$

11. $\int_0^{\pi/6} \sin(3\theta+\pi)d\theta$

12. $\int_0^{\pi} \sin(\theta/2+\pi/4)d\theta$

13. $\int_{-\pi/2}^{\pi/2} 5\cos^2 x \sin x\,dx$

14. $\int_{\pi/4}^{\pi/2} \frac{\csc^2 y}{\cot^2 y + 2\cot y + 1}\,dy$

15. $\int_0^{\sqrt{\pi}} x\sin(x^2)dx$

16. $\int_0^1 \frac{x^2}{x^3+1}\,dx$

17. $\int_{\pi/8}^{\pi/4} \tan\theta\,d\theta$

18. $\int_{\pi/4}^{\pi/2} \cot\theta\,d\theta$

19. $\int_0^{\pi/2} \sin x\cos x\,dx$

20. $\int_1^{\pi/2} [\ln(\sin x) + (x\cot x)](\sin x)^x\,dx$

21. $\int_1^3 \frac{x^3+x-1}{x^2+1}\,dx$
[*Indication* : Simplifier d'abord.]

22. $\int_1^e \frac{2\ln(x^x)+1}{x^2}\,dx$

23. En utilisant le résultat

$$\int_0^{\pi/2} \sin^2 x\,dx = \pi/4$$

calculer les intégrales suivantes :

a) $\int_0^{\pi} \sin^2(x/2)dx$

b) $\int_{\pi/2}^{\pi} \sin^2(x-\pi/2)dx$

c) $\int_0^{\pi/4} \cos^2(2x)dx$

24. a) En combinant les règles de translation et de changement d'échelle, trouver une autre expression pour

$$\int f(ax+b)dx$$

b) Calculer $\int_2^3 \frac{dx}{4x^2+12x+9}$.
[*Indication* : Faire une mise en facteurs au dénominateur.]

25. Que devient l'intégrale

$$\int_0^1 \frac{(x^2+3x)}{\sqrt[3]{x^3+3x^2+1}}\,dx$$

quand on fait le changement de variable $u = x^3 + 3x^2 + 1$?

26. Que devient l'intégrale

$$\int_0^{\pi/2} \cos^4 x\,dx$$

quand on fait le changement de variable $u = \cos x$?

Dans les exercices 27 à 30, calculer les intégrales indiquées en utilisant les tables.

27. $\int_0^1 \frac{1}{(9-x^2)^{3/2}}\,dx$

28. $\int_2^3 \frac{dx}{\sqrt{x^2-1}}$

29. $\int_0^1 \frac{dx}{9-x^2}$

30. $\int_2^3 \sqrt{x^2-1}\,dx$

31. Deux fonctions f et g étant données, on définit h par

$$h(x) = \int_0^1 f(x-t)g(t)dt$$

Montrer que

$$h(x) = \int_{x-1}^{x} g(x-t)f(t)dt$$

32. Donner une solution de l'exemple 5 en écrivant

$$\cos^2\theta - \sin^2\theta = (\cos\theta - \sin\theta)(\cos\theta + \sin\theta)$$

et en utilisant le changement de variable $u = \cos\theta + \sin\theta$.

33. Trouver l'aire de la région sous la courbe de la fonction

$$y = (x+1)/(x^2+2x+2)^{3/2}$$

pour $0 \le x \le 1$.

***34.** La courbe $x^2/a^2 + y^2/b^2 = 1$, où a et b sont positifs, est une ellipse. (Voir figure 2.2.1.) Calculer l'aire de la région à l'intérieur de l'ellipse. [*Indication*: Exprimer la moitié de l'aire par une intégrale, puis faire un changement de variable dans cette intégrale de sorte que l'intégrale obtenue représente l'aire de la région à l'intérieur d'un demi-cercle de rayon 1.]

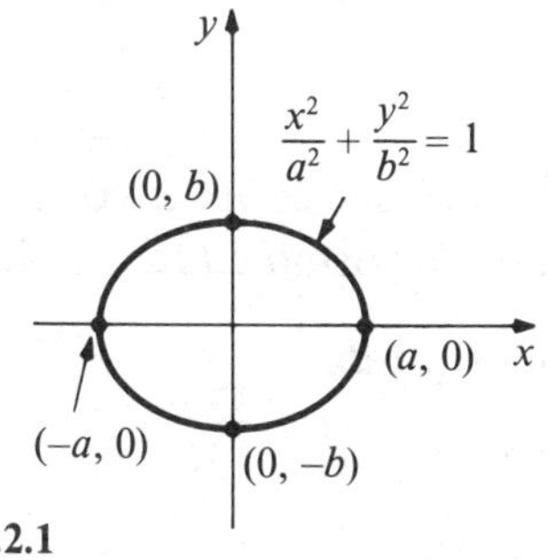

Figure 2.2.1

***35.** On fait tourner autour de l'axe y la courbe $y = x^{1/3}$, où $1 \le x \le 8$, qui engendre ainsi une surface de révolution d'aire S. Dans un cours plus avancé, nous montrerons que cette aire est donnée par

$$S = \int_1^2 2\pi y^3\sqrt{1+9y^4}\,dy$$

Calculer cette intégrale.

***36.** Soit

$$f(x) = \int_1^x (dt/t)$$

Montrer par un changement de variable, et sans utiliser les logarithmes, que $f(a) + f(b) = f(ab)$ si a et b sont positifs.

[*Indication*: Transformer $\int_a^{ab} \frac{dt}{t}$ par un changement de variable.]

37. a) Calculer

$$\int_0^{\pi/2} \cos^2 x \sin x\,dx$$

en posant $u = \cos x$ et en changeant les bornes.

b) Est-ce que la formule

$$\int_a^b f(g(x))g'(x)dx = \int_{g(a)}^{g(b)} f(u)du$$

est valable si $a < b$ et $g(a) > g(b)$? Discuter de la question.

2.3 Intégration par parties

La règle de dérivation d'un produit conduit à l'intégration par parties.

Dans cette section, nous étudierons une autre méthode d'intégration. L'intégration par parties est à la dérivation d'un produit ce qu'est le changement de variable à la dérivation d'une fonction composée.

La règle de dérivation d'un produit $(FG)'(x) = F'(x)G(x) + F(x)G'(x)$ permet d'affirmer que $F(x)G(x)$ est une primitive de $F'(x)G(x) + F(x)G'(x)$. En transposant les termes, on a

$$F(x)G'(x) = (FG)'(x) - F'(x)G(x)$$

puis

$$\int F(x)G'(x)dx = \int((FG)'(x) - F'(x)G(x))dx$$
$$\int F(x)G'(x)dx = \int(FG)'(x)dx - \int F'(x)G(x)dx$$
$$\int F(x)G'(x)dx = F(x)G(x) - \int F'(x)G(x)dx \qquad (1)$$

Notons que les intégrales encore à effectuer tiendront compte de la constante d'intégration.

Telle est la formule d'intégration par parties. Pour appliquer cette formule (1), nous devons considérer l'intégrande comme un produit $F(x)G'(x)$, écrire le membre de droite de l'équation (1) et espérer pouvoir intégrer $F'(x)G(x)$.

Les intégrandes qui contiennent des fonctions trigonométriques, logarithmiques ou exponentielles doivent ou peuvent souvent être intégrés par parties. Mais une certaine pratique est nécessaire pour apprendre à écrire un intégrande sous la forme $F(x)G'(x)$.

Exemple 1

Calculer $\int x \cos x\, dx$.

Solution

En se souvenant que $\cos x$ est la dérivée de $\sin x$, on peut écrire $x \cos x$ comme $F(x)G'(x)$, où $F(x) = x$ et $G(x) = \sin x$. En appliquant la formule (1), on obtient

$$\begin{aligned}\int x \cos x\, dx &= x \cdot \sin x - \int 1 \cdot \sin x\, dx \\ &= x \sin x - \int \sin x\, dx \\ &= x \sin x + \cos x + C\end{aligned}$$

La vérification par dérivation donne

$$\frac{d}{dx}(x \sin x + \cos x + C) = x \cos x + \sin x - \sin x = x \cos x$$

ce qui est correct. □

Souvent il convient d'écrire la formule (1) avec une notation différente. Posons $u = F(x)$ et $v = G(x)$. Alors la notation différentielle permet d'écrire $du = F'(x)dx$ et $dv = G'(x)dx$; en faisant la substitution dans (1), on obtient

$$\int u\, dv = uv - \int v\, du \qquad (2)$$

Intégration par parties

Pour évaluer $\int h(x)dx$ par parties, il faut :

1. Écrire $h(x)$ comme un produit $F(x)G'(x)$, tel qu'une primitive $G(x)$ de $G'(x)$ soit connue.
2. Calculer la dérivée $F'(x)$ de $F(x)$.
3. Utiliser la formule

$$\int F(x)G'(x)dx = F(x)G(x) - \int F'(x)G(x)dx$$

ou, avec $u = F(x)$ et $v = G(x)$, la formule

$$\int u\, dv = uv - \int v\, du$$

Pour intégrer par parties une fonction $h(x) = F(x)G'(x)$, le facteur $G'(x)$ doit avoir une primitive $G(x)$ connue ou aisément calculable. Un bon choix de $u = F(x)$ et de $v = G(x)$ rend l'intégrale $\int v\, du$ plus simple que l'intégrale $\int u\, dv$. L'habileté à faire ce bon choix de u et de v vient avec la pratique.

Exemple 2
Calculer

a) $\int x \sin x\, dx$; b) $\int x^2 \sin x\, dx$.

Solution

a) Dans la formule (1), posons $F(x) = x$, $G'(x) = \sin x$; alors $G(x) = -\cos x$ et $F'(x) = 1$.

Donc

$$\begin{aligned}\int x \sin x\, dx &= -x \cos x - \int -\cos x\, dx \\ &= -x \cos x - (-\sin x) + C \\ &= -x \cos x + \sin x + C\end{aligned}$$

b) Dans la formule (2), posons $u = x^2$ et $dv = \sin x\, dx$. Pour appliquer cette formule, il faut connaître du et v; or $du = 2x\, dx$ et $v = \int dv = \int \sin x\, dx = -\cos x$. (Nous n'écrivons pas tout de suite une constante d'intégration.) Alors

$$\begin{aligned}\int x^2 \sin x\, dx &= uv - \int v\, du \\ &= -x^2 \cos x - \int -\cos x \cdot 2x\, dx \\ &= -x^2 \cos x + 2\int x \cos x\, dx\end{aligned}$$

Et en utilisant le résultat de l'exemple 1, on obtient

$$\int x^2 \sin x\, dx = -x^2 \cos x + 2(x \sin x + \cos x) + C$$

La vérification du résultat par dérivation est intéressante, car tous les termes s'annulent sauf le terme $x^2 \sin x$. □

Voyons maintenant pourquoi on n'inclut pas une constante d'intégration au moment où l'on trouve v à partir de dv. À partir de la formule

$$\int u\, dv = uv - \int v\, du$$

et en supposant qu'on utilise, comme primitive de dv, $v + C$ à la place de v, on a alors

$$\begin{aligned}\int u\, dv &= u(v + C) - \int (v + C)du \\ &= uv + uC - \int v\, du - \int C\, du \\ &= uv + uC - \int v\, du - uC + K \\ &= uv - \int v\, du\end{aligned}$$

et la constante K sera jumelée aux constantes des intégrales encore à effectuer.

L'intégration par parties est souvent utilisée pour calculer des intégrales où apparaissent e^x et $\ln x$.

Exemple 3

Calculer à l'aide de l'intégration par parties.

a) $\int \ln x\, dx$; b) $\int xe^x\, dx$.

Solution

a) Posons $u = \ln x$ et $dv = 1\,dx$; alors $du = dx/x$ et $v = \int 1\,dx = x$. En appliquant la formule (2), on obtient

$$\int \ln x\,dx = uv - \int v\,du = (\ln x)x - \int x\,\frac{dx}{x} = x\ln x - \int 1\,dx = x\ln x - x + C$$

b) Posons $u = x$ et $dv = e^x\,dx$, d'où $du = dx$ et $v = e^x$. Alors, en utilisant la formule (2), on a

$$\int xe^x\,dx = \int u\,dv = uv - \int v\,du = xe^x - \int e^x\,dx = xe^x - e^x + C \qquad \square$$

Examinons maintenant des cas où l'intégration par parties permet, d'une manière bien particulière, de trouver l'intégrale demandée.

Cas particuliers

Exemple 4

Calculer $\int e^x \sin x\,dx$.

Solution

Posons $u = \sin x$ et $dv = e^x\,dx$, d'où $du = \cos x\,dx$ et $v = e^x$. Alors

$$\int e^x \sin x\,dx = e^x \sin x - \int e^x \cos x\,dx \qquad (3)$$

L'intégrale dans le membre de droite n'est pas connue, mais si on répète le procédé, on a

$$\int e^x \cos x\,dx = e^x \cos x + \int e^x \sin x\,dx \qquad (4)$$

où, cette fois-ci, on a posé $u = \cos x$ et $dv = e^x\,dx$. En portant (4) dans (3), on obtient

$$\int e^x \sin x\,dx = e^x \sin x - e^x \cos x - \int e^x \sin x\,dx$$

L'intégrale cherchée $\int e^x \sin x\,dx$ apparaît dans les deux membres de l'équation; appelons-la I; on a alors

$$I = e^x \sin x - e^x \cos x - I$$

et, en isolant I,

$$I = \frac{1}{2}e^x(\sin x - \cos x)$$

Il ne reste qu'à ajouter la constante d'intégration et on obtient ce que l'on cherche.

$$\int e^x \sin x\,dx = \frac{1}{2}e^x(\sin x - \cos x) + C \qquad \square$$

Exemple 5

Calculer $\int x^7(x^4+1)^{2/3}\,dx$.

Solution

En récrivant l'intégrande sous la forme $\frac{x^4}{4}[4x^3(x^4+1)^{2/3}]$, on voit qu'on peut intégrer par parties en posant

$$dv = 4x^3(x^4+1)^{2/3}\,dx \quad \text{et} \quad u = \frac{x^4}{4}$$

On a $du = x^3\,dx$, et le changement de variable $s = x^4+1$, dans l'intégrale de dv, permet d'obtenir

$$v = \frac{3}{5}(x^4+1)^{5/3}$$

D'où

$$\int x^7(x^4+1)^{2/3}\,dx = \frac{3x^4}{20}(x^4+1)^{5/3} - \frac{3}{5}\int x^3(x^4+1)^{5/3}\,dx$$

et l'intégrale du second membre s'obtient aussi à l'aide du changement de variable $t = x^4+1$. On a ainsi

$$\int x^3(x^4+1)^{5/3}\,dx = \frac{3}{32}(x^4+1)^{8/3} + C$$

et finalement

$$\int x^7(x^4+1)^{2/3}\,dx = \frac{3}{20}x^4(x^4+1)^{5/3} - \frac{9}{160}(x^4+1)^{8/3} + C$$

$$= \frac{3}{160}(x^4+1)^{5/3}(5x^4-3) + C \qquad \square$$

L'utilisation de l'intégration par parties et du théorème fondamental du calcul intégral permet de calculer des intégrales définies.

Exemple 6

Calculer $\int_{-\pi/2}^{\pi/2} x \sin x\,dx$.

Solution

Dans l'exemple 2 a), nous avons obtenu $\int x \sin x = -x\cos x + \sin x + C$. Comme la valeur de C n'influence pas le résultat, on prend $C = 0$. Donc

$$\begin{aligned}\int_{-\pi/2}^{\pi/2} x \sin x \, dx &= (-x \cos x + \sin x)\Big|_{-\pi/2}^{\pi/2} \\ &= \left(-\frac{\pi}{2}\cos\frac{\pi}{2} + \sin\frac{\pi}{2}\right) - \left[\frac{\pi}{2}\cos\left(-\frac{\pi}{2}\right) + \sin\left(-\frac{\pi}{2}\right)\right] \\ &= (0 + 1) - [0 + (-1)] \\ &= 2\end{aligned}$$

□

Exemple 7

Calculer

a) $\displaystyle\int_0^{\ln 2} e^x \ln(e^x + 1)dx$; b) $\displaystyle\int_1^e \sin(\ln x)dx$.

Solution

a) Un changement de variable nous ramène à une intégrale que nous avons calculée dans l'exemple 3. En remarquant que e^x est la dérivée de $e^x + 1$ et en posant $t = e^x + 1$, on obtient

$$\begin{aligned}\int_0^{\ln 2} e^x \ln(e^x + 1)dx &= \int_2^3 \ln t \, dt \\ &= t \ln t - t \Big|_2^3 \\ &= 3 \ln 3 - 2 \ln 2 - 1 \\ &\approx 0{,}9095\end{aligned}$$

b) Pour résoudre cette intégrale, il faudra combiner plusieurs éléments que nous connaissons. Posons d'abord

$$u = \ln x$$

d'où

$$du = \frac{1}{x} dx$$

Ainsi

$$\int \sin(\ln x)dx = \int \sin u \cdot x \cdot du$$

Mais il faudrait transformer le « x » en « u », la nouvelle variable d'intégration, et puisque $u = \ln x$, alors $x = e^u$.

On obtient ainsi

$$\int \sin(\ln x)dx = \int e^u \sin u \cdot du$$

Cette intégrale a été calculée à l'exemple 4. Donc

$$\int_1^e \sin(\ln x)dx = \int_0^1 e^u \sin u\,du$$
$$= \frac{1}{2}e^u(\sin u - \cos u)\Big|_0^1$$
$$= \left[\frac{1}{2}e^1(\sin 1 - \cos 1)\right] - \left[\frac{1}{2}e^0(\sin 0 - \cos 0)\right]$$
$$= \frac{e}{2}\left(\sin 1 - \cos 1 + \frac{1}{e}\right)$$ □

Exemple 8

Calculer l'aire de la région sous la $n^{\text{ième}}$ arche positive de $y = x \sin x$ dans le premier quadrant. (Voir figure 2.3.1.)

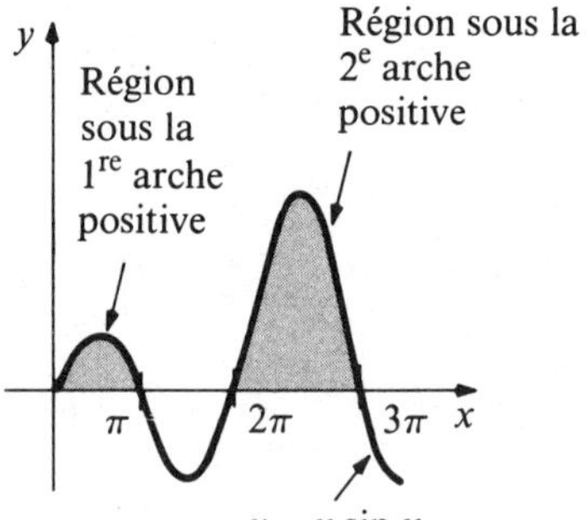

Figure 2.3.1

Solution

La $n^{\text{ième}}$ arche est comprise entre $x = (2n - 2)\pi$ et $(2n - 1)\pi$. (Le vérifier pour les deux premières arches à l'aide de la figure.)

Utilisons le résultat de l'exemple 2 a) :

$$\int_{(2n-2)\pi}^{(2n-1)\pi} x \sin x\,dx = -x\cos x + \sin x\Big|_{(2n-2)\pi}^{(2n-1)\pi}$$
$$= -(2n-1)\pi\cos[(2n-1)\pi] + \sin[(2n-1)\pi]$$
$$+ (2n-2)\pi\cos(2n-2)\pi - \sin(2n-2)\pi$$
$$= -(2n-1)\pi(-1) + 0 + (2n-2)\pi(1) - 0$$
$$= (2n-1)\pi + (2n-2)\pi$$
$$= (4n-3)\pi$$

Donc les aires des arches successives sont π, 5π, 9π, 13π et ainsi de suite. □

Exercices de la section 2.3

Dans les exercices 1 à 16, calculer les intégrales indéfinies au moyen de l'intégration par parties.

1. $\int (x + 1)\cos x\,dx$
2. $\int (x - 2)\sin x\,dx$
3. $\int x\cos(5x)dx$
4. $\int x\sin(10x)dx$
5. $\int x^2\cos x\,dx$
6. $\int x^2\sin x\,dx$
7. $\int (x + 2)e^x\,dx$
8. $\int (x^2 - 1)e^{2x}\,dx$
9. $\int \ln(10x)dx$
10. $\int x\ln x\,dx$
11. $\int x^2\ln x\,dx$
12. $\int \ln(9 + x^2)dx$
13. $\int s^2e^{3s}\,ds$
14. $\int (s + 1)^2e^s\,ds$
15. $\int 2t^3\cos t^2\,dt$
16. $\int x\sin(\ln x)dx$

17. Calculer $\int \sin x\cos x\,dx$ au moyen de l'intégration par parties en posant $u = \sin x$ et $dv = \cos x\,dx$. Comparer le résultat avec celui obtenu en faisant le changement de variable $u = \sin x$.

18. Que serait-il arrivé dans l'exemple 5 si, dans l'intégrale $\int e^x\cos x\,dx$ obtenue après la première intégration par parties, on avait posé $u = e^x$ et $v = \sin x$, puis intégré une seconde fois par parties?

Dans les exercices 19 à 28, calculer les intégrales définies données.

19. $\int_0^{\pi/5} (8 + 5\theta)(\sin 5\theta)d\theta$
20. $\int_1^2 x\ln x\,dx$
21. $\int_1^3 \ln x^3\,dx$
22. $\int_0^1 xe^x\,dx$
23. $\int_0^{\pi/4} (x^2 + x - 1)\cos x\,dx$
24. $\int_0^{\pi/2} \sin 3x\cos 2x\,dx$
25. $\int_1^e (\ln x)^2\,dx$
26. $\int_0^{\pi/2} \sin 2x\cos x\,dx$
27. $\int_{-\pi}^{\pi} e^{2x}\sin(2x)dx$
28. $\int_0^{\pi^2} \sin\sqrt{x}\,dx$

    [*Indication*: Faire d'abord un changement de variable.]

29. Calculer

$$\int_0^{2\pi} x\sin ax\,dx$$

en fonction de a. Que devient cette intégrale quand a devient de plus en plus grand? Peut-on expliquer pourquoi?

***30.** a) En intégrant deux fois par parties (voir exemple 4), calculer

$$\int \sin ax \cos bx\, dx$$

(On supposera que $|a| \neq |b|$.)

b) À l'aide de la formule

$$\sin 2x = 2 \sin x \cos x$$

calculer

$$\int \sin ax \cos bx\, dx \quad \text{si } a = \pm b$$

c) Soit

$$g(a) = (4/\pi) \int_0^{\pi/2} \sin x \sin ax\, dx$$

Calculer $g(a)$. (Il faudra distinguer les cas $a^2 \neq 1$ et $a^2 = 1$.)

d) Avec la calculatrice, calculer $g(a)$ pour $a = 0{,}9$, $0{,}99$, $0{,}999$, $0{,}9999$, etc. Comparer les résultats avec $g(1)$. Faire de même pour $a = 1{,}1$, $1{,}01$, $1{,}001$, etc. Que peut-on dire de la fonction g à $a = 1$?

***31.** a) En intégrant deux fois par parties, montrer que

$$\int e^{ax} \cos bx\, dx = e^{ax}\left(\frac{b \sin bx + a \cos bx}{a^2 + b^2}\right) + C$$

b) Calculer $\int_0^{\pi/10} e^{3x} \cos 5x\, dx$.

32. a) Démontrer la formule de réduction

$$\int x^n e^x\, dx = x^n e^x - n\int x^{n-1} e^x\, dx$$

b) Calculer $\int_0^3 x^3 e^x\, dx$.

33. a) Démontrer la formule de réduction

$$\int \cos^n x\, dx = \frac{\cos^{n-1} x \sin x}{n} + \frac{n-1}{n}\int \cos^{n-2} x\, dx$$

b) Utiliser a) pour montrer que

$$\int \cos^2 x\, dx = \frac{1}{2}(\cos x \sin x + x) + C$$

et que

$$\int \cos^4 x\, dx = \frac{1}{4}\left(\cos^3 x \sin x + \frac{3}{2}\cos x \sin x + \frac{3x}{2}\right) + C$$

34. La densité volumique d'une poutre est $\rho = x^2 e^{-x}$ kg/cm. La poutre a deux mètres de longueur, donc sa masse est donnée par

$$M = \int_0^{200} \rho\, dx \text{ kg}$$

Calculer M.

35. Le volume d'un solide engendré par la rotation autour de l'axe y d'une région du plan délimitée par $y = 0$, $y = \sin x$, $x = 0$ et $x = \pi$ est

$$V = \int_0^{\pi} 2\pi x \sin x\, dx$$

(Voir chapitre 3.) Calculer V.

36. Le développement en série de Fourier de l'onde en dents de scie exige le calcul de l'intégrale

$$b_m = \frac{\omega^2 A}{2\pi^2} \int_{-\pi/\omega}^{\pi/\omega} t \sin(m\omega t)\, dt$$

où m est un entier et ω et A, des constantes non nulles. Calculer cette intégrale.

***37.** Le courant i dans un certain circuit RLC sous-amorti est donné par

$$i = EC\left(\frac{\alpha^2}{\omega} + \omega\right) e^{-\alpha t} \sin(\omega t)$$

Les constantes sont :
E = fem, constante pour $t > 0$ et
$E = 0$ pour $t < 0$,
C = capacité en farads,
R = résistance en ohms,
L = self-induction en henrys,
$\alpha = R/2L$,
$\omega = (1/2L)(4L/C - R^2)^{1/2}$.

a) La charge Q en coulombs est donnée par $dQ/dt = i$ et $Q(0) = 0$. Trouver Q sous forme d'une intégrale en utilisant le théorème fondamental du calcul intégral.
b) Calculer Q par intégration.

***38.** Les caractéristiques d'un certain circuit RLC soumis à une fem constante E sont telles que le courant i décroît exponentiellement sans osciller (amortissement critique), selon la formule

$$i = EC\alpha^2 te^{-\alpha t}, \text{ où } \alpha = R/2L$$

Les constantes R, L et C sont respectivement en ohms, en henrys et en farads. La charge Q, en coulombs, est donnée par

$$Q(T) = \int_0^T i\,dt$$

Calculer la charge Q en intégrant par parties.

***39.** Si f est une fonction définie sur $[0, 2\pi]$, les nombres

$$a_n = (1/\pi)\int_0^{2\pi} f(x)\cos nx\,dx,$$

$$b_n = (1/\pi)\int_0^{2\pi} f(x)\sin nx\,dx$$

sont appelés coefficients de Fourier de f ($n = 0, 1, 2, \ldots$). Calculer les coefficients de Fourier de :
a) $f(x) = 1$ b) $f(x) = x$.

***40.** En imitant la méthode de l'exemple 5, trouver une formule générale pour

$$\int x^{2n-1}(x^n + 1)^m\,dx$$

où n et m sont des nombres rationnels et où $n \neq 0$ et $m \neq -1$ et -2.

2.4 Équations différentielles à variables séparables

On peut résoudre les équations différentielles à variables séparables en séparant les variables puis en intégrant les deux membres de l'équation ainsi obtenue.

L'analyse d'un phénomène physique ne permet pas toujours d'établir le lien de dépendance entre les variables mais révèle souvent des relations faciles à établir entre les grandeurs et leurs taux de variation.

On dit alors qu'on peut décrire le phénomène par une équation différentielle; c'est le cas, entre autres, de tous les phénomènes explicables par la théorie de la mécanique de Newton.

Exemple 1

On laisse tomber un corps de masse m d'une certaine hauteur. On désire trouver une expression pour sa vitesse, notée $v(t)$, en fonction du temps t, sachant que le corps éprouve une résistance de freinage de la part de l'air proportionnelle à la vitesse.

Solution

Par la seconde loi de Newton, on sait que

$$\sum_{i=1}^{n} F_i = m \frac{dv}{dt}$$

où chaque F_i représente une force qui agit sur le corps et où m représente la masse du corps.

Les forces en présence (voir figure 2.4.1) sont celle de la pesanteur ($F_1 = mg$ dirigée vers le bas) et celle de la résistance de l'air ($F_2 = -kv$ avec signe négatif pour indiquer qu'elle s'oppose à la direction positive de F_1).

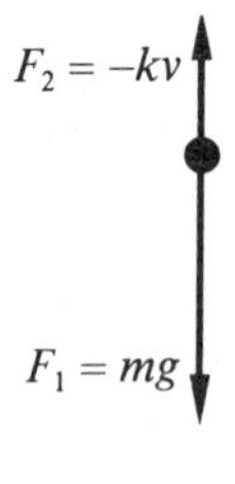

Figure 2.4.1 Les forces en présence.

Ainsi, le phénomène est décrit par

$$m\frac{dv}{dt} = mg - kv \tag{1}$$

C'est une équation différentielle (on écrit souvent E.D.). La solution cherchée est une fonction $v(t)$ qui vérifie l'équation différentielle. Une manipulation de l'équation et l'utilisation de l'intégration permettraient de trouver la **solution générale**

$$v(t) = Ce^{-kt/m} + \frac{mg}{k} \tag{2}$$

où k est une constante et C est la constante d'intégration. Pour l'instant, on peut vérifier cette solution par dérivation de (2) et substitution du résultat dans (1).

Finalement, mentionnons que la connaissance de conditions particulières de la situation, telles la position initiale, la vitesse initiale, etc., nous permettrait de préciser la valeur des constantes pour obtenir une **solution** dite **particulière**. □

Les équations différentielles peuvent présenter des caractéristiques diverses; on s'intéresse à l'ordre et au degré d'une équation différentielle.

Soit les équations $\frac{d^2v}{dt^2} - 5\frac{dv}{dt} + 8 = 0$ et $\left(\frac{dv}{dt}\right)^3 - 5t^2 + 4 = 0$.

La première est d'ordre 2, parce que l'ordre d'une E.D. est donné par la dérivée successive la plus haute qui apparaît dans l'équation, et de degré 1. Tandis que la seconde est d'ordre 1 mais de degré 3 puisque la dérivée donnant l'ordre est à la puissance 3.

Les prochaines sections présenteront des méthodes de résolution pour les E.D. dont les caractéristiques d'ordre et de degré sont les plus simples.

Une équation différentielle de la forme

$$\frac{dy}{dx} = g(x)h(y)$$

dans laquelle le membre de droite est le produit d'une fonction de x par une fonction de y est appelée **équation différentielle à variables séparables**. Ce terme ne s'emploie que pour les équations différentielles du premier ordre, dans laquelle seule la dérivée première de y par rapport à x apparaît.

Cette équation à variables séparables s'écrit avec la notation différentielle

$$\frac{dy}{h(y)} = g(x)dx, \quad \text{en supposant } h(y) \neq 0$$

En intégrant des deux côtés et en jumelant les constantes d'intégration en une seule, on obtient

$$\int \frac{dy}{h(y)} = \int g(x)dx + C$$

Si les deux intégrales peuvent être calculées, on obtient une équation reliant x à y. S'il est possible d'exprimer y en fonction de x, on obtient la solution générale explicite, sinon l'équation définit implicitement y en fonction de x. On peut déterminer la constante d'intégration en utilisant la valeur y_0 que prend y pour $x = x_0$, c'est-à-dire une condition initiale. On aura alors la solution particulière.

Avant de poursuivre, nous ferons une remarque sur la notation. On emploiera la notation $y(x)$ pour indiquer que y est fonction de x; ainsi, $y(3)$ représentera alors la valeur de y quand x vaut 3. De même, on écrira y' pour représenter la dérivée de la fonction y, tout autant que df/dx. Les quatre notations suivantes seront considérées comme représentant la dérivée de la fonction $y = f(x) : dy/dx$, $f'(x)$, df/dx ou tout simplement y'.

Exemple 2
Résoudre $dy/dx = -3xy$ si $y(0) = 1$.

Solution
On a

$$\frac{dy}{y} = -3x\,dx$$

L'intégration donne

$$\ln|y| = -\frac{3x^2}{2} + C$$

et alors

$$y = \pm e^C e^{-3x^2/2}$$

Puisque $y(0) = 1$, on prend la solution positive et $C = 0$. Finalement,

$$y = e^{-3x^2/2}$$

Vous pourrez vous assurer par vous-mêmes que la fonction y obtenue vérifie l'équation donnée. □

Équations à variables séparables

Pour résoudre l'équation $y' = g(x)h(y)$, il faut :

1. Écrire l'équation sous la forme

$$\frac{dy}{h(y)} = g(x)dx$$

2. Intégrer des deux côtés :

$$\int \frac{dy}{h(y)} = \int g(x)dx + C$$

3. Identifier explicitement y si c'est possible.
4. Déterminer la constante d'intégration C en donnant à y une valeur donnée pour un x donné, c'est-à-dire en se donnant une condition initiale.

Exemple 3

Résoudre $dy/dx = y^2$, si $y(1) = 1$; représenter graphiquement la solution.

Solution

En séparant les variables et en intégrant, on obtient

$$\int \frac{dy}{y^2} = \int dx$$

$$\frac{-1}{y} = x + C$$

et la solution générale est donc

$$y = \frac{1}{-C - x}$$

La condition initiale $y(1) = 1$ donne $C = -2$. La solution cherchée est donc

$$y = \frac{1}{2 - x}$$

Cette fonction est représentée à la figure 2.4.2. Remarquons que le graphique présente une asymptote verticale et que la fonction n'est pas définie pour $x = 2$.

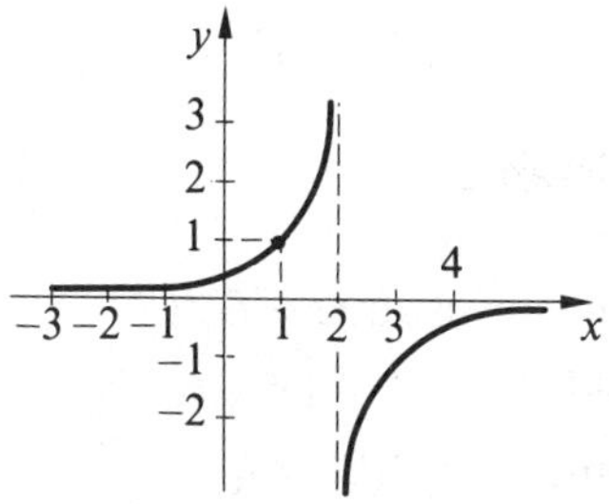

Figure 2.4.2

□

Exemple 4
Résoudre :
a) $yy' = \cos 2x$, $y(0) = 1$;
b) $dy/dx = x/(y + yx^2)$, $y(0) = -1$;
c) $y' = x^2y^2 + x^2 - y^2 - 1$, $y(0) = 0$.

Solution

a) $y\,dy = \cos 2x\,dx \Rightarrow \dfrac{y^2}{2} = \dfrac{1}{2}\sin 2x + C.$
Puisque $y(0) = 1$, $C = 1/2$. Donc $y^2 = \sin 2x + 1$ ou $y = \sqrt{\sin 2x + 1}$ (on prend le signe + car $y = +1$ quand $x = 0$).

b) $y\,dy = \dfrac{x\,dx}{(1 + x^2)} \Rightarrow \dfrac{y^2}{2} = \dfrac{1}{2}\ln(1 + x^2) + C.$
L'intégration a été faite par changement de variable. La solution peut s'écrire encore $y^2 = \ln(1 + x^2) + 2C$; puisque $y(0) = -1$, alors $C = 1/2$, et puisque y est négative autour de zéro, on prendra la racine négative : $y = -\sqrt{1 + \ln(1 + x^2)}$.

c) Pour pouvoir séparer les variables, il faut remarquer que le second membre est un produit de facteurs, donc

$$y' = (x^2 - 1)(y^2 + 1)$$

Ainsi

$$dy/(1 + y^2) = (x^2 - 1)dx$$

l'intégration donne $\tan^{-1}y = (x^3/3) - x + C$. Puisque $y(0) = 0$, alors $C = 0$. Finalement $y = \tan[(x^3/3) - x]$. □

De nombreux problèmes intéressants font intervenir des équations différentielles à variables séparables. En voici deux exemples.

Exemple 5
(Circuits électriques) Soit l'équation différentielle suivante à laquelle obéit le circuit électrique de la figure 2.4.3 :

$$L\frac{dI}{dt} + RI = E$$

où la tension E est une constante,
la résistance R est une constante > 0,
l'auto-induction L est une constante > 0 et
le courant I est une fonction de temps.

Trouver I en fonction du temps t si $I(0) = I_0$.

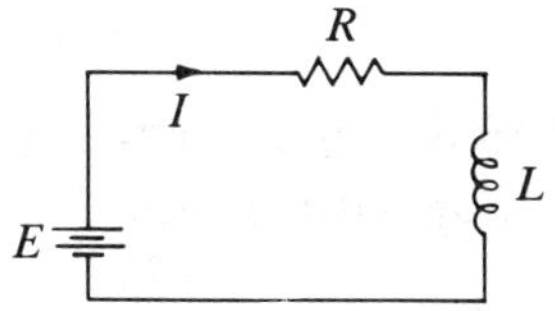

Figure 2.4.3

Solution
Séparons les variables :

$$L\frac{dI}{dt} = E - RI$$

$$\frac{L}{E - RI}\,dI = dt$$

et intégrons :

$$-\frac{L}{R}\ln|E - RI| = t + C$$

On obtient

$$|E - RI| = e^{[-(t+C)R/L]}$$

et donc

$$\begin{aligned} E - RI &= \pm e^{(-(R/L)t)}\,e^{(-(R/L)C)} \\ &= Ae^{(-Rt/L)}, \quad \text{où } A = \pm e^{(-(R/L)C)} \end{aligned}$$

À $t = 0$, $I = I_0$, donc $E - RI_0 = A$; portons cette valeur de A dans l'équation précédente; après simplification, on a

$$I = \frac{E}{R} + \left(I_0 - \frac{E}{R}\right)e^{-Rt/L}$$

Quand $t \to \infty$, I approche de l'état dit **stationnaire** E/R. (Voir figure 2.4.4.)
Et $(I_0 - E/R)e^{-Rt/L}$, appelé état **transitoire**, tend vers zéro quand $t \to \infty$.

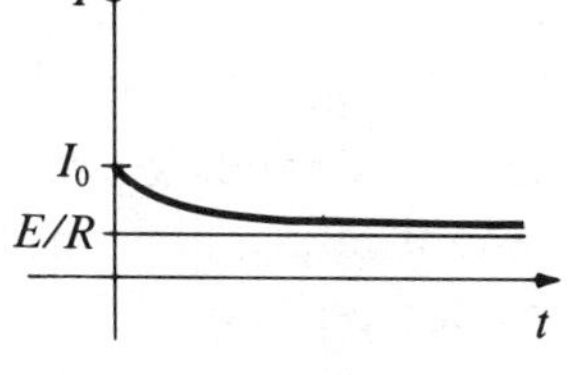

Figure 2.4.4

□

Exemple 6

(Équations proie/prédateur) Soit x prédateurs se nourrissant de y proies; x et y sont variables dans le temps. Supposons qu'ils varient selon le modèle suivant (modèle de Lotka-Volterra) :

i) Les proies se multiplient proportionnellement à leur nombre by, b étant le taux constant positif des naissances; de même, elles diminuent proportionnellement à leur nombre et à celui des prédateurs, soit $-rxy$ où r est le taux constant positif de mortalité. Ainsi

$$\frac{dy}{dt} = by - rxy$$

ii) La population des prédateurs diminue proportionnellement à leur nombre à cause surtout du manque de nourriture et elle augmente proportionnellement à leur nombre et à celui des proies. Ainsi

$$\frac{dx}{dt} = -sx + cxy$$

où s est la constante dite de famine et c celle de consommation.

En utilisant la notation différentielle et celle des taux liés, on obtient

$$\frac{\left(\frac{dy}{dt}\right)}{\left(\frac{dx}{dt}\right)} = \frac{dy}{dx} = \frac{by - rxy}{-sx + cxy}, \quad \text{où la variable } t \text{ a été éliminée.}$$

Résoudre cette équation.

Solution

Les variables se séparent :

$$\frac{dy}{dx} = \frac{(b - rx)\,y}{x(-s + cy)}$$

$$\left(\frac{cy - s}{y}\right) dy = \left(\frac{b - rx}{x}\right) dx$$

L'intégration donne

$$cy - s \ln y = b \ln x - rx + C$$

où C est une constante dépendant des conditions initiales; c'est l'équation implicite d'une famille de courbes reliant la population x des prédateurs à la population y des proies. Chaque courbe correspond à un choix particulier des constantes b, r, s et c. Il est possible de montrer que ces courbes sont fermées et qu'elles entourent un point d'équilibre de coordonnées $(b/r, s/c)$[1]; en ce point, dx/dt et dy/dt sont nulles. (Voir figure 2.4.5.)

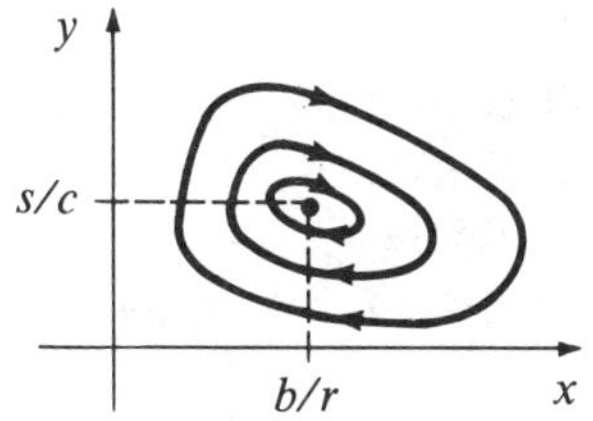

Figure 2.4.5 Courbes solutions de l'équation proie/prédateur.

Des variantes de ce modèle présentent un intérêt en écologie pour prévoir et étudier les variations cycliques de populations. Par exemple, d'après le modèle de Lotka-Volterra, s'il y a équilibre entre la population d'un insecte proie et de son prédateur, et que l'on tue avec un insecticide des prédateurs et des proies, il peut en résulter un dangereux accroissement de la population des proies, suivi d'un accroissement des prédateurs et ainsi de suite. On a pu observer ce phénomène, par exemple, pour des populations de renards et de lièvres. □

Exercices de la section 2.4

Dans les exercices 1 à 12, résoudre l'équation différentielle donnée avec la condition initiale donnée; au besoin, laisser la solution sous forme implicite.

1. $\dfrac{dy}{dx} = \cos x,\ y(0) = 1$

2. $\dfrac{dy}{dx} = y \cos x,\ y(0) = 1$

3. $\dfrac{dy}{dx} = 2xy - 2y + 2x - 2,\ y(1) = 0$

4. $y\dfrac{dy}{dx} = x,\ y(0) = 1$

5. $\dfrac{1}{y}\dfrac{dy}{dx} = \dfrac{1}{x},\ y(1) = -2$

6. $x\dfrac{dy}{dx} = \sqrt{1 - y^2},\ y(1) = 0$

7. $\dfrac{dy}{dx} = \dfrac{xe^{-y}}{(x^2 + 1)y},\ y(0) = 1$

8. $\dfrac{dy}{dx} = y^3 \dfrac{\sin x}{1 + 8y^4},\ y(0) = 1$

9. $\dfrac{dy}{dx} = \dfrac{1 + y}{1 + x},\ y(0) = 1$

10. $\dfrac{dy}{dx} = 3xy - x,\ y(0) = 1$

---

1. On trouvera la preuve due à Volterra dans : G.F. Simmons, *Differential Equations*, McGraw-Hill (1972), page 286. On trouvera aussi des indications et des références au chapitre 9 de *Elementary Differential Equations and Boundary Values Problems*, de Boyce et De Prima, 3e édition, Wiley (1977), ainsi qu'à la section 1.5 de *Differential Equations and their Applications*, de M. Braun, 3e édition, Springer (1983).

11. $\dfrac{dy}{dx} = \cos x - y \cos x,\ y(0) = 2$

12. $e^y\left(\dfrac{dy}{dx}\right) = 1 + e^{2y} - xe^{2y} - x,\ y(0) = 1$

13. Dans un circuit, le courant électrique I vérifie l'équation $3(dI/dt) + 8I = 10$; le courant initial est $I(0) = 2{,}1$. Représenter graphiquement I en fonction du temps.

14. Refaire l'exercice 13 avec $I(0) = 0{,}3$.

15. Équation du condensateur. La charge Q d'un condensateur vérifie l'équation $R(dQ/dt) + Q/C = E$, où R, C et E sont des constantes. (Voir figure 2.4.6.)

a) Calculer Q en fonction du temps si $Q(0) = 0$.

b) Au bout de combien de temps Q atteindra-t-elle 99% de sa charge limite?

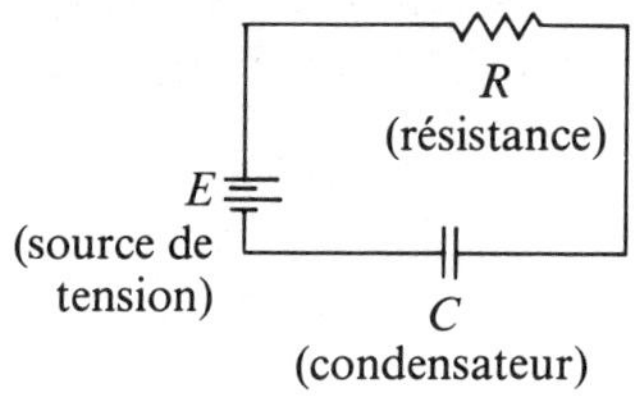

Figure 2.4.6 Circuit R-C.

16. Refaire l'exercice 15 avec $Q(0) = 3{,}1$, $R = 2$, $E = 10$ et $C = 2$.

17. Vérifier directement que $x = b/r$ et $y = s/c$ est une solution de l'équation proie/prédateur. (Voir exemple 6.)

18. a) Vérifier graphiquement que l'équation $y - \ln y = C$ a deux solutions positives si $C < -1$.

b) Interpréter ce résultat à l'aide de la figure 2.4.5.

2.5 Croissance et décroissance naturelles

La solution de l'équation qui décrit la croissance de populations peut être exprimée par des fonctions exponentielles.

À chaque instant, le taux de variation de grandeurs telles que les soldes bancaires, les populations, la radioactivité des minéraux et la température des objets est proportionnel à la valeur de la grandeur à ce moment même. En d'autres termes, si $f(t)$ est la grandeur au temps t, alors la fonction f vérifie l'équation différentielle

$$f'(t) = \gamma f(t) \tag{1}$$

où γ (gamma) est une constante de proportionnalité. Par exemple, l'expérience montre que la température d'un objet chaud varie proportionnellement à sa différence avec celle du milieu ambiant : c'est la loi du refroidissement de Newton.

Exemple 1

La température d'un bol de gruau d'avoine chaud a un taux de décroissance égal à 0,0837 fois sa différence avec la température de la pièce, fixée à 20 °C. Établir l'équation différentielle correspondant à cette situation et permettant de trouver la température en fonction du temps mesuré en minutes.

Solution

Soit T la température (en °C) du gruau d'avoine; puisque T varie avec le temps t, on peut considérer $f(t) = T - 20$, la fonction donnant la différence entre la température du gruau et celle de la pièce. On obtient alors

$$f'(t) = \frac{d(T-20)}{dt} = \frac{dT}{dt}$$

de sorte que

$$\frac{dT}{dt} = -(0{,}0837)(T-20) \quad \text{ou} \quad f'(t) = -(0{,}0837)f(t)$$

qui suit le modèle de l'équation (1).

Le signe – indique que la température décroît quand T est plus grand que 20. □

On cherche une solution de l'équation (1); la réponse doit être une fonction qui est proportionnelle à sa dérivée; or, on sait que la fonction exponentielle a précisément cette propriété :

$$\frac{d}{dt}(e^{\gamma t}) = \gamma e^{\gamma t}$$

En multipliant par le facteur constant A, on obtient

$$\frac{d}{dt}(Ae^{\gamma t}) = \gamma(Ae^{\gamma t})$$

Ainsi $f(t) = Ae^{\gamma t}$ est solution de l'équation (1). À $t = 0$, on a $f(0) = A$; on obtient ainsi une solution particulière de (1). Notons que l'équation différentielle

$$f'(t) = \gamma f(t)$$

est une équation différentielle d'ordre 1 et de degré 1.

Solution de $f'(t) = \gamma f(t)$

Étant donné $f(0)$, l'équation différentielle $f'(t) = \gamma f(t)$ a une et une seule solution :

$$f(t) = f(0) \cdot e^{\gamma t} \tag{2}$$

Exemple 2
Si $dx/dt = 3x$ et $x = 2$ pour $t = 0$, trouver x en fonction de t.

Solution
Le problème correspond au modèle. En effet, x est fonction de t et l'équation $dx/dt = 3x$ peut s'écrire

$$f'(t) = 3f(t)$$

Et puisque $f(0) = 2$, la formule (2) donne $x = f(t) = 2e^{3t}$. □

Exemple 3
Trouver l'expression de la température du bol de gruau d'avoine (exemple 1) en fonction du temps t si, à $t = 0$, $T = 80\,°C$. Jeanne Dupont refuse de manger son gruau quand il est trop froid, c'est-à-dire à moins de $50\,°C$. Combien a-t-elle de temps pour le manger ?

Solution
Comme dans l'exemple 1, $f(t) = T - 20$ et $f'(t) = -0{,}0837f(t)$; la condition initiale est $f(0) = 80 - 20 = 60$. Alors

$$f(t) = 60e^{-0{,}0837t} \implies T = f(t) + 20 = 60e^{-0{,}0837t} + 20$$

Pour savoir dans combien de temps $T = 50$, on a

$$50 = 60e^{-0{,}0837t} + 20 \implies 1 = 2e^{-0{,}0837t} \implies e^{0{,}0837t} = 2 \implies 0{,}0837t = \ln 2 = 0{,}693$$

Finalement $t = 8{,}28$ minutes : Jeanne a un peu plus de 8 minutes pour manger son gruau avant qu'il ne soit trop froid à son goût. □

Remarquons que le comportement de la solution (2) dépend du signe de γ. Si $\gamma > 0$, alors $e^{\gamma t} \to \infty$ quand $t \to \infty$ (croissance); si $\gamma < 0$, alors $e^{\gamma t} \to 0$ quand $t \to \infty$ (décroissance). (Voir figure 2.5.1.)

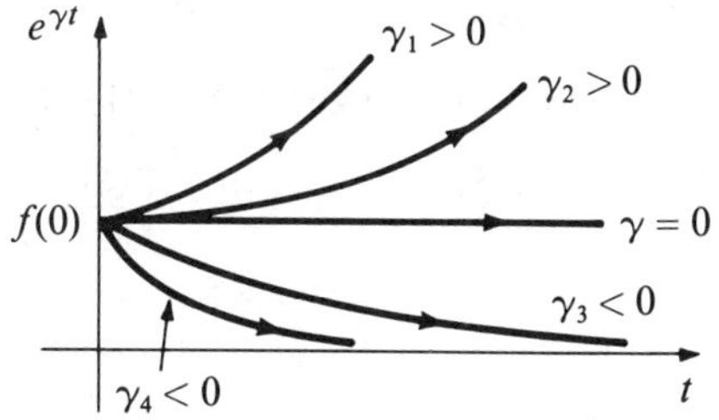

Figure 2.5.1 $\gamma_4 < \gamma_3 < 0 < \gamma_2 < \gamma_1$.

La variation d'une grandeur qui vérifie l'équation (1) ou l'équation équivalente (2) est appelée **croissance** ou **décroissance naturelle**.

Croissance ou décroissance naturelle
La solution de $f'(t) = \gamma f(t)$ est $f(t) = f(0)e^{\gamma t}$; si γ est positif, alors $f(t)$ croît avec t; si γ est négatif, alors $f(t)$ décroît quand t croît.

Exemple 4
Si $y = f(x)$ vérifie $(dy/dx) + 3y = 0$, et si $y(0) = 2$, représenter graphiquement $y = f(x)$.

Solution
On peut écrire l'équation (1) sous la forme $dy/dx = -3y$; c'est l'équation (1) avec $\gamma = -3$, où la variable indépendante t est remplacée par x. Par la formule (2), on déduit la solution $y = 2e^{-3x}$, dont le graphique est représenté à la figure 2.5.2.

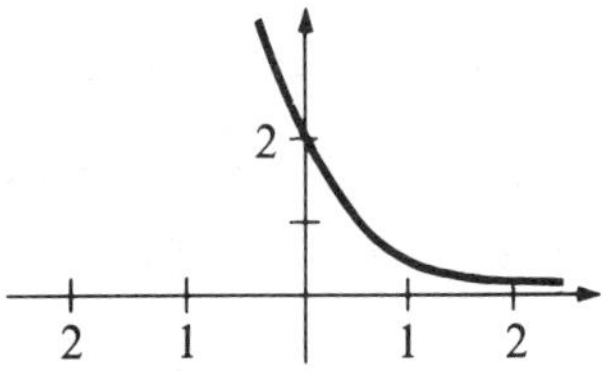

□

Figure 2.5.2

Croissance ou décroissance uniforme

Si $f(t)$ croît ou décroît naturellement, c'est-à-dire si $f(t) = f(0)e^{\gamma t}$, on a :

$$\frac{f(t+s)}{f(t)} = \frac{f(0)e^{\gamma(t+s)}}{f(0)e^{\gamma t}} = e^{\gamma s} = \frac{f(s)}{f(0)}$$

soit

$$\frac{f(t+s)}{f(t)} = \frac{f(s)}{f(0)} \tag{3}$$

Donc, le pourcentage d'accroissement ou de diminution de f sur une période de temps s est fixe et ne dépend pas de l'instant initial de cette période. Cette propriété caractéristique de la croissance ou de la décroissance naturelle est appelée **croissance** ou **décroissance uniforme**. En vertu de la même loi, lorsqu'une somme d'argent est déposée à la banque à un taux d'intérêt composé fixe, le pourcentage de l'accroissement de la somme accumulée sur chaque période de durée donnée, 3 ans par exemple, reste le même.

On peut montrer que la croissance ou la décroissance uniforme de f entraîne la croissance ou la décroissance naturelle de f, écrivons l'équation (3) sous la forme

$$f(t+s) = \frac{f(t)f(s)}{f(0)}$$

Dérivons par rapport à s :

$$f'(t+s) = \frac{f(t)f'(s)}{f(0)}$$

Pour $s = 0$ avec $\gamma = f'(0)/f(0)$, la dernière égalité donne

$$f'(t) = \gamma f(t)$$

qui est la loi de l'accroissement naturel. Ainsi, l'accroissement naturel et l'accroissement uniforme sont deux notions équivalentes.

Demi-vie

Définissons maintenant ce que l'on entend par **demi-vie**. Selon une loi de la physique une substance radioactive décroît à un taux proportionnel à la quantité de substance présente. Si $f(t)$ désigne la quantité de substance présente à l'instant t, la loi de la physique, à laquelle nous avons fait allusion, s'écrit $f'(t) = -\kappa f(t)$, où κ est une constante positive. (Le signe moins indique que la quantité de substance diminue.) Donc, avec $\gamma = -\kappa$, la formule (2) donne $f(t) = f(0)e^{-\kappa t}$. La demi-vie $t_{1/2}$ est le temps requis pour que la moitié de la substance disparaisse; donc

$$f(t_{1/2}) = \frac{1}{2}f(0) \quad \text{et} \quad f(0)e^{-\kappa t_{1/2}} = \frac{1}{2}f(0) \implies 2 = e^{\kappa t_{1/2}}$$

D'où

$$t_{1/2} = (1/\kappa)\ln 2$$

> **Demi-vie**
>
> Si la décroissance d'une substance obéit à la loi $f'(t) = -\kappa f(t)$, cette substance aura diminué de moitié après une période de temps $t_{1/2} = (1/\kappa)\ln 2$; $t_{1/2}$ est appelée la demi-vie de la substance.

Exemple 5

Le radium décroît à un taux de 0,0428 % par année. Quelle est sa demi-vie?

Solution

Méthode 1 En utilisant l'encadré ci-dessus, on a $\kappa = -0{,}000\,428$; donc, la demi-vie est $t_{1/2} = (\ln 2)/0{,}000\,428 \approx 1\,620$ années.

Méthode 2 Dans ce genre de problème, il vaut mieux réanalyser la situation que d'apprendre par cœur la dite formule. Le problème considéré se traite donc ainsi : soit $f(t)$ la quantité de radium à l'instant t; alors

$$f'(t) = -0{,}000\,428 f(t) \implies f(t) = f(0)e^{-0{,}000\,428t}$$

et on cherche t tel que

$$f(t) = \frac{1}{2}f(0) \implies \frac{1}{2} = e^{-0{,}000\,428t} \implies e^{0{,}000\,428t} = 2 \implies 0{,}000\,428t = \ln 2$$

Ainsi, $t_{1/2} = (\ln 2)/0{,}000\,428 \approx 1\,620$ années. □

Exemple 6

Une substance radioactive a une demi-vie de 5 085 années. Quel pourcentage en restera-t-il au bout de 10 000 ans ?

Solution

Si $f(t)$ désigne la quantité de substance présente après un temps t, $f(t) = f(0)e^{-\kappa t}$. Puisque la demi-vie est 5 085, $1/2 = e^{-5\,085\kappa} \Rightarrow \kappa = (1/5\,085)\ln 2$. La quantité de substance restante après 10 000 ans sera

$$f(10\,000) = f(0)e^{-10\,000\kappa} = f(0)e^{-10\,000 \ln 2/5\,085} = 0{,}256 f(0)$$

Il en restera donc 25,6 %. □

Exemple 7

La population de la planète Arcadia s'accroît à un taux instantané de 5 % par an. Combien faudra-t-il de temps pour que la population double ?

Solution

Soit $P(t)$ le nombre d'habitants de la planète. Puisque le taux d'accroissement est 5 %, $P'(t) = 0{,}05P(t) \Rightarrow P(t) = P(0)e^{0{,}05t}$. Pour que $P(t) = 2P(0)$, il faut que

$$2 = e^{0{,}05t} \Rightarrow 0{,}05t = \ln 2 \Rightarrow t = 20 \ \ln 2$$

en prenant $\ln 2 = 0{,}6931$, on obtient $t \approx 13{,}862$ années. □

Taux instantané

Dans ces exemples et dans d'autres semblables, il faut éviter la confusion quant au sens exact de l'expression « accroissement à un taux de 5 % par année ». Quand le terme **instantané** est utilisé, cela signifie un taux de 5 %; on a donc $P' = 0{,}05P$. Cela ne signifie pas que la population a augmenté de 5 % au bout d'un an; l'augmentation est en fait beaucoup plus grande.

Rappelons la distinction à faire entre taux instantané et taux annuel en nous aidant de problèmes se rapportant à la finance. Si l'investissement initial P_0 est placé dans un compte à un taux d'intérêt composé instantané de r %, le montant d'argent P dans le compte vérifie

$$\frac{dP}{dt} = \frac{r}{100}P$$

La formule (2) donne alors

$$P(t) = e^{rt/100}P_0 \tag{5}$$

L'accroissement annuel en pourcentage est l'accroissement en pourcentage après un an, soit :

$$100\left(\frac{P(1) - P_0}{P_0}\right) = 100(e^{r/100} - 1) \tag{6}$$

Exemple 8

Combien faut-il de temps à une somme d'argent pour tripler si elle est placée dans un compte à intérêt composé instantané de 8,32 % ?

Solution

Soit P_0 la somme déposée. La formule (5) donne

$$P(t) = e^{0,0832t}P_0$$

Si $P(t) = 3P_0$, alors

$$3 = e^{0,0832t}$$

$$0,0832t = \ln 3$$

d'où

$$t = \frac{\ln 3}{0,0832} \approx 13,2 \text{ années}$$

□

Exercices de la section 2.5

1. La température T d'un fer à repasser chaud décroît à un taux égal à 0,11 fois la différence entre sa température à l'instant considéré et la température ambiante égale à 20 °C. Écrire l'équation différentielle vérifiée par T. Le temps est mesuré en minutes.

2. Une population P de singes augmente à un taux annuel de 0,051 fois la population du moment. Écrire l'équation différentielle vérifiée par P.

3. La quantité Q en grammes d'une substance radioactive décroît à un taux annuel de 0,000 28 fois la quantité de substance à l'instant donné. Écrire l'équation différentielle vérifiée par Q.

4. La somme d'argent S placée à la banque croît à un taux instantané de 13,51 % fois la somme à l'instant donné. Écrire l'équation différentielle vérifiée par S.

Dans les exercices 5 à 12, résoudre les équations différentielles données avec les conditions initiales données.

5. $f'(x) = -3f(x)$, $f(0) = 2$

6. $\dfrac{dx}{dt} = x$, $x = 3$ pour $t = 0$

7. $\dfrac{dx}{dt} - 3x = 0$, $x = 1$ pour $t = 0$

8. $\dfrac{du}{dr} - 13u = 0$, $u = 1$ pour $r = 0$

9. $\dfrac{dy}{dt} = 8y$, $y = 2$ pour $t = 1$

10. $\dfrac{dy}{dx} = -10y$, $y = 1$ pour $x = 1$

11. $\dfrac{dv}{ds} + 2v = 0$, $v = 2$ pour $s = 3$

12. $\dfrac{dw}{dx} + aw = 0$, $w = b$ pour $x = c$

(a, b, c sont des constantes.)

13. Si, à $t = 0$, la température du fer à repasser de l'exercice 1 est 210 °C, combien faut-il de minutes pour qu'elle atteigne 100 °C ?

14. Si, à $t = 0$, la population de l'exercice 2 est $P(0) = 800$, combien faut-il d'années pour qu'elle atteigne 1500 ?

15. Dans l'exercice 3, si $Q(0) = 1$ gramme, au bout de combien de temps $Q = 1/2$ gramme ?

16. Dans l'exercice 4, combien faut-il de temps pour que la somme d'argent double ?

Dans les exercices 17 à 20, résoudre l'équation différentielle vérifiée par $f(t)$ et représenter graphiquement $f(t)$.

17. $f'(t) - 3f(t) = 0$, $f(0) = 1$

18. $f'(t) + 3f(t) = 0$, $f(0) = 1$

19. $f'(t) = 8f(t)$, $f(0) = e$

20. $f'(t) = 8f(t)$, $f(1) = e$

Dans les exercices 21 à 24, sans résoudre les équations différentielles, dire si la fonction solution est croissante ou décroissante.

21. $\dfrac{dx}{dt} = 3x$, $x = 1$ pour $t = 0$

22. $\dfrac{dx}{dt} = 3x$, $x = -1$ pour $t = 0$

23. $f'(t) = -3f(t)$, $f(0) = 1$

24. $f'(t) = -3f(t)$, $f(0) = -1$

25. Une substance radioactive se désintègre à un taux de 0,0021 % par an. Quelle est sa demi-vie ?

26. Le carbone 14 se désintègre à un taux de 0,012 38 % par an. Quelle est sa demi-vie ?

27. Il faut 300 000 ans à une certaine substance radioactive pour être réduite à 30 % de sa quantité initiale. Quelle est sa demi-vie ?

28. Il faut 80 000 ans à une certaine substance radioactive pour être réduite à 75 % de sa quantité originale. Calculer sa demi-vie.

29. La demi-vie de l'uranium est d'environ 0,45 milliard d'années. On laisse un gramme d'uranium se désintégrer naturellement; combien faut-il de temps pour qu'il ne reste plus que 10 % de l'uranium ?

30. La demi-vie d'une substance X est de 3 050 années. Quel pourcentage de la substance X reste-t-il au bout de 12 200 ans ?

31. La loi de désintégration du carbone 14 est $Q(t) = Q_0 e^{-0{,}000\,123\,8t}$. Calculer l'âge d'un os dans lequel le carbone 14 présent est égal à 70 % de la quantité initiale Q_0.

32. On considère deux lois de désintégration pour le carbone 14 : $Q = Q_0 e^{-\alpha t}$ et $Q = Q_0 e^{-\beta t}$, où $\alpha = 0{,}000\,123\,8$ et $\beta = 0{,}000\,123\,6$. On utilise chacune de ces lois pour évaluer l'âge d'un échantillon de squelette dans lequel 50 % du carbone 14 s'est désintégré. Calculer l'erreur relative commise sur l'âge. (Voir l'exercice 31.)

33. La population d'une culture de bactéries évoluant naturellement double en 10 minutes. Si la culture contient 100 bactéries à $t = 0$, au bout de combien de temps le nombre de bactéries sera-t-il de 3 000 ?

34. Une population de lièvres double tous les 18 mois. Si, à $t = 0$, il y a 10 000 lièvres, au bout de combien de temps la population atteindra-t-elle 100 000 ?

35. Une baignoire est remplie d'eau à 42 °C. Au bout de 10 minutes, l'eau est à 32 °C. La température de la pièce est 18 °C. Louis Dupont ne veut pas se mettre dans l'eau à moins de 37°. Combien de temps peut-il attendre avant de prendre son bain ?

36. Pour forger un fer à cheval, le forgeron l'a chauffé à 830 °C; la température de la forge est 32 °C. Au bout d'une minute, la température du fer est tombée à 600 °C. Le forgeron doit attendre que la température descende encore jusqu'à 450 °C. Combien de temps doit-il attendre ?

37. Une somme d'argent est déposée dans un compte à intérêt de 7,5 % composé instantanément. Dans combien de temps la somme aura-t-elle quadruplé ?

38. Dans un compte de banque, le solde double tous les dix ans. Quel est le taux d'intérêt annuel composé instantanément ?

39. L'annonce d'une société de crédit précise que le taux d'intérêt sur le solde impayé d'un compte est de 17 % composé instantanément; pourtant, la loi fédérale demande que le taux annuel soit annoncé comme étant de 18,53 %. Expliquer.

40. Si l'intérêt sur le solde impayé d'une carte de crédit est de 21 % composé instantanément, quel est le véritable taux d'intérêt annuel ?

41. Le nombre d'exemplaires vendus d'un livre de mathématiques est donné par $S(t) = 2000 - 1000e^{-0,3t}$, où t désigne le temps en années.
a) Calculer $S'(t)$.
b) Trouver la limite de $S(t)$ quand t tend vers l'infini. Discuter.
c) Dessiner le graphique de S.

42. Un roi un peu étourdi promet, s'il perd un pari, de payer à un magicien un centime le premier jour, deux centimes le deuxième jour, quatre centimes le troisième jour, et ainsi de suite en doublant la somme chaque jour. Combien devra-t-il payer le trentième jour ?

***43.** Dans le calme de la nuit, un mathématicien écrit un livre de mathématiques. Dérangé par un bruit, il découvre que le réservoir du cabinet de toilette se remplit d'abord très vite, puis de plus en plus lentement, pendant que la valve d'arrivée se ferme. Ses réflexions l'amènent à penser que le débit d'arrivée pendant la fermeture de la valve est proportionnel à la hauteur d'eau qui manque encore, c'est-à-dire

$$dx/dt = c(h - x)$$

où x est la hauteur de l'eau, h la hauteur désirée de l'eau et c une constante dépendant du mécanisme. Montrer que $x = h - Ke^{-ct}$. Quelle est la signification de K? En regardant l'expression de x obtenue, le mathématicien comprit pourquoi le remplissage du réservoir n'était jamais terminé; sur ce, il jugea qu'il était temps d'aller se coucher.

***44.** a) Vérifier que la solution de

$$dy/dt = p(t)y$$

est $y = y_0 e(P(t))$, où $P(t)$ est la primitive de $p(t)$ avec $P(0) = 0$.

b) Résoudre $dy/dt = ty$ si $y(0) = 1$.

2.6 Oscillations

La solution de l'équation régissant un mouvement harmonique simple peut s'exprimer en termes de fonctions trigonométriques.

En physique se pose le problème suivant : déterminer le mouvement d'un point matériel (ou d'une particule) dans un champ de force donné. Si le point matériel se déplace sur une droite, le champ de force est donné en fonction de la position x et du temps t. Le problème revient à écrire x en fonction de t tout en vérifiant l'équation

$$F = m\frac{d^2x}{dt^2} \quad \text{(Force = Masse} \times \text{Accélération)} \tag{1}$$

dans laquelle m est la masse du point matériel. L'équation (1) est la deuxième loi du mouvement de Newton[2].

L'équation (1) est une équation différentielle en x. Il s'agit d'une équation du second ordre puisque la dérivée seconde de x est présente.

Une solution de l'équation (1) est une fonction $x = f(t)$ qui la vérifie pour tout t quand x est remplacé par $f(t)$.

Par exemple, si la force est une constante F_0, l'équation (1) s'écrit

$$\frac{d^2x}{dt^2} = \frac{F_0}{m}$$

avec les connaissances que nous avons des primitives, nous en déduisons

$$\frac{dx}{dt} = \frac{F_0}{m}t + C_1 \quad \text{et} \quad x = \frac{1}{2}\frac{F_0}{m}t^2 + C_1t + C_2$$

où C_1 et C_2 sont des constantes. Ainsi, la position d'un point matériel se déplaçant dans un champ de force constant est donnée par une fonction quadratique du temps (ou une fonction linéaire si la force est nulle). C'est le cas du mouvement vertical sous l'action de la gravité terrestre dans le voisinage de la surface de la terre. Plus généralement, si une force est donnée en fonction de t seulement, on peut trouver la position du point matériel en intégrant deux fois par rapport au temps et en utilisant la position et la vitesse initiales pour déterminer les deux constantes d'intégration.

Dans beaucoup de problèmes de physique, la force est alors donnée en fonction de la position plutôt qu'en fonction du temps. On dit qu'il y a un champ de force et que le point matériel est soumis à une force égale à la valeur du champ au

---

2. Newton n'a jamais utilisé d'équations pour formuler ses lois du mouvement. L. Euler fut le premier, en 1750, à formuler de façon précise les lois de Newton par des équations différentielles. (Voir C. Truesdell, *Essays on the History of Mechanics*, Springer-Verlag, 1968.)

point où il se trouve. Par exemple, si x est le déplacement vers le bas à partir de la position d'équilibre d'un poids rattaché à un ressort, la loi de Hooke énonce que

$$F = -kx \tag{2}$$

où k est une constante positive appelée **constante du ressort** (ou **constante de rappel**). (Voir figure 2.6.1.) Cette loi expérimentale est exacte quand x n'est pas trop grand. Le signe moins dans la formule indique que la force est dirigée vers la position d'équilibre et est donc de signe contraire à x. En portant (2) dans la loi de Newton, on obtient

$$-kx = m\frac{d^2x}{dt^2} \quad \text{ou} \quad \frac{d^2x}{dt^2} = -\left(\frac{k}{m}\right)x$$

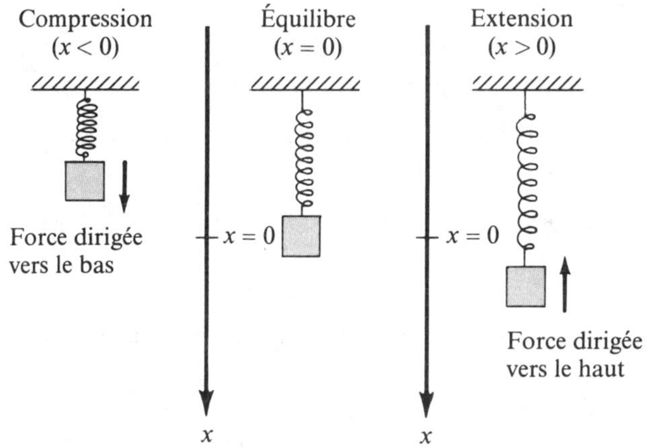

Figure 2.6.1

Il est commode de poser $k/m = \omega^2$, où $\omega = \sqrt{k/m}$ est une nouvelle constante. Cette substitution donne l'équation du ressort :

$$\frac{d^2x}{dt^2} = -\omega^2 x \tag{3}$$

Puisque x est une fonction inconnue de t, on ne peut trouver dx/dt en intégrant le membre de droite. (En particulier, dx/dt n'est pas $-(1/2)\omega^2x^2 + C$, puisque ce n'est pas x mais t qui est la variable indépendante.) Procédons plutôt autrement.

Solution de $y'' + ky = 0$

Puisque le poids monte et descend, c'est une bonne idée de suppposer que la solution est de la forme $x = \sin t$.

En dérivant deux fois par rapport à t, on obtient

$$\frac{d^2x}{dt^2} = -\sin t = -x$$

Le facteur ω^2 manque; en essayant $x = \omega^2 \sin t$, on obtient

$$\frac{d^2x}{dt^2} = -\omega^2 \sin t$$

qui est égal à $-x$ et non à $-\omega^2 x$. Pour faire apparaître un facteur multiplicatif quand on dérive, il suffit, en se rappelant la règle de dérivation d'une fonction composée, de poser $x = \sin \omega t$. Alors

$$\frac{dx}{dt} = \cos \omega t \, \frac{d(\omega t)}{dt} = \omega \cos \omega t \quad \text{et} \quad \frac{d^2x}{dt^2} = -\omega^2 \sin \omega t = -\omega^2 x$$

ce qui est précisément ce qu'on désirait. Cette démarche suggère que ce n'est pas gênant de multiplier $\sin \omega t$ par une constante. Ainsi, pour tout B, $x = B \sin \omega t$ est une solution. Enfin, on remarquera que $\cos \omega t$ est une autre solution et donc que, si A et B sont deux constantes arbitraires,

$$x = A \cos \omega t + B \sin \omega t \tag{4}$$

est une solution de l'équation du ressort (3), comme on peut le vérifier en dérivant (4) deux fois. On dira que la solution (4) est une combinaison linéaire de $\cos \omega t$ et de $\sin \omega t$.

Exemple 1

Soit $x = f(t) = A \cos \omega t + B \sin \omega t$. Montrer que $f(t + 2\pi/\omega) = f(t)$.

Solution

Remplaçons t par $t + 2\pi/\omega$:

$$\begin{aligned} f\left(t + \frac{2\pi}{\omega}\right) &= A \cos\left[\omega\left(t + \frac{2\pi}{\omega}\right)\right] + B \sin\left[\omega\left(t + \frac{2\pi}{\omega}\right)\right] \\ &= A \cos[\omega t + 2\pi] + B \sin[\omega t + 2\pi] \\ &= A \cos \omega t + B \sin \omega t \\ &= f(t) \end{aligned}$$

Nous avons utilisé le fait que les fonctions cosinus et sinus sont périodiques de période 2π. □

Les constantes A et B jouent un rôle analogue à celui de la constante d'intégration qui apparaît dans le calcul des primitives. A et B quelconques donnent la solution générale de l'équation (3). Un choix particulier de A et de B donne une solution particulière; ce choix est souvent déterminé par des conditions initiales.

Exemple 2

Trouver une solution particulière de l'équation (3) si $x = 1$ et $dx/dt = 1$ quand $t = 0$.

Solution

Dans $x = A \cos \omega t + B \sin \omega t$, il faut calculer A et B ; quand $t = 0$, $x = A$; donc $A = 1$; de même, quand $t = 0$, $dx/dt = \omega B \cos \omega t - \omega A \sin \omega t = \omega B$; donc $B = 1/\omega$. La solution demandée est donc $x = \cos \omega t + (1/\omega)\sin \omega t$. □

D'une manière générale, les conditions initiales, $x = x_0$ et $dx/dt = v_0$ à $t = 0$ donnent la solution particulière

$$x = x_0 \cos \omega t + \frac{v_0}{\omega} \sin \omega t \tag{5}$$

C'est l'unique fonction de la forme (4) qui satisfasse aux conditions initiales.

Exemple 3

Résoudre $d^2x/dt^2 = -x$ avec $x = 0$ et $dx/dt = 1$ quand $t = 0$.

Solution

Ici $x_0 = 0$, $v_0 = 1$ et $\omega = 1$, donc $x = x_0 \cos \omega t + \frac{v_0}{\omega} \sin \omega t = \sin t$. □

Pour les physiciens, le mouvement d'un point matériel dans un champ de force est complètement déterminé quand les valeurs initiales de la position et de la vitesse sont données. On acceptera sans démonstration le fait que toute solution de l'équation (3) est de la forme (4). La preuve de ce fait sera vue dans un cours plus avancé.

La solution (4) de l'équation du ressort peut s'écrire sous la forme

$$x = \alpha \cos(\omega t - \theta)$$

où α et θ sont des constantes. Avec la formule d'addition des cosinus,

$$\alpha \cos(\omega t - \theta) = \alpha \cos(\omega t) \cos \theta + \alpha \sin \omega t \sin \theta \tag{7}$$

que l'on identifie à $A \cos \omega t + B \sin \omega t$, on obtient

$$\alpha \cos \theta = A \quad \text{et} \quad \alpha \sin \theta = B$$

α et θ sont, de fait, les coordonnées polaires d'un point, dont les coordonnées cartésiennes sont A et B ; il est toujours possible de trouver α et θ avec $\alpha \geq 0$. La forme (7) de la solution présente des avantages sur le plan graphique. (Voir figure 2.6.2.)

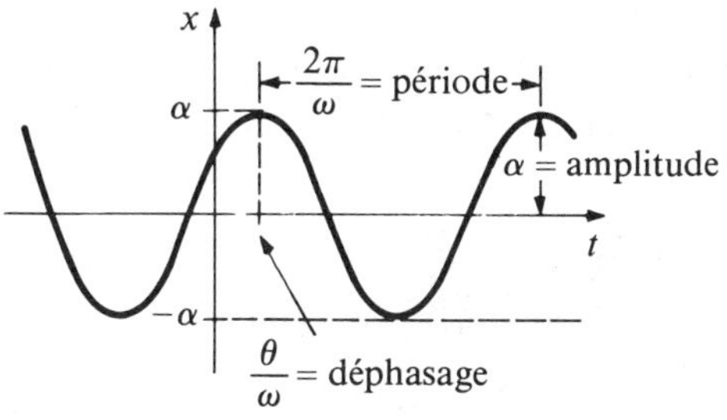

Figure 2.6.2 $x = \alpha \cos(\omega t - \theta)$.

Sur la figure 2.6.2, la solution est représentée par la courbe cosinus d'amplitude α et déphasée de θ/ω. ω est appelé fréquence angulaire puisqu'il traduit la vitesse de changement de l'« angle » $\omega t - \theta$ (on dit aussi pulsation). La période est $2\pi/\omega$ et le nombre d'oscillations par unité de temps, appelé la fréquence, est égal à $\omega/2\pi$.

Tout mouvement pouvant être décrit par les solutions de l'équation du ressort est appelé mouvement harmonique simple. Il se produit chaque fois qu'un système est soumis à une force de rappel proportionnelle à l'écart par rapport à la position d'équilibre. De tels systèmes se rencontrent en physique, en biologie, en électronique et en chimie.

Mouvement harmonique simple

Toute solution de l'équation du ressort

$$\frac{d^2x}{dt^2} = -\omega^2 x$$

a la forme

$$x = A \cos \omega t + B \sin \omega t$$

où A et B sont des constantes.

On peut aussi écrire la solution sous la forme

$$x = \alpha \cos(\omega t - \theta)$$

où α et θ sont les coordonnées polaires de (A, B). (Cette fonction est représentée sur la figure 2.6.2.) Si les valeurs de x et dx/dt sont x_0 et v_0 à $t = 0$, la solution unique est

$$x = x_0 \cos \omega t + (v_0/\omega) \sin \omega t$$

Exemple 4
Représenter graphiquement la solution de $d^2x/dt^2 + 9x = 0$ vérifiant les conditions initiales $x = 1$ et $dx/dt = 6$ à $t = 0$.

Solution
En utilisant (5) avec $\omega = 3$, $x_0 = 1$ et $v_0 = 6$, on obtient

$$x = \cos(3t) + 2\sin(3t) = \alpha\cos(3t - \theta)$$

Aux coordonnées $(A, B) = (1, 2)$ correspondent les coordonnées polaires (α, θ):

$$\alpha = \sqrt{A^2 + B^2} = \sqrt{1^2 + 2^2} = \sqrt{5} \approx 2{,}2$$

et

$$\theta = \tan^{-1}\frac{B}{A} = \tan^{-1} 2 \approx 1{,}1 \text{ radian}$$

Ainsi $\theta/\omega = 0{,}37$. La période est $2\pi/\omega = 2{,}1$. (Voir la figure 2.6.3 pour la représentation graphique de la solution.)

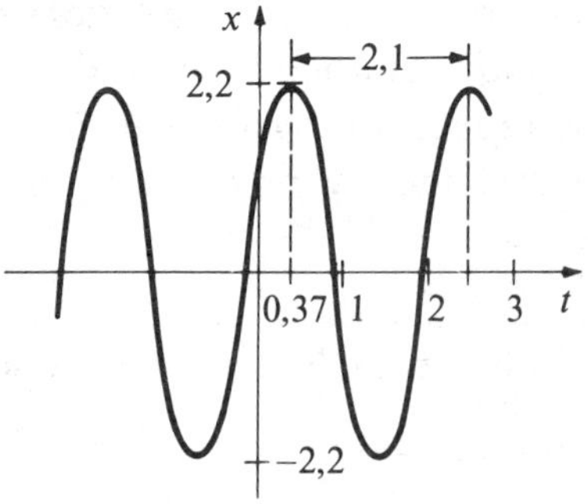

□

Figure 2.6.3 $x = 2{,}2\cos(3t - 1{,}1)$.

Il n'est pas nécessaire que la variable indépendante s'appelle toujours t, ni que la variable dépendante s'appelle x.

Exemple 5
a) Isoler y dans $d^2y/dx^2 + 9y = 0$ si $y = 1$ et $dy/dx = 1$ quand $x = 0$.
b) Représenter graphiquement y en fonction de x.

Solution
a) Dans le cas où $y_0 = 1$, $v_0 = -1$ et $\omega = \sqrt{9} = 3$ (x remplace t et y remplace x). Alors

$$y = y_0\cos\omega x + \frac{v_0}{\omega}\sin\omega x = \cos 3x - \frac{1}{3}\sin 3x$$

b) Les coordonnées polaires du point $(1, -1/3)$ sont $\alpha = \sqrt{1 + 1/9} = \sqrt{10}/3 \approx 1{,}05$ et $\theta = \tan^{-1}(-1/3) = -0{,}32$ radian (ou $-18°$). Ainsi $y = \alpha\cos(\omega x - \theta)$ devient $y = 1{,}05\cos(3x + 0{,}32)$; le graphique de y est représenté à la figure 2.6.4; avec $\theta/\omega = -0{,}1$ et $2\pi/\omega = 2{,}1$.

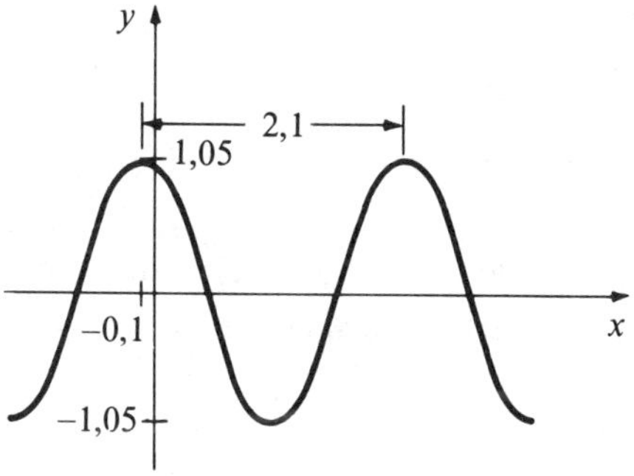

Figure 2.6.4 $y = 1{,}05\cos(3x + 0{,}32)$. □

Exemple 6
Un poids M ayant une masse de 1 gramme est attaché à un ressort dont la constante est 3/2. Au temps $t = 0$, le ressort est étiré de 1 cm et M a une vitesse de 2 cm/s.

a) Quelle est la vitesse de M à $t = 3$?
b) Quelle est l'accélération de M à $t = 4$?
c) Quelle est l'élongation maximale du ressort? À quel moment?
d) Représenter graphiquement la solution.

Solution
Soit $x = x(t)$ la position de M à l'instant t. Utilisons l'équation (3) avec $\omega = \sqrt{k/m}$, où k est la constante du ressort et m la masse de M. Comme $k = 3/2$ et $m = 1$, on a $\omega = \sqrt{3/2}$. Puisque à $t = 0$ le ressort est étiré de 1 cm et que la vitesse de M est de 2 cm/s, on a $x_0 = 1$ et $v_0 = 2$. On a ainsi toutes les données pour résoudre l'équation du ressort.

La formule (5) donne

$$x(t) = \cos\sqrt{3/2}\,t + \frac{2}{\sqrt{3/2}}\sin\sqrt{3/2}\,t$$

a) $x'(t) = -\sqrt{3/2}\sin\sqrt{3/2}\,t + 2\cos\sqrt{3/2}\,t$.
À l'instant $t = 3$, $x'(3) = -\sqrt{3/2}\sin 3\sqrt{3/2} + 2\cos 3\sqrt{3/2} \approx -1{,}1$ cm/s.

(La vitesse négative indique qu'à $t = 3$ le mouvement de M se fait vers le haut.)

b) $$x''(t) = \frac{d}{dt}\left(-\sqrt{\frac{3}{2}}\sin\sqrt{\frac{3}{2}}\,t + 2\cos\sqrt{\frac{3}{2}}\,t\right) = -\frac{3}{2}\cos\sqrt{\frac{3}{2}}\,t - \sqrt{6}\sin\sqrt{\frac{3}{2}}\,t$$

donc l'accélération à $t = 4$ est

$$x''(4) = -\frac{3}{2}\cos 2\sqrt{6} - \sqrt{6}\sin 2\sqrt{6} \approx 2{,}13 \text{ cm/s}^2$$

c) Pour trouver l'élongation maximale, le plus simple est d'utiliser la solution sous la forme (7) qui fait apparaître la phase et l'amplitude. L'élongation maximale est l'amplitude $\alpha = \sqrt{A^2 + B^2}$, où A et B sont les coefficients de sinus et cosinus dans la solution; ici on a

$$A = 1$$

et

$$B = 2/\sqrt{3/2} \implies \alpha^2 = 1 + 4/(3/2) = 1 + 8/3 = 11/3 \implies \alpha = \sqrt{11/3} \approx 1{,}91 \text{ cm}$$

soit pas tout à fait le double de l'élongation initiale.

d) Pour construire le graphique, il faut aussi connaître le déphasage. Puisque $\theta = \tan^{-1}(B/A)$, où A et B sont > 0, on a

$$0 < \theta < \pi/2$$

et donc

$$\theta = \tan^{-1}(2/\sqrt{3/2}) \approx 1{,}02$$

Le maximum sur le graphique se produit à $\theta/\omega = 1{,}02/\sqrt{3/2} \approx 0{,}83$. (Voir figure 2.6.5.) La période est $2\pi/\omega \approx 5{,}13$.

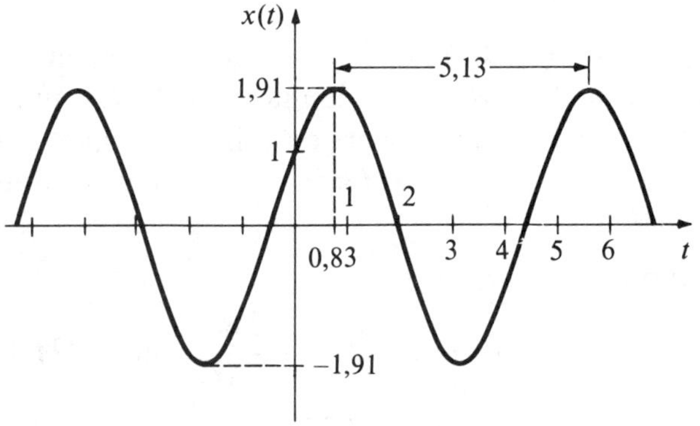

Figure 2.6.5 $x(t) = 1{,}91\cos\left(\sqrt{\frac{3}{2}}\,t - 1{,}02\right)$.

□

Exercices de la section 2.6

1. Montrer que $f(t) = \cos(3t)$ est périodique de période $2\pi/3$.

2. Montrer que $f(t) = 8 \sin(\pi t)$ est périodique de période 2.

3. Montrer que $f(t) = \cos(6t) + \sin(3t)$ est périodique de période $2\pi/3$.

4. Montrer que

$$f(t) = 3 \sin(\pi t/2) + 8 \cos(\pi t)$$

est périodique de période 4.

Dans les exercices 5 à 8, trouver la solution $x(t)$ de l'équation avec les conditions initiales données $x(0)$ et $x'(0)$.

5. $x'' + 9x = 0,\ x(0) = 1,\ x'(0) = -2$
6. $x'' + 16x = 0,\ x(0) = -1,\ x'(0) = -1$
7. $x'' + 12x = 0,\ x(0) = 0,\ x'(0) = -1$
8. $x'' + 25x = 0,\ x(0) = 1,\ x'(0) = 0$

Dans les exercices 9 à 12, représenter graphiquement les fonctions données; trouver la période, l'amplitude et le déphasage.

9. $x = 3 \cos(3t - 1)$
10. $x = 2 \cos(5t - 2)$
11. $x = 4 \cos(t + 1)$
12. $x = 6 \cos(3t + 4)$

Dans les exercices 13 à 16, résoudre l'équation donnée en $x(t)$ et représenter graphiquement $x(t)$.

13. $\dfrac{d^2x}{dt^2} + 4x = 0$;

$x = -1$ et $\dfrac{dx}{dt} = 0$ quand $t = 0$

14. $\dfrac{d^2x}{dt^2} + 16x = 0$;

$x = 1$ et $\dfrac{dx}{dt} = 0$ quand $t = 0$

15. $\dfrac{d^2x}{dt^2} + 25x = 0$;

$x = 5$ et $\dfrac{dx}{dt} = 5$ quand $t = 0$

16. $\dfrac{d^2x}{dt^2} + 25x = 0$;

$x = 5$ à $t = 0$, et $\dfrac{dx}{dt} = 5$ quand $t = \pi/4$

17. Résoudre l'équation $\dfrac{d^2y}{dt^2} = -4y$ (où y est fonction de t) si $y = 1$ et $dy/dt = 3$ quand $t = 0$.

18. Trouver $y = f(x)$ si $y'' + 4y = 0$, si $f(0) = 0$ et si $f'(0) = 1$.

19. Supposons que $f(x)$ vérifie

$$f''(x) + 16f(x) = 0,$$

que $f(0) = 2$ et que $f'(0) = 0$. Représenter graphiquement $f(x)$.

20. Posons que $z = g(r)$ vérifie $9z'' + z = 0$ et que $z(0) = -1$ et $z''(0) = 0$. Tracer le graphique de $z = g(r)$.

21. Une masse de 1 kg est attachée à un ressort. $x = 0$ est la position d'équilibre, $x(0) = 1$ et $x'(0) = 1$. La masse fait deux oscillations par seconde.
a) Quelle est la constante du ressort ?
b) Tracer le graphique de x en fonction de t, en indiquant l'amplitude du mouvement sur le dessin.

22. Un observateur constate qu'une masse de 5 grammes attachée à un ressort est animée d'un mouvement

$$x(t) = 6{,}1 \cos(2t - \pi/6)$$

a) Quelle est la constante du ressort ?
b) Quelle est la force agissant sur la masse à $t = 0$? Et à $t = 2$?

23. Qu'arrive-t-il à la fréquence des oscillations d'un ressort si l'on triple la masse qui y est attachée ?

24. Trouver l'équation différentielle du type « ressort » que vérifie la fonction $y(t) = 3\cos(t/4) - \sin(t/4)$.

Exercices de révision du chapitre 2

Dans les exercices 1 à 18, calculer les intégrales données.

1. $\int (x + \sin x)dx$

2. $\int \left(x + \frac{1}{\sqrt{1-x^2}}\right) dx$

3. $\int \left(e^x - x^2 - \frac{1}{x} + \cos x\right) dx$

4. $\int \left(3^x - \frac{3}{x} + \cos x\right) dx$

5. $\int x^2 \sin x^3\, dx$

6. $\int \tan x \sec^2 x\, dx$

7. $\int x^2 e^{(x^3)}\, dx$

8. $\int \frac{dx}{3x+4}$

9. $\int xe^{4x}\, dx$

10. $\int x^2 e^{2x}\, dx$

11. $\int e^{-x} \cos x\, dx$

12. $\int 3 \sin 3x \cos 3x\, dx$

13. $\int x^2 \ln 3x\, dx$

14. $\int x^2 \sqrt{x+1}\, dx$

15. $\int x(\ln x)^2\, dx$

16. $\int \frac{dx}{x^2 + 2x + 3}$ (Compléter le carré.)

17. $\int e^{\sqrt{x}}\, dx$

18. $\int \frac{\ln \sqrt{x}}{\sqrt{x}}\, dx$

Dans les exercices 19 à 24, évaluer les intégrales données.

19. $\int_{-1}^{0} xe^{-x}\, dx$

20. $\int_{1}^{e} x \ln(5x)\, dx$

21. $\int_{0}^{\pi/5} x \sin 5x\, dx$

22. $\int_{0}^{\pi/4} x \cos 2x\, dx$

23. $\int_{1}^{2} x^{-2} \cos(1/x) dx$

24. $\int_{0}^{1} \frac{\sqrt{x}}{x+1}\, dx$

25. Soit R_n la région délimitée par l'axe des x, la droite $x = 1$ et la courbe $y = x^n$. Quel est le rapport entre l'aire de R_n et l'aire du triangle R_1 ?

26. Calculer l'aire de la région sous la courbe de $f(x) = x/\sqrt{x^2 + 2}$ pour $0 \le x \le 2$.

27. Calculer l'aire de la région entre les courbes $y = -x^3 - 2x - 6$ et $y = e^x + \cos x$ pour $0 \le x \le \pi/2$.

28. Calculer l'aire des régions situées au-dessus des arches de $y = x \sin x$ et au-dessous de l'axe des x. (Voir figure 2.3.1.)

Dans les exercices 29 à 38, résoudre l'équation différentielle avec la ou les conditions initiales données.

29. $\dfrac{dy}{dt} = 3y, \quad y(0) = 1$

30. $\dfrac{dy}{dt} = y, \quad y(0) = 1$

31. $\dfrac{d^2y}{dt^2} + 3y = 0, \quad y(0) = 0, \quad y'(0) = 1$

32. $\dfrac{d^2y}{dt^2} + 9y = 0, \quad y(0) = 2, \quad y'(0) = 0$

33. $\dfrac{dy}{dt} = t^3y^2, \quad y(0) = 1$

34. $\dfrac{d^2x}{dt^2} + 6x = 0;$
$x = 1$ à $t = 0$, $x = 6$ à $t = 1$

35. $\dfrac{dy}{dx} = e^{x+y}, \quad y(0) = 1$

36. $\dfrac{dy}{dx} = y/\ln y, \quad y(1) = e$

37. $\dfrac{dy}{dt} = \dfrac{y}{t-1} + \dfrac{1}{t-1}, \quad y(0) = 0$

38. $\dfrac{dx}{dt} = \dfrac{x}{8-t} + \dfrac{3}{8-t}, \quad x(0) = 1$

39. Trouver $g(t)$ si $3(d^2/dt^2)g(t) = -7g(t)$, $g(0) = 1$ et $g'(0) = -2$. Calculer l'amplitude et la phase de $g(t)$. Représenter $g(t)$.

40. Représenter graphiquement la solution de $d^2x/dt^2 + 9x = 0$ si $x(0) = 1$ et $x'(0) = 0$.

41. Tracer le graphique de la solution de $dx/dt = -x + 3$ si $x(0) = 0$; calculer la limite de $x(t)$ quand t tend vers l'infini.

42. Tracer le graphique de la solution de $dx/dt = -2x + 2$ si $x(0) = 0$; calculer la limite de $x(t)$ quand t tend vers l'infini.

43. Résoudre $d^2x/dt^2 = dx/dt$, $x(0) = 1$ et $x'(0) = 1$ en posant $y = dx/dt$.

44. Une masse suspendue à un ressort oscille à une fréquence de 2 cycles par seconde. Calculer le déplacement $x(t)$ de la masse si $x(0) = 1$ et $x'(0) = 0$.

45. Un observateur note qu'une masse de 10 grammes suspendue à un ressort oscille selon la loi $x(t) = 10 \sin 8t$.
a) Quelle est la constante du ressort ?
b) Quelle est la force qui agit sur la masse à l'instant $t = \pi/16$?

46. La demi-vie d'une substance radioactive est de 15 500 ans. Quel pourcentage se sera désintégré dans 50 000 ans ?

47. Une substance radioactive se désintègre à un taux de 0,001 28 % par an. Quelle est sa demi-vie ?

48. a) La population des États-Unis était de 76 millions en 1900 et de 92 millions en 1910. On suppose uniforme la croissance de la population, soit $f(t) = e^{\gamma t} f(1900)$, t années après 1900.

i) Montrer que $\gamma \approx 0{,}0191$.
ii) À quel nombre d'habitants faut-il s'attendre raisonnablement en 1960 ?
iii) À ce rythme, combien faudra-t-il de temps pour que la population double ?

b) En 1960, la population était en fait de 179 millions et, en 1970, de 203 millions.

i) Quelle fut la variation du taux de croissance γ de la période 1900-1910 à la période 1960-1970 ?

ii) Comparer le pourcentage d'accroissement de la population de 1900 à 1910 avec celui de 1960 à 1970.

49. Si un objet passe de 100 °C à 80 °C en 8 min dans un environnement à 18 °C, combien lui faut-il de temps pour passer de 100 °C à 50 °C ?

50. Un compte d'épargne contenant P dollars croît selon la loi $dP/dt = rP + W$ (intérêt avec dépôts continus). Trouver P en fonction de P_0 à $t = 0$.

51. Si une population double tous les 10 ans et qu'à l'heure actuelle elle est de 100 000, dans combien de temps sera-t-elle d'un million ?

52. Considérons le modèle proie/prédateur de l'exemple 5, section 2.6. Résoudre l'équation différentielle dans le cas où $r = 0$ (on néglige la mort des proies).

53. Supposons que le radiateur d'une voiture contienne 16 litres de liquide, dont deux tiers d'eau et un tiers de vieil antigel. On veut éliminer le vieux mélange en le laissant s'écouler à raison de 2 litres par minute tout en ajoutant de l'eau au même rythme. Au bout de combien de temps le mélange sera-t-il composé à 95 % d'eau nouvelle ? Aurait-il été plus rapide d'attendre que le radiateur soit complètement vide avant d'ajouter de l'eau ?

Chapitre 3

Applications de l'intégration

Pour évaluer de nombreuses grandeurs physiques et géométriques, on doit recourir à des intégrales.

Jusqu'à maintenant, les applications de l'intégration se sont limitées aux problèmes des aires, des déplacements et des taux de variations. Dans le présent chapitre, nous utiliserons des intégrales pour calculer différentes grandeurs, comme les volumes, les moyennes, le travail, l'énergie, la puissance.

3.1 Calcul du volume d'un solide par découpage en tranches

Le volume d'un solide peut s'exprimer par une intégrale de l'aire de ses sections.

Il est facile d'imaginer qu'un solide est composé d'une infinité de tranches infiniment minces; on peut alors espérer exprimer le volume du solide en termes des aires de ces tranches. Dans cette section, nous appliquerons cette méthode à divers problèmes. D'autres méthodes seront employées dans des cours ultérieurs portant sur les intégrales multiples.

Pour développer cette méthode, on s'inspirera de la méthode du calcul de l'aire d'une région comprise entre deux courbes. Si $f(x)$ et $g(x)$ vérifient $f(x) \leq g(x)$ sur $[a, b]$, on a vu (section 1.6) que l'aire entre ces deux courbes est

$$\int_a^b [g(x) - f(x)]\, dx$$

Rappelons le raisonnement infinitésimal qui a conduit à cette formule; on imagine que la région est découpée en bandes infiniment minces par des perpendiculaires à l'axe des x. Sur une de ces perpendiculaires, appelée L_x, les deux courbes délimitent un segment de longueur $l(x) = g(x) - f(x)$ et le rectangle « infinitésimal » correspondant de largeur dx a une aire égale à $l(x) \cdot dx$ (longueur $\times$ largeur). (Voir figure 3.1.1.) L'aire de la région entière qu'on obtient en additionnant les aires infiniment petites est

$$\int_a^b l(x)dx = \int_a^b [g(x) - f(x)]\,dx$$

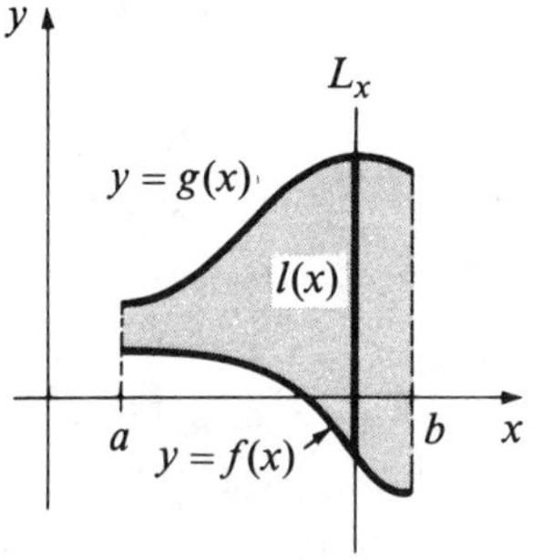

Figure 3.1.1

Pour une région limitée par une courbe fermée, il est souvent possible d'utiliser la même formule

$$\int_a^b l(x)dx$$

pour calculer son aire. Dans ce but, on choisit les axes qui conviennent le mieux et on détermine a et b en notant l'abscisse la plus petite et la plus grande parmi les points de la région; on trouve $l(x)$ par des considérations géométriques sur la région. C'est ce qui a été fait pour un disque de rayon r sur la figure 3.1.2.

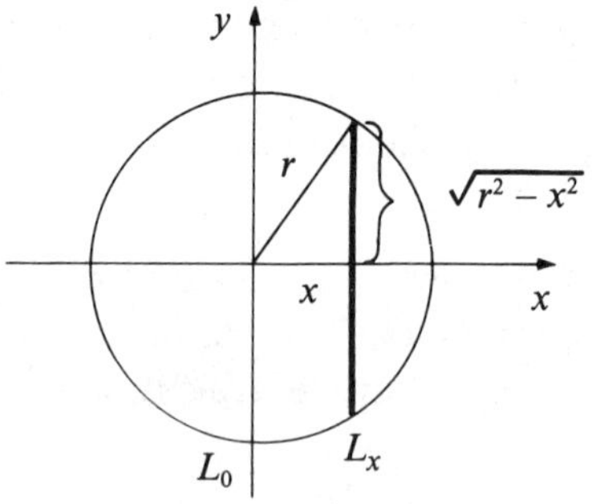

Figure 3.1.2

L'intégrale

$$\int_{-r}^{r} 2\sqrt{r^2 - x^2}\,dx$$

se calcule à l'aide des tables; sa valeur est πr^2, résultat conforme à la géométrie élémentaire; les intégrales de ce type se calculent facilement aussi à l'aide du changement de variable $x = r \cos \theta$.

Découpage en tranches

Pour trouver le volume d'un solide, on le découpe en tranches par une famille de plans parallèles. Considérons le plan P_x perpendiculaire à l'axe des x et situé à une distance x du point choisi comme origine. (Voir figure 3.1.3.)

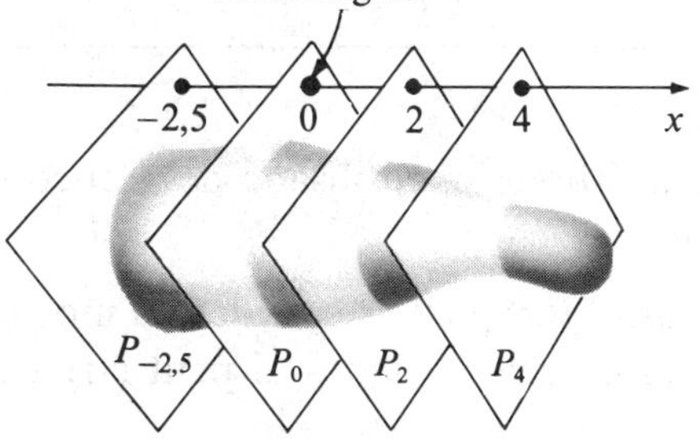

Figure 3.1.3 Le plan P_x est à une distance x du plan P_0.

Le plan P_x, en coupant le solide, détermine une région plane R_x; le morceau du solide infiniment mince est une tranche dont la base est R_x et l'épaisseur, dx. (Voir figure 3.1.4.) Le volume d'une telle tranche est égal à l'aire de sa base R_x multipliée par sa hauteur dx; si $A(x)$ est l'aire de R_x, le volume de la tranche est $A(x)dx$. Donc, le volume total du solide est égal à la somme des volumes des tranches, soit

$$\int_a^b A(x)dx$$

où a et b sont déterminés par les extrémités du solide.

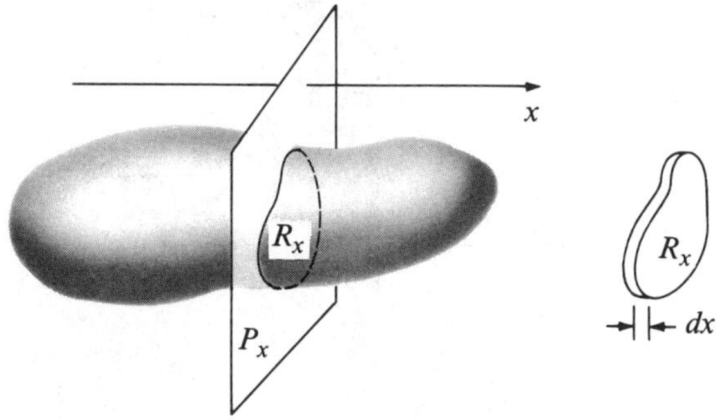

Figure 3.1.4 Tranche d'épaisseur infinitésimale d'un solide.

Volume calculé par découpage en tranches

Soit S un solide et P_x une famille de plans parallèles tels que :

1° S est compris entre P_a et P_b ;

2° L'aire d'une tranche de S, coupé par P_x, est $A(x)$.

Le volume S est égal à

$$\int_a^b A(x)dx$$

On peut justifier cette méthode en utilisant des fonctions en escalier; nous y reviendrons à la fin de cette section.

Dans des cas simples, l'aire $A(x)$ peut se calculer au moyen d'éléments de géométrie. Dans des problèmes plus compliqués, il peut être nécessaire de calculer au préalable $A(x)$ par une intégrale.

Exemple 1
Trouver le volume d'une sphère de rayon r.

Solution
Dessinons la sphère au-dessus de l'axe des x comme le montre la figure 3.1.5. Soit P_0 le plan passant par le centre de la sphère et perpendiculaire à l'axe des x. La

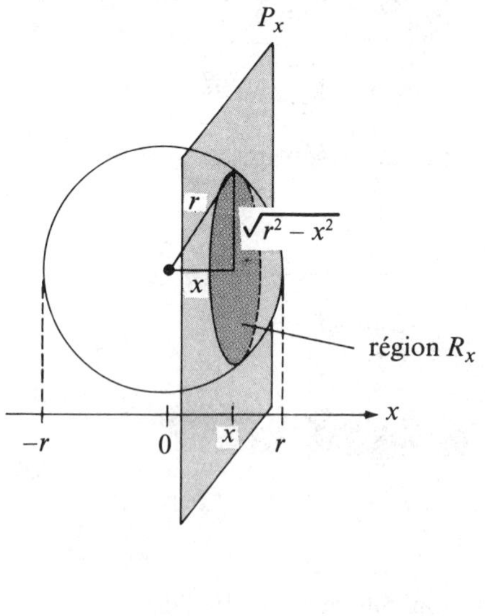

Figure 3.1.5

sphère est comprise entre les plans P_{-r} et P_r, et la section R_x est un disque de rayon $\sqrt{r^2 - x^2}$. L'aire de la section est $\pi(\text{rayon})^2$, soit

$$A(x) = \pi(\sqrt{r^2 - x^2})^2 = \pi(r^2 - x^2)$$

Le volume est donc

$$\int_{-r}^{r} A(x)dx = \int_{-r}^{r} \pi(r^2 - x^2)dx = \pi\left(r^2 x - \frac{x^3}{3}\right)\Bigg|_{-r}^{r} = \frac{4}{3}\pi r^3 \qquad \square$$

Exemple 2
Trouver le volume d'un solide conique à base circulaire. (Voir figure 3.1.6.)

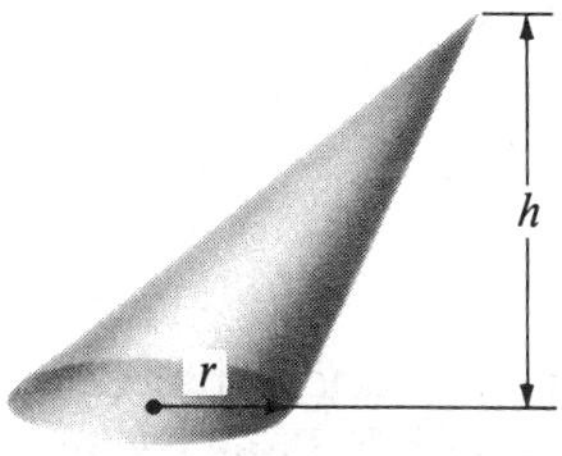

Figure 3.1.6

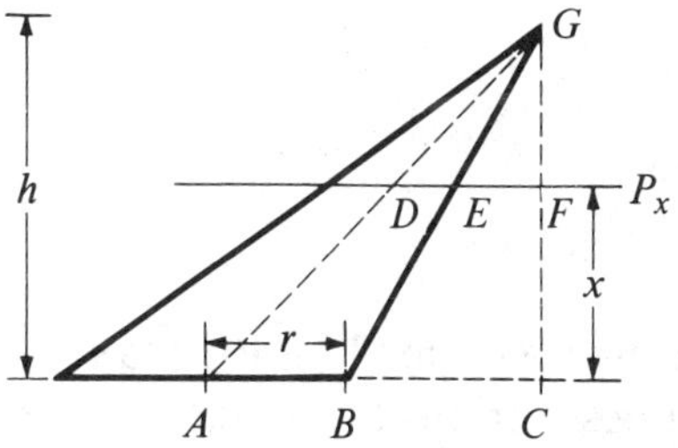

Figure 3.1.7

Solution
Considérons que l'axe des x est à la verticale et choisissons la famille P_x des plans telle que P_0 contienne la base du cône et que la distance de P_x à P_0 soit x. Alors le cône est compris entre les plans P_0 et P_h; la section du cône déterminée par le plan P_x est un disque de rayon $[(h - x)/h]r$ et d'aire $\pi[(h - x)/h]^2 r^2$. (Voir figure 3.1.7.) Le volume du cône calculé par le découpage en tranches est

$$\begin{aligned}\int_0^h A(x)dx &= \int_0^h \pi \frac{(h-x)^2}{h^2} r^2\, dx \\ &= \frac{\pi r^2}{h^2}\int_0^h (h^2 - 2xh + x^2)dx \\ &= \frac{\pi r^2}{h^2}\left[(h^2 x - hx^2) + \frac{x^3}{3}\right]\Bigg|_0^h \\ &= \frac{1}{3}\pi r^2 h \qquad \square\end{aligned}$$

Exemple 3
Trouver le volume du solide W dessiné sur la figure 3.1.8. On peut le voir comme un morceau d'un cylindre de rayon r obtenu en coupant le cylindre par deux

plans passant par le même diamètre du cylindre; le premier plan est perpendiculaire à l'axe du cylindre et le second fait un angle θ avec le premier.

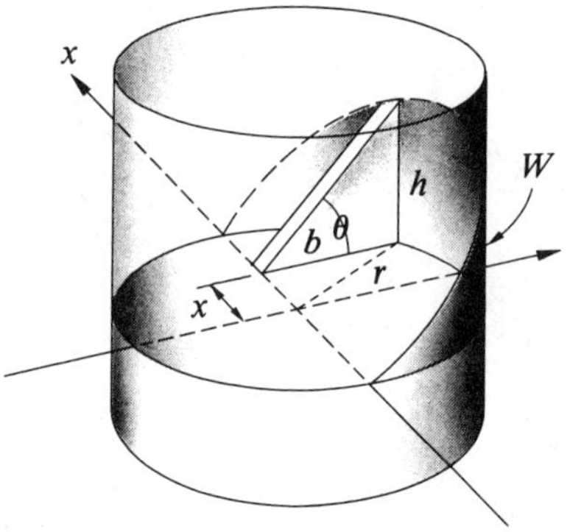

Figure 3.1.8

Solution

W étant placé comme l'indique la figure 3.1.8, nous le coupons par des plans qui donnent des sections triangulaires R_x d'aire $A(x)$. La base b d'une section triangulaire est $b = \sqrt{r^2 - x^2}$ et sa hauteur est $h = b \tan \theta = \sqrt{r^2 - x^2} \tan \theta$. Donc

$$A(x) = \frac{1}{2} bh = \frac{1}{2}(r^2 - x^2)\tan \theta$$

Le volume de W est

$$\begin{aligned}\int_{-r}^{r} A(x)dx &= \int_{-r}^{r} \frac{1}{2}(r^2 - x^2)\tan \theta \, dx \\ &= \frac{1}{2}(\tan \theta)\left(r^2 x - \frac{x^3}{3}\right)\Bigg|_{-r}^{r} \\ &= \frac{1}{2}(\tan \theta)\left(2r^3 - \frac{2r^3}{3}\right) \\ &= \frac{2r^3}{3}\tan \theta\end{aligned}$$

□

Exemple 4

Une sphère de rayon r est coupée en trois morceaux par deux plans parallèles situés chacun à $r/3$ de chaque côté du centre de la sphère. Calculer le volume de chaque morceau.

Solution

Le morceau central est compris entre les plans $P_{-r/3}$ et $P_{r/3}$ de l'exemple 1; la section R_x a une aire $A(x) = \pi(r^2 - x^2)$; le volume de ce morceau est donc

$$\begin{aligned}\int_{-r/3}^{r/3} \pi(r^2 - x^2)dx &= \pi\left(r^2x - \frac{x^3}{3}\right)\Bigg|_{-r/3}^{r/3} \\ &= \pi\left(\frac{r^3}{3} - \frac{r^3}{81} + \frac{r^3}{3} - \frac{r^3}{81}\right) \\ &= \frac{52}{81}\pi r^3\end{aligned}$$

Le volume total des deux morceaux extérieurs est donc

$$\left(\frac{4}{3} - \frac{52}{81}\right)\pi r^3 = \frac{56}{81}\pi r^3$$

et comme ils sont symétriques par rapport au plan P_0, le volume de chacun d'eux est $(28/81)\pi r^3$. On peut vérifier le résultat en calculant

$$\int_{r/3}^{r} \pi(r^2 - x^2)dx$$ □

Découpage en disques

Une façon de construire certains solides (on dira aussi engendrer dans ce cas) est de prendre une région R d'un plan, comme le montre la figure 3.1.9, et de la faire tourner autour de l'axe des x de sorte qu'elle balaie un solide S. De tels solides sont communs dans les ateliers de menuiserie (pieds de table tournés), dans les

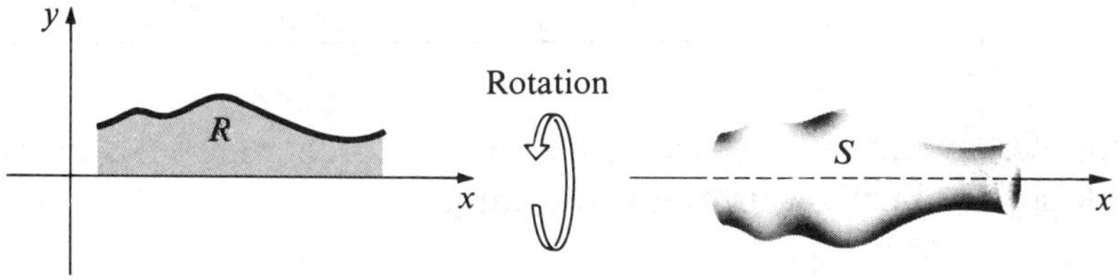

Figure 3.1.9

poteries (vases faits au tour) et dans la nature (organismes unicellulaires)[1]. On les appelle solides de révolution et on dit qu'ils sont à symétrie axiale.

Supposons que la région R est limitée par les droites $x = a$, $x = b$ et $y = 0$ et par la courbe $y = f(x)$. Pour calculer le volume de S par le découpage en tranches, nous utilisons une famille de plans perpendiculaires à l'axe des x, où P_0 passe par l'origine. La section plane de S découpée par P_x est un disque circulaire de rayon $f(x)$ dont l'aire $A(x)$ est $\pi[f(x)]^2$. (Voir figure 3.1.10.) La formule de la méthode

1. Voir D'Arcy Thompson, *On Growth and Form*, édition abrégée, Cambridge University Press, 1969.

du découpage en tranches donne le volume de S comme suit :

$$\int_a^b A(x)dx = \int_a^b \pi[f(x)]^2\,dx = \pi \int_a^b [f(x)]^2\,dx$$

On utilise l'expression « découpage en disques » dans ce cas spécial, car les tranches sont des disques.

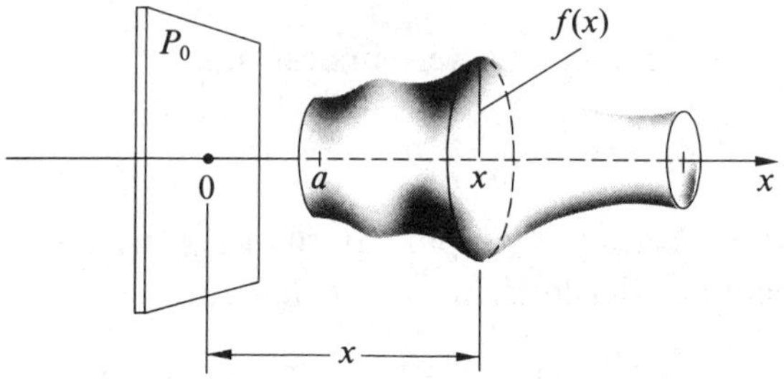

Figure 3.1.10

> **Volume d'un solide de révolution : méthode de découpage en disques**
>
> Le volume d'un solide de révolution obtenu par la rotation autour de l'axe des x d'une région sous une courbe $y = f(x)$ non négative pour $a \leq x \leq b$ est
>
> $$\pi \int_a^b [f(x)]^2\,dx$$

Exemple 5

On fait tourner autour de l'axe des x la région sous la courbe $y = x^2$ pour $0 \leq x \leq 1$. Dessiner le solide obtenu et trouver son volume.

Solution

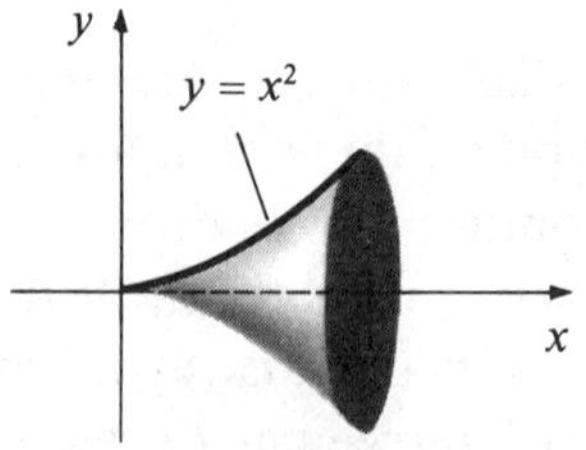

Figure 3.1.11

Le solide a la forme d'un pavillon de trompette. (Voir figure 3.1.11.) D'après la méthode du découpage en disques, son volume est

$$\pi \int_0^1 (x^2)^2\, dx = \pi \int_0^1 x^4\, dx = \left.\frac{\pi x^5}{5}\right|_0^1 = \frac{\pi}{5} \qquad \square$$

Exemple 6

La région délimitée par les courbes $y = 2 \sin x$ et $y = x$ pour $0 \le x \le \pi/2$ tourne autour de l'axe des x. Dessiner le solide engendré et calculer son volume.

Solution

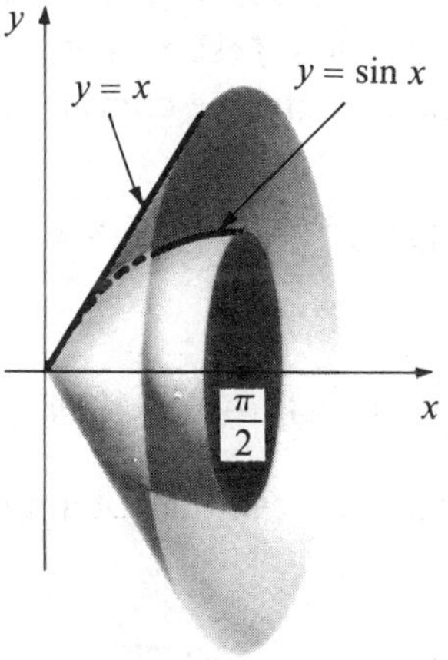

Figure 3.1.12

Le solide est dessiné sur la figure 3.1.12. Il a la forme d'un cône creusé. Son volume s'obtient par la différence du volume du cône et de celui du « trou ». Le cône est engendré par la rotation autour de l'axe des x de la région sous la courbe $y = x$ sur $[0, \pi/2]$; le volume du cône est donc

$$\pi \int_0^{\pi/2} x^2\, dx = \frac{\pi^4}{24}$$

Le « trou » est obtenu par la rotation autour de l'axe des x de la région sous la courbe $y = \sin x$ sur $[0, \pi/2]$; le volume du « trou » est donc

$$\begin{aligned}\pi \int_0^{\pi/2} \sin^2 x\, dx &= \int_0^{\pi/2} \frac{1 - \cos 2x}{2}\, dx \quad (\text{car } \cos 2x = 1 - 2\sin^2 x)\\ &= \pi\left(\frac{x}{2} - \frac{1}{4}\sin 2x\right)\Big|_0^{\pi/2}\\ &= \pi\left(\frac{\pi}{4} - 0 - 0 + 0\right)\\ &= \frac{\pi^2}{4}\end{aligned}$$

Ainsi le volume du solide est

$$\frac{\pi^4}{24} - \frac{\pi^2}{4} \approx 1{,}59 \qquad \square$$

Découpage en rondelles

Le volume d'un solide obtenu par la rotation de la région entre les graphes de deux fonctions f et g (avec $f(x) \leq g(x)$ sur $[a, b]$) peut être obtenu comme dans l'exemple 6 ou par la méthode des « rondelles », que voici. Sur la figure 3.1.13, le volume de la région ombrée (la rondelle) est égal au produit de l'aire par l'épaisseur. L'aire de la rondelle est l'aire du disque complet moins l'aire du trou. Donc, le volume de la rondelle est

$$(\pi[g(x)]^2 - \pi[f(x)]^2)dx$$

Le volume total du solide est

$$\pi \int_a^b ([g(x)]^2 - [f(x)]^2)dx$$

On notera que cette méthode donne le résultat obtenu dans l'exemple 6.

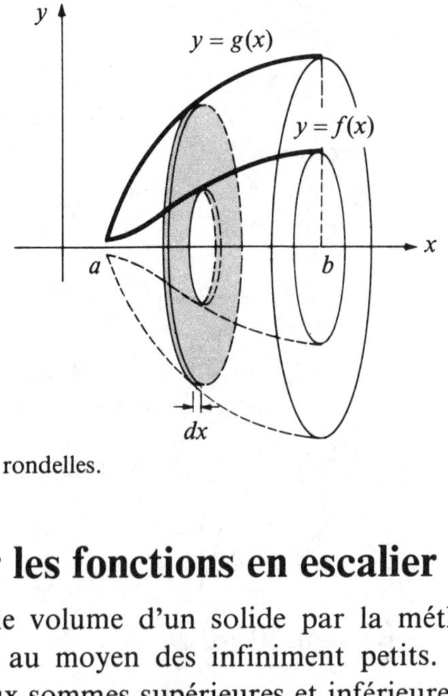

Figure 3.1.13 Méthode des rondelles.

Justification par les fonctions en escalier

La formule donnant le volume d'un solide par la méthode de découpage en tranches a été établie au moyen des infiniment petits. Un raisonnement plus rigoureux fait appel aux sommes supérieures et inférieures. Envisageons d'abord le cas d'un solide S composé de n cylindres. (Voir figure 3.1.14.)

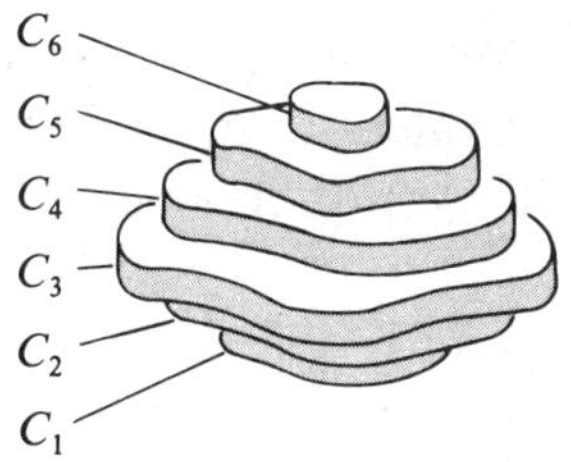

Figure 3.1.14

Si le $i^{\text{ième}}$ cylindre C_i est compris entre les plans $P_{x_{i-1}}$ et P_{x_i} et si sa base a une aire k_i, la fonction $A(x)$ est une fonction en escalier sur l'intervalle $[x_0, x_n]$; donc, puisque $A(x) = k_i$ sur $[x_{i-1}, x_i]$, le cylindre C_i a pour volume $k_i \times \Delta x_i$ avec $\Delta x_i = x_i - x_{i-1}$. Le volume total est donc

$$\sum_{i=1}^{n} k_i \,\Delta x_i$$

or ce nombre est précisément l'intégrale

$$\int_{x_0}^{x_n} A(x)dx$$

de la fonction en escalier $A(x)$. Bref, on pourrait dire que le solide S est cylindrique par morceaux entre les plans P_a *et* P_b. Alors

$$\text{volume} = \int_a^b A(x)dx$$

Si S est un solide « suffisamment » simple, on peut s'attendre à ce qu'il contienne un solide S_{int} cylindrique par morceaux et qu'il soit contenu dans un autre solide S_{ext} cylindrique par morceaux, ces deux solides étant aussi proches que l'on veut l'un de l'autre, c'est-à-dire tels que volume (S_{ext}) − volume $(S_{\text{int}}) < \varepsilon$ pour tout ε arbitrairement petit choisi à l'avance. Les fonctions correspondantes $A_{\text{int}}(x)$ et $A_{\text{ext}}(x)$ sont des fonctions en escalier et on a les inégalités $A_{\text{int}}(x) \leq A(x) \leq A_{\text{ext}}(x)$, ce qui entraîne que

$$\text{volume}\,(S_{\text{int}}) = \int_a^b A_{\text{int}}(x)dx \leq \int_a^b A(x)dx \leq \int_a^b A_{\text{ext}}(x)dx = \text{volume}\,(S_{\text{ext}})$$

Puisque S_{ext} contient S qui contient S_{int}, on a

$$\text{volume}\,(S_{\text{int}}) \leq \text{volume}\,(S) \leq \text{volume}\,(S_{\text{ext}})$$

Les deux nombres,

$$\text{volume}\,(S) \quad \text{et} \quad \int_a^b A(x)dx$$

appartiennent tous les deux à l'intervalle [volume (S_{int}), volume (S_{ext})], dont la longueur est plus petite que ε; la valeur absolue de leur différence sera donc plus petite que $\varepsilon > 0$; la seule possibilité est qu'ils soient égaux.

Supplément de la section 3.1

La charcuterie de Cavalieri

L'idée qui a conduit à la méthode du découpage en tranches remonte à Francesco Cavalieri (1598-1647), soit bien avant la découverte du calcul intégral. Disciple de Galilée, Cavalieri enseigna à l'Université de Bologne. On ne connaît pas exactement ce qui conduisit Cavalieri à sa découverte; on peut donc prendre la liberté de l'imaginer.

La charcuterie de Cavalieri fabriquait habituellement des saucissons de Bologne de forme cylindrique; le volume de ces saucissons était donc égal au produit : $\pi \times (\text{rayon})^2 \times$ longueur. Un jour, les boyaux étaient de mauvaise qualité et les saucissons sortirent tout tordus. Par malchance, la balance était en panne ce jour-là; la seule façon de calculer le prix de vente était de connaître le volume. Cavalieri prit son meilleur couteau et découpa le saucisson en n tranches très minces chacune d'épaisseur Δx et de rayon respectif r, r_2, ..., r_n (heureusement les tranches étaient circulaires). Il estima alors que le volume était

$$\sum_{i=1}^{n} \pi r_i^2 \, \Delta x_i$$

c'est-à-dire la somme des volumes des tranches.

Son travail terminé, Cavalieri rentra à son bureau de l'Université de Bologne et commença à écrire son livre *Geometria Indivisibilium Continuorum Nova Quandum Ratione Promota* (Une certaine méthode pour le développement d'une nouvelle géométrie des indivisibles continus), dans lequel il démontra ce qui est connu comme le principe de Cavalieri :

> Si deux solides sont coupés par une famille de plans parallèles de telle sorte que les sections correspondantes ont des aires égales, alors les deux solides ont le même volume.

Le livre eut un tel succès que Cavalieri vendit sa charcuterie et se retira en pleine gloire, n'enseignant plus que pour son plaisir.

Exercices de la section 3.1

Dans les exercices 1 à 4, utiliser la méthode du découpage en tranches pour calculer le volume des différents solides représentés.

1. Le solide suivant est coupé par des plans parallèles selon des disques de rayon 1.

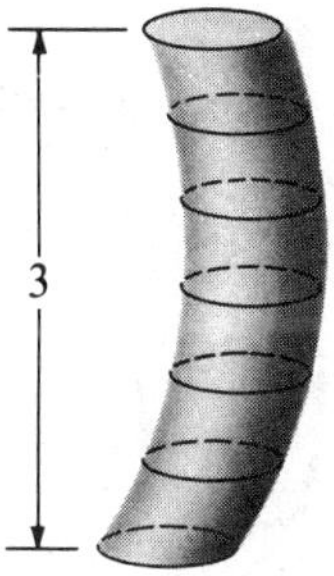

2. Ce parallélépipède a pour base un rectangle de côtés a et b.

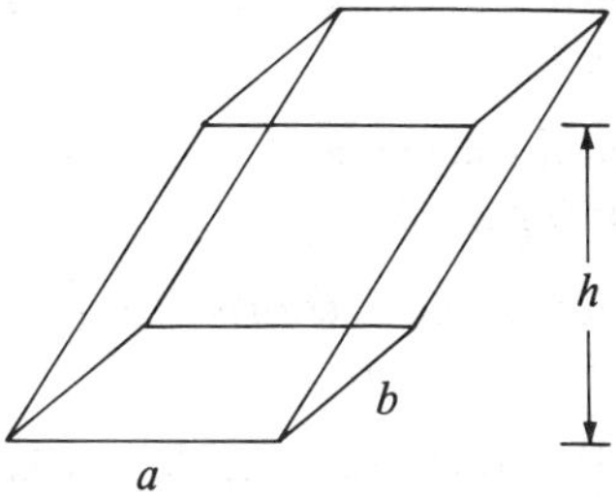

3. Le solide qui suit a une base dont l'aire est A et dont la section, déterminée par un plan à la hauteur x, a une aire

$$A_x = [(h - x)/h]^2 A$$

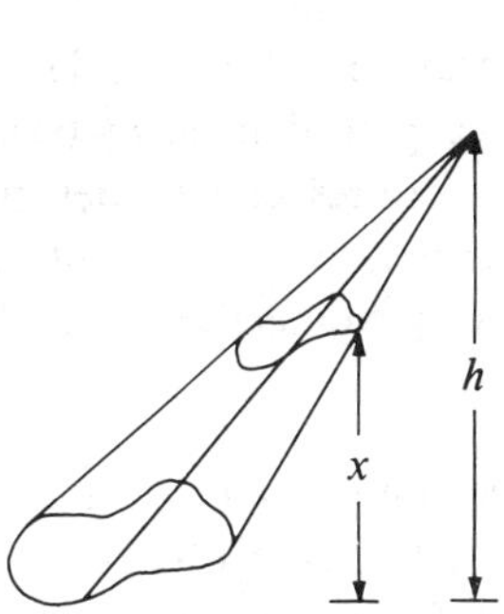

4. Le solide suivant a pour base un triangle rectangle dont les côtés de l'angle droit sont b et l.

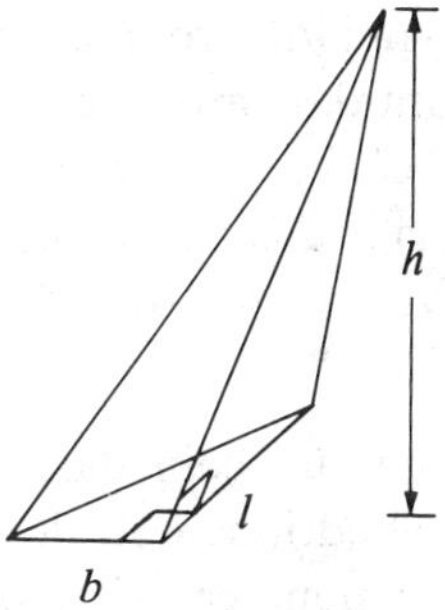

5. Trouver le volume de la tente ici représentée. La section plane, à une hauteur x au-dessus de la base, est un carré de côté

$$\frac{1}{6}(6 - x)^2 - \frac{1}{6}$$

La hauteur de la tente est de 150 cm.

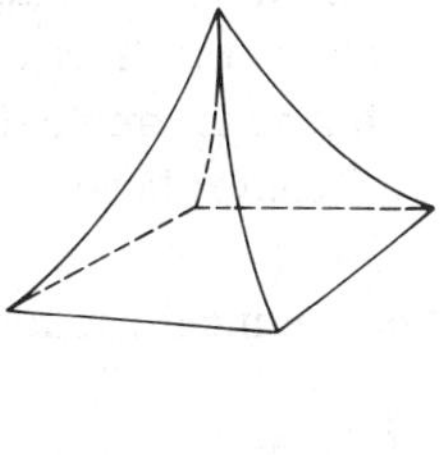

6. Quel serait le volume de la tente de l'exercice précédent si la base et les sections droites étaient des triangles équilatéraux, les côtés ayant la même longueur que dans l'exercice 5 ?

7. La base d'un solide S est un disque de rayon 1 et de centre (0, 0) dans le plan xy. Chaque section de S, coupé par un plan perpendiculaire à l'axe des x, est un triangle équilatéral. Trouver le volume de S.

8. Un contenant en plastique a la forme d'une pyramide tronquée, les deux bases étant des carrés de 10 cm et de 6 cm de côté respectivement. Quelle doit être la hauteur du contenant pour que son volume soit de 1000 cm^3 ?

9. On découpe un coin dans un tronc d'arbre cylindrique dont le rayon est de 50 cm; pour ce faire, on scie le tronc selon deux plans qui se rencontrent suivant un diamètre du cylindre; l'un des plans est horizontal et le deuxième forme un angle de 15° avec le premier. Trouver le volume du coin.

10. On découpe un coin dans un tronc d'arbre cylindrique dont le rayon est de 50 cm; pour ce faire, on scie le tronc selon deux plans qui se rencontrent suivant un diamètre du cylindre; l'un des plans est horizontal et le deuxième forme un angle de 20° avec le premier. Trouver le volume du coin.

11. Trouver le volume du solide qui suit.

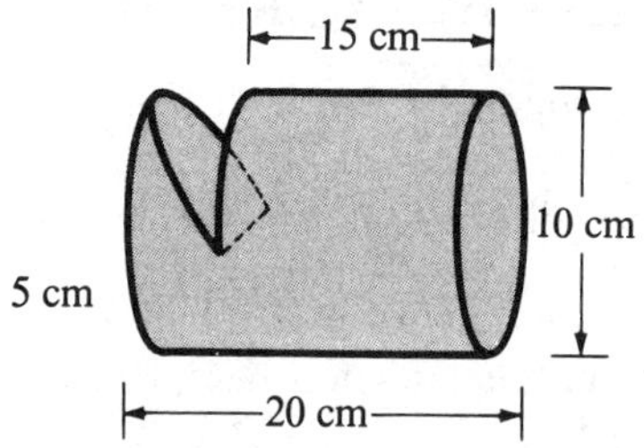

12. Trouver le volume du solide suivant.

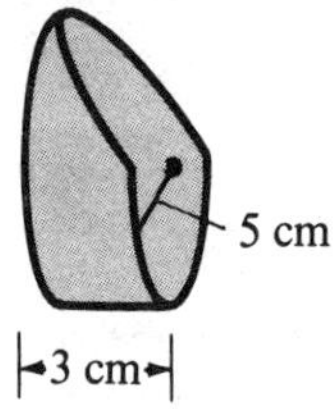

Dans les exercices 13 à 24, trouver le volume du solide engendré par la rotation de la région donnée autour de l'axe des x; dessiner la région.

13. Région sous la courbe de $3x + 1$ pour $0 \leq x \leq 2$.

14. Région sous la courbe de $2 - (x - 1)^2$ pour $0 \leq x \leq 2$.

15. Région sous la courbe de $1 + \cos x$ pour $0 \leq x \leq 2\pi$.

16. Région sous la courbe de $\cos 2x$ pour $0 \leq x \leq \pi/4$.

17. Région sous la courbe de $x(x - 1)^2$ pour $1 \leq x \leq 2$.

18. Région sous la courbe de $\sqrt{4 - 4x^2}$ pour $0 \leq x \leq 1$.

19. Demi-disque de centre $(a, 0)$ et de rayon r. (On suppose $0 < r < a$, $y \geq 0$.)

20. Région entre les courbes de $\sqrt{3-x^2}$ et de $5+x$ sur [0, 1].

21. Carré dont les sommets sont (4, 6), (5, 6), (5, 7) et (4, 7).

22. Région de l'exercice 21 déplacée de deux unités vers le haut.

23. Région de l'exercice 21 que l'on a fait pivoter de 45° autour de son centre.

24. Région triangulaire dont les sommets sont (1, 1), (2, 2) et (3, 1).

***25.** Trouver une expression pour le volume d'un tore (anneau) dont le rayon extérieur est R et le rayon intérieur, r.

***26.** L'aire d'un disque de rayon r est

$$\pi r^2 = \int_{-r}^{r} 2\sqrt{r^2 - x^2}\,dx$$

utiliser cette formule pour calculer l'aire de la région à l'intérieur de l'ellipse $y^2/4 + x^2 = r^2$.

3.2 Calcul des volumes par la méthode des tubes

Un solide de révolution autour de l'axe des y peut être considéré comme composé de tubes cylindriques.

Dans la dernière section, nous avons calculé le volume d'un solide de révolution obtenu en faisant tourner autour de l'axe des x la région sous une courbe; on peut obtenir aussi un solide de révolution S en faisant tourner autour de l'axe des y la région R sous une courbe non négative $y = f(x)$ pour $0 \le a \le x \le b$. (Voir figure 3.2.1.)

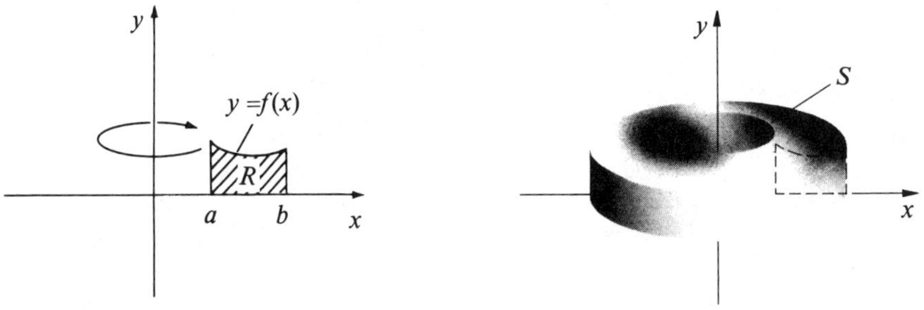

Figure 3.2.1

Méthode des tubes

Pour trouver le volume de S, on peut utiliser l'approche des infiniment petits. (Une autre explication faisant appel aux fonctions en escalier sera donnée à la fin de cette section.) La rotation d'une bande de largeur dx et de hauteur $f(x)$ située à une distance x de l'axe de rotation engendre un tube cylindrique de rayon x, de hauteur $f(x)$ et d'épaisseur dx. Le déroulement de ce tube donne une feuille rectangulaire de longueur $2\pi x$, égale au périmètre du tube cylindrique. (Voir figure 3.2.2.) Le volume de la feuille est donc le produit de son aire $2\pi x f(x)$ et de son épaisseur dx. Le volume total du solide est l'intégrale

$$\int_a^b 2\pi x f(x)dx \quad \text{ou} \quad 2\pi \int_a^b x f(x)dx$$

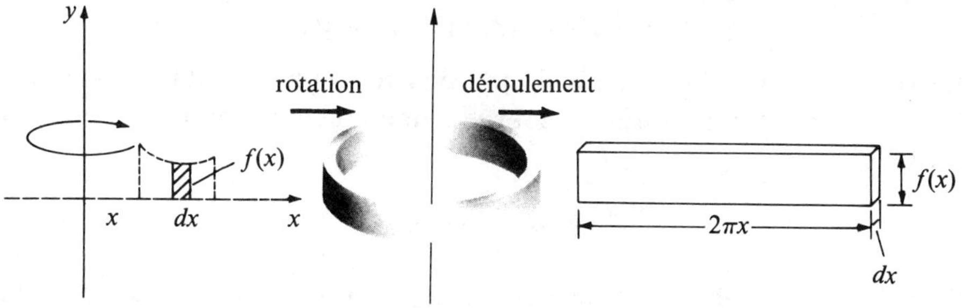

Figure 3.2.2

Si l'on fait tourner la région comprise entre les courbes $y = f(x)$ et $y = g(x)$ avec $f(x) \leq g(x)$ sur $[a, b]$, la hauteur du tube est $g(x) - f(x)$ et le volume du solide de révolution engendré sera

$$2\pi \int_a^b x\,[g(x) - f(x)]\,dx$$

Exemple 1

La rotation autour de l'axe des y de la région sous $y = x^2$ pour $0 \leq x \leq 1$ engendre un solide. Dessiner le solide résultant et calculer son volume.

Solution

Le solide ressemble à un bol. (Voir figure 3.2.3.) Son volume est

$$2\pi \int_0^1 x \cdot x^2 dx = 2\pi \int_0^1 x^3 dx = 2\pi \left.\frac{x^4}{4}\right|_0^1 = \frac{\pi}{2}$$

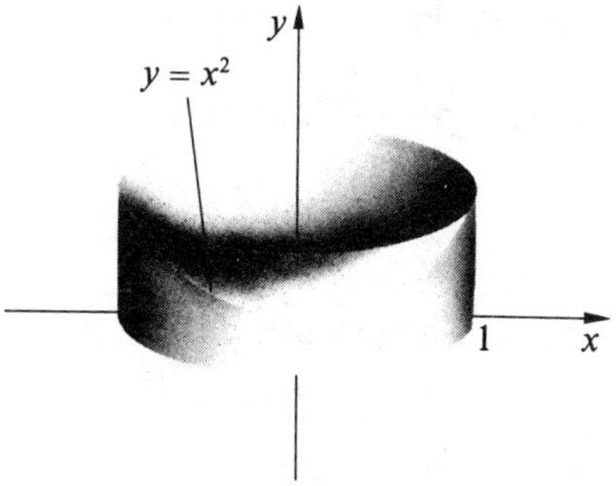

Figure 3.2.3 □

Volume d'un solide de révolution : méthode des tubes

Le volume d'un solide de révolution engendré par la rotation autour de l'axe des y de la région sous la courbe d'une fonction non négative $y = f(x)$ sur $[a, b]$ est

$$2\pi \int_a^b xf(x)dx$$

Si la région est délimitée par les courbes $y = f(x)$ et $y = g(x)$ et que $f(x) \leq g(x)$, le volume du solide engendré par sa rotation est

$$2\pi \int_a^b x[g(x) - f(x)]dx$$

Exemple 2

Trouver la capacité du bol de l'exemple 1.

Solution

La capacité du bol est le volume du solide engendré par la rotation autour de l'axe des y de la région comprise entre les courbes $y = x^2$ et $y = 1$, pour $0 \leq x \leq 1$. La seconde formule de l'encadré ci-dessus donne, avec $f(x) = x^2$ et $g(x) = 1$,

$$2\pi \int_0^1 x(1 - x^2)dx = 2\pi \int_0^1 (x - x^3)dx = 2\pi\left(\frac{x^2}{2} - \frac{x^4}{4}\right)\Bigg|_0^1 = \frac{\pi}{2} \qquad \square$$

Remarque

Il aurait été possible de trouver la capacité du bol de l'exemple 2 en soustrayant le résultat de l'exemple 1 du volume du cylindre de révolution de rayon 1 et de hauteur 1, soit $\pi r^2 h = \pi$. Enfin, il aurait été possible aussi de trouver la capacité du bol par la méthode du découpage en tranches en utilisant y comme variable. La tranche à la hauteur y est un disque de rayon $x = \sqrt{y}$, d'où la capacité du bol :

$$\int_0^1 \pi(\sqrt{y})^2 dy = \int_0^1 \pi y\, dy = \frac{1}{2}\pi y^2\Bigg|_0^1 = \frac{\pi}{2}$$

Exemple 3

Dessiner le solide engendré par la rotation autour de l'axe des y des deux régions suivantes :

a) région sous la courbe $y = e^x$, où $1 \leq x \leq 3$;

b) région sous la courbe $y = 2x^3 + 5x + 1$, où $0 \leq x \leq 1$.

Dans chaque cas, calculer le volume du solide.

Solution

a) Volume du solide $= 2\pi \int_1^3 xe^x\,dx$. On peut calculer cette intégrale en intégrant par parties, ce qui donne

$$2\pi\left(xe^x\Big|_1^3 - \int_1^3 e^x\,dx\right) = 2\pi\,[e^x(x-1)]\Big|_1^3 = 4\pi e^3$$

(Voir figure 3.2.4 a).)

b) Volume du solide $= 2\pi \int_0^1 x(2x^3 + 5x + 1)dx = 2\pi\left[\frac{2x^5}{5} + \frac{5x^3}{3} + \frac{x^2}{2}\right]\Big|_0^1 = \frac{77}{15}\pi.$

(Voir figure 3.2.4 b).)

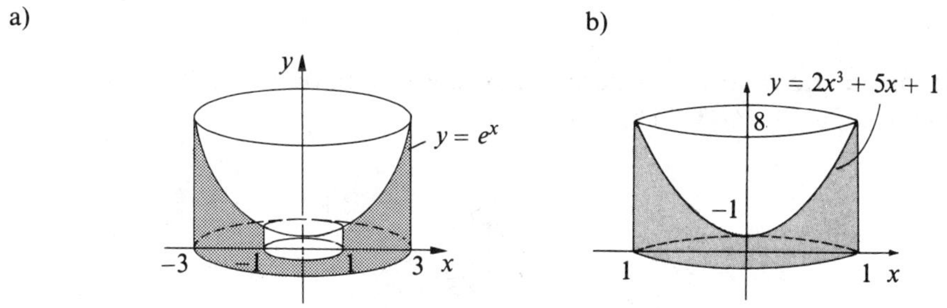

Figure 3.2.4 □

Exemple 4
Trouver le volume de la soucoupe volante engendrée par la rotation autour de l'axe des y de la région comprise entre les courbes $y = -1/4(1 - x^4)$ et $y = 1/6(1 - x^6)$, pour $0 \le x \le 1$. (Voir figure 3.2.5.)

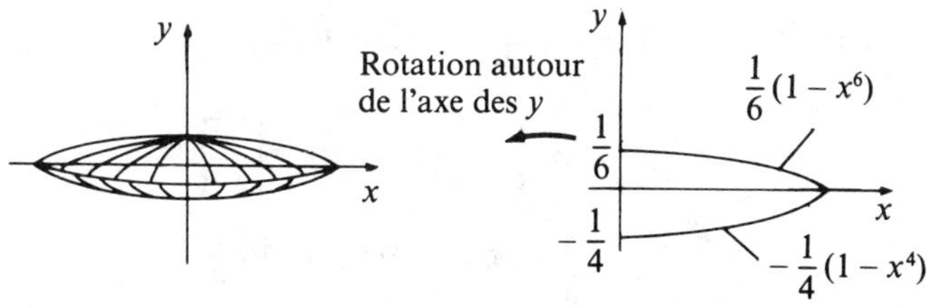

Figure 3.2.5

Solution
La hauteur du tube de rayon x est

$$\frac{1}{6}(1-x^6)+\frac{1}{4}(1-x^4)=\frac{5}{12}-\frac{x^6}{6}-\frac{x^4}{4}$$

ce qui entraîne que le volume est

$$2\pi\int_0^1 x\left(\frac{5}{12}-\frac{x^6}{6}-\frac{x^4}{4}\right)dx = 2\pi\left(\frac{5}{24}x^2-\frac{x^8}{48}-\frac{x^6}{24}\right)\Bigg|_0^1$$
$$=2\pi\left(\frac{5}{24}-\frac{1}{48}-\frac{1}{24}\right)$$
$$=\frac{7\pi}{24} \qquad \square$$

Exemple 5
Un trou cylindrique de rayon r est percé dans une sphère de rayon R. Quel est le volume de matériau enlevé ? (Voir figure 3.2.6.)

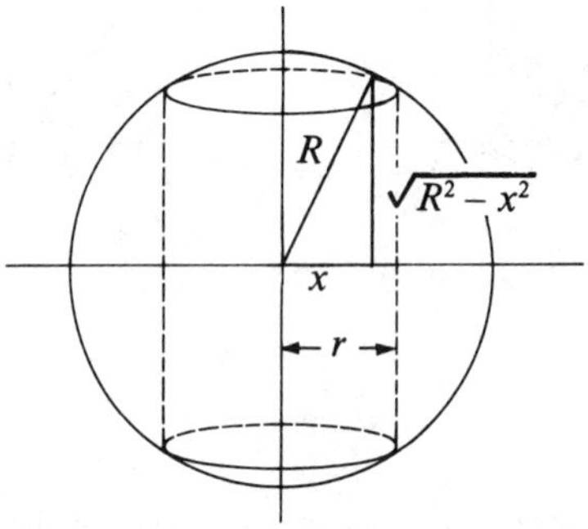

Figure 3.2.6

Solution
Le tube de rayon x a une hauteur égale à $2\sqrt{R^2-x^2}$ et x varie de 0 à r de sorte que le volume total des tubes est

$$2\pi\int_0^r 2x\sqrt{R^2-x^2}\,dx = 2\pi\int_0^{r^2}\sqrt{R^2-u}\,du \qquad (u=x^2)$$
$$=2\pi\left[-\frac{2}{3}(R^2-u)^{3/2}\Bigg|_0^{r^2}\right]$$
$$=\frac{4}{3}\pi[R^3-(R^2-r^2)^{3/2}]$$
$$=\frac{4}{3}\pi R^3\left[1-\left(1-\frac{r^2}{R^2}\right)^{3/2}\right]$$

Remarquons que si $r = R$, la réponse est $4/3\pi R^3$, ce qui correspond au volume de la sphère. □

Exemple 6
La rotation, autour de l'axe des y, du disque de rayon 1 et de centre (4, 0) engendre un solide. Dessiner le solide et trouver son volume.

Solution

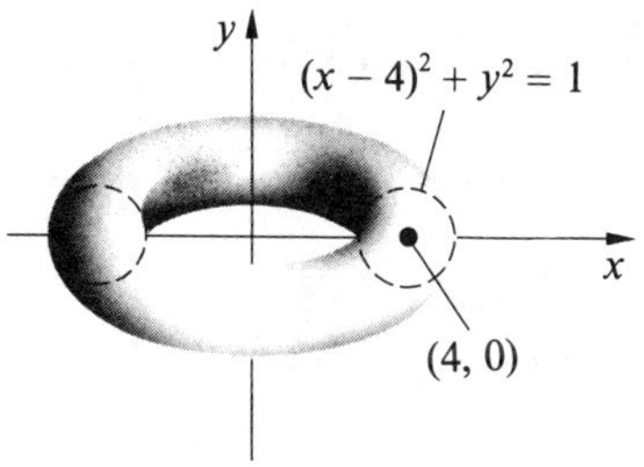

Figure 3.2.7

Le solide engendré ayant la forme d'un anneau s'appelle un tore. (Voir figure 3.2.7.) Remarquons que si le solide est coupé par un plan passant par l'origine et perpendiculaire à l'axe des y, la moitié supérieure est le solide engendré par la rotation autour de l'axe des y de la région située sous le demi-cercle

$$y = \sqrt{1-(x-4)^2}$$

pour $3 \leq x \leq 5$.

Le volume de ce solide est

$$2\pi \int_3^5 x\sqrt{1-(x-4)^2}\,dx = 2\pi \int_{-1}^1 (u+4)\sqrt{1-u^2}\,du \qquad (u = x-4)$$

$$= 2\pi \int_{-1}^1 \sqrt{1-u^2}\,u\,du + 8\pi \int_{-1}^1 \sqrt{1-u^2}\,du$$

Plutôt que de résoudre ces intégrales de la façon habituelle, on peut le faire ici plus simplement en mettant à profit certaines constatations. Ainsi, d'une part, l'intégrale

$$\int_{-1}^1 \sqrt{1-u^2}\,u\,du = 0$$

car

$$\int_{-1}^1 \sqrt{1-u^2}\,u\,du = \int_{-1}^0 \sqrt{1-u^2}\,u\,du + \int_0^1 \sqrt{1-u^2}\,u\,du$$

et

$$\int_{-1}^{0} \sqrt{1-u^2}\, u\, du = -\int_{0}^{1} \sqrt{1-u^2}\, u\, du$$

puisque $f(u) = u\sqrt{1-u^2}$ est une fonction impaire, c'est-à-dire que $f(-u) = -f(u)$.

D'autre part, $\int_{-1}^{1} \sqrt{1-u^2}\, du = \pi/2$, car c'est en fait l'aire d'un demi-disque de rayon 1.

Le volume de la moitié supérieure du tore est égal à

$$\begin{aligned} 2\pi \int_{-1}^{1} \sqrt{1-u^2}\, u\, du + 8\pi \int_{-1}^{1} \sqrt{1-u^2}\, du &= 2\pi \cdot 0 + 8\pi(\pi/2) \\ &= 4\pi^2 \end{aligned}$$

Le volume du tore tout entier est donc $8\pi^2$. □

Justification par les fonctions en escalier

Concluons cette section par une justification de la méthode des tubes, qui utilise les fonctions en escalier. Considérons à nouveau le solide S de la figure 3.2.1. Subdivisons la région R en bandes verticales qui engendrent des tubes en tournant. (Voir figure 3.2.8.)

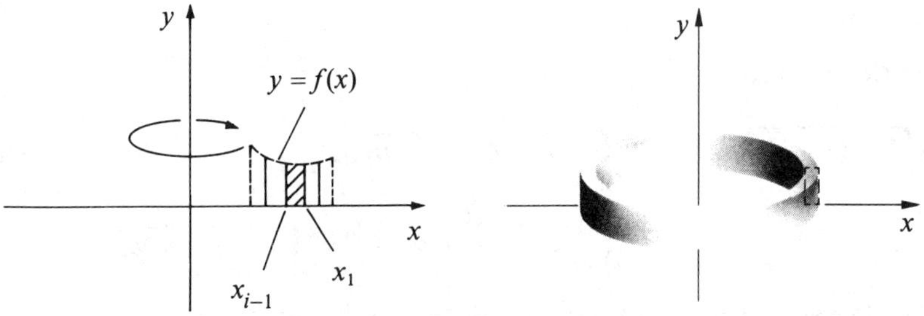

Figure 3.2.8

Quel est le volume d'un tel tube ? Supposons provisoirement que f ait une valeur constante R_i sur l'intervalle $]x_{i-1}, x_i[$. Alors le tube est la « différence » de deux cylindres de hauteur k_i, l'un de rayon x_i, l'autre de rayon x_{i-1}. Le volume du tube est donc

$$\pi x_i^2 k_i - \pi x_{i-1}^2 k_i = \pi k_i (x_i^2 - x_{i-1}^2)$$

Notons que c'est aussi égal à

$$\int_{x_{i-1}}^{x_i} 2\pi k_i x\,dx$$

(Voir figure 3.2.2.)

À noter ici qu'il est plus simple de transformer tout de suite cet élément de volume en une intégrale.

Si f est une fonction en escalier sur $[a, b]$ avec la partition $(x_0, ..., x_n)$ et $f(x) = k_i$ sur $]x_{i-1}, x_i[$, le volume de la somme des n tubes est

$$\sum_{i=1}^{n} \int_{x_{i-1}}^{x_i} 2\pi k_i x\,dx$$

mais $k_i = f(x)$ sur $]x_{i-1}, x_i[$, de sorte que la dernière expression du volume s'écrit

$$\sum_{i=1}^{n} \int_{x_{i-1}}^{x_i} 2\pi x f(x) dx$$

qui est simplement

$$\int_a^b 2\pi x f(x) dx$$

Nous avons donc la formule

$$\text{volume } (S) = 2\pi \int_a^b x f(x) dx$$

qui est valable pour toute fonction en escalier sur $[a, b]$. Pour montrer que la même formule est valable pour une fonction f générale, on doit montrer que f est majorée et minorée par deux fonctions en escalier; le raisonnement se poursuit comme pour la méthode du découpage en tranches.

Exercices de la section 3.2

Dans les exercices 1 à 10, trouver le volume du solide engendré par la rotation autour de l'axe des y de la région indiquée; dessiner la région.

1. Région sous la courbe de $\sin x$ pour $0 \le x \le \pi$.

2. Région sous la courbe de $\cos 2x$ pour $0 \le x \le \pi/4$.

3. Région sous la courbe de $2 - (x - 1)^2$ pour $0 \le x \le 2$.

4. Région sous la courbe de $\sqrt{4 - 4x^2}$ pour $0 \le x \le 2$.

5. Région comprise entre les courbes de $\sqrt{3 - x^2}$ et de $5 + x$ pour $0 \leq x \leq 1$.

6. Région comprise entre les courbes de $\sin x$ et x pour $0 \leq x \leq \pi/2$.

7. Disque de rayon r et de centre $(a, 0)$, $0 < r < a$.

8. Disque de rayon 2 et de centre (6, 0).

9. Carré dont les sommets sont (4, 6), (5, 6), (5, 7) et (4, 7).

10. Triangle de sommets (1, 1), (2, 2) et (3, 1).

11. La région sous la courbe de $\sqrt{x}$ pour $0 \leq x \leq 1$ tourne autour de l'axe des y. Dessiner le solide engendré et calculer son volume.

12. Calculer le volume de l'exemple 4 par la méthode du découpage en tranches.

13. On perce un trou cylindrique de rayon 1/2 au centre d'une boule de rayon 1. Utiliser la méthode des tubes pour trouver le volume du solide restant.

14. Trouver le volume du solide de l'exercice 15 par le découpage en tranches.

15. Trouver le volume du tore engendré par la rotation autour de l'axe des y du disque $(x - 3)^2 + y^2 \leq 4$.

16. Trouver le volume du tore engendré par la rotation autour de l'axe des x du disque $x^2 + (y - 5)^2 \leq 9$.

***17.** a) Trouver le volume d'un tore $T_{a,b}$ engendré par la rotation autour de l'axe des y du disque de rayon a et de centre $(b, 0)$, $0 < a < b$.

b) Quel est le volume du solide compris entre les tores $T_{a,b}$ et $T_{a+h,b}$ si $0 \leq a + h \leq b$?

c) En utilisant le résultat de b), trouver une formule possible pour l'aire du tore (= surface de $T_{a,b}$).

3.3 Valeur moyenne

La hauteur moyenne d'une région sous une courbe est égale à son aire divisée par la longueur de sa base.

La valeur moyenne d'une fonction sur un intervalle sera définie par une intégrale de la même façon que la moyenne d'une liste de n nombres a_i, ... a_n est définie par

$$(1/n) \sum_{i=1}^{n} a_i$$

Si un marchand de grain achète du blé à n fermiers, soit b_i boisseaux au $i^{\text{ième}}$ fermier à p_i dollars le boisseau, on ne calcule pas le prix moyen du boisseau en faisant la moyenne des p_i, mais en faisant la moyenne pondérée :

$$p_{\text{moyen}} = \frac{\sum_{i=1}^{n} p_i b_i}{\sum_{i=1}^{n} b_i} = \frac{\text{montant total de l'achat en dollars}}{\text{nombre total des boisseaux achetés}}$$

Si un cycliste change de vitesse par sauts brusques : v_1 km/h de t_0 à t_1, v_2 km/h de t_1 à t_2, etc., jusqu'à t_n, la vitesse moyenne durant le parcours sera :

$$v_{\text{moyenne}} = \frac{\sum_{i=1}^{n} v_i (t_i - t_{i-1})}{\sum_{i=1}^{n} (t_i - t_{i-1})} = \frac{\text{nombre de kilomètres parcourus}}{\text{durée du parcours en heures}}$$

Si, dans l'un ou l'autre des cas ci-dessus, les b_i ou les $(t_i - t_{i-1})$ sont égaux, la valeur moyenne pondérée est égale à la moyenne habituelle des p_i ou des v_i.

Valeur moyenne

Si f est une fonction en escalier sur $[a, b]$ pour la partition $(x_0, x_1, ..., x_n)$ avec $f(x) = k_i$ sur $]x_{i-1}, x_i[$, la valeur moyenne de f sur $[a, b]$ est définie par

$$\overline{f(t)}_{[a,b]} = \frac{\sum_{i=1}^{n} k_i \Delta x_i}{\sum_{i=1}^{n} \Delta x_i} \qquad (1)$$

On voit que chaque sous-intervalle est pondéré par sa longueur.

Le problème consiste maintenant à définir la valeur moyenne d'une fonction qui n'est pas une fonction en escalier; il est courant de parler de la température moyenne d'un lieu sur la terre, bien que la température ne soit pas une fonction en escalier du temps. La relation (1) peut s'écrire

$$\overline{f(x)}_{[a,b]} = \frac{\int_a^b f(x)dx}{b-a} \tag{2}$$

Alors, par définition, la valeur moyenne sur $[a, b]$ de toute fonction intégrable sur $[a, b]$ sera définie par la formule (2).

Valeur moyenne

Si une fonction $f(x)$ est intégrable sur $[a, b]$, sa valeur moyenne sur $[a, b]$, notée $\overline{f(x)}_{[a,b]}$, sera

$$\overline{f(x)}_{[a,b]} = \frac{1}{b-a}\int_a^b f(x)dx$$

Exemple 1
Trouver la valeur moyenne de $f(x) = x^2$ sur $[0, 2]$.

Solution
Par définition, on a

$$\overline{f(x)}_{[0,2]} = \frac{1}{2-0}\int_0^2 x^2\,dx = \frac{1}{2}\cdot\frac{1}{3}x^3\Big|_0^2 = \frac{4}{3}$$ □

Exemple 2
Montrer que si $v = f(t)$ est la vitesse d'un mobile, la définition de $\overline{v}_{[a,b]}$ est en accord avec la notion habituelle de vitesse moyenne.

Solution
Par définition

$$\overline{v}_{[a,b]} = \frac{1}{b-a}\int_a^b v\,dt$$

mais $\int_a^b v\,dt$ est la distance parcourue entre les instants $t = a$ et $t = b$ de sorte que $\overline{v}_{[a,b]}$ = (distance parcourue)/(durée du trajet), qui est la définition habituelle de la vitesse moyenne. □

Exemple 3
Calculer la valeur moyenne de $f(x) = \sqrt{1 - x^2}$ sur $[-1, 1]$.

Solution
En appliquant la formule de la valeur moyenne, on a

$$\overline{f(x)}_{[-1,1]} = \frac{1}{2}\left(\int_{-1}^{1} \sqrt{1 - x^2}\, dx\right)$$

or $\int_{-1}^{1} \sqrt{1 - x^2}\, dx$ est l'aire du demi-disque $x^2 + y^2 < 1$, $y > 0$, soit $\pi/2$; donc

$$\overline{f(x)}_{[-1,1]} = \pi/4 \approx 0{,}785$$ □

Exemple 4
Calculer la valeur moyenne de $g(x) = x^2 \sin x^3$ sur $[0, \pi]$.

Solution

$$\begin{aligned}
\overline{g(x)}_{[0,\pi]} &= \frac{1}{\pi} \int_0^{\pi} x^2 \sin x^3\, dx \\
&= \frac{1}{\pi} \int_0^{\pi^3} \sin u \, \frac{du}{3} \qquad \text{(en posant } u = x^3\text{)} \\
&= \frac{1}{3\pi} (-\cos u) \Big|_0^{\pi^3} \\
&= \frac{1}{3\pi} (1 - \cos \pi^3) \\
&\approx 0{,}0088
\end{aligned}$$ □

Géométriquement, la valeur moyenne de f est la hauteur d'un rectangle dont la base est $[a, b]$ et qui a la même aire que la région sous la courbe de f. (Voir figure 3.3.1.) Physiquement, si la courbe de f représente la surface de l'eau agitée dans un canal étroit, la valeur moyenne de f est la hauteur de l'eau quand elle est au repos.

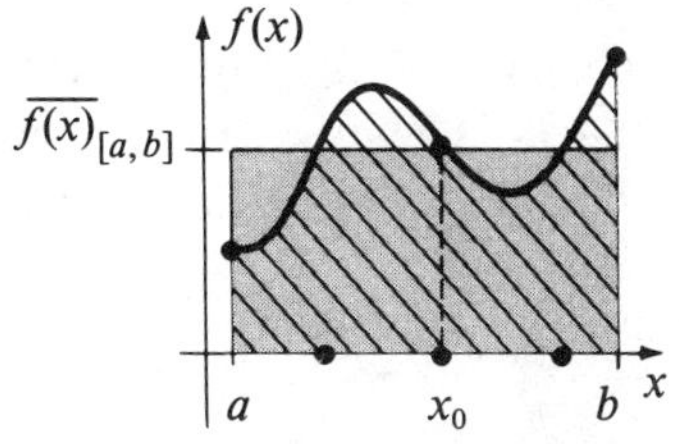

Figure 3.3.1

Exercices de la section 3.3

Dans les exercices 1 à 14, trouver la valeur moyenne des fonctions données sur les intervalles donnés.

1. $f(x) = x^3$ sur $[0, 1]$.

2. $f(x) = x^2 + 1$ sur $[1, 2]$.

3. $f(x) = x/(x^2 + 1)$ sur $[1, 2]$.

4. $f(x) = \cos^2 x \sin x$ sur $[0, \pi/2]$.

5. $f(x) = x^3$ sur $[0, 2]$.

6. $f(x) = z^3 + z^2 + 1$ sur $[1, 2]$.

7. $f(x) = 1/(1 + t^2)$ sur $[-1, 1]$.

8. $f(x) = [x^3 + x - 2)/(x^2 + 1)]$ sur $[-1, 1]$.

9. $f(x) = \sin x \cos 2x$ sur $[0, \pi/2]$.

10. $f(x) = (x^2 + x - 1) \sin x$ sur $[0, \pi/4]$.

11. $f(x) = x^3 + \sqrt{1/x}$ sur $[1, 3]$.

12. $f(x) = \sqrt{1 - t^2}$ sur $[0, 1]$.

13. $f(x) = \sin^2 x$ sur $[0, \pi]$.

14. $f(x) = \ln x$ sur $[1, e]$.

15. Calculer la température moyenne à Goose Bay le 13 juin 1857. (Voir figure 3.3.2.)

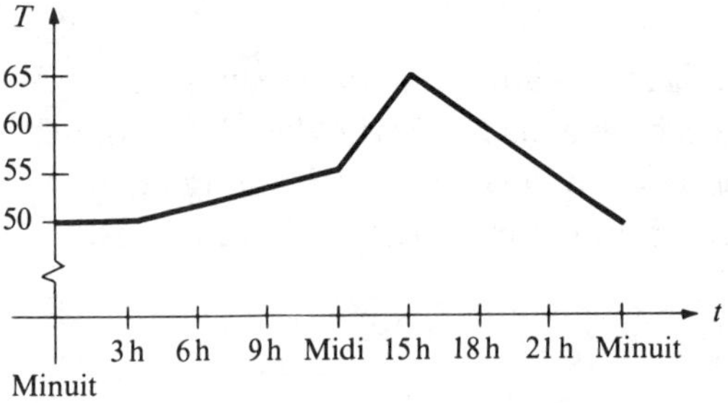

Figure 3.3.2 Température à Goose Bay le 13 juin 1857.

16. Calculer la température moyenne à Goose Bay entre minuit et 15 heures et entre 15 heures et minuit. Trouver l'égalité vérifiée par ces deux moyennes et la moyenne sur 24 heures calculée dans l'exercice 15. (Voir figure 3.3.2.)

17. a) Calculer la valeur moyenne de $g(t) = t^2 + 3t + 2$ sur $[0, x]$.

b) Évaluer cette fonction de x en $x = 0{,}1$; $0{,}01$; $0{,}001$. Essayer d'expliquer les résultats obtenus.

18. Calculer $\overline{f(\theta)}_{[\pi, \pi+\theta]}$ en fonction de θ et trouver la limite de cette fonction quand $\theta \to 0$ pour $f(\theta) = \cos \theta$.

***19.** Montrer que si $\overline{f'(x)}_{[a,b]} = 0$, alors $f(b) = f(a)$.

***20.** Montrer que si $a < b < c$, on a

$$\overline{f(t)}_{[a,c]} = \left(\frac{b-a}{c-a}\right) \overline{f(t)}_{[a,b]} + \left(\frac{c-b}{c-a}\right) \overline{f(t)}_{[b,c]}$$

***21.** Quelle relation y a-t-il sur $[a, b]$ entre la valeur moyenne de $f(x)$ et celle de $f(x) + k$, k étant constant ? Expliquer la réponse à l'aide d'un dessin.

***22.** Si $f(x) = g(x) + h(x)$ sur $[a, b]$, montrer que la valeur moyenne de f sur $[a, b]$ est la somme des valeurs moyennes de g et h sur $[a, b]$.

3.4 Énergie, puissance et travail

L'énergie est l'intégrale de la puissance par rapport au temps. Le travail est l'intégrale de la force par rapport à la distance.

L'énergie se manifeste sous différentes formes et peut se convertir d'une forme dans une autre. Par exemple, les piles solaires convertissent l'énergie lumineuse en énergie électrique; un réacteur nucléaire, en changeant les structures atomiques, transforme l'énergie nucléaire en chaleur. En dépit des différents aspects sous lesquels l'énergie se manifeste, il y a une mesure commune de l'énergie. Dans le système international d'unités, l'unité de mesure de l'énergie est le **joule** (J), qui représente le travail fourni par une force de 1 newton (N) générant un déplacement de 1 mètre; on a donc les équivalences suivantes :

$$1 \text{ joule} = 1 \text{ newton} \bullet \text{mètre} = 1 \text{ kg} \, \frac{\text{m}^2}{\text{s}^2}$$

Puissance et énergie

L'énergie est une grandeur qui s'accumule avec le temps, c'est-à-dire que, par exemple, plus longtemps un générateur fonctionne, plus grande est l'énergie produite; de même, plus longtemps une lampe est allumée, plus grande est l'énergie consommée. Le taux (par rapport au temps) à laquelle l'énergie, sous quelque forme que ce soit, est produite ou consommée est appelé puissance de sortie ou d'entrée du système de conversion de l'énergie. La puissance est donc une grandeur instantanée. À l'aide du théorème fondamental du calcul intégral, on calcule l'énergie totale transformée entre les instants a et b en intégrant la puissance entre a et b.

Puissance et énergie

La puissance est le taux de variation de l'énergie par rapport au temps :

$$P = \frac{dE}{dt}$$

L'énergie totale sur une période donnée est l'intégrale de la puissance par rapport au temps :

$$E = \int_a^b P \, dt$$

Comme unité de puissance, on utilise couramment le watt, qui vaut un joule par seconde. Un cheval-vapeur est égal à 746 watts. Le kilowatt-heure est une unité d'énergie égale à 1000 watts pendant une heure, soit 3 600 000 joules.

Exemple 1

La puissance en watts d'un générateur de courant alternatif à 60 cycles par seconde varie avec le temps mesuré en secondes selon la loi $P = P_0 \sin^2(120\pi t)$, où P_0 est la puissance maximale de sortie.

a) Quelle est l'énergie totale produite pendant une heure ?

b) Quelle est la puissance moyenne produite pendant une heure ?

Solution

a) L'énergie de sortie est, en joules :

$$E = \int_0^{3600} P_0 \sin^2(120\pi t)dt$$

Avec la formule $\sin^2\theta = (1 - \cos 2\theta)/2$, on obtient

$$\begin{aligned} E &= \frac{1}{2}P_0 \int_0^{3600} (1 - \cos 240\pi t)dt \\ &= \frac{1}{2}P_0 \left[t - \frac{1}{240}\sin 240\pi t \right]\Bigg|_0^{3600} \\ &= \frac{1}{2}P_0 [3\,600 - 0 - (0 - 0)] \\ &= 1\,800\, P_0 \end{aligned}$$

b) La puissance moyenne de sortie est l'énergie totale produite, divisée par la durée nécessaire, soit

$$\overline{P}_{[0,\,3600]} = \frac{1\,800\, P_0}{3\,600} = \frac{1}{2}P_0$$ □

L'énergie apparaît souvent sous forme d'énergie mécanique — énergie cinétique d'un mobile matériel en mouvement ou énergie potentielle que possède un objet à cause de sa position; l'eau d'un barrage situé au-dessus d'une centrale hydroélectrique possède une énergie potentielle qui est d'autant plus grande que le barrage est haut.

On admettra les deux principes de physique suivants :

1. L'énergie cinétique d'un mobile de masse m et de vitesse v est $\frac{1}{2}mv^2$.

2. L'énergie potentielle d'origine gravitationnelle d'une masse m située à une hauteur h est mgh (g est la constante d'attraction universelle, égale à 9,8 mètres par seconde carrée).

La force agissant sur un mobile est égale au produit de sa masse par son accélération a, où $a = dv/dt = d^2x/dt^2$. Si la force dépend de la position du mobile, on peut calculer la variation de l'énergie cinétique $K = (1/2)mv^2$ par rapport à la position. On a

$$\frac{dK}{dx} = \frac{dK/dt}{dx/dt} = \frac{(d/dt)\left(\frac{1}{2}mv^2\right)}{v} = \frac{mv\,dv/dt}{v} = m\frac{dv}{dt} = F$$

En utilisant le théorème fondamental du calcul intégral, on trouve que la variation ΔK de l'énergie cinétique d'un mobile se déplaçant de a à b est

$$\Delta K = \int_a^b F\,dx$$

Force et travail

Souvent, la force totale agissant sur un objet peut être partagée en plusieurs forces provenant de sources diverses (pesanteur, frottement, pression). On est donc amené à définir le travail W produit par une force particulière F sur un mobile (même s'il y a d'autres forces agissantes) par la formule

$$W = \int_a^b F\,dx$$

en autant que le déplacement et la force soient dans le même sens.

Si la force F est constante, le travail fourni est simplement le produit de F et du déplacement résultant $\Delta x = b - a$; pour cette raison, on dit qu'un joule égale un newton-mètre.

Force et travail

Le travail fourni par une force agissant sur un mobile est l'intégrale de la force par rapport à la position :

$$W = \int_a^b F\,dx$$

Si la force est constante,

$$\text{travail} = \text{force} \cdot \text{déplacement}$$

Si la force totale F est la somme $F_1 + ... + F_n$, alors

$$\Delta K = \int_a^b (F_1 + ... + F_n)dx = \int_a^b F_1 dx + ... + \int_a^b F_n dx$$

Donc, la variation totale d'énergie cinétique est égale à la somme des travaux produits par chacune des forces F_i.

Exemple 2
À la surface de la terre, l'accélération due à la gravité est $g = 9{,}8$ mètres par seconde carrée (m/s^2). Quel travail un haltérophile doit-il fournir pour soulever de 2 mètres une barre de 50 kilogrammes ? (Voir figure 3.4.1.)

Figure 3.4.1

Solution
Soit x la hauteur de la barre au-dessus du sol. Avant et après la levée de la barre, la vitesse est nulle; il n'y a donc pas de variation d'énergie cinétique. Le travail fourni par l'haltérophile est l'opposé du travail de la pesanteur. La force d'attraction est dirigée vers le bas; elle vaut donc

$$-9{,}8 \text{ m/s}^2 \times 50 \text{ kg} = 490 \text{ kg} \bullet \text{m/s}^2 = -490 \text{ N};$$

comme $\Delta x = 2$ mètres, le travail de la pesanteur sera de

$$-980 \text{ kg} \bullet \text{m}^2/\text{s}^2 = -980 \text{ joules}$$

et l'énergie dépensée par l'haltérophile sera de 980 joules. Remarquons en terminant que si la levée de la barre prend s secondes, la puissance moyenne développée par l'athlète sera de $(980/s)$ watts. □

Exemple 3
Montrer que la puissance développée par une force F sur un mobile est Fv, où v est la vitesse du mobile.

Solution

Soit E l'énergie fournie par F. La formule donnant le travail indique que

$$\Delta E = \int_a^b F\,dx$$

de sorte que $dE/dx = F$. La règle de dérivation d'une fonction composée donne la puissance P :

$$P = \frac{dE}{dt} = \frac{dE}{dx} \bullet \frac{dx}{dt} = Fv \qquad \square$$

Exemple 4

On vide un réservoir conique par le haut à l'aide d'une pompe. Combien d'énergie faut-il fournir pour accomplir ce travail (1 m^3 d'eau $\Leftrightarrow$ 10^3 kg d'eau) ? (Voir figure 3.4.2.)

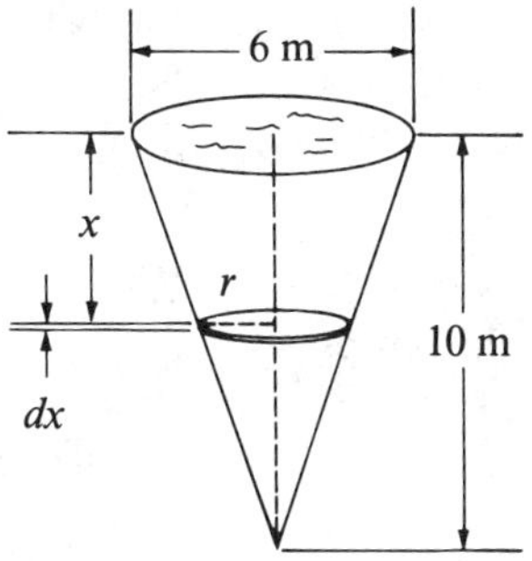

Figure 3.4.2

Solution

Soit une tranche du réservoir, d'épaisseur dx, située à la profondeur x. À l'aide des triangles semblables, on trouve que le rayon de cette tranche est

$$r = (3/10)(10 - x)$$

de telle sorte que son volume est

$$\pi \bullet \frac{9}{100}(10 - x)^2\,dx$$

et sa masse

$$10^3 \bullet \pi \bullet \frac{9}{100}(10 - x)^2 dx = 90\pi(10 - x)^2\,dx$$

Pour élever de x mètres cette tranche d'eau, il faut fournir

$$90\pi(10 - x)^2\,dx \bullet g \bullet x \text{ joules}$$

où $g = 9{,}8 \text{ m/s}^2$ est l'accélération due à la pesanteur (voir exemple 2). Le travail total nécessaire à la vidange du réservoir sera donc

$$\begin{aligned} 90g\pi \int_0^{10} (10 - x)^2 x\,dx &= 90g\pi \left[100\frac{x^2}{2} - 20\frac{x^3}{3} + \frac{x^4}{4}\right]\Bigg|_0^{10} \\ &= 90g\pi(10^4)\left[\frac{1}{2} - \frac{2}{3} + \frac{1}{4}\right] \\ &= (90)(9{,}8)(\pi)(10^4)\left(\frac{1}{12}\right) \\ &\approx 2{,}3 \times 10^6 \text{ joules} \end{aligned}$$

□

Exercices de la section 3.4

1. La puissance (en watts) d'un générateur de courant alternatif à 60 cycles par seconde est $P = 1\,050 \sin^2(120\pi t)$, où t est mesuré en secondes. Quelle est l'énergie totale produite en une heure ?

2. La fatigue aidant, un travailleur a une puissance qui dépend du temps exprimé en secondes selon la loi

$$P = 30e^{-2t} \text{ watts}$$

pour $0 \le t \le 360$. Quelle énergie fournit-il pendant cette heure de travail ?

3. Un moteur électrique fonctionne à une puissance de

$$15 + 2\sin(t\pi/24) \text{ watts}$$

au temps t compté en heures à partir de minuit. Combien consomme-t-il d'énergie en un jour ?

4. La puissance d'une pile solaire est de

$$25\sin(\pi t/12) \text{ watts}$$

où t est le temps compté en heures à partir de 6 heures du matin. Quelle est, en joules, la quantité d'énergie produite entre 6 heures et 18 heures ?

Dans les exercices 5 à 8, calculer le travail fourni par une force donnée agissant dans l'intervalle donné ?

5. $F = 3x$; $0 \le x \le 1$

6. $F = k/x^2$; $1 \le x \le 6$ (k est une constante)

7. $F = 1/(4 + x^2)$; $0 \le x \le 1$

8. $F = \sin^3 x \cos^2 x$; $0 \le x \le 2$

[*Indication* : $\sin^3 x = \sin x(1 - \cos^2 x)$.]

9. Quelle est la puissance nécessaire pour élever une masse de 1 000 grammes à une vitesse de 10 mètres par seconde à partir de la surface terrestre ?

10. La force d'attraction terrestre qui s'exerce sur un objet à une distance r du centre de la terre est k/r^2, où k est une constante. Quelle énergie faut-il pour que l'objet se déplace de :

a) $r = 1$ à $r = 10$?

b) $r = 1$ à $r = 1\,000$?

c) $r = 1$ à $r = 10\,000$?

d) $r = 1$ à $r = \infty$?

11. La position d'un mobile de 1 000 grammes à l'instant t, exprimé en secondes, est $x = 3t^2 + 4$ mètres.

a) Quelle est l'énergie cinétique de la particule ?
b) À quel rythme fournit-on de la puissance à cette particule à $t = 10$?

12. Un point matériel de 20 grammes est au repos à $t = 0$; on lui communique une énergie de 10 joules par seconde.
a) Quelle est l'énergie totale communiquée au temps t ?
b) Si toute l'énergie est sous forme cinétique, quelle est la vitesse au temps t ?
c) Quelle est la distance parcourue au bout de t secondes ?
d) Quelle est la force qui s'exerce sur le point matériel au temps t ?

13. Une force $F(x) = -3x$ newtons agit sur une particule entre les positions $x = 1$ et $x = 0$. Quelle est la variation d'énergie cinétique entre ces deux positions ?

14. Une force $F(x) = 3x \sin(\pi x/2)$ newtons agit sur une particule entre les positions $x = 0$ et $x = 2$. Quel est l'accroissement d'énergie cinétique de la particule entre ces deux positions ?

15. a) La puissance d'un générateur électrique est de $25 \cos^2(120\pi t)$ joules par seconde. Quelle est l'énergie produite en une heure ?
b) Le générateur communique 80 % de son énergie à un mobile de 250 grammes se déplaçant sur une horizontale. Quelle est la vitesse du mobile au bout d'une minute ?

16. Le générateur de l'exercice 15 est utilisé pour lever une masse de 500 kg; son énergie est transformée par une poulie avec 75 % d'efficacité. À quelle hauteur peut-on lever la masse en une heure ?

Pour les exercices 17 à 20, se repporter à la figure 3.4.3.

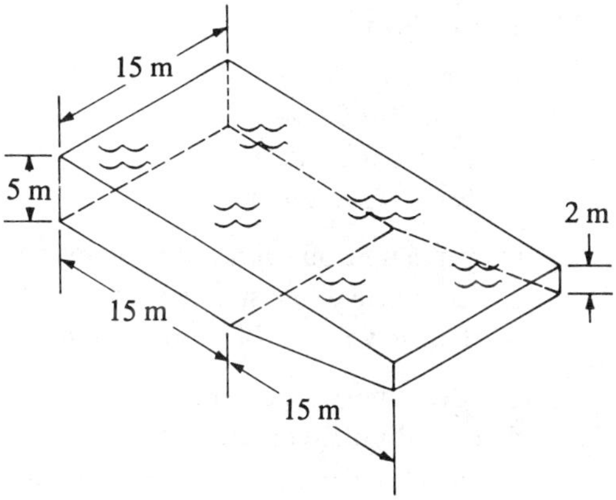

Figure 3.4.3

17. Quelle est l'énergie nécessaire pour pomper toute l'eau de la piscine ?

18. Supposons qu'une masse égale à celle de l'eau de la piscine se déplace avec une énergie cinétique égale à celle calculée dans l'exercice 17. Quelle serait sa vitesse ?

19. Refaire l'exercice 17 en supposant que la piscine était remplie d'un liquide trois fois plus dense que l'eau.

20. Refaire l'exercice 18 en supposant que la piscine était remplie d'un liquide trois fois plus dense que l'eau.

21. Un ressort dont la longueur au repos est de 10 cm s'étend à 15 cm quand il est soumis à une force de 3 newtons. Quelle énergie faut-il fournir pour le comprimer de 5 cm ?

Exercices de révision du chapitre 3

Dans les exercices 1 à 4, calculer le volume du solide qu'on obtient en faisant tourner la région sous la courbe de la fonction donnée autour
a) de l'axe des x,
b) de l'axe des y.

1. $y = \sin x,\ 0 \le x \le \pi$
2. $y = 3 \sin 2x,\ 0 \le x \le \pi/4$
3. $y = e^x,\ 0 \le x \le \ln 2$
4. $y = 5e^{2x},\ 0 \le x \le \ln 4$

5. On perce un trou cylindrıque de rayon 1/3 au centre d'une sphère de rayon 1. Quel est le volume du solide restant ?

6. On découpe un coin dans un tronc d'arbre d'un rayon de 1 mètre en le sciant selon deux plans qui se rencontrent suivant un diamètre; le premier des plans est perpendiculaire à l'axe du cylindre et le deuxième plan forme un angle de 20° avec le premier. Trouver le volume du coin.

7. Trouver le volume du ballon de football représenté sur la figure 3.R.1. Les deux arcs de courbe sont des segments de parabole.

8. Le ballon de football de la figure 3.R.1 est un solide de révolution. On perce un trou d'un rayon de 2 cm dont l'axe coïncide avec l'axe de révolution du ballon. Quel est le volume du trou ?

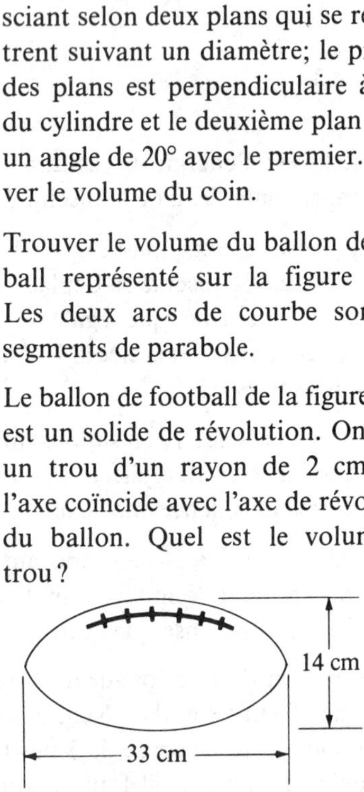

Figure 3.R.1 Ballon de football.

Dans les exercices 9 à 12, trouver la valeur moyenne de la fonction donnée sur l'intervalle donné.

9. $f(t) = 1 + t^3,\ 0 \le t \le 1$
10. $f(t) = t \sin(t^2),\ \pi \le t \le 3\pi/2$
11. $f(x) = xe^x,\ 0 \le x \le 1$
12. $f(x) = \dfrac{1}{1+x^2},\ 1 \le x \le 3$

13. Si $\int_0^2 f(x)dx = 4$, quelle est la valeur moyenne de $g(x) = 3f(x)$ sur $[0, 2]$?

14. Si $f(x) = kg(cx)$ sur $[a, b]$, quelle est la relation qui existe entre la valeur moyenne de f sur $[a, b]$ et celle de g sur $[ac, bc]$?

Dans les exercices 15 à 18, soit u la valeur moyenne de f sur $[a, b]$. La valeur moyenne de $[f(x) - \mu]^2$ sur $[a, b]$ s'appelle **variance** de f sur $[a, b]$; la racine carrée de la variance s'appelle **déviation standard** de f sur $[a, b]$; on la note σ. Calculer la valeur moyenne, la variance et la dérivation standard des fonctions données sur les intervalles donnés.

15. $f(x) = x^2$ sur $[0, 1]$

16. $f(x) = 3 + x^2$ sur $[0, 1]$

17. $f(x) = 1$ sur $[0, 1]$ et 2 sur $]1, 2]$

18. $f(x) = \begin{cases} 2 \text{ sur } [0, 1] \\ 3 \text{ sur }]1, 2] \\ 1 \text{ sur }]2, 3] \\ 5 \text{ sur }]3, 4] \end{cases}$

19. Entre $t = 0$ et $t = 6$ minutes, un moteur consomme de l'énergie à raison de $20 + 5te^{-t}$ watts à la minute. Quelle est l'énergie totale consommée ? Quelle est la puissance moyenne utilisée ?

20. On pompe l'eau dans un fossé profond et de forme irrégulière à un débit de 3,5 m^3 par heure. À un certain moment, on constate que le niveau d'eau baisse à la vitesse de 1,2 mètre par heure. Quelle est alors l'aire de la section droite à cette profondeur ?

21. Une force $F(x) = 30 \sin(\pi x/4)$ newtons agit sur une particule entre les positions $x = 2$ et $x = 4$. Quel est, en joules, l'accroissement d'énergie cinétique entre ces deux positions ?

22. Le moteur de la figure 3.R.2 consomme de l'énergie à raison de 300 joules par seconde pour lever un poids de 600 kg. Si l'efficacité du moteur est de 60 %, quelle est, en mètres par seconde, la vitesse d'ascension du poids ?

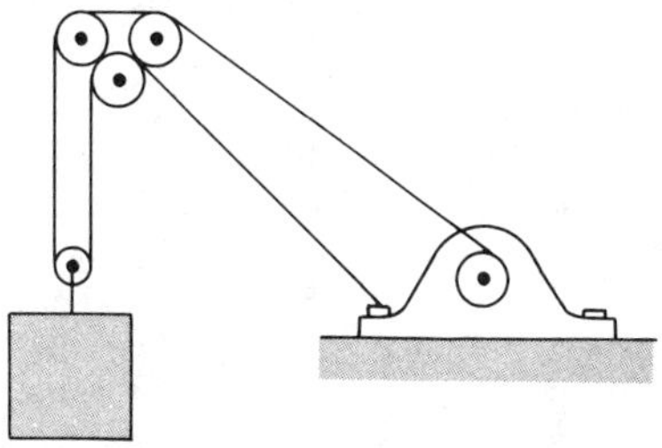

Figure 3.R.2

Chapitre 4

Autres méthodes d'intégration et applications

Certains problèmes de géométrie nécessitent des méthodes spéciales d'intégration.

En plus des méthodes fondamentales d'intégration faisant directement appel aux règles de dérivation (dérivée d'une fonction composée et dérivée d'un produit), la recherche des primitives de certaines fonctions exige des méthodes particulières; on appliquera ces méthodes au calcul, entre autres, de la longueur des arcs de courbe.

4.1 Intégrales des fonctions trigonométriques

Beaucoup d'intégrales se calculent au moyen des identités trigonométriques; d'autres se ramènent au cas précédent par un changement de variable.

Les intégrales étudiées dans cette section se divisent en deux groupes; dans le premier, il s'agit d'intégrandes trigonométriques que l'on peut trouver en utilisant des formules de trigonométrie; dans le deuxième, ce sont des intégrandes quadratiques ou contenant des radicaux qui se ramènent aux intégrales du premier groupe par un changement de variable trigonométrique.

$\int \sin^m x \cos^n x \, dx$

Considérons d'abord les intégrales de la forme

$$\int \sin^m x \cos^n x \, dx$$

où m et n sont des entiers positifs ou nuls. Le cas où $n = 1$ est immédiat. En posant $u = \sin x$, on obtient

$$\int \sin^m x \cos x \, dx = \int u^m \, du = \frac{u^{m+1}}{m+1} + C = \frac{\sin^{m+1}(x)}{m+1} + C$$

Le cas $m = 1$ se traite de la même façon :

$$\int \sin x \cos^n x \, dx = -\frac{\cos^{n+1}(x)}{n+1} + C$$

Si m ou n est impair, on peut utiliser l'identité $\cos^2 x + \sin^2 x = 1$ pour réduire l'intégrale à celle qui vient d'être traitée.

Exemple 1

Calculer $\int \sin^2 x \cos^3 x \, dx$.

Solution

$\int \sin^2 x \cos^3 x \, dx = \int \sin^2 x \cos^2 x \cos x \, dx = \int (\sin^2 x)(1 - \sin^2 x) \cos x \, dx$, que l'on peut intégrer en posant $u = \sin x$. Par conséquent,

$$\int u^2(1 - u^2) du = \frac{u^3}{3} - \frac{u^5}{5} + C = \frac{1}{3}\sin^3 x - \frac{1}{5}\sin^5 x + C \qquad \square$$

Dans le cas où $m = 2k$ et $n = 2l$, les formules

$$\cos^2 x = (1 + \cos 2x)/2 \quad \text{et} \quad \sin^2 x = (1 - \cos 2x)/2$$

permettent d'écrire

$$\begin{aligned}\int \sin^{2k} x \cos^{2l} x \, dx &= \int \left(\frac{1 - \cos 2x}{2}\right)^k \left(\frac{1 + \cos 2x}{2}\right)^l dx \\ &= \frac{1}{2} \int \left(\frac{1 - \cos y}{2}\right)^k \left(\frac{1 + \cos y}{2}\right)^l dy \qquad (\text{où } y = 2x)\end{aligned}$$

Après multiplication des deux facteurs, on est amené à intégrer $\cos^m y \, dy$, pour $m = 0, 1, 2, ..., k + l$. Si m est impair, on revient à la méthode précédente; si m est pair, on réutilise la formule

$$\cos^2 x = \frac{1 + \cos 2x}{2}$$

Le procédé est répété autant de fois qu'il le faut pour être amené aux intégrales connues $\int \cos u \, du$ et $\int \sin u \, du$.

Exemple 2

Calculer $\int \sin^2 x \cos^2 x\, dx$.

Solution

$$\begin{aligned}\int \sin^2 x \cos^2 x\, dx &= \int \left(\frac{1-\cos 2x}{2}\right)\left(\frac{1+\cos 2x}{2}\right) dx \\ &= \frac{1}{4}\int (1-\cos^2 2x)dx \\ &= \frac{x}{4} - \frac{1}{4}\int \cos^2 2x\, dx \\ &= \frac{x}{4} - \frac{1}{4}\int \frac{1+\cos 4x}{2}\, dx \\ &= \frac{x}{4} - \frac{x}{8} - \frac{1}{8}\int \cos 4x\, dx \\ &= \frac{x}{8} - \frac{\sin 4x}{32} + C\end{aligned}$$

□

Intégrandes trigonométriques

$\int \sin^m x \cos^n x\, dx$:

1. Si m est impair, on pose $m = 2k + 1$; alors

$$\begin{aligned}\int \sin^m x \cos^n x\, dx &= \int \sin^{2k} x \cos^n x \sin x\, dx \\ &= \int (1-\cos^2 x)^k \cos^n x \sin x\, dx\end{aligned}$$

On pose $u = \cos x$ et on intègre.

2. Si n est impair, on pose $n = 2l + 1$; alors

$$\begin{aligned}\int \sin^m x \cos^n x\, dx &= \int \sin^m x \cos^{2l} x \cos x\, dx \\ &= \int \sin^m x (1-\sin^2 x)^l \cos x\, dx\end{aligned}$$

On pose $u = \sin x$ et on intègre.

3. Si m et n sont pairs, on pose $m = 2k$, $n = 2l$ et

$$\int \sin^{2k} x \cos^{2l} x\, dx = \int \left(\frac{1-\cos 2x}{2}\right)^k \left(\frac{1+\cos 2x}{2}\right)^l dx$$

On pose $y = 2x$ puis on développe.

a) On procède comme à l'étape 2 pour les puissances impaires de $\cos y$.

b) On reprend l'étape 3 pour les puissances paires de $\cos y$.

Exemple 3
Calculer :

a) $\int_0^{2\pi} \sin^4 x \cos^2 x \, dx$ b) $\int (\sin^2 x + \sin^3 x \cos^2 x) dx$ c) $\int \tan^3\theta \sec^3\theta \, d\theta$

Solution

a) Avec les formules $\sin^2 x = (1 - \cos 2x)/2$ et $\cos^2 x = (1 + \cos 2x)/2$, on a

$$\int \sin^4 x \cos^2 x \, dx = \int \frac{(1 - \cos 2x)^2}{4} \frac{(1 + \cos 2x)}{2} dx$$

$$= \frac{1}{8} \int (1 - 2\cos 2x + \cos^2 2x)(1 + \cos 2x) dx$$

$$= \frac{1}{8} \int (1 - \cos 2x - \cos^2 2x + \cos^3 2x) dx$$

$$= \frac{1}{16} \int (1 - \cos y - \cos^2 y + \cos^3 y) dy \qquad (\text{où } y = 2x)$$

En intégrant les deux derniers termes, on obtient :

$$\int \cos^2 y \, dy = \int \frac{(1 + \cos 2y)}{2} dy = \frac{y}{2} + \frac{\sin 2y}{4} + C$$

et

$$\int \cos^3 y \, dy = \int (1 - \sin^2 y) \cos y \, dy = \sin y - \frac{\sin^3 y}{3} + C$$

Donc

$$\int \sin^4 x \cos^2 x \, dx = \frac{1}{16}\left(y - \sin y - \frac{y}{2} - \frac{\sin 2y}{4} + \sin y - \frac{\sin^3 y}{3} \right) + C$$

$$= \frac{1}{16}\left(\frac{y}{2} - \frac{\sin 2y}{4} - \frac{\sin^3 y}{3} \right) + C$$

$$= \frac{1}{16}\left(x - \frac{\sin 4x}{4} - \frac{\sin^3 2x}{3} \right) + C \qquad (\text{car } y = 2x)$$

Finalement

$$\int_0^{2\pi} \sin^4 x \cos^2 x \, dx = \frac{\pi}{8}$$

b) $\int(\sin^2 x + \sin^3 x \cos^2 x)dx = \int \sin^2 x\, dx + \int \sin^3 x \cos^2 x\, dx$

$$= \int\left(\frac{1 - \cos 2x}{2}\right) dx + \int(1 - \cos^2 x)\cos^2 x \sin x\, dx$$

$$= \frac{x}{2} - \frac{\sin 2x}{4} - \int(1 - u^2)u^2\, du \quad (\text{où } u = \cos x)$$

$$= \frac{x}{2} - \frac{\sin 2x}{4} - \frac{\cos^3 x}{3} + \frac{\cos^5 x}{5} + C$$

c) *Méthode 1* Exprimons $\tan^3\theta \sec^3\theta$ en termes de $\sec\theta$ et de sa dérivée $\tan\theta\sec\theta$:

$$\int \tan^3\theta \sec^3\theta\, d\theta = \int(\tan\theta \sec\theta)(\tan^2\theta \sec^2\theta)d\theta$$

$$= \int(\tan\theta\sec\theta)(\sec^2\theta - 1)\sec^2\theta\, d\theta \quad (\text{car } 1 + \tan^2\theta = \sec^2\theta)$$

$$= \int(u^2 - 1)u^2\, du \quad (\text{où } u = \sec\theta)$$

$$= \frac{u^5}{5} - \frac{u^3}{3} + C$$

$$= \frac{\sec^5\theta}{5} - \frac{\sec^3\theta}{3} + C$$

Méthode 2 Transformons $\tan^3\theta \sec^3\theta$ en sinus et en cosinus :

$$\int \tan^3\theta \sec^3\theta\, d\theta = \int \frac{\sin^3\theta}{\cos^6\theta}\, d\theta$$

$$= \int \frac{\sin\theta(1 - \cos^2\theta)}{\cos^6\theta}\, d\theta$$

$$= -\int \frac{1 - u^2}{u^6}\, du \quad (\text{où } u = \cos\theta)$$

$$= \frac{u^{-5}}{5} - \frac{u^{-3}}{3} + C$$

$$= \frac{\sec^5\theta}{5} - \frac{\sec^3\theta}{3} + C$$

□

Autres formes

Certains problèmes d'intégration conduisent à utiliser

soit les formules d'addition :

$$\sin(x + y) = \sin x \cos y + \cos x \sin y \tag{1a}$$

$$\cos(x + y) = \cos x \cos y - \sin x \sin y \tag{1b}$$

soit les formules de multiplication :

$$\sin x \cos y = \frac{1}{2}[\sin(x-y) + \sin(x+y)] \tag{2a}$$

$$\sin x \sin y = \frac{1}{2}[\cos(x-y) - \cos(x+y)] \tag{2b}$$

$$\cos x \cos y = \frac{1}{2}[\cos(x-y) + \cos(x+y)] \tag{2c}$$

Exemple 4
Calculer

a) $\int \sin 2x \cos x \, dx$ b) $\int \cos 3x \cos 5x \, dx$

Solution

a) $\int \sin 2x \cos x \, dx = \frac{1}{2}\int (\sin x + \sin 3x)dx = -\frac{\cos x}{2} - \frac{\cos 3x}{6} + C$ (formule 2a)

b) $\int \cos 3x \cos 5x \, dx = \frac{1}{2} \quad (\cos 8x + \cos 2x)dx = \frac{\sin 8x}{16} + \frac{\sin 2x}{4} + C$ (formule 2c)

□

Exemple 5

Calculer $\int \sin ax \sin bx \, dx$, où a et b sont des constantes.

Solution

En utilisant (2b), on obtient :

$$\int \sin ax \sin bx \, dx = \frac{1}{2}\int [\cos(a-b)x - \cos(a+b)x]dx$$

$$= \begin{cases} \frac{1}{2}\frac{\sin(a-b)x}{a-b} - \frac{1}{2}\frac{\sin(a+b)x}{a+b} + C & \text{si } a \neq \pm b \\ \frac{x}{2} - \frac{1}{4a}\sin 2ax + C & \text{si } a = b \\ \frac{1}{4a}\sin 2ax - \frac{x}{2} + C & \text{si } a = -b \end{cases}$$

□

Changement de variable trigonométrique

En effectuant un changement de variable trigonométrique, on peut intégrer de nombreux intégrandes contenant des expressions du type $\sqrt{a^2 \pm x^2}$, $\sqrt{x^2 - a^2}$ ou $a^2 + x^2$. Un moyen utile pour mener à bien le changement de variable à faire consiste à dessiner le triangle rectangle approprié, comme l'indique l'encadré suivant; mais il faut se souvenir que ces changements de variable sont fondés sur l'identité trigonométrique $\cos^2 x + \sin^2 x = 1$.

Changement de variable trigonométrique

1. Pour $\sqrt{a^2 - x^2}$, on posera $x = a \sin \theta$, d'où $dx = a \cos \theta \, d\theta$; il s'ensuit aussi que $\sqrt{a^2 - x^2} = a \cos \theta$ ($a > 0$ et $-\pi/2 < \theta < \pi/2$).

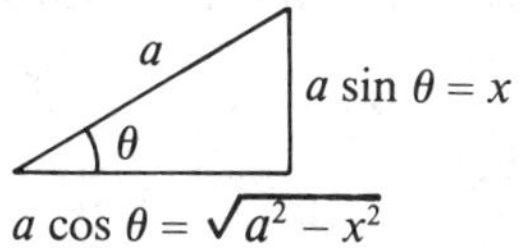

2. Pour $\sqrt{x^2 - a^2}$, on posera $x = a \sec \theta$, d'où $dx = a \tan \theta \sec \theta \, d\theta$; il s'ensuit aussi que $\sqrt{x^2 - a^2} = a \tan \theta$.

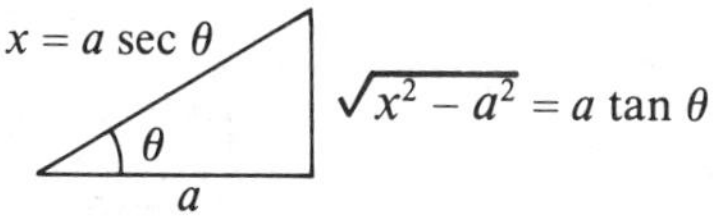

3. Pour $\sqrt{a^2 + x^2}$ ou $a^2 + x^2$, on posera $x = a \tan \theta$, d'où $dx = a \sec^2\theta \, d\theta$; il s'ensuit aussi que $\sqrt{a^2 + x^2} = a \sec \theta$.

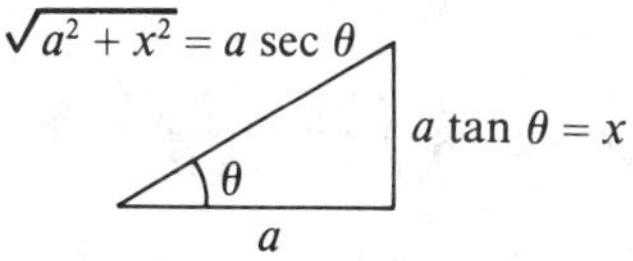

Exemple 6

Calculer :

a) $\displaystyle\int \frac{\sqrt{9 - x^2}}{x^2}\, dx$ b) $\displaystyle\int \frac{dx}{\sqrt{4x^2 - 1}}$

Solution

a) Posons $x = 3 \sin \theta$, de sorte que $\sqrt{9 - x^2} = 3 \cos \theta$ et $dx = 3 \cos \theta \, d\theta$.

$$\int \frac{\sqrt{9 - x^2}}{x^2}\, dx = \int \frac{3 \cos \theta}{9 \sin^2\theta} 3 \cos \theta \, d\theta$$

$$= \int \frac{\cos^2\theta}{\sin^2\theta}\, d\theta$$

$$= \int \frac{1-\sin^2\theta}{\sin^2\theta}\, d\theta$$
$$= \int (\csc^2\theta - 1)d\theta$$
$$= -\cot\theta - \theta + C$$
$$= -\frac{\sqrt{9-x^2}}{x} - \sin^{-1}\left(\frac{x}{3}\right) + C$$

Dans la dernière ligne, pour exprimer cot θ en fonction de x, on a utilisé la première figure de l'encadré précédent; on aurait pu aussi écrire

$$\cot\theta = \frac{\cos\theta}{\sin\theta} = \frac{\sqrt{1-\sin^2\theta}}{\sin\theta} = \frac{\sqrt{1-\dfrac{x^2}{9}}}{\dfrac{x}{3}} = \frac{\sqrt{9-x^2}}{x}$$

b) Posons $x = (\sec\theta)/2$, de sorte que $dx = (1/2)\tan\theta\sec\theta\, d\theta$ et $\sqrt{4x^2-1} = \tan\theta$. (Voir figure 4.1.1.)

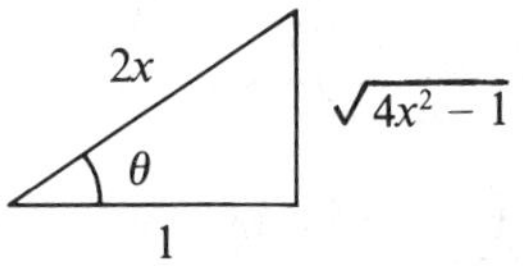

Figure 4.1.1

On a alors

$$\int \frac{dx}{\sqrt{4x^2-1}} = \frac{1}{2}\int \frac{\tan\theta\sec\theta}{\tan\theta}\, d\theta = \frac{1}{2}\int \sec\theta\, d\theta$$

Pour calculer $\int \sec\theta\, d\theta$, utilisons l'astuce suivante :

$$\int \sec\theta\, d\theta = \int \sec\theta\, \frac{\sec\theta + \tan\theta}{\sec\theta + \tan\theta}\, d\theta$$
$$= \int \frac{\sec^2\theta + \sec\theta\tan\theta}{\sec\theta + \tan\theta}\, d\theta \quad \text{(en posant } u = \sec\theta + \tan\theta\text{)}$$
$$= \int \frac{1}{u}\, du$$
$$= \ln|u| + C$$
$$= \ln|\sec\theta + \tan\theta| + C$$

Finalement,

$$\int \frac{dx}{\sqrt{4x^2-1}} = \frac{1}{2}\ln|2x + \sqrt{4x^2-1}| + C$$

□

Ces exemples montrent que les changements de variable trigonométrique sont tout à fait indiqués pour des intégrandes contenant des racines carrées. Parfois, un simple changement de variable ou l'utilisation directe des intégrales des fonctions trigonométriques inverses permet de trouver la primitive.

Exemple 7
Calculer :

a) $\displaystyle\int \frac{x}{\sqrt{4-x^2}}\,dx$ b) $\displaystyle\int \frac{x^2}{\sqrt{4-x^2}}\,dx$

Solution

a) Posons $u = 4 - x^2$, de sorte que $du = -2x\,dx$. On a alors

$$\int \frac{x}{\sqrt{4-x^2}}\,dx = -\frac{1}{2}\int \frac{du}{\sqrt{u}} = -\sqrt{u} + C = -\sqrt{4-x^2} + C$$

b) Pour calculer $\int (x^2/\sqrt{4-x^2})dx$, posons $x = 2\sin\theta$, de sorte que $dx = 2\cos\theta\,d\theta$ et $\sqrt{4-x^2} = 2\cos\theta$. On a alors

$$\begin{aligned}\int \frac{x^2}{\sqrt{4-x^2}}\,dx &= \int \frac{4\sin^2\theta}{2\cos\theta} \cdot 2\cos\theta\,d\theta \\ &= 4\int \sin^2\theta\,d\theta \\ &= 4\int \frac{1-\cos 2\theta}{2}\,d\theta \\ &= \int (2 - 2\cos 2\theta)d\theta \\ &= 2\theta - \sin 2\theta + C \\ &= 2\theta - 2\sin\theta\cos\theta + C\end{aligned}$$

Finalement, en s'inspirant, si besoin est, de la figure 4.1.2, on obtient

$$\begin{aligned}\int \frac{x^2}{\sqrt{4-x^2}}\,dx &= 2\sin^{-1}\left(\frac{x}{2}\right) - 2\left(\frac{x}{2}\right)\left(\frac{\sqrt{4-x^2}}{2}\right) + C \\ &= 2\sin^{-1}\frac{x}{2} - \frac{1}{2}x\sqrt{4-x^2} + C\end{aligned}$$

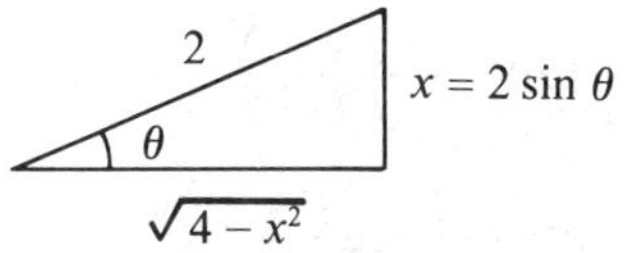

Figure 4.1.2 □

Il est souvent utile de compléter le carré dans le but de simplifier la recherche de la primitive d'un intégrande contenant la forme $ax^2 + bx + c$. En voici deux exemples.

Exemple 8

Calculer $\int \frac{dx}{\sqrt{10 + 4x - x^2}}$.

Solution

La complétion du carré donne $10 + 4x - x^2 = -(x - 2)^2 + 14$. Par conséquent,

$$\int \frac{dx}{\sqrt{10 + 4x - x^2}} = \int \frac{dx}{\sqrt{14 - (x - 2)^2}} = \int \frac{du}{\sqrt{14 - u^2}}$$

où $u = x - 2$. La primitive est $\sin^{-1}(u/\sqrt{14}) + C$. Quant à la réponse finale, elle donne

$$\sin^{-1}\left(\frac{x - 2}{\sqrt{14}}\right) + C$$ □

> **Complétion du carré**
>
> Si un intégrande contient la forme $ax^2 + bx + c$, on complétera le carré et on utilisera un changement de variable trigonométrique ou toute autre méthode adéquate.

Exemple 9

Calculer :

a) $\int \frac{dx}{x^2 + x + 1}$ b) $\int \frac{dx}{\sqrt{x^2 + x + 1}}$

Solution

a) $$\int \frac{dx}{x^2 + x + 1} = \int \frac{dx}{(x + 1/2)^2 + 3/4}$$

$$= \int \frac{du}{u^2 + 3/4} \qquad \left(u = x + \frac{1}{2}\right)$$

$$= \frac{1}{\sqrt{3/4}} \tan^{-1}\left(\frac{u}{\sqrt{3/4}}\right) + C$$

$$= \frac{2}{\sqrt{3}} \tan^{-1}\left(\frac{2x + 1}{\sqrt{3}}\right) + C$$

b) $\displaystyle\int \frac{dx}{\sqrt{x^2+x+1}} = \int \frac{du}{\sqrt{u^2+3/4}}$ $\qquad \left(u = x + \frac{1}{2}\right)$

$$= \ln|u + \sqrt{u^2+3/4}| + C \qquad \text{(Voir exemple 6 b.)}$$

$$= \ln\left|x + \frac{1}{2} + \sqrt{(x+1/2)^2+3/4}\right| + C$$

$$= \ln\left|x + \frac{1}{2} + \sqrt{x^2+x+1}\right| + C$$

□

Exemple 10
Trouver la valeur moyenne de $\sin^2 x \cos^2 x$ sur $[0, 2\pi]$.

Solution
Par définition, la valeur moyenne de la fonction sur l'intervalle est l'intégrale de cette fonction sur cet intervalle divisé par la longueur de l'intervalle, soit ici

$$\frac{1}{2\pi}\int_0^{2\pi} \sin^2 x \cos^2 x \, dx$$

D'après l'exemple 2, on a $\int \sin^2 x \cos^2 x \, dx = (x/8) - (\sin 4x/32) + C$. Donc

$$\int_0^{2\pi} \sin^2 x \cos^2 x \, dx = \left(\frac{x}{8} - \frac{\sin 4x}{32}\right)\Bigg|_0^{2\pi} = \frac{\pi}{4}$$

de sorte que la valeur moyenne sera $(1/2\pi) \times (\pi/4) = 1/8$. □

Exercices de la section 4.1

Dans les exercices 1 à 12, calculer les intégrales données.

1. $\int \sin^3 x \cos^3 x \, dx$
2. $\int \sin^2 x \cos^5 x \, dx$
3. $\int_0^{2\pi} \sin^4 t \, dt$
4. $\int_0^{\pi/2} \cos^4 x \sin^2 x \, dx$
5. $\int (\cos 2x - \cos^2 x) dx$
6. $\int \cos 2x \sin x \, dx$
7. $\int_0^{\pi/4} \sin^2 x \cos 2x \, dx$
8. $\int_0^{\pi/4} \left(\frac{\sin^2\theta}{\cos^2\theta}\right) d\theta$
9. $\int \sin 4x \sin 2x \, dx$
10. $\int \sin 2\theta \cos 5\theta \, d\theta$
11. $\int_0^{2\pi} \sin 5x \sin 2x \, dx$
12. $\int_{-\pi}^{\pi} \cos 2u \sin \frac{1}{2} u \, du$

13. Calculer $\int \tan^3 x \sec^3 x\, dx$. [*Indication* : Convertir en sinus et en cosinus.]

14. Montrer que

$$\int \sin^6 x\, dx = \frac{1}{192}(60x - 48 \sin 2x + 4 \sin^3 2x + 9 \sin 4x) + C$$

15. Calculer $\int [1/(1 + x^2)]\, dx$:
a) en utilisant la dérivée de $\tan^{-1} x$;
b) en posant $x = \tan u$.
Comparer les deux réponses.

16. Calculer $\int [1/(4 + 9x^2)]\, dx$:
a) en posant $x = (2/3)u$;
b) en posant $x = (2/3)\tan \theta$.
Comparer les deux réponses.

Dans les exercices 17 à 26, calculer les intégrales données.

17. $\int \frac{\sqrt{x^2 - 4}}{x}\, dx$

18. $\int \frac{\sqrt{x^2 - 9}}{x}\, dx$

19. $\int \sqrt{1 - u^2}\, du$

20. $\int \sqrt{9 - 16t^2}\, dt$

21. $\int \frac{s}{\sqrt{4 + s^2}}\, ds$

22. $\int \frac{x}{\sqrt{x^2 - 1}}\, dx$

23. $\int \frac{x^3}{\sqrt{4 - x^2}}\, dx$

24. $\int \frac{x^2}{(1 + x^2)^{3/2}}\, dx$

25. $\int \frac{x}{\sqrt{x^2 - 6x + 10}}\, dx$

26. $\int \frac{dx}{\sqrt{5 - 4x - x^2}}$

27. Trouver la valeur moyenne de $\cos^n x$ sur $[0, 2\pi]$ pour $n = 0, 1, 2, 3, 4, 5, 6$.

28. Calculer le volume du solide de révolution engendré par la rotation autour de l'axe des x de la région sous la courbe $y = \sin^2 x$ pour $0 < x < 2\pi$.

29. La puissance moyenne P dissipée dans une résistance de R ohms à travers laquelle passe un courant i de période T est

$$P = \frac{1}{T} \int_0^T Ri^2\, dt$$

Autrement dit, P est la valeur moyenne sur une période de la puissance instantanée Ri^2. Calculer P pour $R = 2{,}5$, $i = 10 \sin(377t)$ et $T = 2\pi/377$.

30. Si le courant I dans un certain circuit RLC est donné par

$$I(t) = Me^{-\alpha t}[\sin^2(\omega t) + 2\cos(2\omega t)]$$

calculer la charge Q, en coulombs, sachant que

$$Q(t) = Q_0 + \int_0^t I(s)\, ds$$

4.2 Fractions partielles

La méthode des fractions partielles permet de trouver

$$\int \frac{P(x)}{Q(x)}\,dx$$

où P et Q sont des polynômes.

L'intégrale d'un polynôme s'exprime par la formule suivante :

$$\int (a_n x^n + a_{n-1}x^{n-1} + \ldots + a_1 x + a_0)dx = \frac{a_n x^{n+1}}{n+1} + \frac{a_{n-1}x^n}{n} + \ldots + a_0 x + C$$

Pour l'intégrale du quotient de deux polynômes, c'est-à-dire d'une fonction rationnelle, il n'y a pas de formule aussi simple. Toutefois, il existe une méthode générale pour intégrer les fonctions rationnelles; c'est ce que nous allons étudier dans cette section. Cette méthode illustre les lacunes des tables d'intégrales qui ne peuvent répondre à tous les cas de ce type. Bien qu'il soit souhaitable de savoir les calculer à la main, mentionnons la venue sur le marché de logiciels « d'intégration mathématique » qui approximent de façon très convenable les résultats cherchés.

Les fonctions rationnelles contenant l'expression de la forme $1/(ax + b)^n$ sont facilement intégrables. Avec le changement de variable $u = ax + b$, on a

$$\int [dx/(ax+b)^n] = \int (du/u^n)$$

qui s'intègre immédiatement :

$$\int \frac{dx}{(ax+b)^n} = \begin{cases} \dfrac{-1}{a(n-1)(ax+b)^{n-1}} + C, & \text{si } n \neq 1, \\ \dfrac{1}{a}\ln|ax+b| + C, & \text{si } n = 1. \end{cases}$$

Plus généralement, on peut intégrer toute fonction rationnelle dont le dénominateur peut être mis sous la forme d'un produit de facteurs linéaires. Étudions quelques exemples avant d'exposer la méthode générale.

Exemple 1

Calculer $\int \frac{x+1}{(x-1)(x-3)}\,dx$.

Solution

Essayons d'écrire

$$\frac{x+1}{(x-1)(x-3)} = \frac{A}{x-1} + \frac{B}{x-3}$$

où A et B sont des constantes à déterminer. Dans ce but, remarquons que

$$\frac{A}{x-1} + \frac{B}{x-3} = \frac{(A+B)x - 3A - B}{(x-1)(x-3)}$$

Il faut donc que $A + B = 1$ et $-3A - B = 1$; la résolution de ces deux équations donne $A = -1$ et $B = 2$. Alors

$$\frac{x+1}{(x-1)(x-3)} = \frac{-1}{x-1} + \frac{2}{x-3}$$

Donc

$$\int \frac{x+1}{(x-1)(x-3)}\,dx = -\ln|x-1| + 2\ln|x-3| + C$$

$$= \ln\left(\frac{|x-3|^2}{|x-1|}\right) + C$$

□

Exemple 2

Calculer :

a) $\int \frac{4x^2+2x+3}{(x-2)^2(x+3)}\,dx$ b) $\int_{-1}^{1} \frac{4x^2+2x+3}{(x-2)^2(x+3)}\,dx$

Solution

a) Comme dans l'exemple 1, on pourrait espérer décomposer la fraction en deux fractions partielles $A/(x-2)$ et $B/(x+3)$. En fait, on verra plutôt que la décomposition est la suivante :

$$\frac{4x^2+2x+3}{(x-2)^2(x+3)} = \frac{A}{x-2} + \frac{B}{(x-2)^2} + \frac{C}{x+3} \qquad (1)$$

La réduction au même dénominateur du second membre de l'équation (1) donne

$$\frac{A(x-2)(x+3) + B(x+3) + C(x-2)^2}{(x-2)^2(x+3)}$$

Le numérateur est un polynôme du deuxième degré de la forme $a_2x^2 + a_1x + a_0$ dans lequel les coefficients a_2, a_1 et a_0 dépendent de A, B et C. L'idée consiste à trouver A, B et C de telle façon que le polynôme soit égal au numérateur $4x^2 + 2x + 3$ de l'intégrande. Remarquons que, précisément, on a trois inconnues à déterminer en fonction des trois coefficients 4, 2 et 3.

Pour trouver A, B et C, il suffit simplement d'écrire

$$4x^2 + 2x + 3 = A(x-2)(x+3) + B(x+3) + C(x-2)^2 \qquad (2)$$

et d'utiliser des valeurs de x judicieusement choisies. Par exemple, $x = -3$ donne

$$4 \cdot 9 + 2 \cdot (-3) + 3 = C(-3-2)^2$$
$$33 = 25C$$
$$C = \frac{33}{25}$$

Puis $x = 2$ donne

$$4 \cdot 4 + 2 \cdot 2 + 3 = B(2+3)$$
$$23 = 5B$$
$$B = \frac{23}{5}$$

Pour trouver A, on a deux méthodes possibles :

Méthode 1 En posant $x = 0$ dans l'équation 2, on obtient

$$3 = -6A + 3B + 4C$$
$$3 = -6A + 3 \cdot \frac{23}{5} + 4 \cdot \frac{33}{25}$$
$$0 = -6A + 3 \cdot \frac{18}{5} + 4 \cdot \frac{33}{25}$$
$$6A = 3 \cdot \frac{134}{25}$$

d'où

$$A = \frac{67}{25}$$

Méthode 2 Dérivons l'équation (2); on a

$$8x + 2 = A[(x-2) + (x+3)] + B + 2C(x-2)$$

et, en remplaçant x par 2 à nouveau, on obtient

$$8 \cdot 2 + 2 = A(2 + 3) + B$$

$$18 = 5A + B = 5A + \frac{23}{5}$$

$$5A = 18 - \frac{23}{5} = \frac{67}{5}$$

$$A = \frac{67}{25}$$

Finalement,

$$\frac{4x^2 + 2x + 3}{(x-2)^2(x+3)} = \frac{67}{25}\,\frac{1}{x-2} + \frac{23}{5}\,\frac{1}{(x-2)^2} + \frac{33}{25}\,\frac{1}{x+3}$$

À ce stade, ce n'est pas une mauvaise idée de vérifier le résultat obtenu, soit en faisant la somme des 3 termes du membre de droite, soit en donnant à x plusieurs valeurs et en utilisant la calculatrice. L'intégration donne

$$\int \frac{4x^2 + 2x + 3}{(x-2)^2(x+3)}\,dx = \frac{67}{25}\int \frac{dx}{x-2} + \frac{23}{5}\int \frac{dx}{(x-2)^2} + \frac{33}{25}\int \frac{dx}{x+3}$$

$$= \frac{67}{25}\ln|x-2| - \frac{23}{5}\,\frac{1}{x-2} + \frac{33}{25}\ln|x+3| + C$$

b) L'intégrande n'est pas défini en $x = -3$ et en $x = 2$ mais il est continu ailleurs; on peut donc évaluer l'intégrale sur un intervalle ne contenant pas ces points comme ici, soit $[-1, 1]$. Donc, si on utilise le résultat de a), l'intégrale définie demandée est

$$\left(\frac{67}{25}\ln|x-2| - \frac{23}{5}\,\frac{1}{x-2} + \frac{33}{25}\ln|x+3|\right)\Bigg|_{-1}^{1}$$

$$= \frac{67}{25}(\ln 1 - \ln 3) - \frac{23}{5}\left(\frac{1}{-1} - \frac{1}{-3}\right) + \frac{33}{25}(\ln 4 - \ln 2)$$

$$\approx -2{,}944 + 3{,}067 + 0{,}915$$

$$\approx 1{,}037$$

□

Ce ne sont pas tous les polynômes qui peuvent être décomposés en un produit de facteurs linéaires. Par exemple, $x^2 + 1$ ne peut être décomposé en un produit de facteurs linéaires à moins d'utiliser les nombres complexes; il en est de même pour la fonction quadratique $ax^2 + bx + c$ quand $b^2 - 4ac < 0$. Mais tout polynôme peut être décomposé en un produit de facteurs du premier et du second degré; ce théorème est démontré dans des livres d'algèbre d'un niveau plus avancé. Cette mise en facteurs n'est pas toujours aisée mais, une fois qu'elle est faite, la fonction rationnelle peut être intégrée par la méthode des fractions partielles.

Exemple 3

Calculer $\int \frac{1}{x^3 - 1}\, dx$.

Solution

Le dénominateur se met sous la forme $(x - 1)(x^2 + x + 1)$; $x^2 + x + 1$ n'est pas décomposable, car dans ce cas $b^2 - 4ac = -3 < 0$. Si l'on accepte d'écrire

$$\frac{1}{x^3 - 1} = \frac{a}{x - 1} + \frac{Ax + B}{x^2 + x + 1} = \frac{a(x^2 + x + 1) + (Ax + B)(x - 1)}{(x - 1)(x^2 + x + 1)}$$

on peut en effet penser que la fraction partielle ayant pour dénominateur $x^2 + x + 1$ acceptera un polynôme à son numérateur de degré ≤ 1, c'est-à-dire de la forme $Ax + B$. On aura donc

$$1 = a(x^2 + x + 1) + (x - 1)(Ax + B)$$

Remplaçons x par 1 puis par 0 :

$$x = 1 \Rightarrow 1 = 3a \Rightarrow a = \frac{1}{3};$$

$$x = 0 \Rightarrow 1 = a - B = \frac{1}{3} - B \Rightarrow B = -\frac{2}{3}.$$

La comparaison des termes en x^2 donne $0 = a + A \Rightarrow A = -1/3$. Finalement,

$$\frac{1}{x^3 - 1} = \frac{1}{3}\left(\frac{1}{x - 1} - \frac{x + 2}{x^2 + x + 1}\right)$$

(Il est recommandé de vérifier cette égalité.) On sait que

$$\int \frac{1}{x - 1}\, dx = \ln|x - 1| + C$$

Pour intégrer la deuxième fraction partielle, écrivons

$$x + 2 = \frac{1}{2}(2x + 1) + \frac{3}{2}$$

d'où :

$$\int \frac{x + 2}{x^2 + x + 1}\, dx = \frac{1}{2}\int \frac{2x + 1}{x^2 + x + 1}\, dx + \frac{3}{2}\int \frac{dx}{(x + 1/2)^2 + 3/4}$$

$$= \frac{1}{2}\ln|x^2 + x + 1| + \frac{3}{2} \cdot \sqrt{\frac{4}{3}}\tan^{-1}\left(\frac{x + 1/2}{\sqrt{3/4}}\right) + C$$

$$= \frac{1}{2}\ln|x^2 + x + 1| + \sqrt{3}\tan^{-1}\left(\frac{2x + 1}{\sqrt{3}}\right) + C$$

Le résultat final est alors :

$$\int \frac{dx}{x^3 - 1} = \frac{1}{3}\ln|x - 1| - \frac{1}{6}\ln|x^2 + x + 1| - \frac{1}{\sqrt{3}}\tan^{-1}\left(\frac{2x + 1}{\sqrt{3}}\right) + C$$

$$= \frac{1}{3}\left[\frac{1}{2}\ln\left|\frac{(x - 1)^2}{x^2 + x + 1}\right| - \sqrt{3}\tan^{-1}\left(\frac{2x + 1}{\sqrt{3}}\right)\right] + C$$

On notera que malgré sa simplicité apparente, la fonction a une primitive qui contient une fonction logarithmique et une fonction trigonométrique inverse. □

Après ces quelques exemples, et avant d'exposer la méthode d'intégration de $P(x)/Q(x)$ par les fractions partielles (voir le prochain encadré), voyons quelques explications qui aideront à comprendre la méthode. Dans le cas où le dénominateur Q se décompose en n facteurs du premier degré,

$$Q(x) = (x - r_1), (x - r_2), \ldots, (x - r_n)$$

on écrira

$$\frac{P}{Q} = \frac{\alpha_1}{x - r_1} + \frac{\alpha_2}{x - r_2} + \ldots + \frac{\alpha_n}{x - r_n}$$

On déterminera les n coefficients $\alpha_1, \ldots, \alpha_n$ en multipliant les deux membres de l'égalité par Q et en égalant les coefficients des termes de même degré (ou, ce qui revient au même, en vérifiant que les polynômes prennent des valeurs égales pour tout x). La division effectuée à l'étape 1 garantit que le degré de P est au plus égal à $n - 1$ et a donc bien n coefficients, ce qui donnera n équations linéaires pour déterminer les n constantes $\alpha_1, \ldots, \alpha_n$. Lorsque Q a des racines multiples, ou lorsqu'il a des racines complexes, on vérifie que le nombre n de constantes à déterminer est encore égal au degré de Q. Comme dans le premier cas, ces n constantes sont solutions d'un système linéaire de n équations à n inconnues, système pour lequel on pourrait démontrer qu'il existe une solution unique.

Intégration d'une fonction rationnelle $P(x)/Q(x)$ par la méthode des fractions partielles

Première étape

Si le degré de P est supérieur ou égal au degré de Q, on divise P par Q pour obtenir un polynôme (quotient) plus une fonction rationnelle $R(x)/Q(x)$ dans laquelle le degré de R est plus petit que celui de Q. On est donc ramené au cas où le degré de P est plus petit que celui de Q.

Deuxième étape

On décompose $Q(x)$ en un produit de facteurs du premier degré et du second degré de la forme $x - r$ et $ax^2 + bx + c$ (avec $b^2 - 4ac < 0$).

Troisième étape

Si un facteur du premier degré est répété m fois, alors apparaît dans la décomposition de Q la somme suivante de fractions partielles :

$$\frac{a_1}{(x-r)} + \frac{a_2}{(x-r)^2} + \ldots + \frac{a_m}{(x-r)^m}$$

où les constantes a_1, a_2, ... sont à déterminer (cinquième étape). Pour chaque facteur de ce type, on fait la même chose en utilisant des constantes b_1, b_2, ..., c_1, c_2, ..., etc.

Quatrième étape

Pour chaque facteur $(ax^2 + bx + c)^p$ (avec $b^2 - 4ac < 0$), apparaît dans la décomposition la somme

$$\frac{A_1x + B_1}{ax^2 + bx + c} + \frac{A_2x + B_2}{(ax^2 + bx + c)^2} + \ldots + \frac{A_px + B_p}{(ax^2 + bx + c)^p}$$

où les constantes A_1, A_2, ..., B_1, B_2, ... sont à déterminer (cinquième étape). La somme de tous les termes obtenus aux troisième et quatrième étapes donne la décomposition de $P(x)/Q(x)$.

Cinquième étape

On égale l'expression obtenue à $P(x)/Q(x)$; on multiplie par $Q(x)$ pour obtenir une égalité de deux polynômes. En égalant les coefficients de ces deux polynômes, on obtient un système d'équations linéaires qui permet de déterminer de façon unique les constantes a_1, a_2, ..., A_1, A_2, ..., B_1, B_2, ... Souvent, on peut déterminer certaines de ces constantes en donnant à x des valeurs convenablement choisies (racines de $Q(x)$) ou en utilisant la dérivation.

Sixième étape
On vérifie les calculs en faisant l'addition ou en donnant à x des valeurs particulières.

Septième étape
On trouve les primitives de chacun des termes de la somme obtenue à l'étape 5, en utilisant les formules connues :

$$\int \frac{dx}{(x-r)^j} = -\left[\frac{1}{(j-1)(x-r)^{j-1}}\right] + C, \quad j > 1$$

$$\int \frac{dx}{x-r} = \ln|x-r| + C$$

Les termes ayant des facteurs du second degré au dénominateur peuvent être intégrés soit en faisant apparaître au numérateur la dérivée du dénominateur, soit en complétant le carré (voir exemples 3 et 6).

Exemple 4
Calculer $\int \frac{x^5 - x^4 + 1}{x^3 - x^2}\, dx$.

Solution
Le degré du dénominateur étant supérieur au degré du numérateur, on effectue la division, ce qui donne

$$\int \frac{x^5 - x^4 + 1}{x^3 - x^2}\, dx = \int \left(x^2 + \frac{1}{x^3 - x^2}\right) dx = \frac{1}{3}x^3 + \int \frac{dx}{x^3 - x^2}$$

La mise en facteurs de $x^3 - x^2$ (deuxième étape) donne $x^3 - x^2 = x^2(x-1)$.

Le facteur $x = x - 0$ est à la puissance 2; donc, d'après la troisième étape, on a deux fractions partielles :

$$\frac{a_1}{x} + \frac{a_2}{x^2}$$

On ajoute le terme $b_1/(x-1)$ pour le second facteur; la décomposition est donc de la forme

$$\frac{a_1}{x} + \frac{a_2}{x^2} + \frac{b_1}{x-1}$$

Comme il n'y a pas de facteur du second degré, on passe directement à la cinquième étape en égalant la somme ci-dessous à $1/(x^3 - x^2)$:

$$\frac{a_1}{x} + \frac{a_2}{x^2} + \frac{b_1}{x-1} = \frac{1}{x^2(x-1)}$$

Après multiplication par $x^2(x-1)$, on obtient

$$a_1x(x-1)+a_2(x-1)+b_1x^2=1$$

Pour calculer les constantes, on remarque que $x=0$ donne $a_2=1$ et que $x=1$ donne $b_1=1$. L'égalité des coefficients de x^2 donne $a_1+b_1=0 \iff a_1=-b_1=-1$. Donc $a_2=-1$, $a_1=-1$ et $b_1=1$. En portant ces valeurs dans l'équation précédente, on vérifie bien que $-x(x-1)-(x-1)+x^2=1$, quelque soit x. Ainsi,

$$\frac{1}{x^3-x^2}=-\frac{1}{x^2}-\frac{1}{x}+\frac{1}{x-1}$$

Donc

$$\int\frac{dx}{x^3-x^2}=\frac{1}{x}-\ln|x|+\ln|x-1|+C=\frac{1}{x}+\ln\left|\frac{x-1}{x}\right|+C$$

Finalement,

$$\int\frac{x^5-x^4+1}{x^3-x^2}\,dx=\frac{1}{3}x^3+\frac{1}{x}+\ln\left|\frac{x-1}{x}\right|+C$$ □

Exemple 5

Calculer $\displaystyle\int\frac{x^2}{(x^2-2)^2}\,dx$.

Solution

On a $(x^2-2)^2=(x-\sqrt{2})^2(x+\sqrt{2})^2$; on peut écrire

$$\frac{x^2}{(x^2-2)^2}=\frac{a_1}{x-\sqrt{2}}+\frac{a_2}{(x-\sqrt{2})^2}+\frac{b_1}{x+\sqrt{2}}+\frac{b_2}{(x+\sqrt{2})^2}$$

Donc

$$x^2=a_1(x-\sqrt{2})(x+\sqrt{2})^2+a_2(x+\sqrt{2})^2+b_1(x+\sqrt{2})(x-\sqrt{2})^2+b_2(x-\sqrt{2})^2$$

En donnant à x la valeur des racines de (x^2-2), on obtient

$$x=\sqrt{2}\implies 2=8a_2 \quad \text{d'où } a_2=\frac{1}{4};$$

$$x=-\sqrt{2}\implies 2=8b_2 \quad \text{d'où } b_2=\frac{1}{4}.$$

On obtient a_1 et b_1 de la façon suivante :

$$x^2=a_1(x^2-2)(x+\sqrt{2})+\frac{1}{4}(x^2+2\sqrt{2x}+2)+b_1(x^2-2)(x-\sqrt{2})+\frac{1}{4}(x^2-2\sqrt{2}x+2)$$

$$=(a_1+b_1)x^3+(\sqrt{2}a_1+\frac{1}{2}-\sqrt{2}b_1)x^2+(-2a_1-2b_1)x-2\sqrt{2}a_1+1+2\sqrt{2}b_1$$

L'égalité des coefficients de x^3, x^2, x et x^0 se réduit à deux conditions :

$$a_1 + b_1 = 0 \quad \text{et} \quad \sqrt{2}a_1 + \frac{1}{2} - \sqrt{2}b_1 = 1$$

de sorte que

$$a_1 = \frac{1}{4\sqrt{2}} \quad \text{et} \quad b_1 = -\frac{1}{4\sqrt{2}}$$

Donc

$$\frac{x^2}{(x^2-2)^2} = \frac{1}{4\sqrt{2}(x-\sqrt{2})} + \frac{1}{4(x-\sqrt{2})^2} - \frac{1}{4\sqrt{2}(x+\sqrt{2})} + \frac{1}{4(x+\sqrt{2})^2}$$

Finalement,

$$\int \frac{x^2}{(x^2-2)^2}\,dx = \frac{1}{4\sqrt{2}} \ln\left|\frac{x-\sqrt{2}}{x+\sqrt{2}}\right| - \frac{1}{4(x-\sqrt{2})} - \frac{1}{4(x+\sqrt{2})} + C$$

$$= \frac{1}{4\sqrt{2}} \ln\left|\frac{x-\sqrt{2}}{x+\sqrt{2}}\right| - \frac{x}{2(x^2-2)} + C \qquad \square$$

Exemple 6

Calculer $\displaystyle\int \frac{x^3}{(x-1)(x^2+2x+2)^2}\,dx$.

Solution

Le facteur $x - 1$ entraîne l'existence de la fraction partielle $a_1/x - 1$; le facteur $(x^2 + 2x + 2)^2$, qui ne peut être mis sous la forme de produit de facteurs du premier degré car $b^2 - 4ac = -4 < 0$, entraîne l'existence de deux fractions partielles :

$$\frac{A_1x + B_1}{x^2+2x+2} + \frac{A_2x + B_2}{(x^2+2x+2)^2}$$

On a alors l'égalité

$$\frac{a_1}{x-1} + \frac{A_1x + B_1}{x^2+2x+2} + \frac{A_2x + B_2}{(x^2+2x+2)^2} = \frac{x^3}{(x-1)(x^2+2x+2)^2}$$

et, en multipliant par $(x-1)(x^2+2x+2)^2$,

$$a_1(x^2+2x+2)^2 + (A_1x + B_1)(x-1)(x^2+2x+2) + (A_2x + B_2)(x-1) = x^3$$

où $x = 1$ donne $a_1 \times 25 = 1 \iff a_1 = 1/25$. En développant le membre de gauche, on obtient

$$\frac{1}{25}(x^4 + 4x^3 + 8x^2 + 8x + 4) + A_1x^4 + (A_1 + B_1)x^3 + B_1x^2$$
$$- 2A_1x - 2B_1 + A_2x^2 + (B_2 - A_2)x - B_2 = x^3$$

L'égalité des coefficients des termes de même degré amène :

$$\text{pour } x^4\text{, l'équation } \frac{1}{25} + A_1 = 0\,; \tag{3}$$

$$\text{pour } x^3\text{, l'équation } \frac{4}{25} + (A_1 + B_1) = 1\,; \tag{4}$$

$$\text{pour } x^2\text{, l'équation } \frac{8}{25} + B_1 + A_2 = 0\,; \tag{5}$$

$$\text{pour } x\text{, l'équation } \frac{8}{25} - 2A_1 + (B_2 - A_2) = 0\,; \tag{6}$$

$$\text{pour le terme constant, l'équation } \frac{4}{25} - 2B_1 - B_2 = 0\,. \tag{7}$$

Donc :

$$A_1 = -\frac{1}{25} \qquad \text{(de l'équation (3));}$$

$$B_1 = \frac{22}{25} \qquad \text{(de l'équation (4));}$$

$$A_2 = -\frac{30}{25} \qquad \text{(de l'équation (5));}$$

$$B_2 = -\frac{40}{25} \qquad \text{(de l'équation (6)).}$$

Avant d'aller plus loin, il est bon de faire une vérification des calculs des coefficients, car des erreurs sont fréquentes dans ce genre de calcul.

Nous avons donc établi l'égalité

$$\frac{x^3}{(x-1)(x^2+2x+2)^2} = \frac{1}{25}\left[\frac{1}{x-1} + \frac{-x+22}{x^2+2x+2} + \frac{-30x-40}{(x^2+2x+2)^2}\right]$$

L'intégration des deux premiers termes se fait comme suit :

$$\int \frac{1}{x-1}\,dx = \ln|x-1| + C$$

$$\int \frac{-x+22}{x^2+2x+2}\,dx = \int \frac{-x-1+23}{x^2+2x+2}\,dx$$

$$= -\frac{1}{2}\int \frac{2x+2}{x^2+2x+2}\,dx + 23\int \frac{dx}{x^2+2x+2}$$

$$= -\frac{1}{2}\ln|x^2 + 2x + 2| + 23\int \frac{dx}{(x+1)^2 + 1}$$

$$= -\frac{1}{2}\ln|x^2 + 2x + 2| + 23 \tan^{-1}(x+1) + C$$

Dans le dernier terme, on voit apparaître au numérateur, après une transformation algébrique, la dérivée du dénominateur. Donc

$$\int \frac{-30x - 40}{(x^2 + 2x + 2)^2}\,dx = \int \frac{-15(2x+2) - 10}{(x^2 + 2x + 2)^2}\,dx$$

$$= 15 \cdot \frac{1}{(x^2 + 2x + 2)} - 10\int \frac{1}{[(x+1)^2 + 1]^2}\,dx$$

Posons $x + 1 = \tan\theta \implies dx = \sec^2\theta\, d\theta$ et $(x+1)^2 + 1 = \sec^2\theta$. Alors

$$\int \frac{1}{[(x+1)^2 + 1]^2}\,dx = \int \frac{\sec^2\theta\, d\theta}{\sec^4\theta}$$

$$= \int \cos^2\theta\, d\theta$$

$$= \int \frac{1 + \cos 2\theta}{2}\,d\theta$$

$$= \frac{\theta}{2} + \frac{\sin 2\theta}{4} + C$$

$$= \frac{1}{2}\tan^{-1}(x+1) + \frac{1}{2}\sin\theta\cos\theta + C$$

$$= \frac{1}{2}\tan^{-1}(x+1) + \frac{1}{2} \cdot \frac{x+1}{(x+1)^2 + 1} + C$$

(Voir figure 4.2.1.)

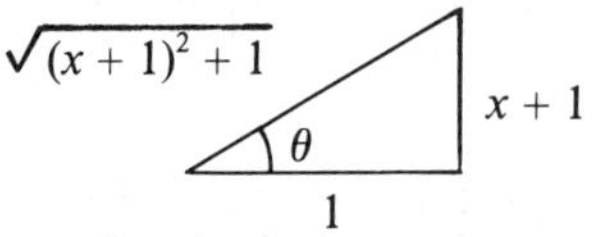

Figure 4.2.1

Finalement, en groupant les résultats ci-dessus, on obtient

$$\int \frac{x^3}{(x-1)(x^2 + 2x + 2)}\,dx$$

$$= \frac{1}{25}\left[\ln|x-1| - \frac{1}{2}\ln(x^2 + 2x + 2) + 23\tan^{-1}(x+1)\right.$$

$$\left. + 15\,\frac{1}{x^2 + 2x + 2} - 5\tan^{-1}(x+1) - 5\,\frac{x+1}{x^2 + 2x + 2}\right] + C$$

$$= \frac{1}{25}\left[\ln\left(\frac{|x-1|}{\sqrt{x^2+2x+2}}\right) + 18\tan^{-1}(x+1) + \frac{10-5x}{x^2+2x+2}\right] + C \qquad \square$$

Lorsque le dénominateur de la fonction à intégrer est simplement $(x-a)^r$, il n'est pas nécessaire, malgré les apparences, de recourir à des fractions partielles; un simple changement de variable peut suffire.

Exemple 7

Calculer $\int \frac{x^3+2x+1}{(x-1)^5}\,dx$.

Solution

Posons $u = x - 1$, de sorte que $du = dx$ et $x = u + 1$. Alors

$$\begin{aligned}
\int \frac{x^3+2x+1}{(x-1)^5}\,dx &= \int \frac{(u+1)^3 + 2(u+1) + 1}{u^5}\,du \\
&= \int \frac{u^3+3u^2+5u+4}{u^5}\,du \\
&= \int \left(\frac{1}{u^2} + \frac{3}{u^3} + \frac{5}{u^4} + \frac{4}{u^5}\right) du \\
&= -\frac{1}{u} - \frac{3}{2u^2} - \frac{5}{3u^3} - \frac{4}{4u^4} + C \\
&= -\left[\frac{1}{x-1} + \frac{3}{2(x-1)^2} + \frac{5}{3(x-1)^3} + \frac{1}{(x-1)^4}\right] + C \qquad \square
\end{aligned}$$

Cas particuliers

Pour terminer cette section, voici deux situations où l'on peut transformer un intégrande en une fonction rationnelle ou en une fonction facilement intégrable. La première consiste à transformer en une fonction rationnelle une fonction contenant des puissances fractionnaires.

Exemple 8

Éliminer, par un changement de variable, la puissance fractionnaire figurant dans

$$\int \frac{(1+x)^{2/3}}{1+2x}\,dx$$

Solution

Pour éliminer la puissance fractionnaire, posons $u = (1+x)^{1/3}$. Alors $u^3 = 1 + x$ et $3u^2\,du = dx$; l'intégrale devient

$$\int \frac{u^2}{1+2(u^3-1)} \cdot 3u^2\,du = \int \frac{3u^4\,du}{2u^3-1} \qquad \square$$

Après cette « rationalisation », le calcul de l'intégrale se fait par la méthode des fractions partielles (exercice 32).

Exemple 9
Essayer le changement de variable $u = \sqrt[3]{x^2 + 4}$ pour calculer les deux intégrales suivantes :

a) $\displaystyle\int \frac{x^4\,dx}{\sqrt[3]{x^2+4}}$ b) $\displaystyle\int \frac{2x^7\,dx}{\sqrt[3]{x^2+4}}$

Solution
On a $u^3 = x^2 + 4$ et $3u^2\,du = 2x\,dx$. L'intégrale a) devient

$$\int \frac{x^4}{u} \cdot \frac{3u^2}{2x}\,du = \int \frac{3}{2} ux^3\,du$$

x ne peut être éliminé sans faire réapparaître une puissance fractionnaire. Par contre, b) devient

$$\int \frac{2x^7}{u} \cdot \frac{3u^2}{2x}\,du = \int 3ux^6\,du = \int 3u(u^3 - 4)^3\,du$$

On est donc ramené à l'intégration d'un polynôme. □

La deuxième situation survient lorsqu'on est en présence de fonctions rationnelles en cosinus et en sinus (donc aussi en tangente, cotangente, sécante et cosécante). Le changement de variable $u = \tan x/2$ transforme la fonction en une fonction rationnelle en u à cause des identités trigonométriques

$$\sin x = \frac{2u}{1+u^2} \tag{8}$$

$$\cos x = \frac{1-u^2}{1+u^2} \tag{9}$$

et

$$dx = \frac{2\,du}{1+u^2} \tag{10}$$

Pour démontrer (8) par exemple, on utilise la formule d'addition

$$\begin{aligned} \sin x &= \sin\left(2 \cdot \frac{x}{2}\right) \\ &= 2 \sin\left(\frac{x}{2}\right) \cos\left(\frac{x}{2}\right) \end{aligned}$$

$$= 2\left(\frac{u}{\sqrt{1+u^2}}\right)\left(\frac{1}{\sqrt{1+u^2}}\right)$$

$$= \frac{2u}{1+u^2} \qquad \text{(Voir figure 4.2.2.)}$$

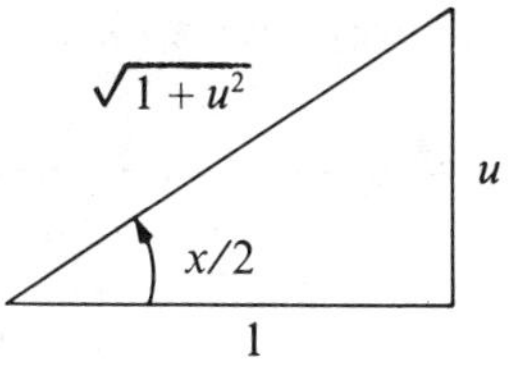

Figure 4.2.2

L'identité (9) se démontre de la même façon; l'équation (10) est vraie car

$$\frac{du}{dx} = \frac{1}{2}\sec^2\frac{x}{2} = \frac{1+u^2}{2}$$

Exemple 10

Calculer $\displaystyle\int \frac{dx}{2+\cos x}$.

Solution

Avec les équations (8), (9) et (10), l'intégrale s'écrit

$$\int \frac{2\,du}{1+u^2} \cdot \frac{1}{2+[(1-u^2)/(1+u^2)]} = \int \frac{2\,du}{2+2u^2+1-u^2} = \int \frac{2\,du}{3+u^2}$$

qui est une fonction rationnelle en u. Nul besoin de décomposer en fractions partielles; on pose simplement $u = \sqrt{3}\,v$, $du = \sqrt{3}\,dv$; alors

$$\int \frac{2\,du}{3+u^2} = \int \frac{2\sqrt{3}\,dv}{3(1+v^2)}$$

$$= \frac{2\sqrt{3}}{3}\tan^{-1}(v)$$

$$= \frac{2}{\sqrt{3}}\tan^{-1}\left(\frac{u}{\sqrt{3}}\right) + C$$

$$= \frac{2}{\sqrt{3}}\tan^{-1}\left(\frac{\tan(x/2)}{\sqrt{3}}\right) + C$$

qui est la réponse finale. □

Fonction rationnelle en sin x et en cos x

Si $f(x)$ est une fonction rationnelle en sin x et en cos x, le changement de variable $u = \tan(x/2)$ transforme, à l'aide des formules (8), (9) et (10),

$$\int f(x)\,dx$$

en l'intégrale d'une fonction rationnelle en u qui se calcule par la méthode des fractions partielles.

Exemple 11

Calculer $\int_0^{\pi/4} \sec\theta\, d\theta$.

Solution

Remarquons d'abord que $\sec\theta = 1/\cos\theta$. Par les équations (9) et (10), dans lesquelles θ remplace x, on obtient

$$\begin{aligned}
\int \frac{d\theta}{\cos\theta} &= \int \frac{1+u^2}{1-u^2}\,\frac{2\,du}{1+u^2} \\
&= 2\int \frac{du}{1-u^2} \\
&= \int \frac{2du}{(1-u)(1+u)} \\
&= \int \left(\frac{1}{1+u} + \frac{1}{1-u}\right) du \\
&= \ln|1+u| - \ln|1-u| + C \\
&= \ln\left|\frac{1+u}{1-u}\right| + C \\
&= \ln\left|\frac{1+\tan(\theta/2)}{1-\tan(\theta/2)}\right| + C
\end{aligned}$$

En remarquant que $\tan\frac{\pi}{4} = 1$ et en utilisant la formule

$$\tan(a+b) = \frac{\tan a + \tan b}{1 - \tan a \tan b} \qquad \left(\text{où } a = \frac{\pi}{4} \text{ et } b = \frac{\theta}{2}\right)$$

le résultat s'écrit simplement

$$\int \frac{d\theta}{\cos\theta} = \ln\left|\tan\left(\frac{\pi}{4} + \frac{\theta}{2}\right)\right| + C$$

On comparera cette méthode avec celle utilisée dans l'exemple 6 b) de la section 4.1 pour trouver une primitive de sec θ. Finalement, l'intégrale définie demandée est

$$\int_0^{\pi/4} \sec\theta \, d\theta = \ln\left|\tan\left(\frac{\pi}{4}+\frac{\theta}{2}\right)\right|\Bigg|_0^{\pi/4} = \ln\left|\tan\frac{3\pi}{8}\right| \approx 0{,}881 \qquad \square$$

Exercices de la section 4.2

Dans les exercices 1 à 22, calculer les intégrales demandées par la méthode des fractions partielles.

1. $\displaystyle\int \frac{dx}{(x-2)(x+3)}$
2. $\displaystyle\int \frac{3\,dx}{x^2-16}$
3. $\displaystyle\int \frac{dx}{x^3-x^2}$
4. $\displaystyle\int \frac{dx}{x^3-1}$
5. $\displaystyle\int \frac{3x+x^2}{(x+2)^3}\,dx$
6. $\displaystyle\int \frac{x^2+3x+1}{x^2(x+1)}\,dx$
7. $\displaystyle\int \frac{x^3+1}{x^2+4x+4}\,dx$
8. $\displaystyle\int \frac{x^2}{(x^2+1)^2}\,dx$
9. $\displaystyle\int \frac{3\,dx}{5-2x^2}$
10. $\displaystyle\int \frac{(x^4+3x)}{(x^2-1)^2}\,dx$
11. $\displaystyle\int \frac{1}{(x-2)^2(x^2+1)}\,dx$
12. $\displaystyle\int \frac{x^4+2x^3+3}{(x-4)^6}\,dx$
13. $\displaystyle\int_0^1 \frac{x^4}{(x^2+1)^2}\,dx$
14. $\displaystyle\int_0^1 \frac{2x^3-1}{x^2+1}\,dx$
15. $\displaystyle\int \frac{x^2}{(x-2)(x^2+2x+2)}\,dx$
16. $\displaystyle\int \frac{dx}{(x-2)(x^2+3x+1)}$
17. $\displaystyle\int_2^4 \frac{x^3+1}{x^3-1}\,dx$
18. $\displaystyle\int_0^1 \frac{dx}{8x^3+1}$
19. $\displaystyle\int \frac{x}{x^4+2x^2-3}\,dx$
20. $\displaystyle\int \frac{2x^2-x+2}{x^5+2x^3+x}\,dx$
21. $\displaystyle\int_{\pi/6}^{\pi/2} \frac{\cos x\,dx}{\sin x+\sin^3 x}$
22. $\displaystyle\int_0^{\pi/4} \frac{(\sec^2 x+1)\sec^2 x\,dx}{1+\tan^3 x}$

Dans les exercices 23 à 26, calculer les intégrales données en utilisant un changement de variable qui fasse disparaître les radicaux.

23. $\displaystyle\int \frac{\sqrt{x}}{1+x}\,dx$

24. $\displaystyle\int \frac{x}{\sqrt{x+1}}\,dx$

25. $\displaystyle\int x\sqrt[3]{x^2+1}\,dx$

26. $\displaystyle\int x^3\sqrt[3]{x^2+1}\,dx$

Dans les exercices 27 à 30, calculer les intégrales données.

27. $\displaystyle\int \frac{dx}{1+\sin x}$

28. $\displaystyle\int \frac{dx}{1+2\cos x}$

29. $\displaystyle\int_0^{\pi/4} \frac{d\theta}{1+\tan\theta}$

30. $\displaystyle\int_{\pi/4}^{\pi/2} \frac{d\theta}{1-\cos\theta}$

31. Calculer le volume du solide de révolution engendré par la rotation autour de l'axe des y de la région sous la courbe $y = 1/[(x-1)(1-2x)]$ pour $5 \le x \le 6$.

32. Calculer l'intégrale de l'exemple 8.

33. Calculer $\displaystyle\int \frac{(1+x)^{3/2}}{x}\,dx$.

4.3 Longueur d'un arc de courbe

L'intégration permet aussi de calculer la longueur d'une courbe plane.

Dans les chapitres précédents, on a établi des formules permettant d'évaluer tantôt l'aire d'une région comprise entre deux courbes, tantôt le volume d'un solide de révolution. Maintenant, nous allons en établir pour évaluer la longueur d'un arc de courbe.

De même qu'on peut calculer la longueur d'un segment de droite après avoir choisi une unité de longueur, de même il est possible de calculer la longueur d'un arc de courbe, tout au moins pour des courbes possédant certaines caractéristiques. Comme cela a été fait pour les aires et les volumes, nous chercherons à exprimer cette longueur, si elle existe, par une intégrale. Nous nous limiterons ici à des longueurs d'arc de courbes qui sont elles-mêmes des graphes de fonctions.

Soit donc un arc de la courbe $y = f(x)$ pour $a \leq x \leq b$. (Voir figure 4.3.1.) On peut imaginer que la courbe est formée d'une infinité de segments de droite infiniment courts. D'après le théorème de Pythagore, la longueur, ds, de chaque segment est égale à $\sqrt{dx^2 + dy^2}$; puisque $dy/dx = f'(x)$, alors $dy = f'(x)dx$ et

$$ds = \sqrt{dx^2 + [f'(x)]^2\,dx^2} = \sqrt{1 + [f'(x)]^2}\,dx$$

La longueur totale de l'arc de courbe est la somme des ds :

$$\int_a^b ds = \int_a^b \sqrt{1 + [f'(x)]^2}\,dx$$

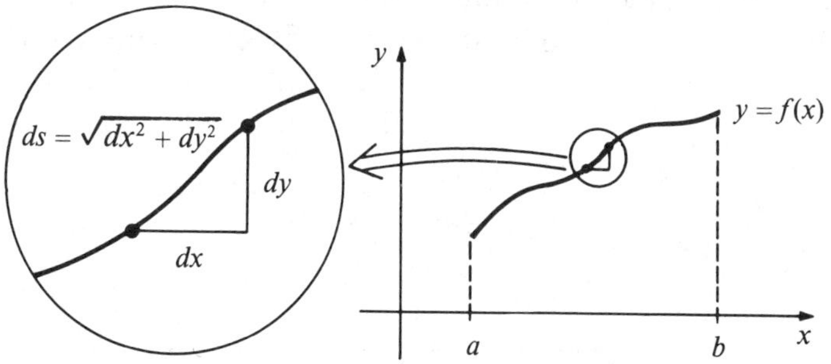

Figure 4.3.1

Longueur d'un arc de courbe

Étant donné une fonction f continue sur $[a, b]$ et ayant une dérivée f' continue (sauf éventuellement en un nombre fini de points sur $[a, b]$), la longueur de l'arc de courbe sur $[a, b]$ est

$$L = \int_a^b \sqrt{1 + [f'(x)]^2}\, dx \qquad (1)$$

Comparons le résultat obtenu par la formule (1) avec un résultat connu de géométrie.

Exemple 1

Calculer avec la formule (1) la longueur de la courbe $y = \sqrt{1 - x^2}$ sur $[0, b]$ pour $0 < b < 1$. Comparer le résultat avec celui que donne la géométrie.

Solution

La formule (1) énonce que la longueur est

$$L = \int_0^b \sqrt{1 + [f'(x)]^2}\, dx$$

où $f(x) = \sqrt{1 - x^2}$. On a donc

$$f'(x) = \frac{-x}{\sqrt{1 - x^2}}, \quad [f'(x)]^2 = \frac{x^2}{1 - x^2} \quad \text{et} \quad 1 + [f'(x)]^2 = \frac{1}{1 - x^2}$$

D'où

$$L = \int_0^b \frac{dx}{\sqrt{1 - x^2}} = \sin^{-1}(b) - \sin^{-1}(0) = \sin^{-1}(b)$$

La figure 4.3.2 montre que $\sin^{-1}(b) = \theta$, angle intercepté par l'arc dont on a calculé la longueur; or, par définition de l'unité d'angle, le radian, la longueur de l'arc est égale à $\theta = \sin^{-1}(b)$, ce qui est en accord avec le calcul fait par intégration.

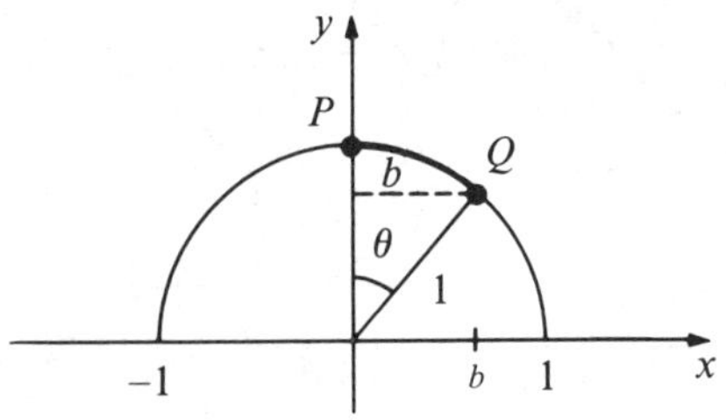

Figure 4.3.2 □

Exemple 2
Calculer la longueur de la courbe $y = (x - 1)^{3/2} + 2$ sur $[1, 2]$.

Solution
La dérivée de $y = f(x)$ est $f'(x) = \frac{3}{2}(x - 1)^{1/2}$; la longueur d'arc devient donc

$$\begin{aligned}\int_a^b \sqrt{1 + [f'(x)]^2}\, dx &= \int_1^2 \sqrt{1 + \frac{9}{4}(x - 1)}\, dx \\ &= \frac{1}{2}\int_1^2 \sqrt{9x - 5}\, dx \\ &= \frac{1}{18}\int_4^{13} u^{1/2}\, du \qquad (\text{où } u = 9x - 5) \\ &= \frac{1}{27}(13^{3/2} - 8) \\ &\approx 1{,}44\end{aligned}$$

□

La présence de la racine carrée dans la formule (1) rend souvent difficile, voire impossible, le calcul de l'intégrale et, par conséquent, celui de la longueur par des méthodes élémentaires. Mais, bien entendu, il est toujours possible de calculer approximativement la longueur par des procédés numériques (nous en verrons des exemples dans la section 5.4). L'exemple suivant montre que le calcul de la longueur d'un arc d'une courbe anodine peut s'avérer très compliqué.

Exemple 3
Calculer la longueur d'un arc de la parabole $y = x^2$ pour $0 \leq x \leq 1$.

Solution
Remplaçons, dans la formule (1), $f(x)$ par x^2 et $f'(x)$ par $2x$; alors

$$L = \int_0^1 \sqrt{1 + (2x)^2}\, dx = 2\int_0^1 \sqrt{(1/2)^2 + x^2}\, dx$$

Posons $x = (1/2)\tan\theta$; alors $\sqrt{(1/2)^2 + x^2} = (1/2)\sec\theta$ et

$$\int \sqrt{(1/2)^2 + x^2}\, dx = \int \left(\frac{1}{2}\sec\theta\right)\left(\frac{1}{2}\sec^2\theta\, d\theta\right) = \frac{1}{4}\int \sec^3\theta\, d\theta$$

Pour calculer l'intégrale de $\sec^3\theta$, utilisons l'astuce suivante :

$$\begin{aligned}\int \sec^3\theta\, d\theta &= \int \sec\theta \sec^2\theta\, d\theta \\ &= \int \sec\theta(\tan^2\theta + 1)d\theta \\ &= \int \sec\theta \tan^2\theta\, d\theta + \int \sec\theta\, d\theta \\ &= \int (\sec\theta \tan\theta)\tan\theta\, d\theta + \ln|\sec\theta + \tan\theta|\end{aligned}$$

(Voir l'exemple 10 de la section 4.2.)

L'intégration par parties donne

$$\begin{aligned}\int (\sec\theta \tan\theta)\tan\theta\, d\theta &= \int \frac{d}{d\theta}(\sec\theta)\tan\theta\, d\theta \\ &= \sec\theta\tan\theta - \int \sec\theta \sec^2\theta\, d\theta \\ &= \sec\theta\tan\theta - \int \sec^3\theta\, d\theta\end{aligned}$$

En portant ce résultat dans l'expression donnant $\int \sec^3\theta\, d\theta$, on obtient

$$\int \sec^3\theta\, d\theta = \sec\theta\tan\theta - \int \sec^3\theta\, d\theta + \ln|\sec\theta + \tan\theta|$$

donc

$$\int \sec^3\theta\, d\theta = \frac{1}{2}(\sec\theta\tan\theta + \ln|\sec\theta + \tan\theta|) + C$$

Puisque $2x = \tan\theta$ et que $\sec\theta = 2 \cdot \sqrt{(1/2)^2 + x^2} = \sqrt{1 + 4x^2}$, l'intégrale de $\int \sec^3\theta\, d\theta$ en fonction de x est

$$x\sqrt{1 + 4x^2} + \frac{1}{2}\ln|2x + \sqrt{1 + 4x^2}| + C$$

Finalement, on trouve

$$L = \frac{1}{2}\left(x\sqrt{1 + 4x^2} + \frac{1}{2}\ln|2x + \sqrt{1 + 4x^2}|\right)\Big|_0^1 \qquad \text{(ici encore on a pris } C = 0\text{)}$$

$$= \frac{1}{2}\left[\sqrt{5} + \frac{1}{2}\ln(2 + \sqrt{5})\right]$$

$$\approx 1{,}479$$

□

Exemple 4

Exprimer par une intégrale la longueur d'arc de $f(x) = \sqrt{1 - k^2x^2}$ pour x appartenant à l'intervalle $[0, b]$.

Solution

On a $f(x) = -\dfrac{k^2x}{\sqrt{1 - k^2x^2}}$, de sorte que $\sqrt{1 + [f'(x)]^2} = \sqrt{\dfrac{1 + (k^4 - k^2)x^2}{1 - k^2x^2}}$. Ainsi

$$L = \int_0^b \sqrt{\frac{1 + (k^4 - k^2)x^2}{1 - k^2x^2}}\, dx \qquad \square$$

Remarque

Il se trouve que la primitive

$$\int \sqrt{\frac{1 + (k^4 - k^2)x^2}{1 - k^2x^2}}\, dx$$

ne peut être exprimée en termes de fonctions élémentaires comme les fonctions rationnelles, trigonométriques ou exponentielles (à moins que $k^2 = 0$ ou 1). C'est un nouveau type de fonctions appelées fonctions elliptiques.

Il n'est pas facile d'établir la formule (1) en utilisant les fonctions en escalier. Aussi omettrons-nous cette démarche, étant donné le niveau du présent cours.

Exercices de la section 4.3

1. Calculer la longueur d'arc de la courbe $y = x^4/8 + 1/4x^2$ pour x appartenant à $[1, 3]$.

2. Calculer la longueur d'arc de la courbe $y = (x^4 - 12x + 3)/6x$ pour x appartenant à $[2, 4]$.

3. Calculer la longueur d'arc de la courbe $y = [x^3 + 3/x]/6$ pour $1 \le x \le 3$.

4. Calculer la longueur d'arc de la courbe $y = \sqrt{x}(4x - 3)/6$ pour $1 \le x \le 9$.

Dans les exercices 5 à 12, exprimer par une intégrale la longueur de la courbe $y = f(x)$ pour l'intervalle donné. (Ne pas calculer l'intégrale.)

5. $f(x) = x^n$ pour $a \le x \le b$.
6. $f(x) = \sin x$ pour $0 \le x \le 2\pi$.
7. $f(x) = x \cos x$ pour $0 \le x \le 1$.
8. $f(x) = e^{-x}$ pour $-1 \le x \le 1$.
9. $f(x) = \tan x + 2x$ pour $0 \le x \le \pi/2$.
10. $f(x) = x^3 + 2x - 1$ pour $1 \le x \le 3$.
11. $f(x) = \dfrac{1}{x} + x$ pour $1 \le x \le 2$.
12. $f(x) = e^x + x^3$ pour $0 \le x \le 1$.
13. Démontrer que la longueur de la courbe $y = \cos \sqrt{3}x$ sur $[0, 2\pi]$ est inférieure ou égale à 4π.
14. Supposons que $f(x) \ge g(x)$ sur $[a, b]$. S'ensuit-il que la longueur de la courbe de f sur $[a, b]$ est supérieure ou égale à celle de la courbe de g? Justifier la réponse par une preuve ou un exemple.

Exercices de révision du chapitre 4

Dans les exercices 1 à 46, calculer les intégrales données.

1. $\int 3 \sin^2 x \cos x \, dx$
2. $\int \sin^2 2x \cos^3 2x \, dx$
3. $\int \sin 3x \cos 5x \, dx$
4. $\int \cos 4x \sin 6x \, dx$
5. $\int \frac{x^3}{\sqrt{1-x^2}} dx \quad (|x| < 1)$
6. $\int \frac{dx}{(x^2+2)^2}$
7. $\int \frac{x^2}{x^2+16} dx$
8. $\int \frac{dx}{\sqrt{x^2-16}} \quad (x > 4)$
9. $\int \frac{dx}{x^2+x+2}$
10. $\int \frac{dx}{\sqrt{x^2+x+2}}$
11. $\int \frac{dx}{x^3+x^2}$
12. $\int \frac{dx}{x^3-27}$
13. $\int \frac{x^3}{(x^2+1)^2} dx$
14. $\int \frac{x^2}{(x+1)^3} dx$
15. $\int \frac{dx}{x^2+4x+5}$
16. $\int \sec^6\theta \, d\theta$
17. $\int \sin\sqrt{x} \, dx$
18. $\int \frac{dx}{1+\cos ax}$
19. $\int \frac{dx}{(1-\cos ax)^2}$
20. $\int \frac{dx}{1-x^4}$
21. $\int \frac{\sin^2 x}{\cos x} dx$
22. $\int \ln\left(\frac{x+a}{x-a}\right) dx$
23. $\int \frac{\tan^{-1} x}{1+x^2} dx$
24. $\int \frac{dx}{x^4+1}$
25. $\int \frac{x}{x^3-9} dx$
26. $\int (x+5)\ln x \, dx$
27. $\int e^{\sqrt{x}} dx$
28. $\int x^3\sqrt{1-x^2} \, dx$
29. $\int \frac{dx}{1+e^x}$
30. $\int \frac{x}{(x-3)^8} dx$
31. $\int \left(\frac{x}{x^2-1}\right)^3 dx$
32. $\int \sqrt{x^2+2x+3} \, dx$
33. $\int \sin 3x \cos 2x \, dx$
34. $\int \sin^2 3x \cos^4 3x \, dx$
35. $\int \frac{x}{x^2+1} dx$
36. $\int \frac{x}{(x^2+1)^2} dx$
37. $\int \frac{e^{\sqrt{x}}}{\sqrt{x}} dx$

38. $\int (e^x + 1)^3 e^x \, dx$

39. $\int_2^3 \frac{x}{x^2 + 1} \, dx$

40. $\int_0^{\pi/2} \sin x \, e^{\cos x} \, dx$

41. $\int \frac{x}{x^2 + 3} \, dx$

42. $\int \frac{x}{\sqrt{x + 1}} \, dx$

43. $\int x^3 \ln x \, dx$

44. $\int \sqrt{1 + \sin x} \bullet \cos x \, dx$

45. $\int_1^2 \frac{(\ln 3x + 5)^3}{x} \, dx$

46. $\int_e^{e^4} \frac{\ln t^2}{t^2} \, dt$

Dans les exercices 47 à 50, calculer la longueur des courbes données.

47. $y = 3x^{3/2}, \quad 0 \le x \le 9$

48. $y = (x + 1)^{3/2} + 1, \quad 0 \le x \le 2$

49. $y = \frac{x^3}{3} + \frac{1}{4x}, \quad 1 \le x \le 2$

50. $y = \frac{x^4}{4} + \frac{1}{8x^3}, \quad 1 \le x \le 2$

Dans les exercices 51 à 54, f étant une fonction définie sur $[0, 2\pi]$, les nombres

$$a_m = \frac{1}{\pi} \int_0^{2\pi} f(x) \cos mx \, dx$$

$$b_m = \frac{1}{\pi} \int_0^{2\pi} f(x) \sin mx \, dx$$

$$(m = 0, 1, 2, \ldots)$$

sont appelés coefficients de Fourier de f. Calculer les coefficients de Fourier des fonctions données.

51. $f(x) = \sin 2x$

52. $f(x) = \sin 5x$

53. $f(x) = \cos 3x$

54. $f(x) = \cos 8x$

Chapitre 5

Propriétés des fonctions continues et applications

5.1 Propriétés fondamentales

En se rappelant qu'une fonction continue sur un intervalle fermé est bornée sur cet intervalle, nous allons établir dans cette section un important résultat, le théorème de la moyenne.

Théorème de la valeur intermédiaire

Nous savons que le graphe d'une fonction continue ne fait pas de saut. La propriété de continuité en un point x_0 est une propriété locale puisqu'elle ne fait intervenir que les points voisins de x_0. Le théorème de la valeur intermédiaire qui suit présente une propriété globale, car cette propriété est reliée au comportement de la fonction sur un intervalle tout entier $[a, b]$.

> **Théorème de la valeur intermédiaire**
> (Première version)
>
> Si f est une fonction continue [1] sur $[a, b]$, alors pour tout nombre c tel que $f(a) < c < f(b)$ ou $f(a) > c > f(b)$, il existe au moins un nombre x_0 dans $]a, b[$ tel que $f(x_0) = c$.

Géométriquement, ce théorème signifie que le graphe d'une fonction continue, pour passer d'un côté à l'autre d'une droite horizontale, doit nécessairement la

1. La notion de continuité sur $[a, b]$ utilisée ici suppose que f est définie dans le voisinage de chaque point $\bar{x}$ de $[a, b]$ et que $\lim_{x \to \bar{x}} f(x) = f(\bar{x})$. En fait, aux points limites a et b, il est suffisant de supposer l'existence des limites à droite de a et à gauche de b.

couper quelque part. (Voir figure 5.1.1.) La preuve de ce théorème exige une étude rigoureuse des propriétés des nombres réels et sera omise ici. Toutefois, le graphique d'une fonction continue comme celui de la figure 5.1.1 indique bien que la conclusion de ce théorème est tout à fait prévisible.

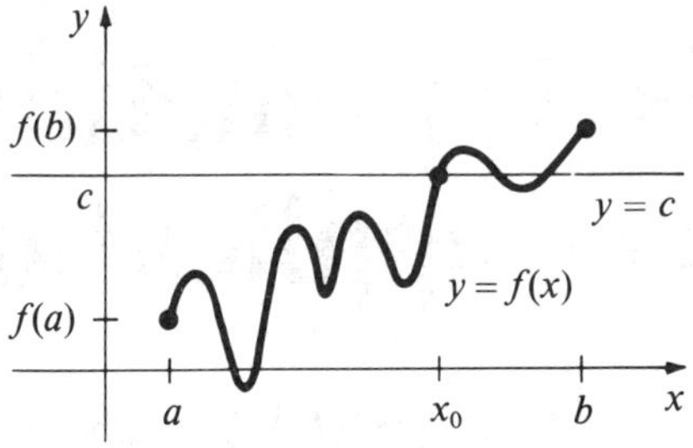

Figure 5.1.1

Dans le cas particulier où une fonction continue sur $[a, b]$ prend des valeurs de signes opposés en $x = a$ et $x = b$, on peut affirmer qu'elle s'annule au moins une fois dans $]a, b[$. On appelle souvent ce résultat particulier « théorème des signes ».

Exemple 1

Montrer qu'il existe un nombre x_0 tel que $x_0^5 - x_0 = 3$ et fournir un intervalle qui comprend x_0.

Solution

Considérons la fonction $f(x) = x^5 - x - 3$. La continuité de la fonction f est assurée du fait qu'elle est un polynôme. On voit immédiatement que $f(0) = -3$ et $f(2) = 27$. Puisque $f(0) \cdot f(2) < 0$, le théorème des signes garantit l'existence d'un nombre x_0 dans $]0, 2[$ tel que $f(x_0) = 0$, donc tel que $x_0^5 - x_0 - 3 = 0$, ce qui amène le résultat cherché. □

Le théorème de la valeur intermédiaire garantit l'existence du nombre x_0, mais il ne fournit pas nécessairement un moyen d'en calculer la valeur.

Exemple 2

La température T, en degrés Celsius, lors d'un après-midi, obéit à la loi $T(t) = t^3 + 1$ pour $0 \leq t \leq 2$, en heures. Expliquer pourquoi on est certain que le thermomètre a indiqué exactement 7° à un moment donné de cet après-midi.

Solution

Considérons la fonction $T(t) = t^3 + 1$ et l'intervalle $[0, 2]$. Ainsi $T(0) = 1$ et $T(2) = 9$. Puisque la fonction $T(t)$ est polynomiale, donc continue, le théorème de la valeur intermédiaire assure qu'il existe au moins un moment $t_0 \in]0, 2[$ tel que $T(t_0) = 7$.

□

Exemple 3
Méthode de la bissection Trouver une solution de $x^5 - x = 3$ sur l'intervalle $]0, 2[$ avec une précision de 0,1 en divisant l'intervalle en deux parties égales et en répétant cette division sur la partie qui contient la solution, jusqu'à l'encadrement précis du résultat cherché.

Solution
Avec l'exemple 1, on sait que l'équation a une solution sur l'intervalle $]0, 2[$. Pour situer plus exactement la solution, on réutilise $f(x) = x^5 - x - 3$, on partage l'intervalle $[0, 2]$ en deux intervalles $[0, 1]$ et $[1, 2]$, on calcule $f(0) = -3$, $f(1) = -3$ et $f(2) = 27$; puisque $f(1) \cdot f(2) < 0$, la solution est sur $]1, 2[$. On partage l'intervalle $[1, 2]$ en $[1, 1{,}5]$ et $[1{,}5, 2]$; on trouve $f(1{,}5) \approx 3{,}03 > 3$: la solution est donc sur $]1, 1{,}5[$. Puis $f(1{,}25) = -1{,}20 < 0$; donc la solution est sur $]1{,}25, 1{,}5[$. Ensuite, $f(1{,}375) \approx 0{,}54 > 0$; donc la solution est sur $]1{,}25, 1{,}375[$. Finalement, $x_0 = 1{,}3$ est la racine cherchée à 0,1 près. On pourrait augmenter la précision en continuant les bissections. □

La contraposée du théorème de la valeur intermédiaire fournit l'énoncé suivant :

Théorème de la valeur intermédiaire
(Seconde version)

Si une fonction f continue sur $[a, b]$ ne prend pas la valeur c pour tout x dans $[a, b]$, alors $f(a)$ et $f(b)$ sont tous deux supérieurs à c ou bien tous deux inférieurs à c. (Voir figure 5.1.2.)

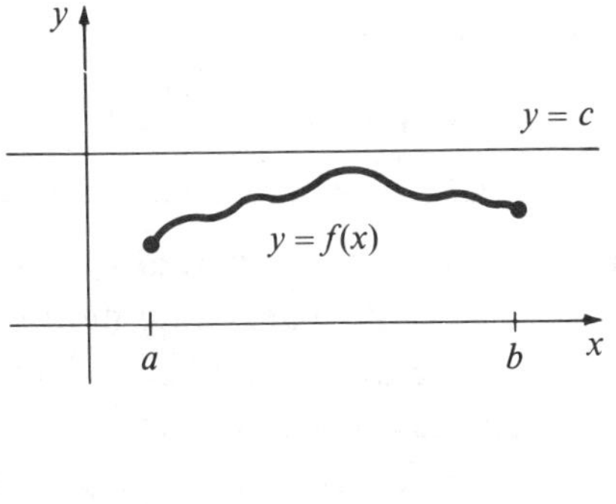

Figure 5.1.2

Géométriquement, cette seconde version illustre le fait suivant : « La courbe d'une fonction continue ne rencontrant pas de droite horizontale doit être située tout entière du même côté de cette droite. » Quant à la première version, elle permettait d'affirmer que : « La courbe d'une fonction continue dont le graphique est situé de part et d'autre d'une droite horizontale doit couper la droite. » Il faut bien comprendre que ces deux affirmations sont strictement équivalentes !

Une application pratique de cette seconde version permet de déterminer le signe d'une fonction sur un intervalle où cette fonction n'a pas de zéro.

Exemple 4

Soit f une fonction continue sur $[0, 3]$. Montrer que si $f(x)$ n'y a pas de zéro et si $f(0) = 1$, alors $f(x) \geq 0$ pour tout x sur $[0, 3]$.

Solution

On applique le théorème de la valeur intermédiaire dans sa seconde version en prenant $c = 0$, $a = 0$ et $b = 3$; puisque f est continue sur $[0, 3]$, que $f(a) = f(0) = 1$ est positive et que $f(x)$ n'a pas de zéro sur $[0, 3]$, alors $f(x)$ reste positive sur $[0, 3]$.

□

Théorème de la moyenne

Le théorème de la moyenne qui suit est un résultat important en analyse. Ses applications sont multiples, tant sur le plan théorique que sur le plan pratique. Après l'avoir énoncé, nous en verrons quelques applications avant d'en faire la preuve, qui est basée sur l'existence du maximum et du minimum d'une fonction sur un intervalle. Nous terminerons cette section par un autre résultat intéressant : le théorème de la moyenne pour les intégrales.

Théorème de la moyenne

Si f est une fonction continue sur $[a, b]$ et dérivable sur $]a, b[$, il existe au moins un point x_0 dans $]a, b[$ tel que

$$f'(x_0) = \frac{f(b) - f(a)}{b - a}$$

En physique, ce théorème précise entre autres que la vitesse moyenne d'un mobile sur un intervalle de temps est égale, en au moins un moment de cet intervalle, à sa vitesse instantanée à ce moment même. Géométriquement, ayant fixé un intervalle, il affirme l'existence d'au moins un point de la courbe pour lequel la droite tangente en ce point et la droite sécante passant par les extrémités de l'intervalle choisi, sont parallèles ou ont la même pente. (Voir figure 5.1.3.) Ces considérations physiques et géométriques devraient suffire pour nous convaincre de la vérité de ce théorème.

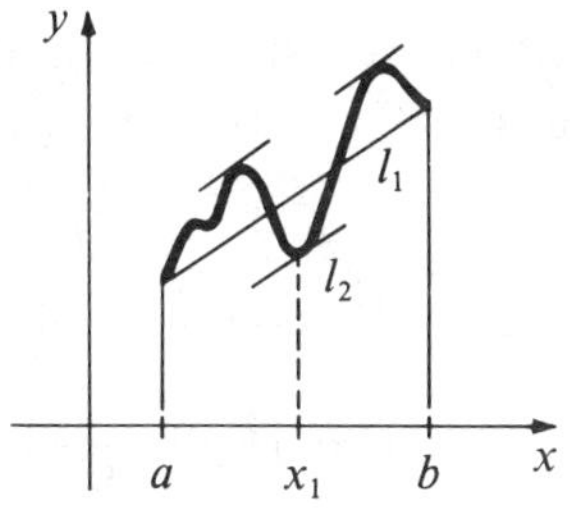

Figure 5.1.3

Voici donc, avant la preuve, quelques conséquences de ce théorème et quelques applications. Essentiellement, nous verrons que la connaissance des propriétés de $f'(x)$ sur $[a, b]$ permet de déduire des relations entre les valeurs de f sur $[a, b]$.

Conséquences du théorème de la moyenne

Soit f une fonction continue sur $[a, b]$ et dérivable sur $]a, b[$.

1. S'il existe deux nombres A et B, tels que $A \leq f'(x) \leq B$ pour tout x dans $]a, b[$, alors, pour tout couple de points x_1, x_2 de $[a, b]$,

$$A \leq \frac{f(x_2) - f(x_1)}{x_2 - x_1} \leq B$$

2. Si $f'(x) = 0$ sur $]a, b[$, f est constante sur $[a, b]$.

Première conséquence La première conséquence découle du fait suivant : on a d'une part

$$\frac{f(x_2) - f(x_1)}{x_2 - x_1} = f'(x_0)$$

pour un certain x_0 dans l'intervalle $]x_1, x_2[$, selon le théorème de la moyenne appliqué à la fonction f sur l'intervalle $[x_1, x_2]$; d'autre part, comme x_0 est dans l'intervalle $]a, b[$, on a $f'(x_0)$ comprise entre A et B. D'où

$$A \leq f'(x_0) = \frac{f(x_2) - f(x_1)}{x_2 - x_1} \leq B$$

ou, tout simplement,

$$A \leq \frac{f(x_2) - f(x_1)}{x_2 - x_1} \leq B$$

Deuxième conséquence Quant à la deuxième conséquence, puisque $f'(x) = 0$ pour tout $x \in]a, b[$, on peut écrire $0 \leq f'(x) \leq 0$ et en utilisant la première conséquence avec $A = B = 0$, on a alors

$$0 \leq \frac{f(x_2) - f(x_1)}{x_2 - x_1} \leq 0$$

d'où $f(x_2) = f(x_1)$. Comme c'est vrai pour n'importe quel x_1 et x_2 sur $[a, b]$, on a $f(x)$ constante sur $[a, b]$.

Exemple 5
f étant une fonction dérivable pour tout x, montrer que si $f'(x)$ est constante, alors f est une fonction linéaire.

Solution
Soit m la valeur constante de f'.

Première méthode Appliquons la première conséquence du théorème de la moyenne avec $x_1 = 0$, $x_2 = x$, $A = m = B$; on a alors $[f(x) - f(0)]/(x - 0) = m$, soit $f(x) = mx + f(0)$ pour tout x; donc f est linéaire.

Deuxième méthode Soit $g(x) = f(x) - mx$; alors $g'(x) = f'(x) - m = m - m = 0$; ainsi g est constante et, à $x = 0$, $g(0) = f(0)$, donc $g(x) = f(0)$, d'où finalement $f(x) = mx + f(0)$, c'est-à-dire que f est linéaire. □

Exemple 6
Soit f une fonction continue sur $[1, 3]$ et différentiable sur $]1, 3[$. Montrer que $2 \leq f(3) - f(1) \leq 4$ si $1 \leq f'(x) \leq 2$ pour tout x dans $]1, 3[$.

Solution
Appliquons la première conséquence avec $A = 1$, $B = 2$, $x_2 = 3$ et $x_1 = 1$. Alors $1 \leq [f(3) - f(1)]/(3 - 1) \leq 2$, qui est équivalent à $2 \leq f(3) - f(1) \leq 4$. □

Exemple 7
Soit $f(x) = \dfrac{d}{dx}(|x|)$.

a) Calculer $f'(x)$ (c'est-à-dire la dérivée seconde de $|x|$).
b) Que permet de dire la deuxième conséquence du théorème de la moyenne? Que ne permet-elle pas de dire?

Solution
a) Puisque $|x|$ est linéaire sur $-\infty, 0[$ et sur $]0, \infty$, sa dérivée seconde est nulle pour tout $x \neq 0$.

b) La deuxième conséquence permet d'affirmer que f est constante sur tout intervalle ouvert où elle est dérivable, donc que f est constante sur $-\infty, 0[$ et sur $]0, \infty$. Cette deuxième conséquence ne permet cependant pas d'affirmer que f est constante sur $-\infty, \infty$: effectivement, $f(-2) = -1$ et $f(2) = +1$. □

Exemple 8

Pendant un voyage de 200 kilomètres, la vitesse d'un train est maintenue entre 40 et 50 kilomètres à l'heure. Que peut-on conclure sur la durée du trajet ?

Solution

Avant de donner la solution exacte reposant sur le théorème de la moyenne, servons-nous de notre bon sens. Si la vitesse est au moins de 40 km/h, le trajet prendra au plus 200/40 = 5 heures. Si la vitesse est au plus 50 km/h, le trajet prendra au moins 200/50 = 4 heures. Ainsi la durée du trajet sera comprise entre 4 et 5 heures. Appliquons maintenant le théorème de la moyenne; on désigne par $f(t)$ la position du train à l'instant t et par a et b les instants initial et final du trajet. Il ressort de la première conséquence que pour $A = 40$ et $B = 50$, on obtient $40 \leq [f(b) - f(a)]/(b - a) \leq 50$; mais $f(b) - f(a) = 200$, donc

$$40 \leq \frac{200}{b-a} \leq 50$$

$$\frac{1}{5} \leq \frac{1}{b-a} \leq \frac{1}{4}$$

$$5 \geq b - a \geq 4$$

Ainsi la durée du voyage se situe quelque part entre 4 et 5 heures, comme le bon sens nous l'avait indiqué. □

Preuve du théorème de la moyenne

Voici maintenant la preuve du théorème, qui utilise deux résultats déjà obtenus et que nous rappelons ici :

1. Étant donné une fonction définie sur $[a, b]$ et dérivable sur l'intervalle ouvert $]a, b[$, si $x_0 \in]a, b[$ est un point où f est maximum ou minimum, alors $f'(x_0) = 0$ (test de la dérivée première).

2. Si f est continue sur l'intervalle fermé $[a, b]$, alors f a un maximum et un minimum sur $[a, b]$ (théorème de la valeur extrême).

La preuve sera faite en trois étapes.

Étape 1

Théorème de Rolle[2] f étant une fonction continue sur $[a, b]$ et dérivable sur $]a, b[$, si $f(a) = f(b) = 0$, alors il existe au moins un point x_0 dans $]a, b[$ où $f'(x_0) = 0$.

Preuve

Si $f(x) = 0$ pour tout x dans $[a, b]$, $f'(x) = 0$ et x_0 peut être choisi dans $]a, b[$; c'est le cas trivial.

Supposons que, pour au moins un x, $f(x) \neq 0$. Le théorème des valeurs extrêmes assure l'existence de x_1 et x_2 où f est maximum en x_1 et minimum en x_2. Puisque f est nulle en a et b, il faut qu'au moins x_1 ou x_2 soit dans l'intervalle ouvert $]a, b[$ et donc distinct de a et b; appelons x_0 ce point. Alors, par le test de la dérivée première, $f'(x_0) = 0$.

L'interprétation géométrique du théorème de Rolle est donnée par la figure 5.1.4.

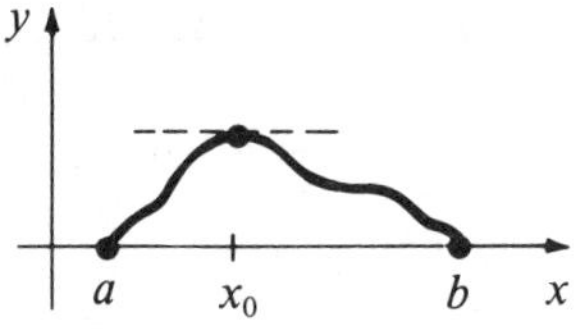

Figure 5.1.4

Étape 2

f_1 et f_2 étant deux fonctions continues sur $[a, b]$ et dérivables sur $]a, b[$, les deux égalités $f_1(a) = f_2(a)$ et $f_1(b) = f_2(b)$ permettent d'affirmer qu'il existe au moins un point x_0 dans $]a, b[$ tel que $f_1'(x_0) = f_2'(x_0)$.

Preuve

Soit $f(x) = f_1(x) - f_2(x)$. Puisque f_1 et f_2 sont dérivables sur $]a, b[$ et continues sur $[a, b]$, il en est de même pour f. Par hypothèse, $f(a) = f(b) = 0$. Donc, d'après le résultat de l'étape 1, $f'(x_0) = 0$ pour au moins un x_0 appartenant à $]a, b[$. Finalement il en découle $f_1'(x_0) = f_2'(x_0)$. (Voir figure 5.1.5.)

---

2. Michel Rolle (1652-1714) est connu pour ses attaques contre le calcul différentiel et intégral; il fut l'un des critiques de la nouvelle théorie fondée par Newton et Leibniz. Ironie de l'histoire, il est surtout connu par le théorème qui porte son nom mais qu'il ne prouva pas; il l'utilisa pour localiser les racines de polynômes. (Pour de plus amples renseignements, voir D.E. Smith, *Source Book in Mathematics*, Dover 1929, pages 251 à 260.)

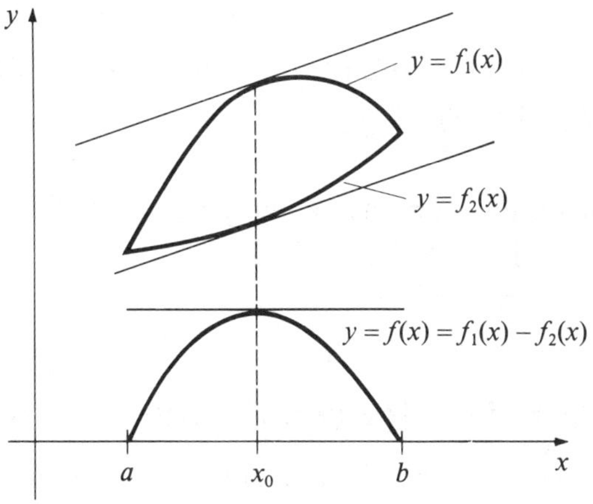

Figure 5.1.5

Ce résultat illustre le fait suivant : « Si, lors d'une course, deux chevaux partent et arrivent en même temps, à un moment donné de la course les deux auront la même vitesse. »

Étape 3

On applique l'étape 2 en prenant pour f_1 une fonction f et pour f_2 la fonction linéaire

$$l(x) = f(a) + (x - a)\left[\frac{f(b) - f(a)}{b - a}\right]$$

On voit bien que $l(a) = f(a)$, $l(b) = f(b)$ et $l'(x) = [f(b) - f(a)]/(b - a)$. Donc $f'(x_0) = l'(x_0) = [f(b) - f(a)]/(b - a)$ pour un point x_0 dans $]a, b[$. Cela complète la démonstration du théorème de la moyenne.

Exemple 9

On considère la fonction $f(x) = x^4 - 9x^3 + 26x^2 - 24x$. En remarquant que $f(0) = f(2) = 0$, montrer sans calcul que la fonction f a un zéro strictement compris entre 0 et 2.

Solution

Puisque $f(0) = f(2) = 0$, le théorème de Rolle assure l'existence d'un x_0 tel que $f'(x_0) = 0$ pour x_0 dans $]0, 2[$, c'est-à-dire pour $0 < x_0 < 2$. □

Exemple 10

Soit f une fonction dérivable vérifiant $f(0) = 0$ et $f(1) = 1$. Montrer qu'il existe x_0 dans $]0, 1[$ tel que $f'(x_0) = 2x_0$.

Solution

D'après le théorème donné en preuve à l'étape 2, il suffit de prendre $f_1(x) = f(x)$, $f_2(x) = x^2$ et $[a, b] = [0, 1]$. □

Théorème de la valeur moyenne pour les intégrales

Le théorème de la valeur intermédiaire ainsi que le théorème de la moyenne permettent d'établir ce qu'il est convenu d'appeler le théorème de la valeur moyenne pour les intégrales. Rappelons d'abord la définition de la valeur moyenne d'une fonction sur $[a, b]$:

$$(b - a)\ \overline{f(x)}_{[a,b]} = \int_a^b f(x)dx$$

Mentionnons ensuite une propriété importante de la valeur moyenne :

Si $m \le f(x) \le M$ pour tout x dans $[a, b]$, alors $m \le \overline{f(x)}_{[a,b]} \le M$.

En fait, les intégrales $\int_a^b m\, dx$ et $\int_a^b M\, dx$ sont des sommes inférieure et supérieure à f sur $[a, b]$. Donc

$$m(b - a) \le \int_a^b f(x)dx \le M(b - a)$$

La division par $(b - a)$ donne le résultat désiré.

Il ressort du théorème des valeurs extrêmes qu'une fonction continue $f(x)$ atteint son minimum m et son maximum M sur $[a, b]$. Alors $m \le f(x) \le M$ sur $[a, b]$ et donc $\overline{f(x)}_{[a,b]}$ est comprise entre m et M d'après la propriété précédente. La première version du théorème de la valeur intermédiaire, appliquée à l'intervalle dont les bornes sont les points où $f(x)$ atteint son minimum et son maximum, permet d'affirmer que x_0 est dans cet intervalle (et donc dans $[a, b]$) et que $f(x_0) = \overline{f(x)}_{[a,b]}$.

En d'autres termes, nous avons prouvé que la valeur moyenne d'une fonction continue sur un intervalle est toujours atteinte quelque part sur l'intervalle. Ce résultat est connu sous le nom de théorème de la valeur moyenne pour les intégrales.

Théorème de la valeur moyenne pour les intégrales

Soit f une fonction continue sur $[a, b]$. Il existe alors un point x_0 dans $]a, b[$ tel que

$$f(x_0) = \frac{1}{b-a}\int_a^b f(x)dx$$

Remarquons sur la figure 5.1.6 que la valeur moyenne est obtenue en trois points différents.

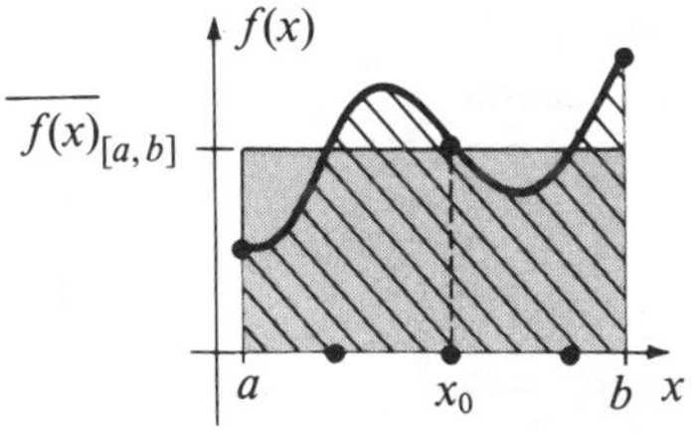

Figure 5.1.6

Une autre preuve du théorème de la moyenne pour les intégrales fait appel au théorème fondamental du calcul intégral et au théorème de la moyenne pour les dérivées. On considère alors une fonction f continue sur $[a, b]$ et on pose

$$F(x) = \int_a^x f(s)ds$$

Le théorème fondamental du calcul intégral nous assure que $F'(x) = f(x)$ pour tout x dans $]a, b[$. Si, de plus, on prouve que $F(x)$ est continue sur $[a, b]$, alors, d'après le théorème de la valeur moyenne, il existe un x_0 dans $]a, b[$ tel que

$$F'(x_0) = \frac{F(b) - F(a)}{b-a}$$

En remplaçant F et F' par leurs expressions en fonction de f, on obtient

$$f(x_0) = \frac{\int_a^b f(s)ds - \int_a^a f(s)ds}{b-a} = \frac{\int_a^b f(s)ds}{b-a} = \frac{\int_a^b f(x)dx}{b-a} = \overline{f(x)}_{[a,b]}$$

Exercices de la section 5.1

1. Montrer que l'équation $-s^5 + s^2 = 2s - 6$ possède au moins une solution dans $\mathbb{R}$.

2. Montrer que l'équation $x^3 + 2x - 1 = 7$ possède au moins une solution dans $\mathbb{R}$.

3. Montrer que $f(x) = x^8 + 3x^4 - 1$ a au moins deux zéros distincts.

4. Montrer que $f(x) = x^4 - 5x^2 + 1$ a au moins deux zéros distincts.

5. Les zéros de $f(x) = x^3 - 2x - x^2 + 2$ sont $\sqrt{2}$, $-\sqrt{2}$ et 1. En calculant $f(-3)$, $f(0)$, $f(1{,}3)$ et $f(2)$, déterminer le signe de $f(x)$ sur chacun des intervalles délimités par les zéros.

6. À l'aide de la calculatrice, utiliser la méthode de la bissection pour calculer $\sqrt{7}$ à deux décimales exactes. [*Indication* : Prendre $f(x) = x^2 - 7$. Quelles valeurs de a et b devrait-on choisir ?]

7. À l'aide de la calculatrice, trouver une solution de l'équation de $x^5 - x = 3$ avec une précision d'un centième.

8. À l'aide de la calculatrice, trouver, à un dixième près, une solution de l'équation $x^5 - x = 5$.

9. Soit une fonction f continue sur $[-1, 1]$ et telle que $f(x) - 2$ n'est jamais nulle sur $[-1, 1]$. Si $f(0) = 0$, montrer que $f(x) < 2$ pour tout x dans $[-1, 1]$.

10. Soit une fonction f continue sur $[3, 5]$ et telle que $f(x) \neq 4$ pour tout x appartenant à cet intervalle. Si $f(3) = 3$, montrer que $f(5) < 4$.

11. La fonction $f(x) = 1/(x - 1)$ n'est jamais nulle, pourtant $f(0)$ est négative et $f(2)$ est positive. Ce fait contredit-il le théorème de la valeur intermédiaire ? Expliquer.

12. « Prouver » qu'il y a eu un instant où votre taille était exactement un mètre.

13. Soit f une fonction continue sur $[0, 1/2]$ et dérivable sur $]0, 1/2[$. Montrer que si $0{,}3 \leq f'(x) \leq 1$ pour $0 < x < 1$, alors

$$0{,}15 \leq [f(1/2) - f(0)] \leq 0{,}5$$

14. Soit f une fonction continue sur $[3, 5]$ et dérivable sur $]3, 5[$. Montrer que si $1/2 \leq f'(x) \leq 2/3$ pour $3 < x < 5$, alors $1 \leq [f(5) - f(3)] < 4/3$.

15. Supposons que

$$(d/dx)[f(x) - 2g(x)] = 0$$

Quelle est la relation entre f et g ?

16. Si $f''(x) = 0$ sur $]a, b[$, que peut-on dire de f ?

17. Soit $f(x) = x^5 + 8x^4 - 5x^2 + 15$. Démontrer qu'il existe un x_0 compris au sens strict entre -1 et 0 tel que la tangente à la courbe de f en x_0 ait pour pente -2.

18. Soit $f(x) = 5x^4 + 9x^3 - 11x^2 + 10$. Démontrer que la courbe de f présente une pente égale à 9 pour une valeur de x comprise entre -1 et 1.

19. Supposons que la position d'un mobile à $t = 0$ soit $x = 4$ et que sa vitesse soit $dx/dt = 35$ à ± 1 près pour tout t dans $[0, 2]$. Que peut-on dire de sa position à $t = 2$?

20. Supposons que la consommation d'essence d'une automobile soit comprise entre 10 et 14 litres aux 100 km selon les conditions de route et de conduite. Soit $f(x)$ le nombre de litres d'essence restant dans le réservoir après un parcours de x km. Si $f(100) = 15$, entre quelles valeurs limites se trouvera $f(200)$?

21. Vérifier les conditions d'application du théorème de la valeur moyenne pour la fonction $f(x) = x^2 - x + 1$ et pour x dans $[-1, 2]$, puis calculer le ou les points x_0. Représenter graphiquement.

22. Soit $f(x) = x^3$ sur l'intervalle $[-2, 3]$. Trouver la ou les valeurs de x_0 dont l'existence est affirmée par le théorème de la valeur moyenne. Représenter graphiquement.

23. Soit $f(x) = |x| - 1$; alors $f(-1) = f(1) = 0$. Pourtant $f'(x)$ n'est jamais nulle sur $[-1, 1]$. Cela contredit-il le théorème de Rolle ? Expliquer.

24. Supposons que des chevaux terminent une course avec des vitesses égales. Auront-ils nécessairement eu à un certain instant de la course des accélérations égales ?

25. Soit f une fonction deux fois dérivable. Supposons que $f(x) = 0$ en trois points distincts de l'intervalle $]a, b[$. Démontrer qu'il y a un point x_0 de $]a, b[$ tel que $f''(x_0) = 0$.

***26.** Utiliser le théorème de la moyenne pour prouver le théorème des fonctions croissantes selon lequel si f est continue sur $[a, b]$ et dérivable sur $]a, b[$ avec $f'(x) > 0$ pour tout x dans $]a, b[$, alors f est croissante sur $[a, b]$.

Dans les exercices 27 et 28, utiliser la méthode de la bissection pour trouver, avec la précision demandée, un zéro de la fonction donnée sur l'intervalle donné.

27. $f(x) = x^3 - 11$ sur $[2, 3]$;
précision : 1/100.

28. $f(x) = x^3 + 7$ sur $[-3, -1]$;
précision : 1/100.

***29.** Dans la méthode de la bissection, chaque solution trouvée à $f(x) = C$ est approximativement deux fois plus précise que la précédente. L'examen de la liste des puissances de 2 : 2, 4, 8, 16, 32, 64, 128, 256, 512, 1 024, 2 048, 4 096, 8 192, 16 384, 65 536, 131 072, ... suggère que l'on obtiendra une décimale de plus dans la solution chaque fois que l'on répétera trois ou quatre fois la bissection de l'intervalle. Expliquer.

***30.** En utilisant l'exercice 29, déterminer combien de fois il faut appliquer la méthode de la bissection pour garantir une précision A sur un intervalle $[a, b]$ dans chacun des cas suivants.

a) $A = 1/100$ et $[a, b] = [3, 4]$.
b) $A = 1/1000$ et $[a, b] = [-1, 3]$.
c) $A = 1/700$ et $[a, b] = [11, 23]$.
d) $A = 1/15$ et $[a, b] = [0{,}1, 0{,}2]$.

***31.** Soit deux fonctions f et g continues sur $[a, b]$. Supposons que f' et g' sont aussi continues sur $]a, b[$ et que $f(a) = g(a)$ et $f(b) = g(b)$. Démontrer qu'il existe un nombre c dans $]a, b[$ tel que la tangente à la courbe de f en $(c, f(c))$ est parallèle à la tangente à la courbe de g en $(c, g(c))$.

***32.** Soit un polynôme f. Supposons que f possède un zéro double en a et en b. (Le point $x = a$ est zéro double pour un polynôme f si on peut écrire $f(x) = (x - a)^2 g(x)$, où $g(x)$ est un polynôme.) Montrer que $f'(x)$ a au moins 3 racines dans $[a, b]$.

***33.** La population de coyotes du Nevada comptait le même nombre de têtes à trois dates t_1, t_2, t_3 ($t_1 < t_2 < t_3$). Supposons que cette population suit une loi $N(t)$ non constante et dérivable sur $[t_1, t_2]$ et sur $[t_2, t_3]$. Montrer, à l'aide du théorème de la moyenne, qu'il existe deux moments T et T^* dans $[t_1, t_2]$ et $[t_2, t_3]$ respectivement où la population de coyotes se met à décroître.

5.2 Règle de l'Hospital

La dérivation permet de calculer des limites.

La règle de l'Hospital[3] est une méthode très efficace qui utilise le calcul différentiel pour calculer certaines limites; elle n'exige pas de maîtriser les parties théoriques des chapitres précédents, mais il faut se souvenir des méthodes de calcul des limites.

Cette règle permet de trouver les limites, quand x tend vers x_0, d'expressions de la forme $f(x)/g(x)$ dans le cas où $\lim_{x \to x_0} f(x)$ et $\lim_{x \to x_0} g(x)$ sont toutes deux nulles ou toutes deux infinies. Dans ces deux cas, la règle générale pour évaluer la limite d'un quotient ne s'applique pas; on appelle ces expressions « formes indéterminées ». La règle de l'Hospital demeure valable dans les situations où x tend vers $+\infty$ ou $-\infty$ de même que dans celles où on ne considère que la limite à gauche ou la limite à droite.

Le but de cette section est donc de calculer $\lim_{x \to x_0} [f(x)/g(x)]$ quand $f(x_0) = g(x_0) = 0$; on dit aussi que l'on cherche à lever l'indétermination de la forme 0/0. Nous avons déjà rencontré de telles formes quand nous avons défini et calculé la dérivée d'une fonction. Maintenant, nous ferons le chemin inverse, si l'on peut dire : nous utiliserons les dérivées pour trouver certaines limites. Nous procéderons en suivant la règle de l'Hospital. L'encadré de la page suivante en donne la version la plus simple.

3. En 1696, le marquis Guillaume F.A. de l'Hospital publia à Paris le premier livre de calcul : *Analyse des infiniment petits*. Il contenait la démonstration de ce qu'il est convenu d'appeler la règle de l'Hospital; cependant, l'idée est probablement due à J. Bernouilli. Cette règle fit l'objet d'une étude de A. Cauchy, qui en établit clairement la preuve dans son *Cours d'analyse* en 1823. Les discussions sur cette règle durèrent presque jusqu'en 1900.

Version préliminaire

Règle de l'Hospital
(Version préliminaire)

f et g étant deux fonctions dérivables sur un intervalle ouvert contenant x_0, si $f(x_0) = g(x_0) = 0$ et $g'(x_0) \neq 0$, on a

$$\lim_{x \to x_0} \frac{f(x)}{g(x)} = \frac{f'(x_0)}{g'(x_0)}$$

Pour prouver ce résultat, utilisons le fait que $f(x_0) = g(x_0) = 0$:

$$\frac{f(x)}{g(x)} = \frac{f(x) - f(x_0)}{g(x) - g(x_0)} = \frac{[f(x) - f(x_0)]/(x - x_0)}{[g(x) - g(x_0)]/(x - x_0)}$$

Quand x tend vers x_0, le numérateur tend vers $f'(x_0)$ et le dénominateur vers $g'(x_0)$; on applique ensuite la règle de la limite d'un quotient aux deux membres de l'égalité.

Exemple 1

Calculer $\lim_{x \to 1} \left[\frac{x^3 - 1}{x - 1}\right]$.

Solution

Ici $x_0 = 1$, $f(x) = x^3 - 1$, $g(x) = x - 1$ et $g'(1) = 1$; la version préliminaire de la règle de l'Hospital s'applique :

$$\lim_{x \to 1} \frac{x^3 - 1}{x - 1} = \frac{f'(1)}{g'(1)} = \frac{3}{1} = 3$$

Nous avons déjà vu une autre méthode qui permet de calculer cette limite : la mise en facteurs.

Ainsi

$$\frac{x^3 - 1}{x - 1} = \frac{(x - 1)(x^2 + x + 1)}{x - 1} = x^2 + x + 1 \quad (x \neq 1)$$

et, quand $x \to 1$, on retrouve la limite 3. Remarquons aussi, dans ce cas particulier où le dénominateur est $x - 1$, que $(x^3 - 1)/(x - 1)$ est le quotient

$$[h(x) - h(1)]/(x - 1) \qquad \text{avec } h(x) = x^3$$

Quand x tend vers 1, le quotient tend vers la dérivée de h à $x = 1$, soit 3. □

L'exemple qui suit donne un avant-goût de l'intérêt de la règle de l'Hospital.

Exemple 2

Calculer $\lim_{x \to 0} \frac{\cos x - 1}{\sin x}$.

Solution

Ici, $f(x) = \cos x - 1$ et $g(x) = \sin x$, et $f(0) = g(0) = 0$ et $g'(0) = 1$; donc

$$\lim_{x \to 0} \frac{\cos x - 1}{\sin x} = \frac{f'(0)}{g'(0)} = \frac{-\sin(0)}{\cos(0)} = \frac{0}{1} = 0 \qquad \square$$

Cette méthode ne permet pas de lever toutes les indéterminations de la forme 0/0; par exemple, essayons de calculer

$$\lim_{x \to 0} \frac{\sin x - x}{x^3}$$

Le quotient des dérivées du numérateur et du dénominateur est $(\cos x - 1)/3x^2$, qui est de la forme 0/0 à $x = 0$. Cela suggère d'utiliser à nouveau la règle de l'Hospital mais, pour cela, il faut savoir que

$$\lim_{x \to x_0} [f(x)/g(x)] = \lim_{x \to x_0} [f'(x)/g'(x)]$$

même quand $f'(x_0)/g'(x_0)$ est lui aussi indéterminé. C'est ce qu'affirme la version « renforcée » de la règle de l'Hospital, dont la preuve sera donnée plus loin dans cette section.

Deuxième version

Règle de l'Hospital

Soit f et g deux fonctions dérivables dans un intervalle ouvert contenant x_0, sauf éventuellement en x_0. Supposons que :

i) $g(x) \neq 0$;

ii) $g'(x) \neq 0$ pour tout x dans l'intervalle et $x \neq x_0$;

iii) f et g sont continues en x_0 avec $f(x_0) = g(x_0) = 0$;

iv) $\lim_{x \to x_0} \frac{f'(x)}{g'(x)} = l$.

Alors
$$\lim_{x \to x_0} \frac{f(x)}{g(x)} = \lim_{x \to x_0} \frac{f'(x)}{g'(x)} = l$$

Exemple 3

Calculer $\lim_{x \to 0} \frac{\cos x - 1}{x^2}$.

Solution

C'est une forme 0/0; la règle de l'Hospital donne

$$\lim_{x \to 0} \frac{\cos x - 1}{x^2} = \lim_{x \to 0} \frac{-\sin x}{2x}$$

à condition que la dernière limite existe. On applique à nouveau la règle :

$$\lim_{x \to 0} \frac{-\sin x}{2x} = \lim_{x \to 0} \frac{-\cos x}{2}$$

On utilise la continuité de cos x en $x = 0$ et on trouve la dernière limite. Finalement,

$$\lim_{x \to 0} \frac{\cos x - 1}{x^2} = -\frac{1}{2}$$

Le tableau suivant permet de suivre le cheminement des opérations :

	Expression	**Type**	**Limite**
$\frac{f}{g}$	$\frac{\cos x - 1}{x^2}$	$\frac{0}{0}$	?
$\frac{f'}{g'}$	$\frac{-\sin x}{2x}$	$\frac{0}{0}$	?
$\frac{f''}{g''}$	$\frac{-\cos x}{2}$	déterminée	$\boxed{-\frac{1}{2}}$

□

À chaque étape, on dérive séparément le numérateur et le dénominateur; si le quotient des dérivées est 0/0, on recommence jusqu'à ce que la limite du quotient puisse être évaluée lorsque x tend vers x_0.

Attention : L'utilisation de la règle de l'Hospital pour une expression qui n'est pas du type 0/0 peut amener une réponse fausse; par exemple, si on l'applique pour trouver $\lim_{x \to 0} (x^2 + 1)/x$, on obtient 0, alors que la limite est ∞.

Exemple 4

Calculer $\lim\limits_{x \to 0} \dfrac{\sin x - x}{\tan x - x}$.

Solution

C'est une forme indéterminée 0/0; avec la règle de l'Hospital, on obtient

	Expression	Type	Limite
$\dfrac{f}{g}$	$\dfrac{\sin x - x}{\tan x - x}$	$\dfrac{0}{0}$	?
$\dfrac{f'}{g'}$	$\dfrac{\cos x - 1}{\sec^2 x - 1}$	$\dfrac{0}{0}$	?
$\dfrac{f''}{g''}$	$\dfrac{-\sin x}{2 \sec x(\sec x \tan x)}$	$\dfrac{0}{0}$	?
$\dfrac{f'''}{g'''}$	$\dfrac{-\cos x}{4 \sec^2 x \tan^2 x + 2 \sec^4 x}$	déterminée	$\boxed{-\dfrac{1}{2}}$

Donc
$$\lim_{x \to 0} \frac{\sin x - x}{\tan x - x} = -\frac{1}{2}. \qquad \square$$

Non seulement la règle de l'Hospital est-elle valable pour les situations du type de celles que nous venons de rencontrer, par exemple $\lim\limits_{x \to x_0} \dfrac{f(x)}{g(x)}$, mais on peut aussi l'appliquer dans les cas de limites à gauche ou à droite, de même que dans les cas où $x \to +\infty$ (ou $-\infty$). On peut aussi montrer que la règle s'applique dans des situations où l'indétermination est de type ∞/∞ plutôt que 0/0. Cependant la majorité de ces preuves font intervenir une bonne connaissance des théorèmes d'analyse et ne sont abordées que dans des cours de calcul plus avancés.

La méthode complète pour utiliser la règle de l'Hospital est résumée dans l'encadré de la page suivante.

Version généralisée

Règle de l'Hospital

Soit f et g deux fonctions dérivables dans un intervalle ouvert contenant x_0, sauf éventuellement en x_0. Pour trouver la limite de $f(x)/g(x)$ quand x tend vers x_0 dans le cas où $\lim_{x \to x_0} f(x) = \lim_{x \to x_0} g(x) = 0$ (ou l'infini), on dérive séparément le numérateur et le dénominateur et on prend la limite de la nouvelle fraction; on répète l'opération autant de fois qu'il est nécessaire en vérifiant à chaque fois que la règle de l'Hospital s'applique.

De façon générale $$\lim_{x \to x_0} \frac{f(x)}{g(x)} = \lim_{x \to x_0} \frac{f'(x)}{g'(x)}$$

Et la règle s'applique aussi dans les cas suivants :

$$\lim_{x \to x_0^+} f(x) = \lim_{x \to x_0^+} g(x) = 0 \text{ (ou l'infini)};$$

$$\lim_{x \to x_0^-} f(x) = \lim_{x \to x_0^-} g(x) = 0 \text{ (ou l'infini)};$$

$$\lim_{x \to +\infty} f(x) = \lim_{x \to +\infty} g(x) = 0 \text{ (ou l'infini)};$$

$$\lim_{x \to -\infty} f(x) = \lim_{x \to -\infty} g(x) = 0 \text{ (ou l'infini)}.$$

Exemple 5

Calculer $\lim_{x \to \infty} \frac{\ln x}{x^p}$ $(p > 0)$.

Solution

C'est une forme indéterminée ∞/∞. En dérivant le numérateur et le dénominateur, on trouve

$$\lim_{x \to \infty} \frac{\ln x}{x^p} = \lim_{x \to \infty} \frac{1/x}{px^{p-1}} = \lim_{x \to \infty} \frac{1}{px^p} = 0$$

puisque p est positif. □

Autres formes indéterminées

Certaines expressions ne semblent pas être de la forme $f(x)/g(x)$, mais on peut les mettre sous cette forme en effectuant des transformations algébriques. C'est le cas des formes indéterminées du type $\infty \cdot 0$ qui apparaissent quand on veut évaluer $\lim_{x\to x_0} f(x)g(x)$ et que $\lim_{x\to x_0} f(x) = \infty$ et $\lim_{x\to x_0} g(x) = 0$. On les transforme en 0/0 ou ∞/∞ en écrivant

$$f(x)g(x) = \frac{g(x)}{1/f(x)} \quad \text{ou} \quad f(x)g(x) = \frac{f(x)}{1/g(x)}$$

Exemple 6

Calculer $\lim_{x\to 0^+} x \ln x$.

Solution

Comme c'est une indétermination du type $0 \cdot \infty$, on écrit $x \ln x = (\ln x)/(1/x)$, qui nous ramène à la forme ∞/∞.

Alors $$\lim_{x\to 0^+} x \ln x = \lim_{x\to 0^+} \frac{\ln x}{1/x} = \lim_{x\to 0^+} \frac{1/x}{-1/x^2} = \lim_{x\to 0^+} (-x) = 0 \qquad \square$$

Les formes indéterminées du type 0^0 et 1^∞ peuvent être étudiées au moyen des logarithmes.

Exemple 7

Calculer

a) $\lim_{x\to 0^+} x^x$

b) $\lim_{x\to 1} x^{1/(1-x)}$

Solution

a) C'est une forme indéterminée du type 0^0. Pour appliquer la règle de l'Hospital, on écrit $x^x = e^{x \ln x}$. Dans l'exemple 6, on a montré que $\lim_{x\to 0^+} x \ln x = 0$. Puisque $g(x) = e^x$ est continue, on a

$$\lim_{x\to 0^+} e^{x \ln x} = e^{\lim_{x\to 0^+} x \ln x} = e^0 = 1$$

et donc

$$\lim_{x\to 0^+} x^x = 1$$

(Numériquement, on trouve:

$$0{,}01^{0{,}1} = 0{,}79, \quad 0{,}001^{0{,}001} = 0{,}993 \quad \text{et} \quad 0{,}000\,01^{0{,}000\,01} = 0{,}999\,88.)$$

b) C'est une forme indéterminée du type 1^∞. On a $x^{1/(x-1)} = e^{(\ln x)/(x-1)}$; l'application de la règle de l'Hospital donne

$$\lim_{x\to 1} \frac{\ln x}{x-1} = \lim_{x\to 1} \frac{1/x}{1} = 1$$

donc

$$\lim_{x\to 1} x^{1/(x-1)} = \lim_{x\to 1} e^{(\ln x)/(x-1)} = e^{\lim_{x\to 1}[(\ln x)/(x-1)]} = e^1 = e$$

Si on pose $x = 1 + (1/n)$, x tend vers 1 quand n tend vers l'infini et on a $1/(x-1) = n$, de sorte que la limite que l'on vient de calculer est $\lim_{n\to\infty}(1 + 1/n)^n$. Ainsi la règle de l'Hospital fournit tout au moins un moyen simple de se rappeler que $\lim_{n\to\infty}(1 + 1/n)^n = e$. □

Le prochain exemple traite une forme indéterminée du type $\infty - \infty$.

Exemple 8

Calculer $\lim_{x\to 0}\left(\frac{1}{x \sin x} - \frac{1}{x^2}\right)$.

Solution

On obtient une forme indéterminée du type 0/0 en réduisant au même dénominateur :

	Expression	Type	Limite
	$\frac{1}{x \sin x} - \frac{1}{x^2}$	$\infty - \infty$	?
$\frac{f}{g}$	$\frac{x - \sin x}{x^2 \sin x}$	$\frac{0}{0}$	?
$\frac{f'}{g'}$	$\frac{1 - \cos x}{2x \sin x + x^2 \cos x}$	$\frac{0}{0}$	?
$\frac{f''}{g''}$	$\frac{\sin x}{2 \sin x + 4x \cos x - x^2 \sin x}$	$\frac{0}{0}$	?
$\frac{f'''}{g'''}$	$\frac{\cos x}{6 \cos x - 6x \sin x - x^2 \cos x}$	déterminée	$\boxed{\frac{1}{6}}$

Donc
$$\lim_{x\to 0}\left(\frac{1}{x \sin x} - \frac{1}{x^2}\right) = \frac{1}{6}.$$ □

Pour terminer, démontrons la règle de l'Hospital. La preuve est fondée sur une généralisation du théorème de la moyenne, appelée **théorème de Cauchy sur la valeur moyenne**.

Théorème de Cauchy sur la valeur moyenne
f et g étant deux fonctions continues sur $[a, b]$ et dérivables sur $]a, b[$ et $g(a)$ étant différent de $g(b)$, il existe un nombre c, $a < c < b$, tel que

$$\frac{f(b) - f(a)}{g(b) - g(a)} = \frac{f'(c)}{g'(c)}$$

Preuve
Remarquons d'abord que si $g(x) = x$, ce théorème se réduit au théorème de la moyenne vu à la section 5.1; dans la preuve donnée, la fonction auxiliaire utilisée était

$$l(x) = f(a) + (x - a)\frac{f(b) - f(a)}{b - a}$$

Donc, ici, pour démontrer le théorème sur la valeur moyenne de Cauchy, on est amené à remplacer $x - a$ par $g(x) - g(a)$ et à utiliser la fonction auxiliaire

$$h(x) = f(a) + [g(x) - g(a)]\,\frac{f(b) - f(a)}{g(b) - g(a)}$$

On remarque que $f(a) = h(a)$ et $f(b) = h(b)$. Donc, d'après le résultat rappelant la course de chevaux (section 5.1), il existe un nombre c, $a < c < b$, tel que

$$f'(c) = g'(c)\left[\frac{f(b) - f(a)}{g(b) - g(a)}\right]$$

ce qui complète la preuve.

Preuve de la règle de l'Hospital

On peut alors faire la démonstration de la règle de l'Hospital. Puisque $f(x_0) = g(x_0) = 0$, on a

$$\frac{f(x)}{g(x)} = \frac{f(x) - f(x_0)}{g(x) - g(x_0)} = \frac{f'(c_x)}{g'(c_x)} \tag{1}$$

où c_x (qui dépend de x) est entre x et x_0. Quand x tend vers x_0, c_x tend nécessairement vers x_0. Puisque, par hypothèse,

$$\lim_{x \to x_0} [f'(x)/g'(x)] = l$$

il en résulte aussi que

$$\lim_{x \to x_0} [f'(c_x)/g'(c_x)] = l$$

et donc, en vertu de l'équation (1), que

$$\lim_{x \to x_0} [f(x)/g(x)] = l$$

Exercices de la section 5.2

Dans les exercices 1 à 4, utiliser la version préliminaire de la règle de l'Hospital pour calculer les limites demandées.

1. $\lim_{x\to 3} \dfrac{x^4 - 81}{x - 3}$

2. $\lim_{x\to 2} \dfrac{3x^2 - 12}{x - 2}$

3. $\lim_{x\to 0} \dfrac{x^2 + 2x}{\sin x}$

4. $\lim_{x\to 1} \dfrac{x^3 + 3x - 4}{\sin(x - 1)}$

Dans les exercices 5 à 8, utiliser la version finale de la règle de l'Hospital pour calculer les limites demandées.

5. $\lim_{x\to 0} \dfrac{\cos 3x - 1}{5x^2}$

6. $\lim_{x\to 0} \dfrac{\cos 10x - 1}{8x^2}$

7. $\lim_{x\to 0} \dfrac{\sin 2x - 2x}{x^3}$

8. $\lim_{x\to 0} \dfrac{\sin 3x - 3x}{x^3}$

Dans les exercices 9 à 12, lever, si possible, les indéterminations du type ∞/∞.

9. $\lim_{x\to\infty} \dfrac{e^x}{x^{375}}$

10. $\lim_{x\to\infty} \dfrac{x^4 + \ln x}{3x^4 + 2x^2 + 1}$

11. $\lim_{x\to 0} \dfrac{\ln x}{x^{-2}}$

12. $\lim_{x\to 0^+} \dfrac{e^{1/x}}{1/x}$

Dans les exercices 13 à 16, lever les indéterminations de la forme $0 \bullet \infty$.

13. $\lim_{x\to 0} [x^4 \ln x]$

14. $\lim_{x\to 1} \left[\tan \dfrac{\pi x}{2} \ln x\right]$

15. $\lim_{x\to 0} [x^{\pi} e^{-\pi x}]$

16. $\lim_{x\to \pi} [(x^2 - 2\pi x + \pi^2)\csc^2 x]$

Dans les exercices 17 à 36, calculer les limites demandées.

17. $\lim_{x\to 0} [(\tan x)^x]$

18. $\lim_{x\to\infty} \left[\left(1 + \dfrac{1}{x}\right)^x\right]$

19. $\lim_{x\to 0} (\csc x - \cot x)$

20. $\lim_{x\to\infty} [\ln x - \ln(x - 1)]$

21. $\lim_{x\to 0} \dfrac{\sqrt{1 + x^2} - 1}{\sin 2x}$

22. $\lim_{x\to 1} \dfrac{\sqrt{x^2 - 1}}{\cos(\pi x/2)}$

23. $\lim_{x\to 1} \dfrac{1 - x^2}{1 + x^2}$

24. $\lim_{x\to 0} \dfrac{x + \sin 2x}{2x + \sin 3x}$

25. $\lim_{x\to\infty} \dfrac{x}{x^2 + 1}$

26. $\lim_{x\to\infty} \dfrac{(2x + 1)^3}{x^3 + 2}$

27. $\lim_{x\to 5^+} \dfrac{\sqrt{x^2 - 25}}{x - 5}$

28. $\lim_{x\to 5^+} \dfrac{\sqrt{x^2 - 25}}{x + 5}$

29. $\lim_{x \to -1} \dfrac{x^2 + 2x + 1}{x^2 - 1}$

30. $\lim_{x \to 1^-} x^{1/(1-x^2)}$

31. $\lim_{x \to 0} \dfrac{\cos x - 1 + x^2/2}{x^4}$

32. $\lim_{x \to 1} \dfrac{\ln x}{e^x - 1}$

33. $\lim_{x \to \pi} \dfrac{1 + \cos x}{x - \pi}$

34. $\lim_{x \to \pi/2} \left(x - \dfrac{\pi}{2}\right) \tan x$

35. $\lim_{x \to 0} \dfrac{\sin x - x + (1/6)x^3}{x^5}$

36. $\lim_{x \to \infty} \dfrac{x^3 + \ln x + 5}{5x^3 + e^{-x} + \sin x}$

37. Calculer $\lim_{x \to 0^+} x^p \ln x$, où $p > 0$.

38. Montrer, à l'aide de la règle de l'Hospital, que x^n/e^x tend vers zéro quand x tend vers l'infini pour tout n entier positif, ce qui signifie que e^x tend vers l'infini plus rapidement que n'importe quelle puissance de x.

***39.** Représenter graphiquement la fonction $y = x^x$, où $x > 0$.

5.3 Intégrales impropres

L'aire d'une région non bornée est définie par une limite.

L'intégrale définie $\int_a^b f(x)dx$ d'une fonction $f(x) \geq 0$ sur $[a, b]$ peut être utilisée pour calculer l'aire de la région sous la courbe de f entre a et b. Si b représente l'infini, la région n'est plus bornée. (Voir figure 5.3.1.) On est tenté de dire que l'aire de cette région sera infinie; cependant, des exemples vont montrer que ce n'est pas toujours vrai.

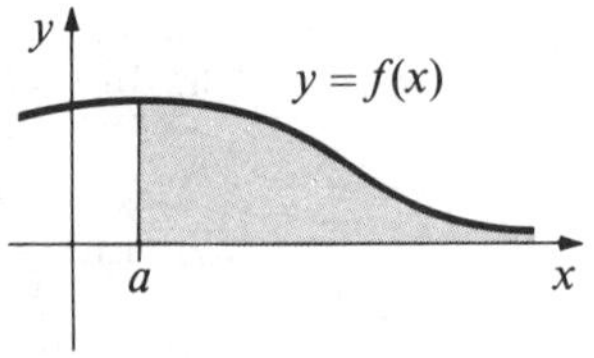

Figure 5.3.1

Exemple 1

Calculer $\int_1^b \frac{1}{x^4}\,dx$. Qu'arrive-t-il quand b tend vers l'infini ?

Solution

On a

$$\int_1^b \frac{dx}{x^4} = \int_1^b x^{-4}\,dx = \left.\frac{x^{-3}}{-3}\right|_1^b = \frac{1/b^3 - 1}{-3} = \frac{1 - 1/b^3}{3}$$

Quand b devient de plus en plus grand, cette intégrale a une valeur toujours inférieure à 1/3; par ailleurs, on a

$$\lim_{b\to\infty} \int_1^b \frac{dx}{x^4} = \lim_{b\to\infty} \frac{1 - 1/b^3}{3} = \frac{1}{3}$$ □

Intégrale impropre de première espèce

L'exemple 1 suggère que 1/3 est l'aire de la région non bornée formée des points (x, y) tels que $1 \le x$ et $0 \le y \le 1/x^4$. (Voir figure 5.3.2.) En utilisant la même notation que pour les intervalles finis, on notera cette aire

$$\int_1^\infty (dx/x^4)$$

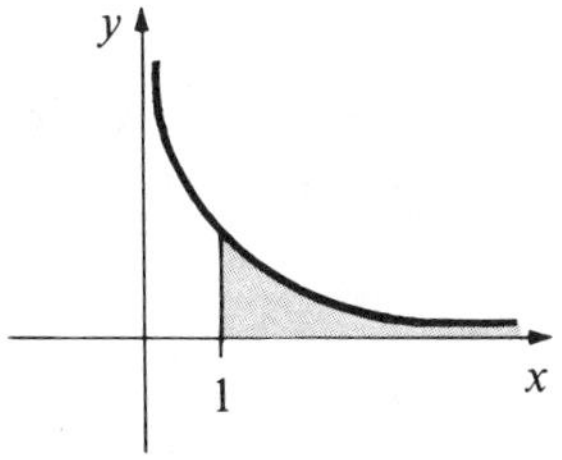

Figure 5.3.2

Comme on le voit, l'intégrale d'une fonction sur une région non bornée sera définie comme la limite de son intégrale sur des intervalles finis.

Intégrale sur un intervalle non borné

Supposons que, pour a fixé, f est intégrable sur $[a, b]$ pour tout $b > a$. Si $\lim_{b\to\infty} \int_a^b f(x)dx$ existe, on dira que l'intégrale impropre $\int_a^\infty f(x)dx$ est **convergente** et on définira sa valeur par

$$\int_a^\infty f(x)dx = \lim_{b\to\infty} \int_a^b f(x)dx$$

De même, si pour b fixé f est intégrable sur $[a, b]$ pour tout $a < b$, on définira

$$\int_{-\infty}^b f(x)dx = \lim_{a\to-\infty} \int_a^b f(x)dx$$

si la limite existe.

Finalement, si f est intégrable sur $[a, b]$ pour tout $a < b$, on définira

$$\int_{-\infty}^\infty f(x)dx = \int_{-\infty}^0 f(x)dx + \int_0^\infty f(x)dx$$

si les deux intégrales impropres du membre de droite de l'égalité sont convergentes.

Une intégrale impropre qui n'est pas convergente est dite **divergente**.

Exemple 2

Pour quelles valeurs de l'exposant r l'intégrale $\int_1^\infty x^r\,dx$ est-elle convergente ?

Solution

On a

$$\lim_{b\to\infty} \int_1^b x^r\,dx = \lim_{b\to\infty} \left.\frac{x^{r+1}}{r+1}\right|_1^b = \lim_{b\to\infty} \frac{b^{r+1}-1}{r+1} \quad (r \neq 1)$$

Si $r + 1 > 0$ (c'est-à-dire si $r > -1$), alors $\lim_{b\to\infty} b^{r+1}$ n'existe pas et l'intégrale est divergente.

Si $r + 1 < 0$ (c'est-à-dire si $r < -1$), alors on a $\lim_{b\to\infty} b^{r+1} = 0$ et l'intégrale est convergente; sa valeur est $-1/(r + 1)$.

Enfin, si $r = -1$, on a $\int_1^b x^{-1}\,dx = \ln b$ qui diverge quand b tend vers l'infini. On en déduit que $\int_1^\infty x^r\,dx$ converge seulement quand $r < -1$. □

Exemple 3

Calculer $\int_{-\infty}^{\infty} \frac{dx}{1 + x^2}$.

Solution

On écrit

$$\int_{-\infty}^{\infty} \frac{dx}{1 + x^2} = \int_{-\infty}^{0} \frac{dx}{1 + x^2} + \int_{0}^{\infty} \frac{dx}{1 + x^2}$$

Pour calculer ces deux intégrales, on utilise la formule

$$\int\left(\frac{dx}{1 + x^2}\right) = (\tan^{-1} x) + C$$

Alors

$$\begin{aligned}\int_{-\infty}^{0} \frac{dx}{1 + x^2} &= \lim_{a\to-\infty} (\tan^{-1} 0 - \tan^{-1} a)\\ &= 0 - \lim_{a\to-\infty} \tan^{-1} a\\ &= 0 - \left(\frac{-\pi}{2}\right)\\ &= \frac{\pi}{2}\end{aligned}$$

(Voir figure 5.3.3 pour les asymptotes horizontales de $y = \tan^{-1} x$.) On a de même

$$\int_0^\infty \frac{dx}{1+x^2} = \lim_{b\to\infty} (\tan^{-1} b - \tan^{-1} 0) = \frac{\pi}{2}$$

Donc
$$\int_{-\infty}^\infty \frac{dx}{1+x^2} = \frac{\pi}{2} + \frac{\pi}{2} = \pi.$$

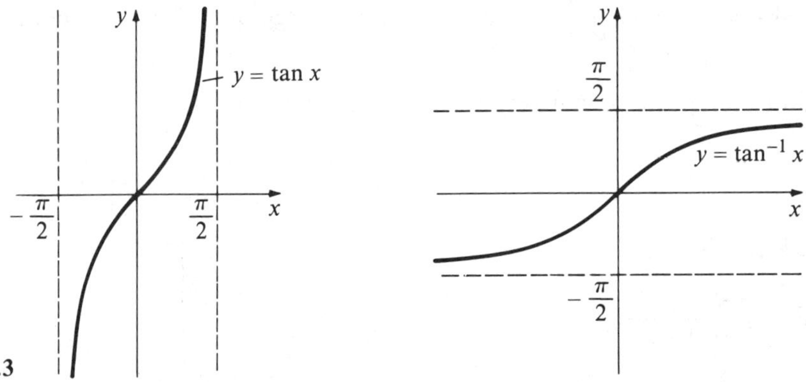

Figure 5.3.3

Quelquefois, il est pratique de savoir qu'une intégrale converge, même si l'on ne peut la calculer explicitement. Le critère suivant permet de le savoir.

Critère de comparaison pour les intégrales impropres

Soit f et g deux fonctions continues telles que

i) $|f(x)| \leq g(x)$ pour tout $x \geq a$,

ii) $\int_a^b f(x)dx$ et $\int_a^b g(x)dx$ existent pour tout $b > a$.

Alors :

(1) si $\int_a^\infty g(x)dx$ est convergente, il en est de même pour $\int_a^\infty f(x)dx$;

(2) si $\int_a^\infty f(x)dx$ est divergente, il en est de même pour $\int_a^\infty g(x)dx$.

Des résultats analogues sont valables pour les intégrales du type $\int_{-\infty}^b f(x)dx$ et du type $\int_{-\infty}^\infty f(x)dx$.

Donnons une explication intuitive de ce critère, dont la démonstration détaillée sera donnée à la fin de cette section.

Si $f(x)$ et $g(x)$ sont deux fonctions positives, la région sous la courbe de f est contenue dans la région sous la courbe de g de sorte que l'intégrale $\int_a^b f(x)dx$ croît et reste bornée quand b tend vers l'infini; on s'attend de ce fait à ce qu'elle converge. (Voir figure 5.3.4 a).) Dans le cas général, les sommes des aires positives et des aires négatives sont toutes deux bornées par $\int_a^\infty g(x)dx$ et le fait que certaines aires soient négatives ne peut qu'accélérer la convergence. (Voir figure 5.3.4 b).)

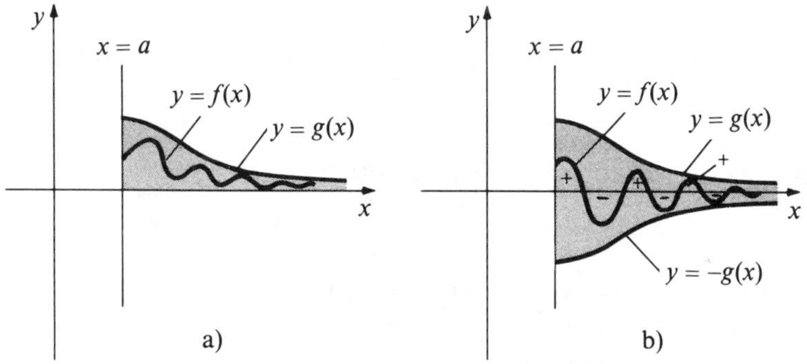

Figure 5.3.4

Soulignons que, dans le cas de la convergence, le critère de comparaison donne l'inégalité

$$-\int_a^\infty g(x)dx \leq \int_a^\infty f(x)dx \leq \int_a^\infty g(x)dx$$

mais ne fournit pas la valeur de $\int_a^\infty f(x)dx$.

Exemple 4

Montrer que $\int_0^\infty \frac{dx}{\sqrt{1+x^8}}$ est convergente en la comparant avec $\int_0^\infty \frac{1}{x^4}\,dx$.

Solution

On a $1/\sqrt{1+x^8} < 1/\sqrt{x^8} = 1/x^4$; il est donc tout indiqué de comparer l'intégrale donnée à $\int_0^\infty (dx/x^4)$.

Malheureusement, la dernière intégrale n'est pas définie, car $1/x^4$ n'est pas bornée autour de zéro. Partageons alors l'intégrale donnée en deux :

$$\int_0^\infty \frac{dx}{\sqrt{1+x^8}} = \int_0^1 \frac{dx}{\sqrt{1+x^8}} + \int_1^\infty \frac{dx}{\sqrt{1+x^8}}$$

La première intégrale du membre de droite existe parce que $1/\sqrt{1+x^8}$ est continue sur [0, 1]. Selon le critère de comparaison, la deuxième intégrale est convergente; en effet $1/\sqrt{1+x^8} < 1/x^4$ sur $[1, \infty$ et l'intégrale de $1/x^4$ sur $[1, \infty$ est convergente d'après l'exemple 2.

Donc $\int_0^\infty (dx/\sqrt{1+x^8})$ converge. □

Exemple 5

Montrer, sans la calculer, que l'intégrale $\int_0^\infty \frac{\sin x}{(1+x)^2}\,dx$ converge.

Solution

On applique le critère de comparaison en prenant

$$g(x) = 1/(1+x)^2 \text{ et } f(x) = (\sin x)/(1+x)^2$$

On a $\left|\frac{\sin x}{(1+x)^2}\right| \leq \frac{1}{(1+x)^2}$ puisque $|\sin x| \leq 1$.

Évaluons maintenant l'intégrale :

$$\begin{aligned}\int_0^\infty \frac{dx}{(1+x)^2} &= \lim_{b\to\infty} \int_0^b \frac{dx}{(1+x)^2}\\ &= \lim_{b\to\infty} \left[\frac{-1}{(1+x)}\right]\Bigg|_0^b\\ &= \lim_{b\to\infty}\left[1 - \frac{1}{1+b}\right]\\ &= 1\end{aligned}$$

Comme $\int_0^\infty \frac{dx}{(1+x)^2}$ converge, il en est de même pour $\int_0^\infty \frac{\sin x}{(1+x)^2}\,dx$. □

Exemple 6

Montrer que $\int_1^\infty \frac{dx}{\sqrt{1+x^2}}$ est divergente.

Solution
Utilisons la deuxième partie du critère de comparaison en comparant $1/\sqrt{1+x^2}$ avec $1/x$. Pour $x > 1$, $1/\sqrt{1+x^2} \geq 1/\sqrt{x^2+x^2} = 1/\sqrt{2}\,x$ et

$$\int_1^b (dx/\sqrt{2}\,x) = (1/\sqrt{2})\ln b$$

diverge quand b tend vers l'infini, donc l'intégrale donnée diverge. □

Intégrale impropre de seconde espèce

Abordons maintenant l'étude d'un deuxième type d'intégrale impropre. Si la courbe d'une fonction f présente une asymptote verticale à l'une des extrémités de l'intervalle $[a, b]$, l'intégrale $\int_a^b f(x)dx$ n'est pas définie au sens habituel puisque la fonction n'est pas bornée sur $[a, b]$. Puisque les intégrales $\int_a^\infty f(x)dx$ peuvent représenter, lorsqu'elles convergent, l'aire finie des régions non bornées sous une courbe, on voudrait représenter aussi, par une intégrale, l'aire d'une région sous la courbe d'une fonction non bornée. Donc, comme précédemment, on définira l'intégrale d'une fonction non bornée par la limite d'une intégrale de fonctions bornées et on désignera cette intégrale sous le nom d'**intégrale impropre de seconde espèce**.

Intégrale d'une fonction non bornée
(Intégrale impropre de seconde espèce)

Supposons que la courbe de f présente une asymptote verticale en $x_0 = b$ et que, pour a fixé, f est intégrable sur [a, q] pour tout q dans $[a, b[$.

Si $\lim_{q \to b^-} \int_a^q f(x)dx$ existe, on dira que l'intégrale impropre $\int_a^b f(x)dx$ est convergente et on définira $\int_a^b f(x)dx = \lim_{q \to b^-} \int_a^q f(x)dx$.

De la même façon, si $x = a$ définit une asymptote verticale, on définira

$$\int_a^b f(x)dx = \lim_{p \to a^+} \int_p^b f(x)dx$$

si la limite existe. (Voir figure 5.3.5.)

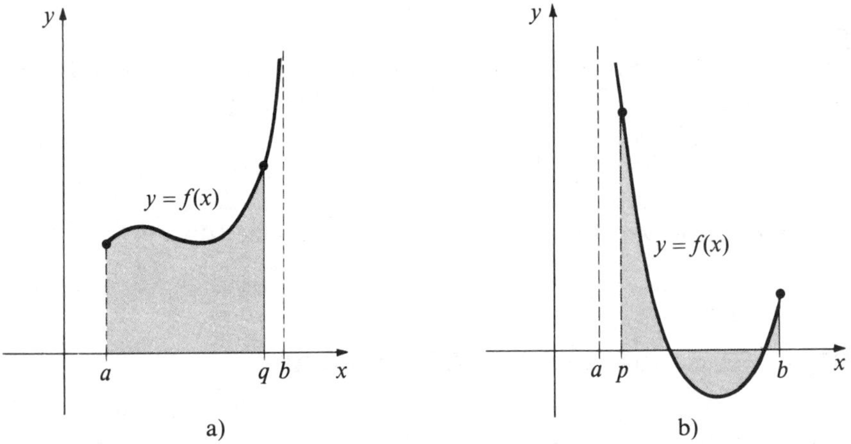

Figure 5.3.5

Lorsque $x = a$ et $x = b$ sont des asymptotes verticales ou lorsqu'il y a des asymptotes verticales à l'intérieur de $]a, b[$, on partage l'intervalle $[a, b]$ en sous-intervalles de telle sorte que l'intégrale de f sur chacun d'eux soit du type considéré ci-dessus. Si toutes les intégrales sont convergentes, on peut les évaluer et leur somme sera $\int_a^b f(x)dx$.

Le critère de comparaison peut être utilisé pour vérifier la convergence de chacune. (Voir l'exemple 9.)

Exemple 7

Pour quelle valeur de r, l'intégrale $\int_0^1 x^r\,dx$ est-elle convergente ?

Solution

Si $r \geq 0$, x^r est continue sur $[0, 1]$ et son intégrale existe.

Si $r < 0$, $\lim_{x \to 0^+} x^r = \infty$, l'intégrale est donc impropre.

Alors $\lim_{p \to 0^+} \int_p^1 x^r\,dx = \lim_{p \to 0^+} \left.\frac{x^{r+1}}{r+1}\right|_p^1 = \frac{1}{r+1}\left(1 - \lim_{p \to 0^+} p^{r+1}\right)$ pourvu que $r \neq -1$.

Si $r > -1$, on a $\lim_{p \to 0^+} p^{r+1} = 0$, ce qui entraîne la convergence de l'intégrale, qui vaut $1/(r + 1)$.

Si $r < -1$, on a $\lim_{p \to 0^+} p^{r+1} = \infty$, ce qui entraîne la divergence de l'intégrale.

Enfin, si $r = -1$, on a $\lim\limits_{p \to 0^+} \int_p^1 x^r\,dx = \lim\limits_{p \to 0^+} (0 - \ln p) = \infty$.

Ainsi l'intégrale $\int_0^1 x^r\,dx$ converge seulement si $r > -1$. (Comparer ce résultat avec celui de l'exemple 2.) □

Exemple 8

Calculer $\int_0^1 \ln x\,dx$.

Solution

On sait que $\int \ln x\,dx = x \ln x - x + C$; donc

$$\begin{aligned}\int_0^1 \ln x\,dx &= \lim_{p \to 0^+} (1 \ln 1 - 1 - p \ln p + p)\\ &= 0 - 1 - 0 + 0\\ &= -1\end{aligned}$$

($\lim\limits_{p \to 0^+} p \ln p = 0$ d'après l'exemple 6 de la section précédente). □

Exemple 9

Montrer que l'intégrale impropre $\int_0^\infty \dfrac{e^{-x}}{\sqrt{x}}\,dx$ converge.

Solution

Cette intégrale est une intégrale impropre, car son domaine est non borné et la fonction n'est pas bornée non plus. On l'écrit sous la forme $I_1 + I_2$, où

$$I_1 = \int_0^1 (e^{-x}/\sqrt{x})dx \quad \text{et} \quad I_2 = \int_1^\infty (e^{-x}/\sqrt{x})dx$$

On applique le critère de comparaison à chacune d'elles. Sur [0, 1], on a

$$e^{-x} \le 1 \iff \frac{e^{-x}}{\sqrt{x}} \le \frac{1}{\sqrt{x}}$$

Comme $\int_0^1 (dx/\sqrt{x})$ est convergente (voir l'exemple 7), il en est de même pour I_1.

Sur $[1, \infty[$,

$$\frac{1}{\sqrt{x}} \le 1 \iff \frac{e^{-x}}{\sqrt{x}} \le e^{-x}$$

or $\int_1^\infty e^{-x}\,dx$ converge parce que

$$\int_1^\infty e^{-x}\,dx = \lim_{b\to\infty} \int_1^b e^{-x}\,dx = \lim_{b\to\infty} (e^{-1} - e^{-b}) = e^{-1}$$

Ainsi I_2 converge. Comme I_1 et I_2 convergent, il en est de même pour

$$\int_0^\infty (e^{-x}/\sqrt{x})dx$$

□

Exemple 10
Calculer la longueur de la courbe $y = \sqrt{1 - x^2}$ pour x dans $[-1, 1]$. Interpréter géométriquement le résultat.

Solution
Avec la formule (1) de la section 4.3, la longueur de la courbe est

$$L = \int_{-1}^1 \sqrt{1 + (dy/dx)^2}\,dx = \int_{-1}^1 \sqrt{1 + (-x/\sqrt{1 - x^2})^2}\,dx = \int_{-1}^1 \frac{dx}{\sqrt{1 - x^2}}$$

La fonction $1/\sqrt{1 - x^2}$ n'est pas bornée à $x = \pm 1$; son intégrale sur $[-1, 1]$ est donc impropre; pour la calculer, on partage $[-1, 1]$ en $[-1, 0]$ et $[0, 1]$. Alors

$$\begin{aligned} L &= \int_{-1}^0 \frac{dx}{\sqrt{1 - x^2}} + \int_0^1 \frac{dx}{\sqrt{1 - x^2}} \\ &= \lim_{p\to -1^+} \int_p^0 \frac{dx}{\sqrt{1 - x^2}} + \lim_{q\to 1^-} \int_0^q \frac{dx}{\sqrt{1 - x^2}} \\ &= \lim_{p\to -1^+} (\sin^{-1} 0 - \sin^{-1} p) + \lim_{q\to 1^-} (\sin^{-1} q - \sin^{-1} 0) \\ &= 0 - \left(-\frac{\pi}{2}\right) + \frac{\pi}{2} - 0 \\ &= \pi \end{aligned}$$

Géométriquement, la courbe considérée est un demi-cercle de rayon 1; il en ressort ainsi le fait que la longueur d'un cercle de rayon 1 est 2π. □

Preuve du critère de comparaison pour les intégrales impropres

Terminons cette section par la démonstration du critère de comparaison. Cette démonstration repose sur le théorème suivant :

Soit F une fonction définie sur $[0, \infty$ vérifiant les caractéristiques suivantes :

i) F est non décroissante, c'est-à-dire que $F(x_1) \leq F(x_2)$ si $x_1 < x_2$;
ii) F est bornée supérieurement, c'est-à-dire qu'il existe un nombre M tel que $F(x) \leq M$ pour tout x.

Alors $\lim\limits_{x \to \infty} F(x)$ existe et elle est inférieure ou égale à M.

La conclusion de ce théorème est tout à fait plausible puisque la courbe de F ne descend jamais et ne traverse jamais la droite $y = M$; on peut donc s'attendre à ce que cette courbe ait une asymptote horizontale quand x tend vers l'infini. (Voir figure 5.3.6.) La preuve suppose une étude soignée des propriétés des nombres réels; nous nous contenterons d'admettre simplement ce résultat. Signalons enfin qu'il y a un théorème équivalent pour les fonctions non croissantes bornées inférieurement.

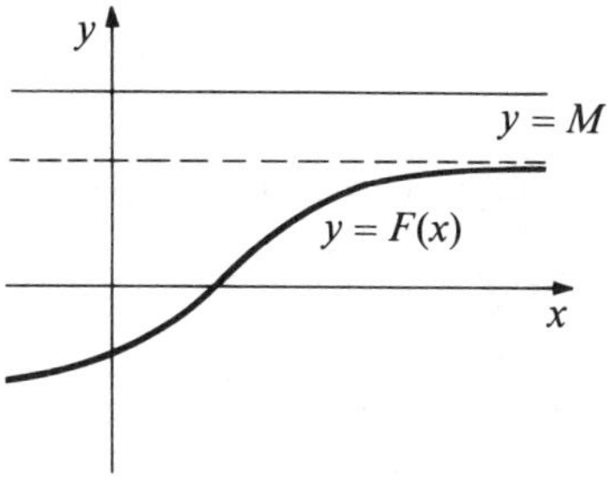

Figure 5.3.6

Démontrons alors la première partie du critère de comparaison énoncé à l'encadré de la page 298. La deuxième partie se déduit de la première, car si $\int_a^\infty g(x)dx$ convergeait, il en serait de même pour $\int_a^\infty f(x)dx$.

Soit

$$f_1(x) = \begin{cases} f(x) & \text{si } f(x) \geq 0 \\ 0 & \text{si } f(x) < 0 \end{cases}$$

et

$$f_2(x) = \begin{cases} f(x) & \text{si } f(x) < 0 \\ 0 & \text{si } f(x) \geq 0 \end{cases}$$

les parties positives et négatives de f respectivement. (Voir figure 5.3.7.)

Remarquons que $f = f_1 + f_2$.

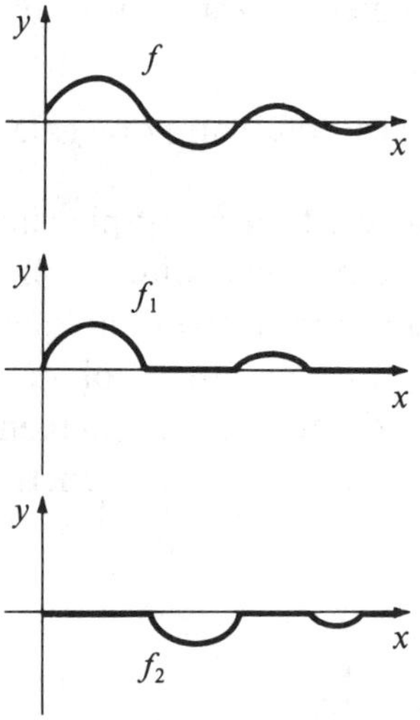

Figure 5.3.7 f_1 et f_2 sont les parties positive et négative de f.

Soit

$$F_1(x) = \int_a^x f_1(t)dt \quad \text{et} \quad F_2(x) = \int_a^x f_2(t)dt$$

Puisque f_1 est non négative, $F_1(x)$ est croissante. De plus, avec les hypothèses du critère de comparaison, on a

$$F_1(x) \leq \int_a^x |f(t)|\, dt \leq \int_a^x g(t)dt \leq \int_a^\infty g(t)dt$$

de sorte que $F_1(x)$ est bornée supérieurement par $\int_a^\infty g(t)dt$.

Donc F_1 a une limite quand x tend vers l'infini.

De la même façon, F_2 a une limite puisqu'elle est décroissante et bornée inférieurement.

Finalement, $\int_a^x f(t)dt = F_1(x) + F_2(x)$ a aussi une limite quand x tend vers l'infini.

Exercices de la section 5.3

Dans les exercices 1 à 8, calculer les intégrales impropres données.

1. $\displaystyle\int_1^{\infty} \frac{3}{x^2}\,dx$

2. $\displaystyle\int_2^{\infty} \frac{dx}{x^2}$

3. $\displaystyle\int_1^{\infty} e^{-5x}\,dx$

4. $\displaystyle\int_0^{\infty} e^{-3x}\,dx$

5. $\displaystyle\int_2^{\infty} \frac{dx}{x^2 - 1}$

6. $\displaystyle\int_0^{\infty} \frac{1}{(1+x)^2}\,dx$

7. $\displaystyle\int_{-\infty}^{\infty} \frac{dx}{4 + x^2}$

8. $\displaystyle\int_{-\infty}^{\infty} \frac{dx}{9 + x^2}$

Dans les exercices 9 à 12, démontrer la convergence des intégrales données en utilisant le critère de comparaison.

9. $\displaystyle\int_0^{\infty} \frac{dx}{3 + x^3}$

10. $\displaystyle\int_0^{\infty} \frac{\sin x\,dx}{\sqrt{1 + x^4}}$

11. $\displaystyle\int_0^{\infty} \frac{e^{-x}}{1 + x}\,dx$

12. $\displaystyle\int_1^{\infty} \frac{e^{-x}}{1 + \ln x}\,dx$

Dans les exercices 13 à 16, démontrer la divergence des intégrales données en utilisant le critère de comparaison.

13. $\displaystyle\int_0^{\infty} \frac{dx}{\sqrt{2 + x^2}}$

14. $\displaystyle\int_0^{\infty} \frac{dx}{8 + x + 1/x}$

15. $\displaystyle\int_1^{\infty} \frac{(2 + \sin x)dx}{1 + x}$

16. $\displaystyle\int_1^{\infty} \frac{(3 - \cos x)}{\sqrt{1 + x^2}}\,dx$

Dans les exercices 17 à 20, calculer les intégrales impropres données.

17. $\displaystyle\int_0^{10} \frac{dx}{x^{2/3}}$

18. $\displaystyle\int_0^{1} \frac{dx}{x^{3/4}}$

19. $\displaystyle\int_0^{1} \frac{dx}{\sqrt{1 - x}}$

20. $\displaystyle\int_0^{1} \frac{dx}{(1 - x)^{2/3}}$

Dans les exercices 21 à 24, utiliser le critère de comparaison pour déterminer la convergence ou la divergence des intégrales impropres données.

21. $\displaystyle\int_{-1}^{1} \frac{dx}{x^2 + x}$

22. $\displaystyle\int_{-1}^{1} \frac{dx}{(x^2 + x)^{1/3}}$

23. $\displaystyle\int_{-\infty}^{\infty} e^{-|x|}\,dx$

24. $\displaystyle\int_0^{\infty} \frac{dx}{(1 + x^3)^{1/3}}$

Dans les exercices 25 à 40, déterminer si les intégrales données convergent ou divergent.

25. $\int_{-1}^{\infty} \frac{\tan^{-1} x}{(2+x)^3}\, dx$

26. $\int_{0}^{\infty} \frac{\sin x}{1+x^2}\, dx$

27. $\int_{-\infty}^{\infty} \frac{x}{(x^2+1)^{3/2}}\, dx$

28. $\int_{2}^{\infty} \frac{1}{t^2-1}\, dt$

29. $\int_{1}^{\infty} \frac{1}{(5x^2+1)^{2/3}}\, dx$

30. $\int_{1}^{\infty} \frac{1}{x^2}\left(1-\frac{1}{x}\right) dx$

31. $\int_{1}^{\infty} \frac{1}{(4x-3)^{1/3}}\, dx$

32. $\int_{0}^{\infty} \left[\cos x + \frac{1}{(x+1)^2}\right] dx$

33. $\int_{-\infty}^{-2} \left(\frac{1}{x^{6/5}} - \frac{1}{x^{4/3}}\right) dx$

34. $\int_{0}^{1} \frac{e^{-t}}{\sqrt[3]{t^2}}\, dt$

35. $\int_{1}^{2} \frac{1}{\sqrt{t-1}}\, dt$

36. $\int_{-\infty}^{\infty} \frac{\cos(x^2+1)}{x^2}\, dx$

[*Indication* : Utiliser le critère de comparaison sur un intervalle bien choisi.]

37. $\int_{-\infty}^{2} \left(\frac{1}{x^{5/3}} - \frac{1}{x^{4/3}}\right) dx$

38. $\int_{-4}^{10} \left[\frac{1}{(x+4)^{2/3}} + \frac{1}{(x-10)^{2/3}}\right] dx$

39. $\int_{2}^{\infty} \frac{dx}{x \ln x}$

40. $\int_{1}^{\infty} e^{-x} \ln x\, dx$

41. Calculer l'aire de la région sous la courbe de $f(x) = (3x+5)/(x^3-1)$ pour $x \geq 2$.

42. Calculer l'aire de la région comprise entre les courbes $y = x^{-4/3}$ et $y = x^{-5/3}$ pour $x \geq 1$.

***43.** Montrer que

$$\lim_{A \to 0^+} \left[\int_{-3}^{A} (dx/x) + \int_{A}^{2} (dx/x)\right]$$

existe et calculer sa valeur.

***44.** Pourquoi les calculs suivants sont-ils erronés ?

a) $\int_{-1}^{1} \frac{dx}{x^2} = -\frac{1}{x}\Big|_{-1}^{1} = -1 + (-1) = -2$

b) $\int_{\pi/2}^{5\pi/2} \frac{\cos x}{(1+\sin x)^3}\, dx$

$$= -\frac{1}{2} \cdot \frac{1}{(1+\sin x)^2}\Big|_{\pi/2}^{5\pi/2} = 0$$

5.4 Intégration numérique

Des sommes permettent d'approximer numériquement la valeur de l'intégrale.

Le théorème fondamental du calcul intégral ne permet pas de résoudre tous les problèmes d'intégration. En effet, la primitive d'une fonction donnée n'est pas toujours simple à trouver et, dans certains cas, elle n'existe pas. La fonction à intégrer peut même ne pas être donnée par une formule mais par une table de valeurs; par exemple, on peut se proposer de calculer l'énergie emmagasinée dans une batterie à partir des lectures de la puissance d'entrée à des intervalles de temps donnés. Dans l'un ou l'autre cas, il est nécessaire d'utiliser une méthode d'intégration numérique pour trouver une valeur approchée de l'intégrale.

Quand on utilise une méthode numérique, il est important d'estimer les erreurs de sorte que le résultat final du calcul donne la valeur approchée avec un certain nombre de chiffres significatifs exacts. Les erreurs possibles sont des erreurs dues à la méthode, des erreurs de troncature et des erreurs d'arrondi. L'analyse de ces erreurs est un problème intéressant mais compliqué dont nous ne donnerons que quelques exemples[4].

Méthode des rectangles

La méthode la plus simple d'intégration numérique est basée sur le fait que l'intégrale peut être considérée comme la limite d'une somme de Riemann. Soit donc une fonction $f(x)$ intégrable sur $[a, b]$; divisons l'intervalle en sous-intervalles par $a = x_0 < x_1 < x_2 < \ldots < x_n = b$. Alors $\int_a^b f(x)dx$ est approximée par $\sum_{i=1}^{n} f(c_i)\Delta x_i$ où c_i appartient à l'intervalle $[x_{i-1}, x_i]$. Ordinairement, les x_i sont régulièrement espacés de sorte que $\Delta x_i = (b - a)/n$ et $x_i = a + i(b - a)/n$. En prenant systématiquement $c_i = x_{i-1}$ ou x_i, on obtient la méthode résumée dans l'encadré de la page suivante.

4. Pour une discussion approfondie des calculs d'erreur dans l'analyse numérique, se référer à un traité sur la question.

Méthode des rectangles

Pour trouver une valeur approchée de $\int_a^b f(x)dx$, on prend $x_i = a + i(b-a)/n$ et on forme la somme

$$\frac{b-a}{n}[f(x_0)+f(x_1)+\ldots+f(x_{n-1})] \tag{1a}$$

ou la somme

$$\frac{b-a}{n}[f(x_1)+f(x_2)+\ldots+f(x_n)] \tag{1b}$$

Exemple 1

Approximer $\int_0^{\pi/2} \cos x\, dx$ par la méthode des rectangles en prenant 11 points régulièrement espacés, $x_0 = 0$, $x_1 = \pi/20$, $x_2 = 2\pi/20$, ..., $x_{10} = 10\pi/20 = \pi/2$ et $c_i = x_i$. Comparer la réponse obtenue avec la valeur exacte.

Solution
La formule (1a) donne

$$\int_0^{\pi/2} \cos x\, dx \approx \frac{\pi}{20}\left(1 + \cos\frac{\pi}{20} + \cos\frac{2\pi}{20} + \ldots + \cos\frac{9\pi}{20}\right)$$

$$= \frac{\pi}{20}(1 + 0{,}987\,69 + 0{,}951\,06 + \ldots + 0{,}156\,43)$$

$$= \frac{\pi}{20}(6{,}853\,10)$$

$$= 1{,}076\,48$$

La vraie valeur est $[\sin(\pi/2) - \sin(0)] = 1$, donc l'erreur relative commise est de

$$\frac{1{,}076\,48 - 1}{1} \cdot 100 \approx 7{,}6\,\%$$ □

Cette méthode, simple dans son principe, est malheureusement peu efficace, car il faut prendre beaucoup de points pour avoir une bonne approximation.

Méthode des trapèzes

L'aire sous la courbe de $f(x)$ sur $[x_{i-1}, x_i]$ sera mieux approximée par l'aire d'un trapèze que par l'aire d'un rectangle. (Voir figure 5.4.1.) Pour cela on joint les points $(x_i, f(x_i))$ par des segments de droite. L'aire d'un trapèze entre x_{i-1} et x_i est

$$A_i = \frac{1}{2}[f(x_{i-1}) + f(x_i)]\,\Delta x_i$$

puisque l'aire d'un trapèze est égale au produit de la demi-somme des bases par la hauteur.

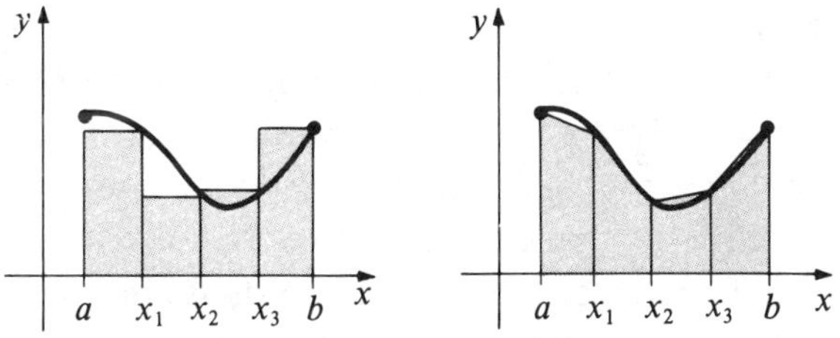

a) Méthode des rectangles. b) Méthode des trapèzes.

Figure 5.4.1

L'approximation de $\int_a^b f(x)dx$ par cette méthode trapézoïdale est

$$\sum_{i=1}^{n} \frac{1}{2}[f(x_{i-1}) + f(x_i)]\,\Delta x_i = \Delta x_i \sum_{i=1}^{n} \frac{1}{2}[f(x_{i-1}) + f(x_i)]$$

On simplifie la méthode en prenant des x_i régulièrement espacés; alors

$$\Delta x_i = (b-a)/n, \quad x_i = a + i(b-a)/n$$

et la somme devient

$$\left(\frac{b-a}{n}\right) \sum_{i=1}^{n} \frac{1}{2}[f(x_{i-1}) + f(x_i)]$$

qui peut être écrite sous la forme

$$\frac{b-a}{2n}[f(x_0) + 2f(x_1) + \ldots + 2f(x_{n-1}) + f(x_n)]$$

puisque tous les termes se retrouvent deux fois, sauf le premier et le dernier.

Méthode des trapèzes

Pour trouver une valeur approchée de $\int_a^b f(x)dx$, on prend $x_i = a + i(b - a)/n$, avec $i = 0, 1, 2, ..., n$, et on calcule la somme

$$\frac{b-a}{2n}[f(x_0) + 2f(x_1) + ... + 2f(x_{n-1}) + f(x_n)] \qquad (2)$$

La formule (2) donne une bien meilleure approximation que la méthode des rectangles, même si ce n'est que la valeur moyenne des formules (1a) et (1b). En utilisant des résultats d'analyse numérique, on peut montrer que l'erreur de cette méthode (exception faite de l'erreur d'arrondi ou de l'erreur cumulative) est plus petite ou égale à $[(b - a)/12]M_2(\Delta x)^2$, où M_2 est un majorant de $|f''(x)|$ sur $[a, b]$. Bien sûr, si on ne connaît que des valeurs numériques de f, on ne peut pas estimer M_2; mais si f est donnée, on peut l'estimer. Notons cependant que l'expression contient $(\Delta x)^2$ en facteur, de sorte que si on divise $[a, b]$ en k sous-intervalles égaux, $\Delta x = (b - a)/k$; alors l'erreur décroît comme $1/k^2$. De la même façon, on peut montrer que dans la méthode des rectangles, l'erreur est plus petite ou égale à $(b - a)M_1(\Delta x)$, où M_1 est un majorant de $|f'(x)|$ sur $[a, b]$; dans ce cas, l'expression contenant Δx en facteur décroîtra comme $1/k$. Ainsi, sans connaître les valeurs respectives de M_1 et M_2, on peut affirmer que la méthode des trapèzes véhicule, en général, des erreurs beaucoup plus petites que celle des rectangles.

Exemple 2

Reprendre l'exemple 1 en utilisant la méthode des trapèzes. Comparer les résultats avec la valeur exacte de l'intégrale.

Solution

La formule (2) donne, dans ce cas,

$$\frac{\pi/2}{2 \cdot 10}\left(\cos 0 + 2\cos\frac{\pi}{20} + ... + 2\cos\frac{9\pi}{20} + \cos\frac{\pi}{2}\right)$$

$$\approx \frac{\pi}{40}[1 + 2(0{,}9877 + 0{,}9511 + ... + 0{,}1564) + 0]$$

$$\approx 0{,}9979$$

L'erreur relative est de 0,2 %, ce qui est mieux que dans l'exemple 1. □

Exemple 3

Utiliser la méthode des trapèzes avec $n = 10$ pour calculer numériquement

$$2\pi \int_0^1 \left(\frac{x}{1+x^2}\right) \sqrt{1 + \left[\frac{d}{dx}\left(\frac{x}{1+x^2}\right)\right]^2}\, dx$$

Remarque

Cette intégrale donne l'aire de la surface de révolution engendrée par la rotation autour de l'axe des x du graphe de $y = \dfrac{x}{1+x^2}$ pour x compris entre 0 et 1.

Solution

$$I = 2\pi \int_0^1 \left(\frac{x}{1+x^2}\right) \sqrt{1 + \left[\frac{d}{dx}\left(\frac{x}{1+x^2}\right)\right]^2}\, dx$$

$$= 2\pi \int_0^1 \frac{x\sqrt{(1+x^2)^4 + (1-x^2)^2}}{(1+x^2)^3}\, dx$$

Il y a peu d'espoir de trouver une primitive et donc l'intégration numérique est bien appropriée. Les valeurs de $f(x_i)$ utilisées par la méthode des trapèzes sont les suivantes :

x_i	0	0,1	0,2	0,3	0,4	0,5	0,6	0,7	0,8	0,9	1,0
$y_i = f(x_i)$	0	0,137 97	0,257 13	0,346 68	0,406 50	0,443 69	0,466 84	0,482 04	0,492 16	0,498 07	1,500 00

pour $f(x) = x\sqrt{(1+x^2)^4 + (1-x^2)^2}\,/(1+x^2)^3$. En portant x_i et $f(x_i)$ dans la formule

$$\int_a^b f(x)dx \approx \left(\frac{b-a}{2n}\right)[f(x_0) + 2f(x_1) + \ldots + 2f(x_{n-1}) + f(x_n)]$$

avec $x_i = a + [i(b-a)/n]$, $a = 0$ et $b = 1$, on obtient

$$\int_0^1 \frac{x\sqrt{(1+x^2)^4 + (1-x^2)^2}}{(1+x^2)^3}\, dx \approx 0{,}378\,11$$

L'aire est donc $A \approx (2\pi)(0{,}378\,11) = 2{,}3757$. Bien entendu, on ne connaît pas la précision du calcul, c'est-à-dire le nombre de décimales exactes; il faudrait pour cela faire un calcul d'erreur. □

Méthode de Simpson

La méthode d'intégration dite de Simpson[5] est souvent plus efficace que les deux autres; dans ce cas, la courbe de $f(x)$ est approximée par des arcs de parabole d'équation $y = ax^2 + bx + c$.

5. Thomas Simpson l'a établie dans son livre *Mathematical Dissertations on Physical and Analytical Subjects* (1743).

Il faut connaître les coordonnées de trois points de cette parabole pour déterminer a, b et c; on choisit donc les points

$$(x_{i-1}, f(x_{i-1})), \quad (x_i, f(x_i)) \quad \text{et} \quad (x_{i+1}, f(x_{i+1}))$$

Il est possible (voir l'exercice 11) de montrer que l'intégrale de x_{i-1} à x_{i+1} d'une fonction quadratique passant par ces trois points est

$$A_i = \frac{\Delta x}{3}\left[f(x_{i-1}) + 4f(x_i) + f(x_{i+1})\right]$$

où $\Delta x = x_i - x_{i-1} = x_{i+1} - x_i$ (points également espacés). (Voir figure 5.4.2.) En faisant cela pour tous les ensembles de trois points consécutifs à partir de $a = x_0$, soit $\{x_0, x_1, x_2\}$, $\{x_2, x_3, x_4\}$, $\{x_4, x_5, x_6\}$, etc., on obtiendra une formule d'approximation pour l'aire. On remarquera qu'il faut obligatoirement que n soit pair, autrement dit que $n = 2m$.

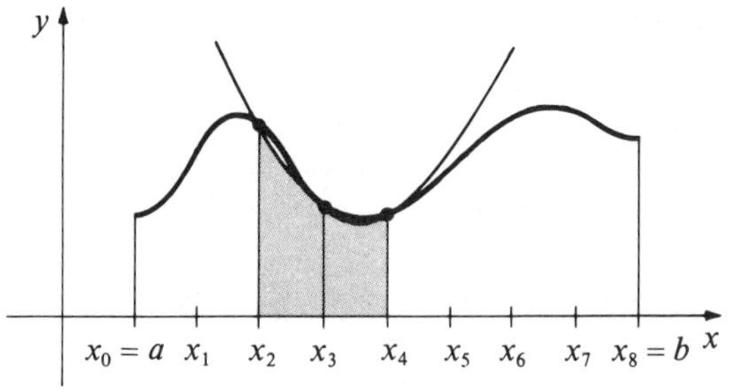

Figure 5.4.2 Illustration de la méthode de Simpson.

Comme dans la méthode des trapèzes, les points extrêmes $a = x_0$ et $b = x_n$ n'interviennent qu'une seule fois; il en est de même de ceux de rang impair (points centraux); les autres points interviennent deux fois. Cela conduit à la formule de Simpson (3), telle que la donne l'encadré qui suit.

La méthode est très précise; avec la formule (3), l'erreur est plus petite que

$$[(b - a)/180]M_4(\Delta x)^4$$

où M_4 est un majorant de $|f''''(x)|$ sur $[a, b]$. L'erreur décroît donc comme la puissance quatrième de Δx, c'est-à-dire beaucoup plus rapidement qu'avec les deux premières méthodes. Il est remarquable qu'en changeant simplement les coefficients, on passe des formules (1) ou (2) à la formule (3), qui est beaucoup plus efficace.

Méthode de Simpson

Pour trouver une valeur approchée de $\int_a^b f(x)dx$, on prend $x_i = a + i(b - a)/n$ (n doit être pair) et on calcule la somme

$$\frac{b-a}{3n}[f(x_0) + 4f(x_1) + 2f(x_2) + 4f(x_3) + 2f(x_4) + \dots + 2f(x_{n-2}) + 4f(x_{n-1}) + f(x_n)] \qquad (3)$$

Exemple 4

Refaire l'exemple 1 avec la méthode de Simpson. Comparer la réponse avec la valeur exacte.

Solution

Dans ce cas, avec la calculatrice, la formule (3) donne

$$\frac{\pi/2}{3 \cdot 10}\left(\cos 0 + 4\cos\frac{\pi}{20} + 2\cos\frac{2\pi}{20} + 4\cos\frac{3\pi}{20} + 2\cos\frac{4\pi}{20}\right.$$
$$\left. + 4\cos\frac{5\pi}{20} + 2\cos\frac{6\pi}{20} + 4\cos\frac{7\pi}{20} + 2\cos\frac{8\pi}{20} + 4\cos\frac{9\pi}{20} + \cos\frac{\pi}{2}\right)$$
$$\approx \frac{\pi}{60}(1 + 3{,}950\,753\,4 + \dots + 0)$$
$$\approx \frac{\pi}{60} \cdot 19{,}098\,658$$
$$\approx 1{,}000\,003\,4$$

Dans ce cas, l'erreur est plus petite que 10^{-5} (la valeur exacte étant 1). □

Exemple 5

Supposons que l'on connaisse les valeurs suivantes d'une fonction f sur [0, 1].

$f(0) = 0{,}846$	$f(0{,}4) = 1{,}121$	$f(0{,}8) = 2{,}321$
$f(0{,}1) = 0{,}928$	$f(0{,}5) = 1{,}221$	$f(0{,}9) = 3{,}101$
$f(0{,}2) = 0{,}882$	$f(0{,}6) = 1{,}661$	$f(1{,}0) = 3{,}010$
$f(0{,}3) = 0{,}953$	$f(0{,}7) = 2{,}101$	

Estimer $\int_0^1 f(x)dx$ par la méthode de Simpson.

Solution
La formule (3) s'écrit

$$\int_0^1 f(x) \approx \frac{1}{30}[f(0) + 4f(0,1) + 2f(0,2) + 4f(0,3) + 2f(0,4) + 4f(0,5)$$
$$+ 2f(0,6) + 4f(0,7) + 2f(0,8) + 4f(0,9) + f(1,0)]$$

En portant les valeurs données de f dans cette expression, on obtient avec la calculatrice

$$\int_0^1 f(x)dx = \frac{1}{30}(49,042) = 1,635$$

La précision du résultat sera d'autant meilleure que la dérivée 4ᵉ de $f(x)$ ne sera pas très grande. □

Exemple 6

Quelle doit être la valeur maximale de Δx pour que le calcul de $\int_2^4 e^{-x^2}\,dx$ par la méthode des trapèzes soit précise à 10^{-6} près ? Et par la méthode de Simpson ?

Solution
Soit $f(x) = e^{-x^2}$, $a = 2$ et $b = 4$. Une borne de l'erreur dans la méthode des trapèzes est $[(b - a)/12]M_2(\Delta x)^2$, où M_2 est un majorant de $|f''(x)|$ sur $[a, b]$.

On trouve $f'(x) = -2xe^{-x^2}$ et $f''(x) = -2e^{-x^2} + 4x^2e^{-x^2} = 2(2x^2 - 1)e^{-x^2}$.

Or $f'''(x) = (12x - 8x^3)e^{-x^2} = 4x(3 - 2x^2)e^{-x^2} < 0$ sur [2, 4].

Donc $f''(x)$ est décroissante. De plus, $f''(x)$ est positive sur [2, 4]. Prenons ici comme majorant le maximum de $f''(x)$. Alors

$$|f''(x)| = f''(x) \leq f''(2) = 14e^{-4} = M_2$$

de sorte que l'erreur est plus petite que

$$\frac{b-a}{12}M_2(\Delta x)^2 = \frac{1}{6} \bullet 14e^{-4}(\Delta x)^2$$

Pour que cette erreur soit plus petite que 10^{-6}, il faut prendre Δx tel que

$$\frac{1}{6} \bullet 14e^{-4}(\Delta x)^2 < 10^{-6}$$

$$(\Delta x)^2 < e^4 10^{-6} \bullet \frac{3}{7} = 0,000\,023\,4$$

$$\Delta x < 0,004\,8$$

Il faut donc que $n = (b - a)/\Delta x = 416$ au moins.

Avec la méthode de Simpson, une borne de l'erreur est $[(b-a)/180]M_4(\Delta x)^4$. La dérivation donne $f''''(x) = 4(4x^4 - 12x^2 + 3)e^{-x^2}$. Or, sur [2, 4], on vérifie facilement que $4x^4 - 12x^2 + 3$ est croissante, alors que (e^{-x^2}) est décroissante, de sorte que

$$\begin{aligned} |f''''(x)| &\leq 4(4 \bullet 4^4 - 12 \bullet 4^2 + 3)e^{-4} \\ &= 61{,}17 \\ &= M_4 \end{aligned}$$

Ainsi

$$[(b-a)/180]M_4(\Delta x)^4 = \frac{1}{90} \bullet 61{,}17(\Delta x)^4 = 0{,}68(\Delta x)^4$$

Si l'on veut que l'erreur soit plus petite que 10^{-6}, il suffit d'avoir

$$\begin{aligned} 0{,}68(\Delta x)^4 &\leq 10^{-6} \\ \Delta x &\leq 0{,}035 \end{aligned}$$

Il faut donc que $n = (b-a)/\Delta x = 57$ au moins et devra être choisi pair. □

Exercices de la section 5.4

Les exercices 1 à 10 se font avec la calculatrice.

Dans les exercices 1 à 4, utiliser la méthode numérique indiquée pour calculer l'intégrale.

1. $\int_{-1}^{1} (x^2 + 1)dx$

Méthode des rectangles avec $n = 10$ (intervalles de même longueur). Comparer le résultat avec la valeur exacte.

2. $\int_{0}^{\pi/2} (x + \sin x)dx$

Méthode des rectangles et méthode des trapèzes avec $n = 8$. Comparer le résultat avec la valeur exacte.

3. $\int_{1}^{3} [(\sin \pi x/2)/(x^2 + 2x - 1)]dx$

Méthode des trapèzes et méthode de Simpson avec $n = 12$.

4. $\int_{0}^{2} (1/\sqrt{x^3 + 1})dx$

Méthode des trapèzes et méthode de Simpson avec $n = 20$.

5. Utiliser la méthode de Simpson avec $n = 10$ pour trouver une valeur approchée de

$$\int_{0}^{1} (x/\sqrt{x^3 + 2})dx$$

6. Trouver une valeur approchée de

$$\int_{1}^{3} e^{\sqrt{x}}\, dx$$

avec la méthode de Simpson ($n = 4$). Comparer la réponse avec la valeur exacte qu'on obtient en posant $x = u^2$, $dx = 2u\,du$.

7. On se donne les valeurs suivantes d'une fonction f :

$f(0) = 1{,}384$	$f(0{,}6) = 0{,}511$
$f(0{,}1) = 1{,}179$	$f(0{,}7) = 0{,}693$
$f(0{,}2) = 0{,}973$	$f(0{,}8) = 0{,}935$
$f(0{,}3) = 1{,}000$	$f(0{,}9) = 1{,}262$
$f(0{,}4) = 0{,}915$	$f(1{,}0) = 1{,}425$
$f(0{,}5) = 0{,}768$	

Calculer

$$\int_0^1 (x + f(x))dx$$

par la méthode des trapèzes.

8. Calculer

$$\int_0^1 2f(x)dx$$

par la méthode de Simpson, où $f(x)$ est la fonction de l'exercice 7.

9. On se donne les valeurs suivantes d'une fonction f :

$f(0{,}0) = 2{,}037$	$f(1{,}3) = 0{,}819$
$f(0{,}2) = 1{,}980$	$f(1{,}4) = 1{,}026$
$f(0{,}4) = 1{,}843$	$f(1{,}5) = 0{,}799$
$f(0{,}6) = 1{,}372$	$f(1{,}6) = 0{,}662$
$f(0{,}8) = 1{,}196$	$f(1{,}7) = 0{,}538$
$f(1{,}0) = 0{,}977$	$f(1{,}8) = 0{,}555$
$f(1{,}2) = 0{,}685$	

Calculer

$$\int_0^{1,8} f(x)dx$$

par la méthode de Simpson. (Attention à l'espacement des points.)

10. Même exercice que le précédent par la méthode des trapèzes.

11. Calculer l'intégrale

$$\int_a^b (px^2 + qx + r)dx$$

Vérifier que la méthode de Simpson avec $n = 2$ donne exactement la même réponse.

12. Calculer l'intégrale

$$\int_a^b (px^3 + qx^2 + rx + s)dx$$

par la méthode de Simpson avec $n = 2$. Comparer avec la réponse exacte qu'on obtient en cherchant la primitive.

13. Quelle doit être la valeur de n pour que la méthode des trapèzes donne une précision de 10^{-5} dans l'exercice 2? Même question avec la méthode de Simpson.

Exercices de révision du chapitre 5

Dans les exercices 1 à 22, calculer par la règle de l'Hospital les limites données, si elles existent.

1. $\displaystyle\lim_{x\to\infty} \frac{x^3 + 8x + 9}{4x^3 - 9x^2 + 10}$

2. $\displaystyle\lim_{x\to\infty} \frac{x}{x + 2}$

3. $\displaystyle\lim_{x\to 0} \frac{1 - \cos x}{3^x - 2^x}$

4. $\displaystyle\lim_{x\to 1} \frac{x^x - 1}{x - 1}$

5. $\displaystyle\lim_{x\to 0} \frac{(\sqrt{x^2 + 9} - 3)}{\sin x}$

6. $\lim\limits_{x \to 0} \dfrac{\sqrt[3]{x^3 + 27} - 3}{x}$

7. $\lim\limits_{x \to 0} \dfrac{\sin 5x}{x}$

8. $\lim\limits_{x \to 0} \dfrac{\tan^2 x}{x^2}$

9. $\lim\limits_{x \to 2} \dfrac{\sin(x - 2) - x + 2}{(x - 2)^3}$

10. $\lim\limits_{x \to 0} \dfrac{24 \cos x - 24 + 12x^2 - x^4}{x^5}$

11. $\lim\limits_{x \to 0} \dfrac{\tan(x + 3) - \tan 3}{x}$

12. $\lim\limits_{x \to \pi^2} \dfrac{\cos\sqrt{x} + 1}{x - \pi^2}$

13. $\lim\limits_{x \to 0^+} \left(\dfrac{1}{\sin x} - \dfrac{1}{x}\right)$

14. $\lim\limits_{x \to 1} \left(\dfrac{1}{\ln x} - \dfrac{1}{x - 1} - \dfrac{1}{2}\right)$

15. $\lim\limits_{x \to \infty} x^2 e^{-x}$

16. $\lim\limits_{x \to 0^+} x^3 (\ln x)^2$

17. $\lim\limits_{x \to 0^+} x^{\sin x}$

18. $\lim\limits_{x \to \infty} (\sin e^{-x})^{1/\sqrt{x}}$

19. $\lim\limits_{x \to 0^+} (1 + \sin 2x)^{1/x}$

20. $\lim\limits_{x \to 0^+} (\cos 2x)^{1/x}$

21. $\lim\limits_{x \to \infty} \dfrac{(\ln x)^2}{x}$

22. $\lim\limits_{x \to 2} \dfrac{x^2 + x - 6}{x^2 + 2x - 8}$

Dans les exercices 23 à 32, trouver quelles sont les intégrales impropres qui convergent et les calculer.

23. $\displaystyle\int_1^\infty \frac{1}{x^2}\,dx$

24. $\displaystyle\int_{-\infty}^\infty \frac{\sin x}{x^2 + 3}\,dx$

25. $\displaystyle\int_2^\infty \frac{dx}{\ln x}$ [*Indication* : Montrer que $\ln x \le x$ si $x \ge 2$.]

26. $\displaystyle\int_1^\infty \frac{dx}{\sqrt{x^2 + 8x + 12}}$

27. $\displaystyle\int_1^2 \frac{1}{\sqrt{x - 1}}\,dx$

28. $\displaystyle\int_{-1}^0 \frac{x + 1}{\sqrt{1 - x^2}}\,dx$

29. $\displaystyle\int_0^1 \frac{dx}{(1 - x)^{2/5}}$

30. $\displaystyle\int_1^\infty x^2 e^{-x}\,dx$

31. $\displaystyle\int_0^1 x \ln x\,dx$

32. $\displaystyle\int_0^\infty (x + 2) e^{-(x^2 + 4x)}\,dx$

Dans les exercices 33 et 34, calculer les limites données.

33. $\displaystyle\lim_{x \to \infty} \int_0^x \frac{dt}{t^2 + t + 1}$

34. $\displaystyle\lim_{x \to 0^+} \int_x^1 \frac{dt}{\sqrt{t}}$

35. La région sous la courbe $y = xe^{-x}$ pour $x \ge 0$ tourne autour de l'axe des x. Calculer le volume du solide engendré.

36. Montrer que

$$\int_0^{\infty} [(\sin x)/(1+x)]\,dx$$

est convergente en faisant une intégration par parties.

37. Calculer

$$\int_2^3 (x^2\,dx/\sqrt{x^2+1})$$

par la méthode des trapèzes avec $n = 10$.

38. Calculer l'intégrale du numéro 37 par la méthode de Simpson avec $n = 10$.

39. Calculer par la méthode de Simpson le volume du solide de révolution engendré par la rotation autour de l'axe des x de la région sous la courbe $y = f(x)$ pour x dans $[1, 3]$, connaissant les valeurs suivantes de f:

$f(1) = 2{,}03$	$f(2{,}2) = 3{,}16$
$f(1{,}2) = 2{,}08$	$f(2{,}4) = 3{,}01$
$f(1{,}4) = 2{,}16$	$f(2{,}6) = 2{,}87$
$f(1{,}6) = 2{,}34$	$f(2{,}8) = 2{,}15$
$f(1{,}8) = 2{,}82$	$f(3) = 1{,}96$
$f(2) = 3{,}01$	

[*Indication* : $V = \pi\int_a^b [f(x)]^2\,dx$.]

40. a) Calculer

$$(2/\sqrt{\pi})\int_0^1 e^{-t^2}\,dt$$

par la méthode de Simpson avec $n = 10$.

b) Trouver une borne supérieure de l'erreur commise dans le calcul de l'intégrale en a). (Voir l'exemple 6 de la section 5.4.)

c) Quelle valeur obtient-on par la méthode de Simpson pour l'intégrale

$$(2/\sqrt{\pi})\int_0^{10} e^{-t^2}\,dt$$

***41.** a) Montrer que

$$f''(x_0) = \lim_{h\to 0} \frac{f(x_0+h) - 2f(x_0) + f(x_0-h)}{h^2}$$

si f'' est continue en x_0. [*Indication* : Utiliser la règle de l'Hospital.]

b) Trouver une formule analogue pour $f'''(x_0)$.

42. Montrer que

$$f''(x_0) = \lim_{\Delta x\to 0} 2\left[\frac{f(x_0+\Delta x) - f(x_0) - f'(x_0)\Delta x}{\Delta x}\right]$$

si f'' est continue à x_0.

43. Si $f'''(x) = 0$ pour tout x, montrer qu'il existe des constantes A, B et C telles que $f(x) = Ax^2 + Bx + C$.

44. Le résultat évoquant une course de chevaux s'applique-t-il pour

$$f_1(x) = x^2 + x - 2$$

et

$$f_2(x) = x^3 + 3x^2 - 2x - 2$$

sur $[0, 1]$?

45. La courbe d'une fonction polynomiale de forme factorisée, par exemple

$$y = x(x-1)^2(x-2)^3(x-3)^7(x-4)^{12}$$

présente, autour d'une racine $x = r$, un comportement semblable à celui de la fonction $y = c(x-r)^n$, où le choix de c et de n dépend de r.

a) Soit $y = x(x+1)^2(x-2)^4$.
Pour des valeurs de x autour de 2, la valeur de $x(x+1)^2$ est environ $2(2+1)^2 = 18$, de sorte que

$$y \approx 18(x-2)^4$$

Représenter graphiquement cette dernière fonction pour des valeurs de x autour de 2.

b) De la même façon, expliquer pourquoi

$$y = 10x(x-1)^3(x-3)^2$$

peut être remplacée adéquatement par :

$y = -90x$ autour de 0;
$y = 40(x-1)^3$ autour de 1;
$y = 240(x-3)^2$ autour de 3.

Utiliser ce résultat pour esquisser la représentation graphique de la fonction sur [0, 4].

46. La paroi intérieure d'un réservoir cubique destiné à recevoir un produit chimique est recouverte de fibre de verre. Les arêtes du cube mesurent 30,48 cm et l'épaisseur de la couche de fibre de verre est de 0,508 cm. Utiliser le théorème de la valeur moyenne et la formule $V = x^3$ (volume d'un cube) pour évaluer la quantité de fibre de verre nécessaire. [*Indication* : La quantité de fibre de verre est donnée par $V(30{,}48) - V(29{,}97)$.]

47. Soit f une fonction polynomiale (de degré ≥ 1) telle que $f(0) = f(1)$. Prouver que la fonction possède un maximum ou un minimum relatif dans $]0, 1[$.

48. Étant donné la suite de n nombres $a_1, a_2, \ldots, a_n$, prouver qu'il existe un et un seul nombre x tel que la somme

$$\sum_{i=1}^{n} (x - a_i)^4$$

soit minimale. [*Indication* : Utiliser la dérivée seconde.]

49. Prouver le théorème qui suit, appelé théorème de la valeur intermédiaire pour les dérivées : « Soit f une fonction dérivable sur $[a, b]$; si $f'(a)$ et $f'(b)$ sont de signes contraires, alors il existe $x_0 \in\,]a, b[$ tel que $f'(x_0) = 0$.

50. Soit f une fonction dérivable sur $]0, \infty$ telle que toutes les droites tangentes à la courbe passent par l'origine. Prouver que f est linéaire. [*Indication* : Utiliser la fonction $f(x)/x$.]

51. Soit f une fonction continue sur [3, 5] et dérivable sur]3, 5[telle que $f(3) = 6$ et $f(5) = 10$. Prouver qu'il existe x_0 dans]3, 5[tel que la droite tangente à la courbe en $(x, f(x_0))$ passe par l'origine. Représenter graphiquement la situation. [*Indication* : Utiliser la fonction $f(x)/x$.]

Chapitre 6

Séries infinies

On peut utiliser les sommes infinies pour représenter des nombres et des fonctions.

L'expression décimale de la fraction 1/3, soit 0,333 3 ..., représente 1/3 sous la forme de la somme infinie 3/10 + 3/100 + 3/1 000 + 3/10 000 + ... Dans le présent chapitre, nous verrons comment représenter des nombres comme des sommes infinies et des fonctions de x par des sommes infinies dont les termes sont des monômes de x. Par exemple, nous verrons que

$$\ln 2 = 1 - \frac{1}{2} + \frac{1}{3} - \frac{1}{4} + \dots$$

et que

$$\sin x = x - \frac{x^3}{1 \cdot 2 \cdot 3} + \frac{x^5}{1 \cdot 2 \cdot 3 \cdot 4 \cdot 5} - \dots$$

Il existe plusieurs utilisations importantes des séries; elles sont traitées dans des cours plus avancés. Ainsi, les séries de Fourier, qui permettent de décomposer un son complexe en une série infinie de tonalités pures, en sont un exemple.

6.1 Somme d'une série infinie

La somme d'une infinité de nombres peut être finie.

Suite

Une **suite** est un ensemble ordonné de termes. Elle peut comporter un nombre fini ou infini de termes. Par exemple, on parle de la suite des nombres entiers positifs : 1, 2, 3, ..., n, ...

De façon générale, on décrit une suite a en énumérant ses premiers termes : a_1, a_2, a_3, ..., a_n, ... D'autres fois, on utilise la notation $\{a_n\}$, où a_n est appelé le terme général de la suite.

On dira que la suite $\{a_n\}$ est convergente si $\lim\limits_{n\to\infty} a_n$ existe.

Comme les suites peuvent être considérées comme des fonctions dont le domaine est l'ensemble des nombres naturels, on acceptera, pour l'instant, que les propriétés des limites de fonctions s'appliquent aussi aux limites de suites.

Série

Une **série infinie** est la somme de tous les termes d'une suite infinie. Si la somme résultante est finie, la série est dite **convergente**.

Après avoir défini la convergence d'une série en termes de limites, nous donnerons des exemples de séries convergentes.

Puisque

$$\frac{1}{3} = \frac{3}{10} + \frac{3}{100} + \dots + \frac{3}{10^n} + \dots$$

on écrira aussi

$$\frac{1}{3} = \lim_{n\to\infty} \left(\frac{3}{10} + \frac{3}{10^2} + \dots + \frac{3}{10^n} \right)$$

Cette égalité illustre le fait que la somme d'une infinité de nombres peut être finie. Par contre, la suite 1, 1, 1, ..., 1, ... génère la série $1 + 1 + 1 + \dots + 1 + \dots$, qui n'est pas une série convergente.

Pour bien préciser ce que nous entendons par la somme d'une infinité de termes, nous utiliserons la même idée qui sous-tend la théorie des intégrales impropres. Nous obtiendrons ainsi la somme d'une série infinie en prenant des séries avec un nombre fini de termes, puis en calculant la limite de la somme à mesure qu'on y ajoute les termes suivants.

Nous conviendrons pour la suite du texte de désigner une série infinie simplement par le mot **série**.

Convergence d'une série

Soit a_1, a_2, ... une suite de nombres. Le nombre

$$S_n = \sum_{i=1}^{n} a_i = a_1 + a_2 + \ldots + a_n$$

s'appelle la n^e **somme partielle** des a_i. Si la suite S_1, S_2, ... des sommes partielles tend vers une limite S à mesure que $n \to \infty$, on dit que **la série converge** et on écrit

$$S = \lim_{n\to\infty} S_n = \lim_{n\to\infty} \sum_{i=1}^{n} a_i = \sum_{i=1}^{\infty} a_i$$

Si la série $\sum_{i=1}^{\infty} a_i$ ne converge pas, on dit qu'elle **diverge**. Dans ce cas, la série n'a pas de somme.

En résumé :

une série $\sum_{i=1}^{\infty} a_i$ converge si $\lim_{n\to\infty} \sum_{i=1}^{n} a_i$ existe;

une série $\sum_{i=1}^{\infty} a_i$ diverge si $\lim_{n\to\infty} \sum_{i=1}^{n} a_i$ n'existe pas (ou est infinie).

Exemple 1

Écrire les quatre premières sommes partielles associées à chacune des séries suivantes :

a) $1, \frac{1}{2}, \frac{1}{4}, \frac{1}{8}, \frac{1}{16}, \ldots$

b) $1, -\frac{1}{2}, \frac{1}{3}, -\frac{1}{4}, \frac{1}{5}, -\frac{1}{6}, \ldots$

c) $1, \frac{1}{5}, \frac{1}{5^2}, \frac{1}{5^3}, \frac{1}{5^4}, \ldots$

d) $\left\{\frac{3}{2^{i+1}}\right\}$ $i = 0, 1, 2, \ldots$

Solution

a) $S_1 = 1$, $S_2 = 1 + \frac{1}{2} = \frac{3}{2}$, $S_3 = 1 + \frac{1}{2} + \frac{1}{4} = \frac{7}{4}$ et $S_4 = 1 + \frac{1}{2} + \frac{1}{4} + \frac{1}{8} = \frac{15}{8}$

b) $S_1 = 1,\ S_2 = 1 - \frac{1}{2} = \frac{1}{2},\ S_3 = 1 - \frac{1}{2} + \frac{1}{3} = \frac{5}{6}$ et $S_4 = 1 - \frac{1}{2} + \frac{1}{3} - \frac{1}{4} = \frac{7}{12}$

c) $S_1 = 1,\ S_2 = 1 + \frac{1}{5} = \frac{6}{5},\ S_3 = 1 + \frac{1}{5} + \frac{1}{5^2} = \frac{31}{25}$ et $S_4 = 1 + \frac{1}{5} + \frac{1}{25} + \frac{1}{125} = \frac{156}{125}$

d) $S_1 = \frac{3}{2},\ S_2 = \frac{3}{2} + \frac{3}{4} = \frac{9}{4},\ S_3 = 3\left(\frac{1}{2} + \frac{1}{4} + \frac{1}{8}\right) = \frac{21}{8}$ et

$$S_4 = 3\left(\frac{1}{2} + \frac{1}{4} + \frac{1}{8} + \frac{1}{16}\right) = \frac{45}{16}$$ □

Remarque
Ne pas confondre **suite** et **série**. Une suite est simplement une liste ordonnée de nombres :

$$a_1, a_2, a_3, \ldots$$

Une série est la somme d'une infinité de nombres :

$$a_1 + a_2 + a_3 + \ldots$$

Évidemment, les termes d'une série forment eux-mêmes une suite, mais la suite la plus importante associée à la série $a_1 + a_2 + \ldots$ est la suite des sommes partielles : $S_1, S_2, S_3, \ldots$, c'est-à-dire la suite

$$S_1 = a_1$$
$$S_2 = a_1 + a_2$$
$$S_3 = a_1 + a_2 + a_3$$

Nous pouvons illustrer par une figure la différence entre les a_i et les S_n. Pensez à $a_1, a_2, a_3, \ldots$ comme étant la description d'une suite de « mouvements » sur l'axe des nombres réels, commençant à 0. Alors, $S_n = a_1 + \ldots + a_n$ est la position atteinte après le n^e mouvement. (Voir figure 6.1.1.) À noter que le terme a_i peut être considéré comme la différence $S_i - S_{i-1}$.

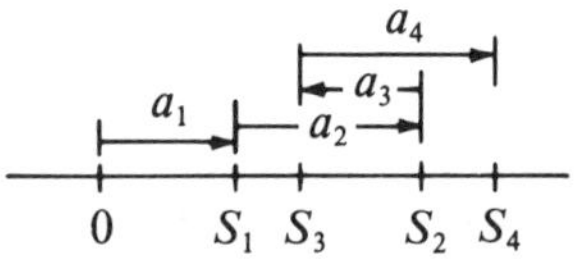

Figure 6.1.1

Pour étudier les limites des sommes partielles, nous allons devoir nous servir de quelques propriétés générales des limites de suites. Les propriétés fondamentales dont nous avons besoin peuvent être démontrées et sont utilisées d'une manière semblable à celles des limites de fonctions et sont résumées dans le tableau de la page suivante.

Propriétés des limites de suites

Propriétés des limites de suites

Supposons que les suites $a_1, a_2, \ldots$ et $b_1, b_2, \ldots$ sont convergentes et que c est une constante. On a alors :

1. $\lim\limits_{n\to\infty} (a_n + b_n) = \lim\limits_{n\to\infty} a_n + \lim\limits_{n\to\infty} b_n$.

2. $\lim\limits_{n\to\infty} (ca_n) = c \lim\limits_{n\to\infty} a_n$.

3. $\lim\limits_{n\to\infty} (a_n b_n) = \left(\lim\limits_{n\to\infty} a_n\right) \cdot \left(\lim\limits_{n\to\infty} b_n\right)$.

4. Si $\lim\limits_{n\to\infty} b_n = 0$ et $b_n \neq 0$ pour tout n, alors

$$\lim_{n\to\infty} \frac{a_n}{b_n} = \frac{\lim\limits_{n\to\infty} a_n}{\lim\limits_{n\to\infty} b_n}$$

5. Si $f(x)$ est continue en $x = \lim\limits_{n\to\infty} a_n$, alors

$$\lim_{n\to\infty} f(a_n) = f\left(\lim_{n\to\infty} a_n\right)$$

6. $\lim\limits_{n\to\infty} c = c$.

7. $\lim\limits_{n\to\infty} (1/n) = 0$.

8. Si pour $x \in \mathbb{R}$, $\lim\limits_{x\to\infty} f(x) = l$, alors $\lim\limits_{n\to\infty} f(n) = l$ où $x \in \mathbb{N}$.

9. Si $|r| < 1$, alors $\lim\limits_{n\to\infty} r^n = 0$, et si $|r| > 1$ ou $r = -1$, $\lim\limits_{n\to\infty} r^n$ n'existe pas.

Voici quelques exemples portant sur la façon dont les propriétés des limites sont utilisées. Nous en verrons plusieurs autres avec les séries.

Exemple 2
Trouver

a) $\lim\limits_{n\to\infty} \dfrac{3+n}{2n+1}$ b) $\lim\limits_{n\to\infty} \sin\left(\dfrac{\pi n}{2n+1}\right)$

Solution

a)

$$\lim_{n\to\infty} \frac{3+n}{2n+1} = \lim_{n\to\infty} \frac{3/n+1}{2+1/n}$$

$$= \frac{3 \lim\limits_{n\to\infty} 1/n + \lim\limits_{n\to\infty} 1}{\lim\limits_{n\to\infty} 2 + \lim\limits_{n\to\infty} 1/n}$$

$$= \frac{3 \cdot 0 + 1}{2+0}$$

$$= \frac{1}{2}$$

b) Puisque sin x est une fonction continue, nous pouvons utiliser la propriété 5 pour obtenir

$$\lim_{n\to\infty} \sin\left(\frac{\pi n}{2n+1}\right) = \sin\left[\lim_{n\to\infty}\left(\frac{\pi n}{2n+1}\right)\right]$$

$$= \sin\left[\lim_{n\to\infty}\left(\frac{\pi}{2+1/n}\right)\right]$$

$$= \sin\left(\frac{\pi}{2}\right)$$

$$= 1$$

□

Séries géométriques

Revenons maintenant aux séries. Un exemple simple mais fondamental est la série géométrique

$$a + ar + ar^2 + \ldots$$

dans laquelle le rapport de deux termes successifs est toujours le même. Pour écrire une série géométrique en notation de sommation, on préfère faire commencer l'indice i à zéro, de sorte que $a_0 = a$, $a_1 = ar$, $a_2 = ar^2$ et ainsi de suite. Le terme général est alors $a_i = ar^i$, et la série s'exprime de manière concise, comme

$$\sum_{i=0}^{\infty} ar^i$$

Dans la notation d'une série où l'indice i est au début égal à 1, on obtient $\sum\limits_{i=1}^{\infty} a_i$, mais dans des exemples spéciaux, nous pouvons attribuer à l'indice i une valeur de départ plus appropriée. On peut également remplacer l'indice i par n'importe quelle autre lettre :

$$\sum_{i=1}^{\infty} a_i = \sum_{j=1}^{\infty} a_j = \sum_{n=1}^{\infty} a_n$$

Pour déterminer la somme d'une série géométrique, on doit en premier lieu évaluer la $n^{\text{ième}}$ somme partielle

$$S_n = \sum_{i=0}^{n} ar^i$$

Pour ce faire, on écrit

$$S_n = a + ar + ar^2 + \ldots + ar^n$$

et en multipliant par r,

$$rS_n = ar + ar^2 + \ldots + ar^n + ar^{n+1}$$

En soustrayant la seconde équation de la première et en isolant S_n, on trouve

$$S_n = \frac{a(1 - r^{n+1})}{1 - r} \qquad (\text{si } r \neq 1)$$

La somme de la série est la limite de S_n, d'où

$$\begin{aligned}\sum_{i=0}^{\infty} ar^i &= \lim_{n\to\infty} S_n \\ &= \lim_{n\to\infty} \frac{a(1 - r^{n+1})}{1 - r} \\ &= \frac{a}{1 - r} \lim_{n\to\infty} (1 - r^{n+1}) \\ &= \frac{a}{1 - r}\left(1 - \lim_{n\to\infty} r^{n+1}\right)\end{aligned}$$

Si $|r| < 1$, alors $\lim_{n\to\infty} r^{n+1} = 0$; donc, dans ce cas, $\sum_{i=1}^{\infty} ar^i$ est convergente et sa somme est $a/(1 - r)$.

Si $|r| > 1$ ou $r = -1$, alors $\lim_{n\to\infty} r^{n+1}$ n'existe pas et si $a \neq 0$, alors la série diverge.

Enfin, si $r = 1$, alors $S_n = a + ar + \ldots + ar^n = a(n + 1)$ de sorte que si $a \neq 0$, la série diverge.

Séries géométriques

Si $|r| < 1$ et a est un nombre quelconque, alors

$$a + ar + ar^2 + \ldots = \sum_{i=0}^{\infty} ar^i$$

converge et la somme est $a/(1 - r)$, où a désigne le premier terme et où r désigne le rapport de deux termes consécutifs.

Si $|r| \geq 1$ et $a \neq 0$, alors $\sum_{i=0}^{\infty} ar^i$ diverge.

Exemple 3

Trouver la somme des séries

a) $1 + \frac{1}{3} + \frac{1}{9} + \frac{1}{27} + \frac{1}{81} + \ldots$ b) $\sum_{n=0}^{\infty} \frac{1}{6^{n/2}}$ c) $\sum_{i=1}^{\infty} \frac{1}{5^i}$

Solution

a) Il s'agit d'une série géométrique dans laquelle $r = 1/3$ et $a = 1$. Ainsi

$$1 + \frac{1}{3} + \frac{1}{9} + \ldots = \sum_{i=0}^{\infty} \left(\frac{1}{3}\right)^i = \frac{1}{1 - 1/3} = \frac{3}{2}$$

b) $\sum_{n=0}^{\infty} [1/(6^{n/2})] = 1 + (1/\sqrt{6}) + (1/\sqrt{6})^2 + \ldots = a/(1 - r)$, où $a = 1$ et $r = 1/\sqrt{6}$; donc la somme est $1/(1 - 1/\sqrt{6}) = (6 + \sqrt{6})/5$. (À noter que l'indice ici est n plutôt que i.)

c) $\sum_{i=1}^{\infty} 1/5^i = 1/5 + 1/5^2 + \ldots = (1/5)/(1 - 1/5) = 1/4$. □

L'exemple suivant illustre comment une série géométrique peut se manifester dans un problème de physique.

Exemple 4

Une balle qui rebondit perd la moitié de son énergie à chaque bond. La hauteur atteinte à chaque bond est proportionnelle à la racine carrée de l'énergie. Supposons que la balle tombe verticalement d'une hauteur d'un mètre. Calculer son déplacement total de haut en bas. (Voir figure 6.1.2.)

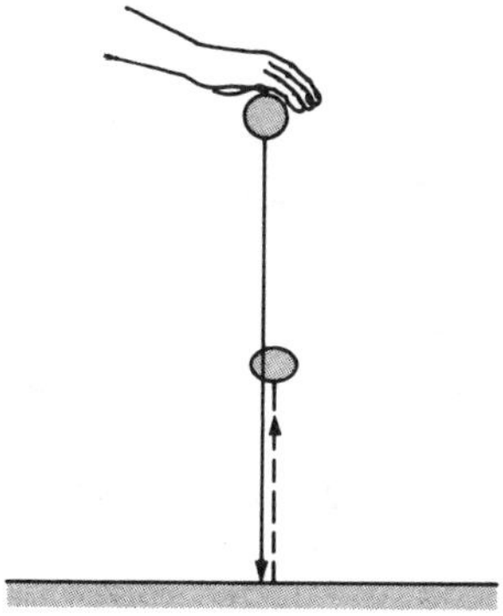

Figure 6.1.2

Solution

Soit h_i la hauteur avant le $i^{\text{ième}}$ bond et E_i l'énergie avant le $i^{\text{ième}}$ bond.

(1) $E_{i+1} = \frac{1}{2} E_i$ pour $i \geq 1$.

(2) Comme h_{i+1} est proportionnelle à $\sqrt{E_{i+1}}$, on a $h_{i+1} = K\sqrt{E_{i+1}}$.
De même, on aura $h_i = K\sqrt{E_i}$.

On peut donc établir la relation suivante :

$$\begin{aligned} h_{i+1} = K\sqrt{E_{i+1}} = K\sqrt{\frac{1}{2}E_i} &= K\sqrt{\frac{1}{2}}\sqrt{E_i} \\ &= K\sqrt{\frac{1}{2}} \cdot \frac{h_i}{K} \\ &= \sqrt{\frac{1}{2}} \cdot h_i \\ &= \frac{1}{\sqrt{2}} h_i \end{aligned}$$

Chaque bond a ainsi une hauteur égale à $1/\sqrt{2}$ fois celle du précédent. Après une chute de 1 m, la balle s'élève, après le premier bond, à $1/\sqrt{2}$ m, puis à

$$(1/\sqrt{2})^2 = 1/2 \text{ m}$$

après le second bond, et ainsi de suite. La distance totale parcourue en tenant compte du va-et-vient, en mètres, est $1 + 2(1/\sqrt{2}) + 2(1/\sqrt{2})^2 + 2(1/\sqrt{2})^3 + \ldots$, soit

$$1 + \sum_{i=0}^{\infty} 2\left(\frac{1}{\sqrt{2}}\right) \cdot \left(\frac{1}{\sqrt{2}}\right)^i = 1 + \frac{\sqrt{2}}{1 - 1/\sqrt{2}} = 3 + 2\sqrt{2} = 5{,}828 \text{ mètres} \qquad \square$$

Règles algébriques

Dans l'encadré suivant, on présente deux règles générales utiles pour l'évaluation de la somme de séries. Afin de prouver la validité de ces règles, on peut simplement remarquer que les identités

$$\sum_{i=1}^{n} (a_i + b_i) = \sum_{i=1}^{n} a_i + \sum_{i=1}^{n} b_i \quad \text{et} \quad \sum_{i=1}^{n} ca_i = c \sum_{i=1}^{n} a_i$$

sont satisfaites par les sommes partielles. En prenant les limites lorsque $n \to \infty$ et en appliquant les règles pour les limites de suites, on obtient les règles énoncées dans l'encadré suivant.

Règles algébriques pour les séries

(1) Si $\sum_{i=1}^{\infty} a_i$ et $\sum_{i=1}^{\infty} b_i$ convergent, alors $\sum_{i=1}^{\infty} (a_i + b_i)$ converge et

$$\sum_{i=1}^{\infty} (a_i + b_i) = \sum_{i=1}^{\infty} a_i + \sum_{i=1}^{\infty} b_i$$

(2) Si $\sum_{i=1}^{\infty} a_i$ converge et que c est un nombre réel quelconque, alors $\sum_{i=1}^{\infty} ca_i$ converge et

$$\sum_{i=1}^{\infty} ca_i = c \sum_{i=1}^{\infty} a_i .$$

Exemple 5

Trouver la somme de la série $\sum_{i=0}^{\infty} \frac{3^i - 2^i}{6^i}$.

Solution

Puisque le terme général de la série, $\frac{3^i - 2^i}{6^i}$, peut se récrire comme suit :

$$\frac{3^i - 2^i}{6^i} = \frac{3^i}{6^i} - \frac{2^i}{6^i} = \left(\frac{1}{2}\right)^i - \left(\frac{1}{3}\right)^i = \left(\frac{1}{2}\right)^i + (-1)\left(\frac{1}{3}\right)^i$$

et que les séries $\sum_{i=0}^{\infty} (1/2)^i$ et $\sum_{i=0}^{\infty} (1/3)^i$ sont convergentes, avec comme résultats 2 et 3/2 respectivement, les règles algébriques impliquent que

$$\begin{aligned}\sum_{i=0}^{\infty} \frac{3^i - 2^i}{6^i} &= \sum_{i=0}^{\infty} \left[\left(\frac{1}{2}\right)^i + (-1)\left(\frac{1}{3}\right)^i\right] \\ &= \sum_{i=0}^{\infty} \left(\frac{1}{2}\right)^i + (-1) \sum_{i=0}^{\infty} \left(\frac{1}{3}\right)^i \\ &= 2 - \frac{3}{2} \\ &= \frac{1}{2}\end{aligned}$$

□

Exemple 6

Montrer que la série $1 + \frac{3}{2} + \frac{7}{4} + \frac{15}{8} + \ldots$ diverge.

[*Indication* : Écrire la série comme la différence entre une série divergente et une série convergente.]

Solution

Remarquons que la série peut s'écrire

$$(2-1) + \left(2 - \frac{1}{2}\right) + \left(2 - \frac{1}{4}\right) + \left(2 - \frac{1}{8}\right) + \ldots$$

On obtient donc

$$\sum_{i=0}^{\infty} \left[2 - \left(\frac{1}{2}\right)^i\right]$$

Si cette série est convergente, on obtiendrait, en lui ajoutant une série convergente, en vertu de la première règle du tableau précédent, une nouvelle série convergente.

À $\sum_{i=0}^{\infty} \left[2 - \left(\frac{1}{2}\right)^i\right]$ ajoutons la série géométrique convergente $\sum_{i=0}^{\infty} \left(\frac{1}{2}\right)^i$.

$$\begin{aligned}\sum_{i=0}^{\infty} \left[2 - \left(\frac{1}{2}\right)^i\right] + \sum_{i=0}^{\infty} \left(\frac{1}{2}\right)^i &= \sum_{i=0}^{\infty} 2 - \left(\frac{1}{2}\right)^i + \left(\frac{1}{2}\right)^i \\ &= \sum_{i=0}^{\infty} 2\end{aligned}$$

Mais on sait fort bien que la série $\sum_{i=0}^{\infty} 2$ est divergente.

Ainsi, en vertu de la règle d'addition, $\sum_{i=0}^{\infty} \left[2 - \left(\frac{1}{2}\right)^i\right]$ ne peut être convergente; elle diverge donc. □

Exemple 7

Montrer que $1 + 2 + 3 + 4 + \frac{1}{4} + \frac{1}{4^2} + \frac{1}{4^3} + \frac{1}{4^4} + \ldots$ est convergente et déterminer sa somme.

Solution

La série $1/4 + 1/4^2 + 1/4^3 + 1/4^4 + \ldots$ est une série géométrique dont la somme vaut $(1/4)/(1 - 1/4) = 1/3$; la série donnée est donc convergente avec, comme somme,

$$1 + 2 + 3 + 4 + \frac{1}{3} = 10\frac{1}{3}$$ □

Critère général de convergence

On peut obtenir une condition simple nécessaire pour la convergence en se rappelant que $a_i = S_i - S_{i-1}$. Si $\lim_{i\to\infty} S_i$ existe, alors $\lim_{i\to\infty} S_{i-1}$ a la même valeur. D'où, en se servant des propriétés des limites de suites, on trouve que

$$\lim_{i\to\infty} a_i = \lim_{i\to\infty} S_i - \lim_{i\to\infty} S_{i-1} = 0$$

En d'autres termes, si la série $\sum_{i=1}^{\infty} a_i$ converge, alors la différence entre une somme partielle et la suivante doit tendre vers zéro. (Voir figure 6.1.1.)

Test du terme général

Si $\sum_{i=1}^{\infty} a_i$ converge, alors $\lim_{i\to\infty} a_i = 0$.

Si $\lim_{i\to\infty} a_i \neq 0$, alors $\sum_{i=1}^{\infty} a_i$ diverge.

Si $\lim_{i\to\infty} a_i = 0$, alors le test n'est pas concluant : la série peut converger ou diverger, et une analyse plus poussée est nécessaire.

En fait, le test du terme général peut être utilisé pour montrer qu'une série diverge, comme dans l'exemple suivant, mais il ne peut servir à établir la convergence d'une série.

Exemple 8
Étudier la convergence de :

a) $\sum_{i=1}^{\infty} \frac{i}{1+i}$ b) $\sum_{i=1}^{\infty} (-1)^i \frac{i}{\sqrt{1+i}}$ c) $\sum_{i=1}^{\infty} \left(\frac{1}{i}\right)$

Solution

a) Ici, $a_i = \frac{i}{1+i} = \frac{1}{1/i+1} \to 1$ à mesure que $i \to \infty$.

Puisque a_i ne tend pas vers zéro, la série diverge.

b) Ici, $|a_i| = \frac{i}{\sqrt{1+i}} = \frac{\sqrt{i}}{\sqrt{\frac{1}{i}+1}}$ et $|a_i| \to \infty$ à mesure que $i \to \infty$.

Donc, a_i ne tend pas vers zéro et la série diverge.

c) Ici $a_i = 1/i$ et tend vers zéro à mesure que $i \to \infty$. Notre test n'est donc pas concluant. □

Comme exemple de « l'analyse plus poussée » qui est nécessaire lorsque

$$\lim_{i \to \infty} a_i = 0$$

nous pouvons considérer la série

$$1 + \frac{1}{2} + \frac{1}{3} + \frac{1}{4} + \ldots = \sum_{i=1}^{\infty} \frac{1}{i}$$

provenant de l'exemple 8 c), qui est appelée la **série harmonique**. On peut démontrer que cette série diverge à l'aide du tableau suivant :

$$a_1 = 1$$

$$a_2 = \frac{1}{2}$$

$$a_3 + a_4 = \frac{1}{3} + \frac{1}{4} \quad > \frac{1}{4} + \frac{1}{4} = \frac{1}{2}$$

$$a_5 + a_6 + a_7 + a_8 = \frac{1}{5} + \frac{1}{6} + \frac{1}{7} + \frac{1}{8} \quad > \frac{1}{8} + \frac{1}{8} + \frac{1}{8} + \frac{1}{8} = \frac{1}{2}$$

$$a_9 + ... + a_{16} = \frac{1}{9} + \ . \ . \ . \ + \frac{1}{16} > \frac{1}{16} + \ . \ . \ . + \frac{1}{16} = \frac{1}{2}$$

$$a_{17} + ... + a_{32} = \frac{1}{17} + \ . \ . \ . \ + \frac{1}{32} > \frac{1}{32} + \ . \ . \ . + \frac{1}{32} = \frac{1}{2}$$

$$\vdots$$

et ainsi de suite. La somme partielle $S_4 = a_1 + a_2 + (a_3 + a_4)$ est telle que

$$S_4 > 1 + \frac{1}{2} + \frac{1}{2} = 1 + \frac{2}{2}$$

de même $S_8 = a_1 + a_2 + (a_3 + a_4) + (a_5 + a_6 + a_7 + a_8)$ est telle que

$$S_8 > 1 + \frac{1}{2} + \frac{1}{2} + \frac{1}{2} = 1 + \frac{3}{2}$$

et, en général, $S_{2^n} > 1 + n/2$, de sorte que la suite des sommes partielles devient de plus en plus grande à mesure que n devient grand. Par conséquent, **la série harmonique diverge**.

Exemple 9
Montrer que les séries suivantes divergent.

a) $\frac{1}{2} + \frac{1}{4} + \frac{1}{6} + \frac{1}{8} + ...$ b) $\sum_{i=1}^{\infty} 1/(1 + i)$

Solution

a) Cette série est $\sum_{i=1}^{\infty} (1/2i)$. Si elle convergeait, ce serait également le cas pour le double de la série, soit $\sum_{i=1}^{\infty} 2 \bullet (1/2i)$ selon les règles algébriques pour les séries; cependant, $\sum_{i=1}^{\infty} (2 \bullet 1/2i) = \sum_{i=1}^{\infty} 1/i$, laquelle diverge, comme nous l'avons démontré dans l'exemple précédent. Donc $\sum_{i=1}^{\infty} 1/2i$ diverge.

b) $\sum_{i=1}^{\infty} 1/(1 + i) = \frac{1}{2} + \frac{1}{3} + \frac{1}{4} + ...$ qui est la série harmonique sans le premier terme; par conséquent, cette série diverge aussi. □

Supplément de la section 6.1

Le paradoxe de Zénon

Le paradoxe de Zénon porte sur une course entre Achille et une tortue. La tortue commence la course avec une avance de 10 m et Achille doit la rattraper. Après un certain laps de temps, Achille atteint le point A où la tortue a commencé, mais la tortue a alors avancé jusqu'au point B. (Voir figure 6.1.3.)

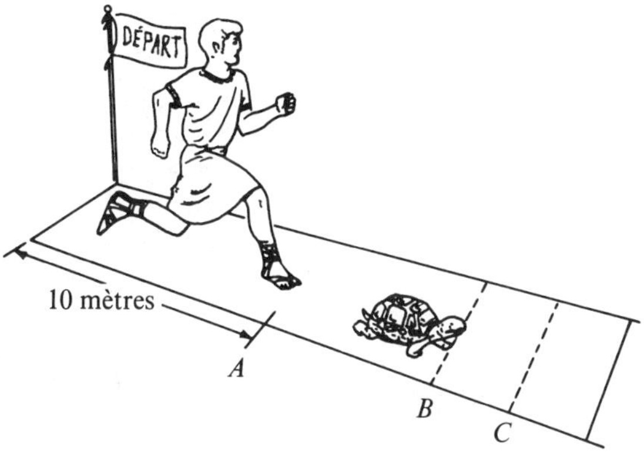

Figure 6.1.3

Après un autre intervalle de temps donné, Achille atteint le point B, mais la tortue est alors rendue au point C, et ainsi de suite « indéfiniment ». Zénon conclut, à partir de ce raisonnement, qu'Achille ne peut jamais dépasser la tortue. Où est la faille ?

Bien que le nombre d'intervalles de temps à considérer soit infini, la somme de leurs longueurs est finie et Achille peut donc dépasser la tortue dans un intervalle de temps fini. Le mot **indéfiniment**, dans le sens d'un nombre infini de termes, est confondu avec le **indéfiniment** qui décrit habituellement une durée infinie, ce qui amène le paradoxe.

Exercices de la section 6.1

Écrire les quatre premières sommes partielles associées aux suites des problèmes 1 à 4.

1. $\frac{1}{2}, \frac{1}{3}, \frac{1}{4}, \frac{1}{5}, \ldots$

2. $1, -\frac{1}{2}, \frac{1}{4}, -\frac{1}{8}, \frac{1}{16}, - \ldots$

3. $\left\{\left(\frac{2}{3}\right)^n\right\} \quad n \geq 1$

4. $\left\{\frac{n}{3^n}\right\} \quad n \geq 1$

Trouver la somme des problèmes 5 à 8.

5. $1 + \frac{1}{7} + \frac{1}{7^2} + \frac{1}{7^3} + \ldots$

6. $2 + \frac{2}{9} + \frac{2}{9^2} + \frac{2}{9^3} + \ldots$

7. $\sum_{i=1}^{\infty} \left(\frac{7}{8}\right)^i$

8. $\sum_{n=1}^{\infty} \left(\frac{13}{15}\right)^n$

9. À 65 ans, vous souhaitez retirer 10 000 \$ de votre compte dans une banque suisse et, chaque année, par la suite, les 3/4 de la somme de l'année précédente. En supposant que le compte ne rapporte pas d'intérêt, avec combien d'argent devez-vous commencer pour vous préparer à une retraite indéfiniment longue ?

10. Une source radioactive émet chaque année les 9/10 de la quantité de radiation qu'elle a émise l'année précédente. En supposant que 2000 roentgens sont émis la première année, quelle aura été l'émission totale à la fin des temps ?

Trouver la somme des séries des problèmes 11 à 20 (si elles convergent).

11. $\sum_{j=1}^{\infty} \frac{1}{13^j}$

12. $\sum_{k=1}^{\infty} \left(\frac{4}{5}\right)^k$

13. $\sum_{i=0}^{\infty} \frac{2^{3i+4}}{3^{2i+5}}$

14. $\sum_{l=0}^{\infty} \frac{4^{4l+2}}{5^{3l+80}}$

15. $\sum_{j=-3}^{\infty} \left(\frac{1}{3}\right)^j$

16. $\sum_{i=4}^{\infty} 5\left(\frac{1}{3}\right)^{i+1/2}$

17. $\sum_{n=1}^{\infty} \frac{2^n + 3^n}{6^n}$

18. $\sum_{k=1}^{\infty} \frac{3^{2k} + 1}{27^k}$

19. $\sum_{n=5}^{\infty} \frac{2^{n+1}}{3^{n-2}}$

20. $\sum_{i=1}^{\infty} \left[\left(\frac{1}{2}\right)^i + \left(\frac{1}{3}\right)^{2i} + \left(\frac{1}{4}\right)^{3i+1}\right]$

21. Montrer que $\sum_{i=1}^{\infty} (1 + 1/2^i)$ diverge.

22. Montrer que $\sum_{i=0}^{\infty} (3^i + 1/3^i)$ diverge.

23. Faire la somme de

$$2 + 4 + \frac{1}{2} + \frac{1}{4} + \frac{1}{8} + \ldots$$

24. Faire la somme de

$$1 + \frac{1}{2} + \frac{1}{3} + \frac{1}{3^2} + \frac{1}{3^3} + \ldots$$

Vérifier la convergence des séries des problèmes 25 à 30.

25. $\sum_{i=1}^{\infty} \frac{i}{\sqrt{i+1}}$

26. $\sum_{i=1}^{\infty} \frac{\sqrt{i}+1}{\sqrt{i}+8}$

27. $\sum_{i=1}^{\infty} \frac{3}{5+5i}$

28. $\sum_{i=1}^{\infty} \frac{6}{7+7i}$

29. $1 + \frac{1}{2} + \underbrace{\frac{1}{4} + \frac{1}{4}}_{2} + \underbrace{\frac{1}{8} + \frac{1}{8} + \frac{1}{8} + \frac{1}{8}}_{4} + \underbrace{\frac{1}{16} + \ldots}_{8}$

30. $1 + \underbrace{\frac{1}{4} + \frac{1}{4}}_{2} + \underbrace{\frac{1}{16} + \frac{1}{16} + \frac{1}{16} + \frac{1}{16}}_{4} + \underbrace{\frac{1}{64} + \frac{1}{64} + \ldots}_{8}$

31. Montrer que la série

$\sum_{j=1}^{\infty} (1 - 2^{-j})/j$ diverge.

32. Montrer que la série

$\frac{1}{3} + \frac{1}{5} + \frac{1}{7} + \frac{1}{9} + \ldots$ diverge.

33. Donner un exemple qui montre que

$\sum_{i=1}^{\infty} (a_i + b_i)$ peut converger alors que

$\sum_{i=1}^{\infty} a_i$ et $\sum_{i=1}^{\infty} b_i$ divergent.

34. Commenter l'équation

$$1 + 2 + 4 + 8 + \ldots = 1/(1-2) = -1$$

35. On peut faire la somme d'une **série réductible**, tout comme celle d'une série géométrique. Une série

$$\sum_{n=1}^{\infty} a_n$$

est réductible si son $n^{\text{ième}}$ terme a_n peut s'exprimer sous la forme

$$a_n = b_{n+1} - b_n$$

pour une suite donnée b_n.

a) Vérifier que

$$a_1 + a_2 + a_3 + \ldots + a_n = b_{n+1} - b_1$$

et montrer que la série converge lorsque $\lim_{n \to \infty} b_{n+1}$ existe.

b) Utiliser la méthode des fractions partielles pour écrire

$$a_n = 1/[n(n+1)]$$

comme une différence de fractions. Évaluer ensuite la somme de la série $\sum_{n=1}^{\infty} 1/[n(n+1)]$.

***36.** On fait une expérience au cours de laquelle on enregistre les courbures successives dans le temps d'une plaque incurvée. Initialement, la courbure de la plaque a une amplitude b_0. La plaque se courbe ensuite vers le bas pour former une « cuvette » d'une profondeur b_1, puis un « dôme » d'une hauteur b_2, et ainsi de suite. (Voir figure 6.1.4.) Les a_n et les b_n sont reliés par $a_1 = b_0 - b_1$, $a_2 = b_1 - b_2$, $a_3 = b_2 - b_3 \ldots$ La valeur a_n mesure l'amplitude « perdue » à la $n^{\text{ième}}$ oscillation (notamment à cause de la friction).

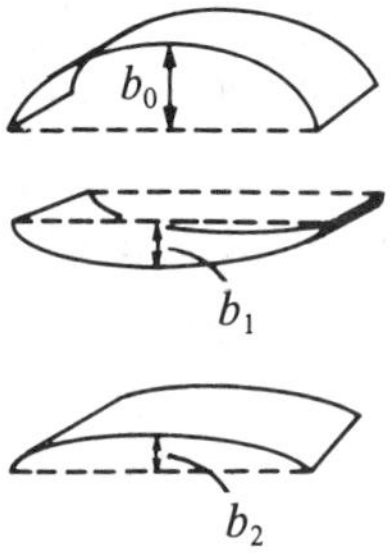

Figure 6.1.4

a) Déterminer $\sum_{n=1}^{\infty} a_n$.

Expliquer pourquoi $b_0 - \sum_{n=1}^{\infty} a_n$ est la « hauteur moyenne » des oscillations de la plaque après un grand nombre d'oscillations.

b) Supposer que les « cuvettes » et les « dômes » diminuent jusqu'à zéro, c'est-à-dire $\lim_{n\to\infty} b_{n+1} = 0$.

Montrer que $\sum_{n=1}^{\infty} a_n = b_0$ et expliquer pourquoi cela est physiquement évident.

6.2 Critère de comparaison et séries alternées

Une série converge si la série de ses termes pris en valeur absolue converge.

En général, on ne peut trouver une formule pour décrire la somme d'une série comme on l'a fait pour les séries géométriques. Toutefois, si l'on peut démontrer qu'une série converge, il est possible d'obtenir une valeur approximative de sa somme, avec la précision que l'on veut, en additionnant un nombre suffisant de termes.

Nous limiterons cependant notre étude à la convergence des séries, réservant à un cours d'analyse numérique, dont c'est le domaine, l'étude de la précision qu'on obtient en approximant la somme des séries convergentes.

Pour déterminer si une série converge ou diverge, on peut la comparer avec une série dont on connaît la convergence.

Critère de comparaison

Pour comparer des séries, on procède comme avec les intégrales (section 5.3). Supposons que les séries $\sum_{i=1}^{\infty} a_i$ et $\sum_{i=1}^{\infty} b_i$ soient telles que $0 \leq a_i \leq b_i$ pour tous les i. Si $\sum_{i=1}^{\infty} b_i$ converge, alors $\sum_{i=1}^{\infty} a_i$ converge aussi.

Intuitivement, on comprend pourquoi. La $n^{\text{ième}}$ somme partielle $S_n = \sum_{i=1}^{n} a_i$ se déplace vers la droite (sur la droite des réels) puisque $0 \leq a_i$. Elle approche donc d'une limite quand n augmente ou elle se dirige vers l'infini. Ce dernier argument est expliqué dans des cours d'analyse. Mais comme $a_i \leq b_i$, on a

$$\sum_{i=1}^{n} a_i \leq \sum_{i=1}^{n} b_i \leq \sum_{i=1}^{\infty} b_i$$

Cependant $\sum_{i=1}^{\infty} b_i$ est convergente; elle possède une limite. Ainsi S_n est bornée et ne peut se diriger vers l'infini.

Exemple 1

Montrer par comparaison que $\sum_{i=1}^{\infty} \frac{3}{2^i + 4}$ converge.

Solution

On sait que $\sum_{i=1}^{\infty} (3/2^i)$ converge, étant donné qu'il s'agit d'une série géométrique avec $a = 3$ et $r = 1/2$ (donc $r < 1$). De plus, comme $0 < \frac{3}{2^i + 4} < \frac{3}{2^i}$, le critère de comparaison permet de conclure que la série converge. □

Jusqu'à présent, nous nous sommes surtout intéressés à des séries dont tous les termes étaient positifs. Cependant, en pratique, on rencontre fréquemment des séries où certains termes sont positifs et d'autres négatifs. Une première façon d'étudier la convergence de ces séries est de considérer la nouvelle série qu'on obtient en prenant la valeur absolue de chacun des termes de la série initiale. Ainsi, pour une série $\sum_{i=1}^{\infty} a_i$ dont les termes sont positifs ou négatifs, on a évidemment $\Sigma a_i \leq \Sigma |a_i|$; il est possible de démontrer (voir à la fin de la section) que si

$\sum_{i=1}^{\infty} |a_i|$ converge, alors $\sum_{i=1}^{\infty} a_i$ converge aussi. Supposons que $0 \leq |a_i| \leq b_i$, alors la convergence de $\sum_{i=1}^{\infty} b_i$ entraîne celle de $\sum_{i=1}^{\infty} |a_i|$, d'où celle de $\sum_{i=1}^{\infty} a_i$.

Pour l'instant, observons simplement que la convergence de $\sum_{i=1}^{\infty} |a_i|$ implique que les valeurs absolues $|a_i|$ tendent rapidement vers zéro et que la possibilité de modifier les signes des a_i ne peut que faciliter la convergence. Par conséquent, si $0 \leq |a_i| \leq b_i$ et si Σb_i converge, alors $\Sigma|a_i|$ converge et Σa_i converge aussi. (On laisse parfois tomber le « $i = 1$ » et le « ∞ » du Σ lorsqu'il n'y a aucune confusion possible.) Cela nous amène au critère suivant.

Critère de comparaison

Soit $\sum_{i=1}^{\infty} a_i$ et $\sum_{i=1}^{\infty} b_i$ telles que $|a_i| \leq b_i$. Si $\sum_{i=1}^{\infty} b_i$ converge, alors $\sum_{i=1}^{\infty} a_i$ converge aussi.

Exemple 2

Montrer par comparaison que $\sum_{i=1}^{\infty} \frac{(-1)^i}{i3^{i+1}}$ converge.

Solution

En prenant $a_i = \frac{(-1)^i}{i3^{i+1}}$ et $b_i = \frac{1}{3^i}$, on a $|a_i| = \frac{1}{i3^{i+1}} < \frac{1}{3^i} = b_i$.

En effet, $3^i < i3^{i+1} = 3i3^i$.

Comme la série $\Sigma \frac{1}{3^i}$ converge (c'est une série géométrique, avec $r = \frac{1}{3}$), $\Sigma|a_i|$ converge et Σa_i converge aussi. □

Critère du quotient

Si les termes de deux séries Σa_i et Σb_i « se ressemblent », on peut prévoir que la convergence d'une des séries entraînera la convergence de l'autre. C'est le cas lorsque le rapport a_i/b_i tend vers une limite, comme on peut le déduire du critère de comparaison. Par exemple, supposons que $\lim_{i\to\infty} (|a_i|/b_i) = M < \infty$ pour tous les $b_i > 0$. Pour des i suffisamment grands, on a $|a_i|/b_i < M + 1$ ou $|a_i| < (M + 1)b_i$. De plus, si Σb_i converge, $\Sigma(M + 1)b_i$ converge aussi en vertu des règles algébriques pour les séries et, par conséquent, Σa_i converge selon le critère de comparaison.

Exemple 3

Vérifier la convergence de $\sum_{i=1}^{\infty} \frac{1}{2^i - i}$.

Solution

On ne peut comparer directement cette série avec $\sum_{i=1}^{\infty} 1/2^i$ puisque $1/(2^i - i)$ est plus grand que $1/2^i$.

On considère plutôt les rapports $\frac{|a_i|}{b_i}$ avec $|a_i| = a_i = \frac{1}{2^i - i}$ et $b_i = \frac{1}{2^i}$.

On a
$$\lim_{i\to\infty} \frac{\frac{1}{2^i - i}}{\frac{1}{2^i}} = \lim_{i\to\infty} \frac{1}{1 - \frac{i}{2^i}} = \frac{1}{1 - 0} = 1.$$

En effet, on peut montrer que $\lim_{i\to\infty} \frac{i}{2^i} = 0$; il s'agit d'un cas d'indétermination que l'on résout en étudiant $\lim_{x\to\infty} \frac{x}{2^x}$ et en recourant à la règle de l'Hospital. Ainsi, comme la série $\Sigma \frac{1}{2^i}$ converge et comme $\lim_{x\to\infty} \frac{|a_i|}{b_i} = 1$, la série $\Sigma \frac{1}{2^i - i}$ converge aussi. □

Les deux cas du critère suivant peuvent être justifiés de manière semblable au moyen du critère de comparaison.

Critère du quotient

Soit les séries Σa_i et Σb_i où $b_i > 0$ pour tout i.

1. Si $\lim\limits_{i\to\infty} \dfrac{|a_i|}{b_i} < \infty$ et si Σb_i converge, alors Σa_i converge.

2. Si $\lim\limits_{i\to\infty} \dfrac{a_i}{b_i} > 0$ et si Σb_i diverge, alors Σa_i diverge.

Pour appliquer le critère du quotient, on doit choisir judicieusement la série Σb_i et, pour ce faire, il faut tenir compte des « termes dominants » dans l'expression de a_i, comme l'illustre l'exemple suivant.

Exemple 4

Montrer que $\sum\limits_{i=1}^{\infty} \dfrac{2}{4+i}$ diverge.

Solution

À mesure que $i \to \infty$, le terme dominant dans le dénominateur $4 + i$ est i, c'est-à-dire que si i est très grand (par exemple 10^6), 4 est comparativement très petit (négligeable). Donc, on est amené à poser $a_i = 2/(4 + i)$, $b_i = 1/i$. Alors

$$\lim_{i\to\infty} \frac{|a_i|}{b_i} = \lim_{i\to\infty} \frac{2/(4+i)}{1/i} = \lim_{i\to\infty} \frac{2i}{4+i} = \lim_{i\to\infty} \frac{2}{(4/i)+1} = \frac{2}{0+1} = 2$$

Puisque $2 > 0$ et que $\sum\limits_{i=1}^{\infty} 1/i$ est divergente, il s'ensuit que $\sum\limits_{i=1}^{\infty} [2/(4+i)]$ diverge aussi. □

Séries alternées

Nous avons vu, dans la section 6.1, que la série harmonique

$$1 + 1/2 + 1/3 + 1/4 + \ldots$$

est divergente, même si $\lim\limits_{i\to\infty} (1/i) = 0$.

Si nous affectons d'un signe moins tous les termes de dénominateur pair afin d'obtenir la série

$$1 - 1/2 + 1/3 - 1/4 + \ldots$$

nous pouvons espérer que les termes alternativement positifs et négatifs « se neutralisent » les uns les autres et permettent à la série de converger.

Une série $\sum_{i=1}^{\infty} a_i$ est dite **alternée** si les termes a_i sont alternativement positifs et négatifs et si les valeurs absolues $|a_i|$ décroissent et tendent vers zéro, c'est-à-dire si :

1. $a_1 > 0$, $a_2 < 0$, $a_3 > 0$, $a_4 < 0$, et ainsi de suite (ou $a_1 < 0$, $a_2 > 0$, ...);
2. $|a_1| \geq |a_2| \geq |a_3| \geq ...$;
3. $\lim_{i \to \infty} |a_i| = 0$.

Ces trois conditions sont souvent faciles à vérifier.

Exemple 5
La série $1 - 1/2 + 1/3 - 1/4 \ldots$ est-elle alternée ?

Solution
Les signes des termes alternent, $+ - + - \ldots$, donc la condition (1) est vérifiée. Le $i^{\text{ème}}$ terme $a_i = (-1)^{i+1} i$ a comme valeur absolue $1/i$ et, comme $1/i > 1/(i + 1)$, les termes ont une valeur absolue décroissante; donc la condition (2) est vérifiée. Enfin, puisque

$$\lim_{i \to \infty} |a_i| = \lim_{i \to \infty} (1/i) = 0$$

la condition (3) est aussi vérifiée. La série est donc alternée. □

À la fin de cette section, nous démontrerons que **toute série alternée est convergente**. La preuve de ce fait repose sur l'idée que les sommes partielles

$$S_n = \sum_{i=1}^{n} a_i$$

oscillent dans un sens et dans l'autre et se rapprochent les unes des autres; elles doivent donc tendre vers une valeur limite S. (Voir figure 6.2.1.)

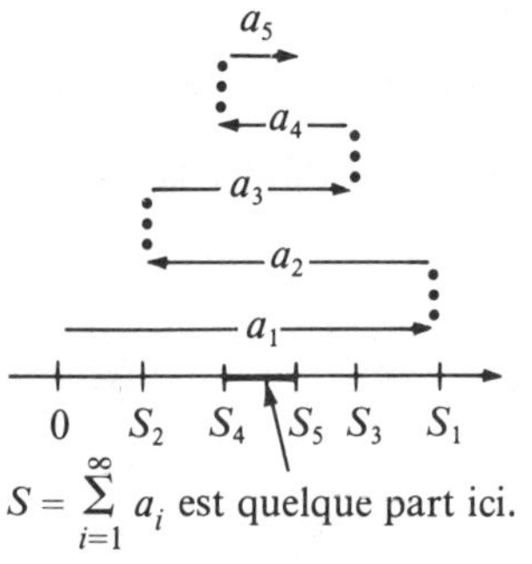

Figure 6.2.1

> **Convergence des séries alternées**
>
> Si $\sum_{i=1}^{\infty} a_i$ est une série dans laquelle les a_i changent alternativement de signe, diminuent en valeur absolue et tendent vers zéro, alors cette série converge.

Ainsi, pour montrer que la série $1 - 1/2 + 1/3 - 1/4 + 1/5 - \ldots$ converge, il suffit de montrer qu'elle est alternée.

Dans l'exemple 5, la série est alternée; donc, elle converge.

Exemple 6
Étudier la convergence de :

a) $\sum_{i=1}^{\infty} \frac{(-1)^i}{(1+i)^2}$;

b) $\frac{2}{2} - \frac{1}{2} + \frac{2}{3} - \frac{1}{3} + \frac{2}{4} - \frac{1}{4} + \frac{2}{5} - \frac{1}{5} + \frac{2}{6} - \frac{1}{6} + \ldots$

Solution

a) Les signes des termes alternent étant donné que $(-1)^i = 1$ si i est pair et que $(-1)^i = -1$ si i est impair. Les valeurs absolues, $\left|\frac{(-1)^i}{(1+i)^2}\right| = \frac{1}{(1+i)^2}$, décroissent et tendent vers zéro. La série est donc alternée et elle converge.

b) Les termes changent de signe alternativement et tendent vers zéro, mais les valeurs absolues ne décroissent pas de manière monotone. La série n'est donc pas une série alternée. On doit procéder autrement pour étudier la convergence. Par contre, si l'on regroupe les termes deux à deux, on trouve que la série devient

$$\left(\frac{2}{2}-\frac{1}{2}\right)+\left(\frac{2}{3}-\frac{1}{3}\right)+\left(\frac{2}{4}-\frac{1}{4}\right)+\left(\frac{2}{5}-\frac{1}{5}\right)+\ldots=\frac{1}{2}+\frac{1}{3}+\frac{1}{4}+\frac{1}{5}+\ldots$$

laquelle diverge. □

Convergences absolue et conditionnelle

Nous avons vu au début de cette section qu'une série $\sum_{i=1}^{\infty} a_i$ converge toujours si la série $\sum_{i=1}^{\infty} |a_i|$ des valeurs absolues converge. Une telle série $\sum_{i=1}^{\infty} a_i$ est dite dotée d'une convergence **absolue** (ou **absolument convergente**).

Par ailleurs, une série comme $1 - 1/2 + 1/3 - 1/4 + \ldots$ n'est convergente qu'en raison de l'alternance des signes de ses termes; la série des termes pris en valeurs absolues, $1 + 1/2 + 1/3 + \ldots$, est divergente (c'est la série harmonique). Lorsque $\sum_{i=1}^{\infty} a_i$ converge mais que $\sum_{i=1}^{\infty} |a_i|$ diverge, la série $\sum_{i=1}^{\infty} a_i$ est dite dotée d'une convergence **conditionnelle** (ou **conditionnellement convergente**).

Exemple 7

Étudier la convergence de la série $\sum_{i=1}^{\infty} \frac{(-1)^i\sqrt{i}}{i+4}$.

Solution

Soit $a_i = \frac{(-1)^i\sqrt{i}}{i+4}$.

On remarque que, pour de grandes valeurs de i, $|a_i|$ semble se comporter comme $b_i = 1/\sqrt{i}$. On peut vérifier que la série $\sum_{i=1}^{\infty} b_i$ diverge en la comparant avec la série harmonique.

Puis en observant le rapport $\lim_{i\to\infty} (|a_i|/b_i) = \lim_{i\to\infty} [i/(i+4)] = 1$, on peut affirmer en se fondant sur le test de comparaison que $\sum_{i=1}^{\infty} |a_i|$ diverge. La série n'est donc pas **absolument** convergente.

Elle semble par contre alternée : les signes des termes alternent et $\lim_{i\to\infty} a_i = 0$.

Pour voir si les valeurs absolues $|a_i|$ forment une suite décroissante, il convient d'examiner la fonction $f(x) = \sqrt{x}/(x+4)$. Sa dérivée est

$$f'(x) = \frac{(1/2\sqrt{x})(x+4) - \sqrt{x} \cdot 1}{(x+4)^2} = \frac{2/\sqrt{x} - \sqrt{x}/2}{(x+4)^2} = \frac{4-x}{2\sqrt{x}(x+4)^2}$$

laquelle est négative pour $x > 4$, donc $f(x)$ décroît pour $x > 4$. Étant donné que $|a_i| = f(i)$, on a $|a_4| > |a_5| > |a_6| > \ldots$ ce qui implique que la série Σa_i, en omettant ses trois premiers termes, est alternée. Il s'ensuit que la série est convergente. Comme elle n'est pas absolument convergente, elle est conditionnellement convergente. □

Convergence absolue et convergence conditionnelle

Une série $\sum_{i=1}^{\infty} a_i$ est dite **absolument convergente** si $\sum_{i=1}^{\infty} |a_i|$ est convergente.

Toute série absolument convergente converge (au sens habituel).

Une série peut converger sans être absolument convergente; une telle série est dite **conditionnellement convergente**.

Supplément de la section 6.2

Analyse des preuves pour le critère de comparaison et le critère des séries alternées

L'étude de la convergence d'une série nous amène à traiter de la convergence d'une suite croissante. Une suite $a_1, a_2, a_3, \ldots$ de nombres réels est dite croissante lorsque $a_1 \leq a_2 \leq a_3 \leq \ldots$ On dit que la suite est majorée ou qu'elle possède une **limite supérieure** s'il existe un nombre M tel que

$$a_n \leq M \text{ pour tout } n$$

(Voir figure 6.2.2.)

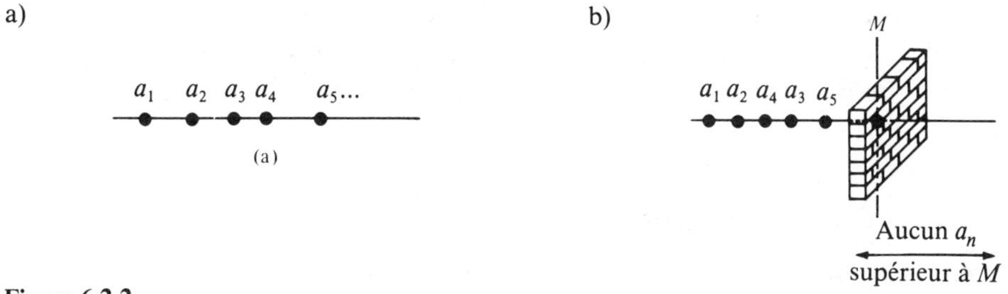

Figure 6.2.2

Soit, par exemple, la suite $\{a_n\}$ où $a_n = \dfrac{n}{n+1}$. Nous allons montrer que a_n augmente et est majorée pour tout nombre ≥ 1. Pour prouver que la suite est croissante, nous devons montrer que $a_n \leq a_{n+1}$, c'est-à-dire que

$$\frac{n}{n+1} \leq \frac{n+1}{(n+1)+1}$$

$$n(n+2) \leq (n+1)^2$$

$$n^2 + 2n \leq n^2 + 2n + 1$$

$$0 \leq 1$$

En réorganisant les étapes, on conclut que

$$a_n \leq a_{n+1}$$

donc que la suite est croissante. De plus, la suite est majorée par tout nombre $M \geq 1$, puisqu'on a

$$a_n = \frac{n}{n+1} < 1$$

Nous accepterons sans preuve la propriété suivante, qui repose sur des propriétés des nombres réels.

Propriété des suites croissantes

Si a_n est une suite croissante et majorée, alors a_n converge vers un nombre a à mesure que $n \to \infty$. (De même, une suite décroissante et minorée converge.)

Cette propriété des suites croissantes exprime une idée bien simple : si la suite est croissante et majorée, les nombres a_n augmentent, mais ils ne peuvent jamais dépasser M. Que peuvent-ils alors faire d'autre que de converger ? Évidemment, la limite a vérifie la relation $a_n \leq a$ pour tout n.

Preuve du critère de comparaison

Nous ferons la démonstration du critère de comparaison en deux étapes.

Première étape

Montrons d'abord que le critère est valable pour les séries dont tous les termes sont positifs. Il faut donc prouver que si $0 \leq a_i \leq b_i$ pour tout i et que Σb_i converge, alors Σa_i converge aussi. Dans ce cas, nous appliquons à la suite des sommes partielles la propriété des suites croissantes. Cette suite de sommes partielles est croissante puisque les a_i sont positifs; il reste à vérifier qu'elle est aussi majorée. Comme Σb_i converge, les sommes partielles $T_n = \sum_{i=1}^{n} b_i$ tendent vers une limite T.

Comme $0 \leq a_i \leq b_i$, les sommes partielles S_n (où $S_n = \sum_{i=1}^{n} a_i$) et T_n vérifient $S_n \leq T_n$ pour tout n. On a donc

$$\lim_{n \to \infty} S_n \leq \lim_{n \to \infty} T_n \leq T$$

Ainsi, comme la suite S_n de sommes partielles est croissante et majorée, elle est convergente, et Σa_i converge. (Voir figure 6.2.3.)

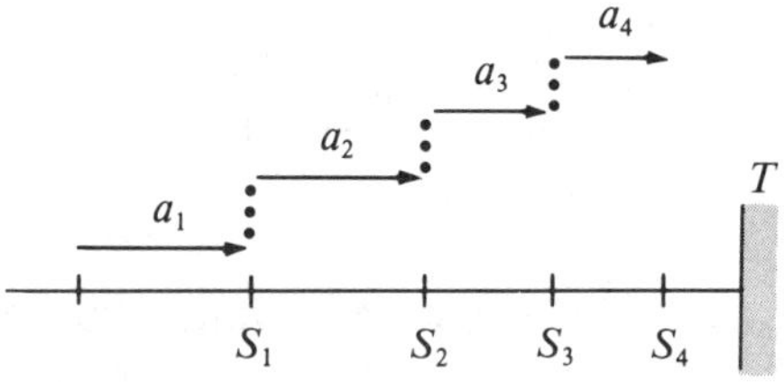

Figure 6.2.3 Les sommes partielles de la série $\sum_{i=1}^{\infty} a_i$ augmentent et ont une limite supérieure T.

Deuxième étape

Avant de montrer que le critère de comparaison vaut pour des séries contenant des termes positifs et négatifs, établissons que la convergence de $\Sigma|a_i|$ entraîne celle de Σa_i.

Prouvons donc que toute série absolument convergente converge (au sens habituel). On suppose que $\Sigma|a_i|$ converge et on définit deux nouvelles séries Σb_i et Σc_i par les formules suivantes :

$$b_i = \begin{Bmatrix} |a_i| & \text{si } a_i \geq 0 \\ 0 & \text{si } a_i < 0 \end{Bmatrix} = \begin{Bmatrix} a_i & \text{si } a_i \geq 0 \\ 0 & \text{si } a_i < 0 \end{Bmatrix}$$

$$c_i = \begin{Bmatrix} |a_i| & \text{si } a_i \leq 0 \\ 0 & \text{si } a_i > 0 \end{Bmatrix} = \begin{Bmatrix} -a_i & \text{si } a_i \leq 0 \\ 0 & \text{si } a_i > 0 \end{Bmatrix}$$

Il s'agit des « parties positive et négative » de la série $\sum_{i=1}^{\infty} a_i$.

Les séries $\sum_{i=1}^{\infty} b_i$ et $\sum_{i=1}^{\infty} c_i$ sont toutes deux convergentes; en fait, puisque $b_i \leq |a_i|$, la série Σb_i converge, car $\Sigma|a_i|$ converge. Le même argument démontre que $\sum_{i=1}^{\infty} c_i$ est convergente. Les règles algébriques pour les séries permettent de conclure à la convergence de $\sum_{i=1}^{\infty} a_i = \sum_{i=1}^{\infty} b_i - \sum_{i=1}^{\infty} c_i$.

Ainsi la convergence de $\Sigma\, |a_i|$ entraîne celle de Σa_i.

La conclusion du critère est alors immédiate. En effet, si $|a_i| \leq b_i$ pour tout i et que Σb_i converge, alors Σa_i converge.

Convergence des séries alternées

Terminons ce supplément en montrant que toute série alternée converge.

Soit $\sum_{i=1}^{\infty} a_i$ une série alternée. Si l'on pose $b_i = (-1)^{i+1} a_i$, alors tous les b_i sont positifs et on peut écrire $\sum_{i=1}^{\infty} a_i = b_1 - b_2 + b_3 - b_4 + b_5 \ldots$

De plus, on a $b_1 > b_2 > b_3 > \ldots$ et $\lim_{i\to\infty} b_i = 0$.

Chaque somme partielle paire S_{2n} peut être regroupée de la façon suivante :

$$(b_1 - b_2) + (b_3 - b_4) + \ldots + (b_{n-1} - b_n)$$

devenant ainsi une somme de termes positifs; on a donc $S_2 \leq S_4 \leq S_6 \leq \ldots$

Par ailleurs, la sommes partielle impaire S_{2n+1} peut être regroupée de la façon suivante :

$$b_1 - (b_2 - b_3) - (b_4 - b_5) - \ldots - (b_{2n} - b_{2n+1})$$

devenant ainsi une somme de termes négatifs (sauf le premier). On a donc

$$S_1 \geq S_3 \geq S_5 \geq \ldots$$

On remarque alors que $S_{2n+1} = S_{2n} + b_{2n+1} \geq S_{2n}$. Par conséquent, les sommes partielles paires S_{2n} forment une suite croissante majorée par tout membre de la suite décroissante des sommes partielles impaires. (Voir figure 6.2.1.) En vertu de la propriété des suites croissantes, la suite S_{2n} tend vers une limite : S_{paire}. De la même façon, la suite décroissante S_{2n+1} tend vers une limite : S_{impaire}.

On a donc $S_2 \leq S_4 \leq S_6 \leq \ldots \leq S_{2n} \leq \ldots \leq S_{\text{paire}} \leq S_{\text{impaire}} \leq \ldots \leq S_{2n+1} \leq \ldots \leq S_3 \leq S_1$. Notons que $S_{2n+1} - S_{2n} = a_{2n+1}$ et que a_{2n+1} tend vers zéro à mesure que $n \to \infty$. Comme la différence $S_{\text{impaire}} - S_{\text{paire}}$ est inférieure à $S_{2n+1} - S_{2n}$, elle doit donc être égale à zéro, c'est-à-dire que $S_{\text{impaire}} = S_{\text{paire}}$.

Nommons cette valeur commune S. Ainsi,

$$|S_{2n} - S| \leq |S_{2n} - S_{2n+1}| = b_{2n+1} = |a_{2n+1}|$$

et

$$|S_{2n+1} - S| \leq |S_{2n+1} - S_{2n+2}| = b_{2n+2} = |a_{2n+2}|.$$

Donc chaque différence $|S_n - S|$ est inférieure à $|a_{n+1}|$. Étant donné que $a_{n+1} \to 0$, on doit avoir $S_n \to S$ à mesure que $n \to \infty$.

Exercices de la section 6.2

En utilisant le critère de comparaison, démontrer que les séries des problèmes 1 à 8 convergent.

1. $\displaystyle\sum_{i=1}^{\infty} \frac{8}{3^i + 2}$

2. $\displaystyle\sum_{i=1}^{\infty} \frac{9}{4^i + 6}$

3. $\displaystyle\sum_{i=1}^{\infty} \frac{1}{3^i - 1}$

4. $\displaystyle\sum_{i=1}^{\infty} \frac{2}{4^i - 3}$

5. $\displaystyle\sum_{i=1}^{\infty} \frac{(-1)^i}{3^i + 2}$

6. $\displaystyle\sum_{i=1}^{\infty} \frac{(-1)^i}{4^i + 1}$

7. $\displaystyle\sum_{i=1}^{\infty} \frac{\sin i}{2^i - 1}$

8. $\displaystyle\sum_{i=1}^{\infty} \frac{\cos(\pi i)}{3^i - 1}$

En utilisant le critère de comparaison, démontrer que les séries des problèmes 9 à 12 divergent.

9. $\sum_{i=1}^{\infty} \frac{3}{2+i}$

10. $\sum_{i=1}^{\infty} \frac{8}{5+7i}$

11. $\sum_{i=1}^{\infty} \frac{8}{6i-1}$

12. $\sum_{i=1}^{\infty} \frac{3}{2i-1}$

Étudier la convergence des séries des problèmes 13 à 24.

13. $\sum_{n=1}^{\infty} \frac{3}{4^n+2}$

14. $\sum_{i=1}^{\infty} \frac{(1/2)^i}{i+6}$

15. $\sum_{i=1}^{\infty} \frac{1}{3i+1/i}$

16. $\sum_{i=1}^{\infty} \frac{2}{2i+1}$

17. $\sum_{i=1}^{\infty} \frac{1}{\sqrt{i+2}}$

18. $\sum_{i=1}^{\infty} \frac{1}{\sqrt{i+1}}$

19. $\sum_{i=1}^{\infty} \frac{3i}{2^i}$

20. $\sum_{j=1}^{\infty} \frac{2^j}{j}$

21. $\sum_{j=1}^{\infty} \frac{\sin j}{2^j}$

22. $\sum_{i=1}^{\infty} \left(\frac{i}{i+2}\right)^i$

23. $\frac{1}{3}+\frac{1}{5}+\frac{1}{9}+\frac{1}{17}+\frac{1}{33}+\frac{1}{65}+\ldots+\frac{1}{2^n+1}+\ldots$

24. $1+\frac{1}{3}+\frac{1}{7}+\frac{1}{15}+\ldots+\frac{1}{2^n-1}+\ldots$

Étudier la convergence et la convergence absolue des séries des problèmes 25 à 34.

25. $\sum_{n=1}^{\infty} \frac{1}{\sqrt{n}}$

26. $\sum_{n=1}^{\infty} \frac{(-1)^n}{\sqrt{n}}$

27. $\sum_{k=1}^{\infty} \frac{k}{k+1}$

28. $\sum_{k=1}^{\infty} \frac{(-1)^k k}{k+1}$

29. $\sum_{i=1}^{\infty} \frac{\cos \pi i}{2^i}$

30. $\sum_{n=1}^{\infty} \frac{(-1)^n}{8n+2}$

31. $1-\frac{1}{2}+\frac{2}{3}-\frac{3}{4}+\frac{4}{5}-\ldots$

32. $1-\frac{1}{2}+\frac{1}{4}-\frac{1}{8}+\frac{1}{16}-\ldots$

33. $\sum_{i=1}^{\infty} (-1)^i \frac{i}{i^2+1}$

34. $\sum_{i=1}^{\infty} a_i$, où $a_i = \begin{cases} 1/(2^i) & \text{si } i \text{ est pair} \\ 1/i & \text{si } i \text{ est impair} \end{cases}$

6.3 Critère de comparaison à une intégrale et critère de d'Alembert

Le critère de comparaison à une intégrale établit un lien entre les séries et les intégrales impropres.

On peut considérer toute série comme une intégrale impropre. Par exemple, étant donné une série $\sum_{i=1}^{\infty} a_i$, on définit une fonction en escalier $g(x)$ sur $[1, \infty$ par les relations :

$$\begin{aligned} g(x) &= a_1 \qquad (1 \leq x < 2) \\ g(x) &= a_2 \qquad (2 \leq x < 3) \\ &\vdots \\ g(x) &= a_i \qquad (i \leq x < i+1) \\ &\vdots \end{aligned}$$

Puisque

$$\int_i^{i+1} g(x)dx = a_i$$

la somme partielle $\sum_{i=1}^{n} a_i$ est égale à $\int_1^{n+1} g(x)dx$, et la série $\sum_{i=1}^{\infty} a_i = \lim_{n\to\infty} \sum_{i=1}^{n} a_i$ converge si et seulement si l'intégrale $\int_1^{\infty} g(x)dx = \lim_{b\to\infty} \int_1^{b} g(x)dx$ converge.

Séries et intégrales

Cette relation entre séries et intégrales, par elle-même, n'est pas très utile. Cependant, elle le devient si, comme c'est souvent le cas, la relation qui définit le terme a_i en fonction de i est valable lorsque i est un nombre réel, et non pas seulement un entier. Supposons qu'il existe une fonction $f(x)$, définie pour tout $x \geq 1$, telle que $f(i) = a_i$ lorsque $i = 1, 2, 3, \ldots$

Supposons, de plus, que f est conforme aux conditions suivantes :

1. $f(x) > 0$ pour tous les x dans l'intervalle $[1, \infty$;
2. $f(x)$ décroît sur $[1, \infty$.

Par exemple, si $a_i = 1/i$, la série harmonique, on peut prendre $f(x) = 1/x$.

On peut maintenant comparer $f(x)$ avec la fonction en escalier $g(x)$. Lorsque $i \le x < i + 1$, on a

$$0 \le f(x) \le f(i) = a_i = g(x)$$

Par conséquent, $0 \le f(x) \le g(x)$. (Voir figure 6.3.1.)

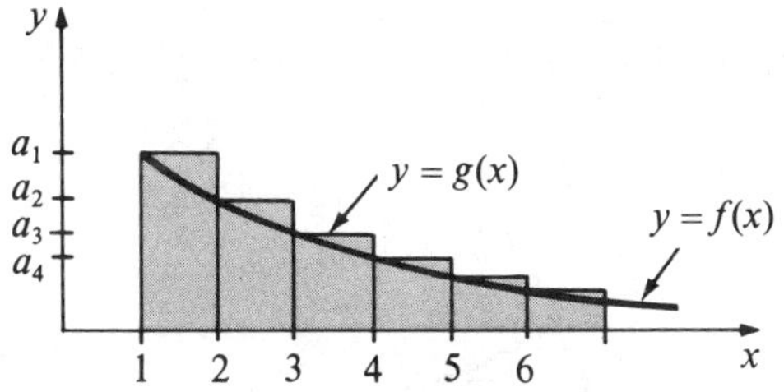

Figure 6.3.1

Il s'ensuit que, pour tout n,

$$0 \le \int_1^{n+1} f(x)dx \le \int_1^{n+1} g(x)dx = \sum_{i=1}^{n} a_i \quad (1)$$

On en conclut que si la série $\sum_{i=1}^{\infty} a_i$ converge, alors $\int_1^{n+1} f(x)dx$ a comme limite supérieure la somme $\sum_{i=1}^{\infty} a_i$, de sorte que l'intégrale impropre $\int_1^{\infty} f(x)dx$ converge (voir la section 5.3).

De même, on peut affirmer que si l'intégrale $\int_1^{\infty} f(x)dx$ diverge, alors la série $\sum_{i=1}^{\infty} a_i$ diverge aussi.

Exemple 1

Montrer que $1 + \frac{1}{2} + \dots + \frac{1}{n} \ge \ln(n + 1)$ et obtenir ainsi une autre preuve que la série harmonique diverge.

Solution
Posons $f(x) = 1/x$. À partir de la relation (1) plus haut, on obtient

$$1 + \frac{1}{2} + \ldots + \frac{1}{n} = \sum_{i=1}^{n} \frac{1}{i} \geq \int_1^{n+1} \frac{1}{x}\,dx = \ln(n + 1)$$

Puisque $\lim_{n\to\infty} \ln(n + 1) = \infty$, l'intégrale $\int_1^{\infty} (1/x)dx$ diverge; donc, la série $\sum_{i=1}^{\infty} (1/i)$ diverge aussi. □

Il serait intéressant de prouver l'inverse du résultat précédent, c'est-à-dire que si $\int_1^{\infty} f(x)dx$ converge, alors $\sum_{i=1}^{\infty} a_i$ converge aussi.

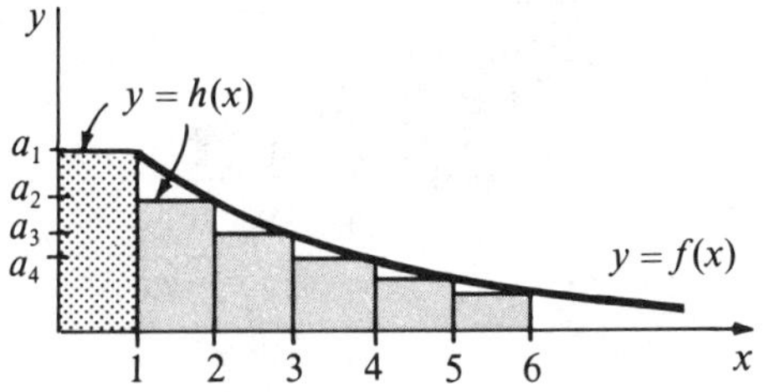

Figure 6.3.2

Pour ce faire, on trace des rectangles de hauteur a_i et de base $x_{i-1}x_i$. (Voir figure 6.3.2.) Cette opération définit une fonction en escalier $h(x)$ sur $[1, \infty$, laquelle est définie par

$$h(x) = a_{i+1} \qquad (i \leq x < i + 1)$$

On a maintenant

$$\int_i^{i+1} h(x)dx = a_{i+1} \qquad \text{et} \qquad \sum_{i=2}^{n} a_i = \int_1^{n} h(x)dx$$

Si $i \leq x \leq i + 1$, alors $f(x) \geq f(i + 1) = a_{i+1} = h(x) \geq 0$.

Par conséquent, $f(x) \geq h(x) \geq 0$. (Voir figure 6.3.2.) Donc

$$\int_1^{n} f(x)dx \geq \int_1^{n} h(x)dx = \sum_{i=2}^{n} a_i \geq 0 \qquad (2)$$

Si l'intégrale $\int_1^{\infty} f(x)dx$ converge, alors les sommes partielles $\sum_{i=1}^{n} a_i = a_1 + \sum_{i=2}^{n} a_i$ sont majorées par $a_1 + \int_1^{\infty} f(x)dx$, et la série $\sum_{i=1}^{\infty} a_i$ est donc convergente.

Critère de comparaison à une intégrale

Pour vérifier la convergence d'une série $\sum_{i=1}^{\infty} a_i$ de termes positifs décroissants, il faut trouver une fonction positive décroissante $f(x)$ sur [1, ∞ telle que $f(i) = a_i$. Alors :

$$\int_1^{\infty} f(x)dx \text{ converge si et seulement si } \sum_{i=1}^{\infty} a_i \text{ converge aussi;}$$

$$\int_1^{\infty} f(x)dx \text{ diverge si et seulement si } \sum_{i=1}^{\infty} a_i \text{ diverge aussi.}$$

Exemple 2

Montrer que $1 + 1/4 + 1/9 + 1/16 + \ldots$ converge.

Solution

Il s'agit de la série $\sum_{i=1}^{\infty} (1/i^2)$.

Posons $f(x) = 1/x^2$; alors

$$\int_1^{\infty} \frac{1}{x^2}\,dx = \lim_{b\to\infty} \int_1^b \frac{1}{x^2}\,dx = \lim_{b\to\infty} \left(1 - \frac{1}{b}\right) = 1$$

L'intégrale converge, donc la série converge aussi. □

Exemple 3

Montrer que $\sum_{m=2}^{\infty} \frac{1}{m\sqrt{\ln m}}$ diverge, mais que $\sum_{m=2}^{\infty} \frac{1}{m(\ln m)^2}$ converge.

Solution

À noter que la série commence à $m = 2$ plutôt qu'à $m = 1$. Considérons le cas plus général où p est quelconque.

$$\int_2^{\infty} \frac{1}{x(\ln x)^p}\,dx = \lim_{b\to\infty} \int_2^b (\ln x)^{-p} \frac{1}{x}\,dx$$

$$= \lim_{b\to\infty} \left.\frac{(\ln x)^{-p+1}}{-p+1}\right|_2^b$$

$$= \frac{1}{-p+1} \lim_{b\to\infty} [(\ln b)^{-p+1} - (\ln 2)^{-p+1}]$$

La limite est finie si $p = 2$ et infinie si $p = 1/2$, de sorte que l'intégrale converge si $p = 2$ et diverge si $p = 1/2$.

Il s'ensuit que $\sum_{m=2}^{\infty} [1/(m\sqrt{\ln m})]$ diverge et que $\sum_{m=2}^{\infty} [1/m(\ln m)^2]$ converge. □

Séries de Riemann

Les exemples 1 et 2 sont des cas particuliers d'un résultat appelé critère de convergence des séries de Riemann. Ce critère découle du critère de comparaison à une intégrale avec $f(x) = 1/x^p$.

On se rappelle que $\int_1^{\infty} x^n\,dx$ converge si $n < -1$ et diverge si $n \geq -1$ (voir l'exemple 2, section 5.3). Nous arrivons ainsi au critère de l'encadré suivant.

Séries de Riemann

Si $p \leq 1$, alors $\sum_{i=1}^{\infty} \frac{1}{i^p}$ diverge.

Si $p > 1$, alors $\sum_{i=1}^{\infty} \frac{1}{i^p}$ converge.

Les séries de Riemann sont souvent utiles quand il s'agit d'appliquer le critère de comparaison. Elles sont, comme les séries géométriques, des séries dont nous connaissons immédiatement la convergence.

Exemple 4
Étudier la convergence de :

a) $\sum_{i=1}^{\infty} \frac{1}{1+i^2}$ b) $\sum_{j=1}^{\infty} \frac{j^2+2j}{j^4-3j^2+10}$ c) $\sum_{n=1}^{\infty} \frac{3n+\sqrt{n}}{2n^{3/2}+2}$

Solution

a) Comparons la série donnée avec la série de Riemann convergente $\sum_{i=1}^{\infty} 1/i^2$.

Soit $a_i = 1/(1+i^2)$ et $b_i = 1/i^2$.

Alors $0 < a_i < b_i$ et $\sum_{i=1}^{\infty} b_i$ converge, de sorte que $\sum_{i=1}^{\infty} a_i$ converge aussi.

b) Soit $a_j = (j^2 + 2j)/(j^4 - 3j^2 + 10)$ et $b_j = j^2/j^4 = 1/j^2$. Alors

$$\lim_{j\to\infty} \frac{|a_j|}{b_j} = \lim_{j\to\infty} \left|\frac{a_j}{b_j}\right| = \lim_{j\to\infty} \left|\frac{1 + 2/j}{1 - 3/j^2 + 10/j^4}\right| = 1$$

Puisque $\sum_{j=1}^{\infty} b_j$ converge, alors $\sum_{j=1}^{\infty} a_j$ converge aussi en vertu du critère du quotient.

c) Posons $a_n = (3n + \sqrt{n})/(2n^{3/2} + 2)$ et $b_n = n/(n^{3/2}) = 1/\sqrt{n}$. Alors

$$\lim_{n\to\infty} \frac{3 + (1/\sqrt{n})}{2 + (2/n^{3/2})} = \frac{3}{2}$$

Puisque $\sum_{n=1}^{\infty} b_n$ diverge, alors $\sum_{n=1}^{\infty} a_n$ diverge aussi. □

Critère de d'Alembert

Le critère de d'Alembert est un autre critère de convergence important. Il fournit une méthode générale pour comparer une série avec une série géométrique, et formule de plus les hypothèses d'une manière particulièrement pratique, puisqu'aucune comparaison explicite avec une autre série n'est requise.

Critère de d'Alembert

Soit $\sum_{i=1}^{\infty} a_i$ une série. Supposons que $\lim_{i\to\infty} \left|\frac{a_i}{a_{i-1}}\right|$ existe.

1. Si $\lim_{i\to\infty} \left|\frac{a_i}{a_{i-1}}\right| < 1$, alors la série converge (absolument).
2. Si $\lim_{i\to\infty} \left|\frac{a_i}{a_{i-1}}\right| > 1$, alors la série diverge.
3. Si $\lim_{i\to\infty} \left|\frac{a_i}{a_{i-1}}\right| = 1$, alors on ne peut tirer de conclusion.

Attention de ne pas confondre ce critère, dans lequel on considère les rapports entre les termes successifs d'une **même** série, avec le critère du quotient de la section 6.2, qui exige que soient considérés les rapports entre des termes de deux séries **différentes**.

La preuve du critère de d'Alembert, que nous omettons ici, se fonde sur le fait qu'à partir d'un certain rang, la série semble se comporter comme une série géométrique.

Exemple 5

Étudier la convergence de $2 + \frac{2^2}{2^8} + \frac{2^3}{3^8} + \frac{2^4}{4^8} + \ldots = 2 + \frac{1}{64} + \frac{8}{6561} + \frac{1}{4096} + \ldots$

Solution

Nous avons $a_i = 2^i/i^8$.

Et
$$\frac{a_i}{a_{i-1}} = \frac{2^i}{i^8} \bullet \frac{(i-1)^8}{2^{i-1}} = 2 \bullet \left(\frac{i-1}{i}\right)^8$$

de sorte que
$$\lim_{i\to\infty} \left|\frac{a_i}{a_{i-1}}\right| = 2\left[\lim_{i\to\infty}\left(\frac{i-1}{i}\right)\right]^8 = 2 \bullet 1^8 = 2$$

qui est supérieur à 1. La série diverge donc. □

Exemple 6

Étudier la convergence de :

a) $\sum_{n=1}^{\infty} \frac{1}{n!}$, où $n! = n(n-1) \bullet \ldots \bullet 3 \bullet 2 \bullet 1$

b) $\sum_{j=1}^{\infty} \frac{b^j}{j!}$, b étant une constante quelconque.

Solution

a) Dans ce cas, $a_n = 1/n!$; alors

$$\frac{a_n}{a_{n-1}} = \frac{1/n(n-1) \bullet \ldots \bullet 3 \bullet 2 \bullet 1}{1/(n-1)(n-2) \bullet \ldots \bullet 3 \bullet 2 \bullet 1} = \frac{1}{n}$$

Ainsi $|a_n/a_{n-1}| = 1/n$ et $\lim_{n\to 0} 1/n = 0 < 1$. La série converge donc.

b) Dans ce cas, $a_j = b^j/j!$; donc

$$\frac{a_j}{a_{j-1}} = \frac{b^j/j!}{b^{j-1}/(j-1)!} = \frac{b}{j}$$

Ainsi $|a_j/a_{j-1}| = b/j$ et $\lim_{j\to\infty} b/j = 0 < 1$. La série converge donc.

Dans cet exemple, on doit noter que le numérateur b^j et que le dénominateur $j!$ tendent vers l'infini, mais que le dénominateur le fait beaucoup plus rapidement. De fait, puisque la série converge, $b^j/j! \to 0$ à mesure que $j \to \infty$. □

Critère de la racine $i^{\text{ième}}$

Si les termes d'une série $\sum_{i=1}^{\infty} a_i$ présentent un exposant contenant la variable i, le critère de la racine $i^{\text{ième}}$ permet d'éviter une démarche algébrique souvent laborieuse.

> **Critère de la racine $i^{\text{ième}}$**
>
> Soit $\sum_{i=1}^{\infty} a_i$ une série donnée et supposons que $\lim_{i\to\infty} |a_i|^{1/i}$ existe.
>
> 1. Si $\lim_{i\to\infty} |a_i|^{1/i} < 1$, alors $\sum_{i=1}^{\infty} a_i$ converge absolument.
> 2. Si $\lim_{i\to\infty} |a_i|^{1/i} > 1$, alors $\sum_{i=1}^{\infty} a_i$ diverge.
> 3. Si $\lim_{i\to\infty} |a_i|^{1/i} = 1$, alors le critère n'est pas concluant.

Comme c'était le cas avec le critère de d'Alembert, la preuve du critère de la racine $i^{\text{ième}}$ se fait par comparaison avec une série géométrique et est omise dans le cadre de ce cours.

Exemple 7
Étudier la convergence de :

a) $\sum_{n=1}^{\infty} \frac{1}{n^n}$ b) $\sum_{n=1}^{\infty} \frac{3^n}{n^2}$

Solution

a) Ici $a_n = 1/n^n$

Donc $|a_n|^{1/n} = 1/n$

Par conséquent, $\lim_{n\to\infty} |a_n|^{1/n} = 0 < 1$

En vertu du critère de la racine $i^{\text{ième}}$ (avec i remplacé par n), la série converge, puisqu'elle converge absolument.

b) Ici $a_n = 3^n/n^2$

Donc $$|a_n|^{1/n} = 3/n^{2/n}$$

Cependant $$\lim_{n\to\infty} n^{2/n} = 1$$

En effet $\ln(n^{2/n}) = (2/n)(\ln n)$ et $(2/n)(\ln n)$ tend vers 0 à mesure que $n \to \infty$ (par la règle de l'Hospital). Ainsi

$$\lim_{n\to\infty} |a_n|^{1/n} = 3 > 1$$

La série diverge donc. □

Si l'on excepte les séries géométriques, les critères que nous avons décrits nous permettent d'établir si une série converge sans cependant en fournir la somme. L'enseignement d'une méthode d'estimation de l'erreur que l'on commet en approximant une série infinie par une série finie relève des cours d'analyse numérique.

Exercices de la section 6.3

Utiliser le critère de comparaison à une intégrale pour déterminer la convergence ou la divergence des séries des problèmes 1 à 4.

1. $\sum_{i=1}^{\infty} \frac{i}{i^2+1}$

2. $\sum_{i=1}^{\infty} \frac{1}{i^2+4}$

3. $\sum_{i=2}^{\infty} \frac{1}{i(\ln i)^{3/2}}$

4. $\sum_{i=2}^{\infty} \frac{1}{i(\ln i)^{2/3}}$

Utiliser les séries de Riemann et le critère de comparaison pour vérifier si les séries des problèmes 5 à 8 convergent ou divergent.

5. $\sum_{n=1}^{\infty} \frac{\cos n}{n^2}$

6. $\sum_{n=1}^{\infty} \frac{\sin n}{n^{3/2}}$

7. $\sum_{n=1}^{\infty} \frac{n}{n^3+4}$

8. $\sum_{n=1}^{\infty} \frac{n}{n^2+4}$

En se servant du critère de d'Alembert, déterminer la convergence ou la divergence des séries des problèmes 9 à 12.

9. $\sum_{n=1}^{\infty} \frac{2\sqrt{n}}{3^n}$

10. $\sum_{n=1}^{\infty} \frac{3^n}{2\sqrt{n}}$

11. $\sum_{i=1}^{\infty} \frac{i^3 \cdot 3^i}{i!}$

12. $\sum_{n=1}^{\infty} \frac{2n^2 + n!}{n^5 + (3n)!}$

Utiliser le critère de la racine $i^{\text{ième}}$ pour déterminer la convergence ou la divergence des séries des problèmes 13 à 16.

13. $\sum_{n=1}^{\infty} \frac{3^n}{n^n}$

14. $\sum_{n=1}^{\infty} \frac{n^n}{2^n}$

15. $\sum_{n=1}^{\infty} \frac{2^n}{n^3}$

16. $\sum_{n=1}^{\infty} \frac{n^2}{2^n}$

Étudier la convergence des problèmes 17 à 28.

17. $\sum_{i=1}^{\infty} \frac{1}{i^4}$

18. $\sum_{j=3}^{\infty} \frac{j^2 + \cos j}{j^4 + \sin j}$

19. $\sum_{n=1}^{\infty} \frac{(-1)^n(n+1)}{2n+1}$

20. $\sum_{m=1}^{\infty} \frac{(-1)^m(m+1)}{m^2+1}$

21. $\sum_{k=2}^{\infty} \frac{\cos k\pi}{\ln k}$

22. $\sum_{j=1}^{\infty} (-1)^j \sin\left(\frac{\pi}{4j}\right)$

23. $\sum_{j=1}^{\infty} \frac{(j+1)^{100}}{j!}$

24. $\sum_{n=1}^{\infty} \frac{\sqrt{n} + n + n^{3/2}}{\sqrt{n} + n + n^{5/2} + n^3}$

25. $\sum_{r=0}^{\infty} \frac{2^r}{2^r + 3^r}$

26. $\sum_{s=1}^{\infty} \frac{s - \ln s}{s^2 + \ln s}$

27. $\sum_{t=2}^{\infty} \frac{(-1)^t}{(\ln t)^{1/2}}$

28. $\sum_{t=1}^{\infty} \frac{(-1)^t}{t^{1/4}}$

6.4 Séries de puissances

Plusieurs fonctions peuvent être exprimées comme des « polynômes formés d'un nombre infini de termes ».

Une série de la forme

$$\sum_{i=0}^{\infty} a_i (x - x_0)^i$$

où les a_i et x_0 sont des constantes et où x est une variable, porte le nom de **série de puissances**. Il s'agit en effet de la somme des puissances de $(x - x_0)$.

Considérons en premier lieu les séries de puissances dans lesquelles $x_0 = 0$, soit les séries de la forme

$$a_0 + a_1 x + a_2 x^2 + a_3 x^3 + \ldots = \sum_{i=0}^{\infty} a_i x^i$$

où les a_i sont des constantes données.

S'il y a un entier N pour lequel $a_i = 0$ pour tout $i > N$, alors la série de puissances est égale à la somme finie, $\sum_{i=0}^{N} a_i x^i$ qui n'est qu'un polynôme de degré N.

En général, on peut associer une série de puissances à un polynôme « de degré infini ». Nous verrons qu'aussi longtemps que les séries convergent, on peut faire des opérations sur les séries de puissances (addition, soustraction, dérivation), tout comme sur des polynômes ordinaires.

La série de puissances la plus simple est la série géométrique $1 + x + x^2 + \ldots$ qui converge lorsque $|x| < 1$. La somme est donc égale à $1/(1 - x)$. Ainsi, $1/(1 - x)$ peut s'écrire comme une série de puissances :

$$\frac{1}{1-x} = 1 + x + x^2 + x^3 + \ldots \qquad \text{si } |x| < 1$$

On remarquera que la restriction $|x| < 1$ est importante pour assurer la convergence de la série qui « remplace » $\frac{1}{1-x}$. Ce besoin de vérifier la convergence des séries de puissances amène le critère de d'Alembert et le critère de la racine $i^{\text{ième}}$ pour les séries de puissances.

Critère de d'Alembert pour les séries de puissances

La convergence d'une série de puissances peut souvent être déterminée d'après un critère semblable au critère de d'Alembert.

Critère de d'Alembert pour les séries de puissances

Soit $\sum_{i=0}^{\infty} a_i x^i$ une série de puissances. Supposons que $\lim_{i \to \infty} \left| \frac{a_i}{a_{i-1}} \right| = l$ existe.

Soit R appelé le rayon de convergence et tel que $R = 1/l$; on a

1. Si $|x| < R$, alors la série de puissances converge absolument.
2. Si $|x| > R$, alors la série de puissances diverge.
3. Si $x = \pm R$, alors la série de puissances converge ou diverge.

Remarques

1. La preuve de ce critère, que nous omettons ici, fait appel au critère de d'Alembert pour les séries numériques. Mentionnons toutefois que pour converger, il faut que $\left| \frac{a_i}{a_{i-1}} \right| |x| < 1$, ou que $l \bullet |x| < 1$, ou que $|x| < 1/l$, ou que $|x| < R$.
2. Le rayon de convergence permet de déterminer pour quelles valeurs la série converge; en effet, la série converge pour $|x| < R$ et il reste à étudier ce qu'il advient lorsque $x = \pm R$.

Exemple 1

Pour quelles valeurs de x la série $\sum_{i=0}^{\infty} \frac{i}{i+1} x^i$ converge-t-elle?

Solution

Ici $a_i = i/(i+1)$. Alors

$$\frac{a_i}{a_{i-1}} = \frac{i/(i+1)}{(i-1)/i} = \frac{i^2}{(i+1)(i-1)} = \frac{1}{(1+1/i)(1-1/i)}$$

et $\frac{a_i}{a_{i-1}}$ tend vers 1 à mesure que $i \to \infty$. D'où $l = 1$ et $R = 1$.

Donc la série converge si $|x| < 1$ et diverge si $|x| > 1$.

Si $x = 1$, alors $\lim_{i \to \infty} [i/(i+1)]x^i = 1$ et la série diverge à $x = 1$ puisque le terme général ne tend pas vers zéro.

Si $x = -1$, alors $\lim_{i \to \infty} |[i/(i+1)]x^i| = \lim_{i \to \infty} [i/(i+1)] = 1$ et, pour la même raison, la série diverge de nouveau. Ainsi la série converge seulement si $|x| < 1$. □

Exemple 2

Déterminer le rayon de convergence de $\sum_{k=0}^{\infty} \frac{k^5}{(k+1)!} x^k$.

Solution

On utilise le critère de d'Alembert.

Ici, $a_k = k^5/(k+1)!$, alors

$$\begin{aligned} l &= \lim_{k\to\infty} \left| \frac{k^5}{(k+1)!} \cdot \frac{k!}{(k-1)^5} \right| \\ &= \lim_{k\to\infty} \left(\frac{k}{k-1}\right)^5 \cdot \lim_{k\to\infty} \frac{1}{k+1} \\ &= 1 \cdot 0 \\ &= 0 \end{aligned}$$

Ainsi, $l = 0$ et le rayon de convergence est infini (c'est-à-dire que la série converge pour tous les x). □

Exemple 3

Pour quelles valeurs de x les séries suivantes convergent-elles ?

a) $\sum_{i=1}^{\infty} \frac{x^i}{i}$ b) $\sum_{i=1}^{\infty} \frac{x^i}{i^2}$

Solution

a) Nous avons $a_i = 1/i$, alors $l = \lim_{i\to\infty} \left| \frac{a_i}{a_{i-1}} \right| = \lim_{i\to\infty} \left(\frac{i-1}{i}\right) = 1$.

La série converge donc pour $|x| < 1$ et diverge pour $|x| > 1$.

Lorsque $x = 1$, $\sum_{i=1}^{\infty} x^i/i$ est la série harmonique divergente; pour $x = -1$, la série est une série alternée et converge. Donc la série converge pour $-1 \le x < 1$.

b) On a $a_i = 1/i^2$, alors

$$l = \lim_{i\to\infty} \left| \frac{a_i}{a_{i-1}} \right| = \lim_{i\to\infty} \frac{(i-1)^2}{i^2} = 1$$

et le rayon de convergence est 1. Cette fois-ci, lorsque $x = 1$, on obtient la série de Riemann $\sum_{i=1}^{\infty} (1/i^2)$, laquelle converge, puisque $p > 1$. La série pour $x = -1$,

$\sum_{i=1}^{\infty} [(-1)^i/i^2]$, converge absolument; elle est aussi convergente. Ainsi, la série converge pour $-1 \le x \le 1$. □

Les séries de la forme $\sum_{i=0}^{\infty} a_i(x - x_0)^i$ sont également appelées séries de puissances; la théorie qui s'y rattache est essentiellement la même que dans le cas déjà vu où $x_0 = 0$, car $\sum_{i=0}^{\infty} a_i(x - x_0)^i$ peut s'écrire $\sum_{i=0}^{\infty} a_i w^i$, où $w = x - x_0$.

Exemple 4

Pour quelles valeurs de x la série $\sum_{i=0}^{\infty} \frac{(x-1)^i}{(i+1)3^i}$ converge-t-elle?

Solution

Cette série est de la forme $\sum_{i=0}^{\infty} a_i(x - x_0)^i$ avec $a_i = \frac{1}{(i+1)3^i}$ et $x_0 = 1$. On a

$$l = \lim_{i\to\infty} \left| \frac{a_i}{a_{i-1}} \right| = \lim_{i\to\infty} \frac{1}{(i+1)3^i} \cdot \frac{(i)3^{i-1}}{1} = \lim_{i\to\infty} \frac{i}{3(i+1)} = \frac{1}{3}$$

Alors le rayon de convergence est 3.

La série converge donc pour $|x - 1| < 3$ (ou $-2 < x < 4$) et elle diverge pour $|x - 1| > 3$.

Lorsque $x = -2$, la série devient

$$\sum_{i=0}^{\infty} \frac{(-3)^i}{(i+1)3^i} = \sum_{i=0}^{\infty} \frac{(-1)^i}{(i+1)}$$

laquelle converge, car c'est une série alternée.

Lorsque $x = 4$, la série devient

$$\sum_{i=0}^{\infty} \frac{3^i}{(i+1)3^i} = \sum_{i=0}^{\infty} \frac{1}{i+1}$$

laquelle diverge puisque c'est la série harmonique. Donc la série converge pour $-2 \le x < 4$. □

Critère de la racine $i^{\text{ième}}$ pour les séries de puissances

On peut utiliser le critère de la racine $i^{\text{ième}}$ au lieu du critère de d'Alembert.

> **Critère de la racine $i^{\text{ième}}$ pour les séries de puissances**
>
> Soit $\sum_{i=0}^{\infty} a_i x^i$ une série de puissances donnée. Supposons que $\lim_{i\to\infty} |a_i|^{1/i} = \rho$ existe. Alors le rayon de convergence est $R = 1/\rho$.

La preuve de ce critère fait appel au critère de la racine $i^{\text{ième}}$ pour les séries à termes numériques et sera omise ici.

Exemple 5

Déterminer le rayon de convergence de la série $\sum_{i=1}^{\infty} \frac{x^i}{(2 + 1/i)^i}$.

Solution

$\rho = \lim_{i\to\infty} |a_i|^{1/i} = \lim_{i\to\infty} (1/(2 + 1/i)^i)^{1/i} = \lim_{i\to\infty} \{1/[2 + (1/i)]\} = 1/2$. Le rayon de convergence est $R = 2$. □

Opérations sur les séries de puissances

Soit $f(x) = \sum_{i=0}^{\infty} a_i x^i$ définie lorsque la série converge. Par analogie avec les polynômes ordinaires, on peut supposer que $f'(x) = \sum_{i=1}^{\infty} i a_i x^{i-1}$ et que $\int f(x)dx = \sum_{i=0}^{\infty} \frac{a_i x^{i+1}}{i+1} + C$. Or cela est effectivement vrai. Mais comme la preuve présente des difficultés trop grandes pour le niveau du cours, nous l'omettrons ici.

Exemple 6

Si $f(x) = \sum_{i=0}^{\infty} \frac{x^i}{i!}$, montrer que $f'(x) = f(x)$.

Solution

Selon l'exemple 3 c), la série pour $f(x)$ converge pour tout x. Alors

$$f'(x) = \sum_{i=1}^{\infty} (ix^{i-1}/i!) = \sum_{i=1}^{\infty} [x^{i-1}/(i-1)!] = \sum_{i=0}^{\infty} (x^i/i!) = f(x)$$ □

Dérivation et intégration des séries de puissances

Pour dériver ou intégrer une série de puissances à l'intérieur de son rayon de convergence R, il faut la dériver ou l'intégrer terme par terme. Si $|x - x_0| < R$, alors

$$\frac{d}{dx}\left[\sum_{i=0}^{\infty} a_i(x - x_0)^i\right] = \sum_{i=1}^{\infty} ia_i(x - x_0)^{i-1}$$

et

$$\int\left[\sum_{i=0}^{\infty} a_i(x - x_0)^i\right]dx = \sum_{i=0}^{\infty} \frac{a_i}{i+1}(x - x_0)^{i+1} + C$$

(La série résultante converge si $|x - x_0| < R$.)

Exemple 7

Soit $f(x) = \sum_{i=0}^{\infty} \frac{i}{i+1} x^i$. Trouver une expression sous forme de série pour $f'(x)$. Sur quel intervalle est-elle valide ?

Solution

Selon l'exemple 1, $f(x)$ converge pour $|x| < 1$. Par conséquent, $f'(x)$ converge aussi si $|x| < 1$, et on peut dériver cette fonction terme par terme. Ainsi,

$$f'(x) = \sum_{i=1}^{\infty} \frac{i^2}{i+1} x^{i-1} \quad \text{pour } |x| < 1 \quad \text{(Cette série diverge à } x = \pm 1.\text{)}$$

Remarque

À noter que $f'(x)$ est de nouveau une série de puissances. Elle peut donc aussi être dérivée. Puisque cela peut être répété, on en conclut que f peut être dérivée autant de fois que l'on veut. On dit que f est **infiniment dérivable**. □

Exemple 8

Écrire une série de puissances pour $x/(1 + x^2)$ et une pour $\ln(1 + x^2)$. Vers quoi convergent-elles ?

Solution

En premier lieu, on développe $1/(1 + x^2)$ comme une série géométrique en se servant de la formule générale

$$1/(1 - r) = 1 + r + r^2 + \ldots$$

où r est remplacé par $(-x^2)$, ce qui donne $1 - x^2 + x^4 - \ldots$ En multipliant par x, on obtient la série

$$x/(1 + x^2) = x - x^3 + x^5 - \ldots$$

qui converge pour $|x| < 1$. (Elle diverge pour $x = \pm 1$.)

En observant que $(d/dx)\ln(1 + x^2) = 2x/(1 + x^2)$ et en primitivant des deux côtés, on obtient

$$\begin{aligned}\ln(1 + x^2) &= 2\int \frac{x}{1 + x^2}\,dx \\ &= 2\int (x - x^3 + x^5 - \ldots)dx \\ &= 2\left(\frac{x^2}{2} - \frac{x^4}{4} + \frac{x^6}{6} - \ldots\right) \\ &= x^2 - \frac{x^4}{2} + \frac{x^6}{3} - \frac{x^8}{4} + \ldots\end{aligned}$$

(On a laissé tomber la constante d'intégration parce que $\ln(1 + 0^2) = 0$.) Cette série converge pour $|x| < 1$ et aussi pour $x = \pm 1$, parce qu'elle est alternée. □

Les séries de puissances se comportent aussi comme des polynômes dans les opérations algébriques.

Opérations algébriques sur les séries de puissances

Soit $f(x) = \sum_{i=0}^{\infty} a_i x^i$, avec un rayon de convergence R.

Soit $g(x) = \sum_{i=0}^{\infty} b_i x^i$, avec un rayon de convergence S.

Si T est la plus petite valeur entre R et S, alors :

$$f(x) + g(x) = \sum_{i=0}^{\infty} (a_i + b_i)x^i \quad \text{pour } |x| < T$$

$$cf(x) = \sum_{i=0}^{\infty} (ca_i)x^i \quad \text{pour } |x| < R$$

Exemple 9

Trouver une série de puissances de la forme $\sum_{i=0}^{\infty} a_i x^i$ pour $2/(3-x)$ et $5/(4-x)$. Quel est le rayon de convergence de chacune de ces séries ?

Solution

En se rappelant que $\frac{1}{1-r} = 1 + r + r^2 + r^3 + \ldots$, on peut écrire

$$\frac{2}{3-x} = \frac{2}{3}\left(\frac{1}{1-x/3}\right) = \frac{2}{3}\sum_{i=0}^{\infty}\left(\frac{x}{3}\right)^i = \sum_{i=0}^{\infty}\frac{2}{3^{i+1}}x^i$$

Le rapport de coefficients successifs est $(1/3^{i+1})/(1/3^i) = 1/3$. Donc le rayon de convergence est 3.

De même, $\frac{5}{4-x} = \sum_{i=0}^{\infty}\frac{5}{4^{i+1}}x^i$ avec un rayon de convergence de 4. □

Exercices de la section 6.4

Pour quelles valeurs de x les séries des problèmes 1 à 10 convergent-elles ?

1. $\sum_{i=0}^{\infty} \frac{2}{i+1} x^i$

2. $\sum_{i=0}^{\infty} (2i+1)x^i$

3. $\sum_{n=1}^{\infty} \frac{3}{n^2} x^n$

4. $\sum_{n=1}^{\infty} \frac{(-1)^n 2^n}{n(n+1)} x^n$

5. $\sum_{i=1}^{\infty} \frac{5i+1}{i} (x-1)^i$

6. $\sum_{r=0}^{\infty} \frac{r!}{3^{2r}} (x+2)^r$

7. $\sum_{n=2}^{\infty} \frac{1}{n!\,\sin(\pi/n)} x^n$

8. $\sum_{i=14}^{\infty} \frac{i(i+3)}{i^3 - 4i + 7} x^i$

9. $\sum_{n=1}^{\infty} \frac{x^n}{2^n + 4^n}$

10. $\sum_{s=1}^{\infty} \left(\frac{2^s+1}{8s^7}\right)^{3/2} x^s$

Déterminer le rayon de convergence des séries des problèmes 11 à 14.

11. $x + \frac{x^2}{2!} + \frac{x^3}{3!} + \ldots$

12. $1 + \frac{x}{2} + \frac{2!}{4!}x^2 + \frac{3!}{6!}x^3 + \ldots$

13. $\frac{5x}{2} + \frac{10x^2}{4} + \frac{15x^3}{8} + \frac{20x^4}{16} + \ldots$

14. $1 + \frac{x}{2} + \frac{x^2}{3} + \frac{x^3}{4} + \ldots$

Déterminer le rayon de convergence R de la série

$$\sum_{n=0}^{\infty} a_n x^n$$

dans les problèmes 15 à 18, pour les valeurs données de a_n. Discuter la convergence à $\pm R$.

15. $a_n = 1/(n+1)^n$

16. $a_n = (-1)^n/(n+1)$

17. $a_n = (n^2+n^3)/(1+n)^5$

18. $a_n = n$

Utiliser le critère de la racine $i^{\text{ième}}$ pour déterminer le rayon de convergence des séries des problèmes 19 à 22.

19. $\displaystyle\sum_{n=1}^{\infty} \frac{x^n}{(3+1/n)^n}$

20. $\displaystyle\sum_{n=1}^{\infty} \frac{2^n x^n}{n^n}$

21. $\displaystyle\sum_{n=1}^{\infty} (-1)^n n^n x^n$

22. $\displaystyle\sum_{n=1}^{\infty} \frac{2x^n}{1+5^n}$

***23.** Soit $f(x) = x - x^3/3! + x^5/5! - \ldots$ Montrer que f est définie et dérivable pour tous les x et montrer que

$$f''(x) + f(x) = 0$$

***24.** Soit $f(x) = 1 - \dfrac{x^2}{2!} + \dfrac{x^4}{4!} - \ldots$
Montrer que $f''(x) + f(x) = 0$.

***25.** Soit $f(x) = \sum_{i=1}^{\infty} (i+1)x^i$.

a) Déterminer le rayon de convergence de cette série.

b) Trouver quelle série correspond à

$$\int_0^x f(t)dt.$$

c) Utiliser le résultat de b) pour faire la somme de la série $f(x)$.

d) Faire la somme de la série $2/2 + 3/4 + 4/8 + 5/16 + \ldots$

***26.** a) Écrire une série de puissances représentant l'intégrale de $1/(1-x)$ pour $|x| < 1$.

b) Écrire une série de puissances pour $\ln x = \int (dx/x)$ en puissances de $1 - x$. Sur quel intervalle est-elle valide ?

***27.** Trouver une série pour

$$\frac{1}{(1-x)(2-x)}$$

[*Indication* : Utiliser le fait que

$$\frac{1}{(1-x)(2-x)} = \frac{A}{1-x} + \frac{B}{2-x}.]$$

***28.** Déterminer deux séries $f(x)$ et $g(x)$ dont le rayon de convergence égale 2 et telles que $f(x) + g(x)$ a un rayon de convergence égal à 3.

6.5 Formule de Taylor

La série de puissances qui représente localement une fonction est déterminée par les dérivées de cette fonction en un point donné.

Dans la présente section, nous verrons comment exprimer des fonctions, sous forme de séries de puissances. Il s'agit principalement de supposer l'existence d'une série de puissances et d'identifier ses coefficients un par un.

Séries de Taylor et de Maclaurin

Si $\sum_{i=0}^{\infty} a_i(x - x_0)^i$ converge pour une valeur $x - x_0$ suffisamment petite, on peut déterminer les coefficients a_i pour que $\sum_{i=0}^{\infty} a_i(x - x_0)^i = f(x)$. On obtient les coefficients en posant simplement $x = x_0$, d'où $f(x_0) = \sum_{i=0}^{\infty} a_i(x_0 - x_0)^i = a_0$.

En dérivant $f(x)$ puis en posant $x = x_0$, on trouve a_1. La disposition suivante rend la méthode plus évidente. Ainsi :

$$f(x) = a_0 + a_1(x - x_0) + a_2(x - x_0)^2 + a_3(x - x_0)^3 + \ldots, \text{ alors } f(x_0) = a_0$$

$$f'(x) = a_1 + 2a_2(x - x_0) + 3a_3(x - x_0)^2 + 4a_4(x - x_0)^3 + \ldots, \text{ alors } f'(x_0) = a_1$$

De même, en calculant de plus en plus de dérivées avant de faire la substitution, on obtient :

$$f''(x) = 2a_2 + 3 \cdot 2a_3(x - x_0) + 4 \cdot 3a_4(x - x_0)^2 + \ldots, \text{ alors } f''(x_0) = 2a_2$$

$$f'''(x) = 3 \cdot 2a_3 + 4 \cdot 3 \cdot 2a_4(x - x_0) + \ldots, \text{ alors } f'''(x_0) = 3 \cdot 2a_3$$

$$f''''(x) = 4 \cdot 3 \cdot 2a_4 + \ldots, \text{ alors } f''''(x_0) = 4 \cdot 3 \cdot 2a_4$$

et ainsi de suite.

En résolvant pour les a_i, on obtient $a_0 = f(x_0)$, $a_1 = f'(x_0)$, $a_2 = f''(x_0)/2$, $a_3 = f'''(x_0)/2 \cdot 3$, et, en général, $a_i = f^{(i)}(x_0)/i!$. Le terme $f^{(i)}(x)$ désigne la $i^{\text{ième}}$ dérivée de $f(x)$.

Cet exposé montre que si une fonction $f(x)$ peut être écrite comme une série de puissances de $(x - x_0)$, alors cette série doit être

$$\sum_{i=0}^{\infty} \frac{f^{(i)}(x_0)}{i!}(x - x_0)^i$$

Pour n'importe quelle fonction f, cette série s'appelle la **série de Taylor** de f autour du point $x = x_0$.

On choisit souvent comme point x_0 la valeur zéro et, dans ce cas, la série devient

$$\sum_{i=0}^{\infty} \frac{f^{(i)}(0)}{i!} x^i$$

et se nomme **série de Maclaurin** [1] de f.

Séries de Taylor et de Maclaurin

Si la fonction f est indéfiniment dérivable sur un intervalle donné renfermant x_0, la série

$$\sum_{i=0}^{\infty} \frac{f^{(i)}(x_0)}{i!} (x - x_0)^i$$

s'appelle **série de Taylor** de f autour du point x_0.

Lorsque $x_0 = 0$, la série se présente sous la forme

$$\sum_{i=0}^{\infty} \frac{f^{(i)}(0)}{i!} x^i$$

et s'appelle **série de Maclaurin** de f.

Exemple 1

Écrire la série de Maclaurin de sin x.

Solution

On a

$$\begin{aligned} f(x) &= \sin x, & f(0) &= 0; \\ f'(x) &= \cos x, & f'(0) &= 1; \\ f''(x) &= -\sin x, & f''(0) &= 0; \\ f^{(3)}(x) &= -\cos x, & f^{(3)}(0) &= -1; \\ f^{(4)}(x) &= \sin x, & f^{(4)}(0) &= 0; \end{aligned}$$

1. Brook Taylor (1685-1731) et Colin Maclaurin (1698-1746) ont participé au développement du calcul, suivis de Newton et de Leibniz. Selon *Le livre des records*, de Guinness, Maclaurin a l'honneur d'avoir été le plus jeune professeur de tous les temps en 1717, alors qu'il avait 19 ans. Il a été recommandé par Newton. Un autre mathématicien-physicien, lord Kelvin, détient le record d'avoir obtenu un diplôme collégial le plus jeune et le plus rapidement, soit à 10 ans, entre octobre 1834 et novembre 1834 !

et ce modèle se répète indéfiniment. Par conséquent, la série de Maclaurin est

$$\frac{f(0)}{0!}x^0 + \frac{f'(0)}{1!}x + \frac{f^{(2)}(0)}{2!}x^2 + \ldots = x - \frac{x^3}{3!} + \frac{x^5}{5!} - \frac{x^7}{7!} + \ldots \qquad \square$$

Exemple 2

Déterminer les termes jusqu'à la puissance x^3 de la série de Taylor de la fonction $f(x) = 1/(1 + x^2)$ autour de $x_0 = 1$.

Solution

On calcule les dérivées successives :

$$f(x) = \frac{1}{1+x^2}, \qquad f(1) = \frac{1}{2}, \qquad a_0 = f(1) = \frac{1}{2};$$

$$f'(x) = \frac{-2x}{(1+x^2)^2}, \qquad f'(1) = -\frac{1}{2}, \qquad a_1 = f'(1) = -\frac{1}{2};$$

$$f''(x) = \frac{6x^2-2}{(1+x^2)^3}, \qquad f''(1) = \frac{1}{2}, \qquad a_2 = \frac{f''(1)}{2!} = \frac{1}{4};$$

$$f'''(x) = \frac{-24x^3+24x}{(1+x^2)^4}, \qquad f'''(1) = 0, \qquad a_3 = \frac{f'''(1)}{3!} = 0.$$

La série de Taylor commence donc ainsi :

$$\frac{1}{1+x^2} = \frac{1}{2} - \frac{1}{2}(x-1) + \frac{1}{4}(x-1)^2 + 0 \bullet (x-1)^3 + \ldots \qquad \square$$

À noter qu'on peut écrire la série de Taylor de n'importe quelle fonction pouvant être dérivée indéfiniment, mais qu'on ne sait pas à l'avance si cette série va converger. Pour déterminer quand il y a convergence, nous procéderons de la manière suivante.

En se servant du théorème fondamental du calcul, on peut écrire

$$f(x) = f(x_0) + \int_{x_0}^{x} f'(t)dt \tag{1}$$

On utilise alors l'intégration par parties avec $u = f'(t)$, $dv = -dt$ et $v = x - t$, ce qui donne :

$$\begin{aligned}\int_{x_0}^{x} f'(t)dt &= -\int_{x_0}^{x} u\,dv \\ &= -\left(uv\Big|_{x_0}^{x} - \int_{x_0}^{x} v\,du\right) \qquad \left(\text{car } \int u\,dv = uv - \int v\,du\right) \\ &= f'(x_0)(x-x_0) + \int_{x_0}^{x} (x-t)f''(t)dt\end{aligned}$$

On a donc prouvé l'identité

$$f(x) = f(x_0) + f'(x_0)(x - x_0) + \int_{x_0}^{x} (x - t)f''(t)dt \tag{2}$$

À noter que les deux premiers termes dans le membre de droite de la relation (2) sont identiques aux deux premiers termes de la série de Taylor de f. Si on intègre par parties de nouveau avec

$$u = f''(t), \; dv = (x - t)dt \; \text{ et } \; v = \frac{(x - t)^2}{2}$$

on obtient

$$\begin{aligned}\int_{x_0}^{x} (x - t)f''(t)dt &= -\int_{x_0}^{x} u\,dv \\ &= -uv\Big|_{x_0}^{x} + \int_{x_0}^{x} v\,du \\ &= \frac{f''(x_0)}{2}(x - x_0)^2 + \int_{x_0}^{x} \frac{(x - t)^2}{2} f'''(t)dt\end{aligned}$$

alors, en substituant dans la relation (2), on a

$$f(x) = f(x_0) + f'(x_0)(x - x_0) + \frac{f''(x_0)}{2}(x - x_0)^2 + \int_{x_0}^{x} \frac{(x - t)^2}{2} f'''(t)dt \tag{3}$$

Si l'on répète ce processus n fois, on obtient la relation

$$\begin{aligned}f(x) &= f(x_0) + f'(x_0)(x - x_0) + \frac{f''(x_0)}{2}(x - x_0)^2 + \ldots \\ &+ \frac{f^{(n)}(x_0)}{n!}(x - x_0)^n + \int_{x_0}^{x} \frac{(x - t)^n}{n!} f^{(n+1)}(t)dt\end{aligned} \tag{4}$$

qui s'appelle **formule de Taylor avec reste sous forme d'intégrale**. L'expression

$$R_n(x) = \int_{x_0}^{x} \frac{(x - t)^n}{n!} f^{(n+1)}(t)dt \tag{5}$$

s'appelle le **reste**, et on peut écrire la relation (4) sous la forme

$$f(x) = \sum_{i=0}^{n} \frac{f^{(i)}(x_0)}{i!}(x - x_0)^i + R_n(x) \tag{6}$$

On peut alors aussi écrire, en vertu de considérations tirées du théorème de la valeur moyenne,

$$R_n(x) = f^{(n+1)}(c)\left[\int_{x_0}^{x} \frac{(x-t)^n}{n!}\,dt\right] = f^{(n+1)}(c)\,\frac{(x-x_0)^{n+1}}{(n+1)!}\,(x-x_0)^{n+1} \tag{7}$$

pour un point c entre x_0 et x. En substituant la relation (7) dans la relation (6), on obtient

$$f(x) = \sum_{i=0}^{n} \frac{f^{(i)}(x_0)}{i!}(x-x_0)^i + \frac{f^{(n+1)}(c)}{(n+1)!}(x-x_0)^{n+1} \tag{8}$$

La relation (8), qui s'appelle **formule de Taylor avec reste sous forme de dérivée,** devient le théorème connu de la valeur moyenne lorsque $n = 0$, c'est-à-dire

$$f(x) = f(x_0) + f'(c)(x - x_0)$$

pour un c quelconque entre x_0 et x.

Si $R_n(x) \to 0$ à mesure que $n \to \infty$, alors la relation (6) indique que la série de Taylor associée à f converge vers f.

L'encadré suivant résume notre exposé sur la série de Taylor.

Convergence de la série de Taylor

1. Si $f(x) = \sum_{i=0}^{\infty} a_i(x - x_0)^i$ est une série de puissances qui converge dans un intervalle ouvert I centré sur un point x_0, alors f est indéfiniment dérivable et $a_i = f^{(i)}(x_0)/i!$, de sorte que

$$f(x) = \sum_{i=0}^{\infty} \frac{f^{(i)}(x_0)}{i!}(x-x_0)^i$$

2. Si f est indéfiniment dérivable dans un intervalle ouvert I centré sur un point x_0 et si $R_n(x) \to 0$ à mesure que $n \to \infty$ pour x dans I, alors que $R_n(x)$ est défini par la relation (5), la série de Taylor associée à f converge dans I et est égale à f:

$$f(x) = \sum_{i=0}^{\infty} \frac{f^{(i)}(x_0)}{i!}(x-x_0)^i$$

Exemple 3

a) Exprimer la fonction $f(x) = 1/(1 + x^2)$ sous la forme d'une série de Maclaurin.

b) Utiliser la partie a) pour trouver $f^{(5)}(0)$ et $f^{(6)}(0)$ sans calculer les dérivées de f directement.

c) Intégrer la série de la partie a) pour démontrer que

$$\tan^{-1}x = x - \frac{x^3}{3} + \frac{x^5}{5} - \frac{x^7}{7} + \dots \text{ pour } |x| < 1$$

Solution

a) Exprimons $1/(1 + x^2)$ sous forme de série géométrique :

$$\frac{1}{1+x^2} = \frac{1}{1-(-x^2)} = 1 + (-x^2) + (-x^2)^2 + (-x^2)^3 + \dots$$
$$= 1 - x^2 + x^4 - x^6 + \dots$$

Cette série est valide si $|-x^2| < 1$, c'est-à-dire si $|x| < 1$. Selon l'encadré précédent, il s'agit de la série de Maclaurin associée à $f(x) = 1/(1 + x^2)$.

b) On trouve que $f^{(5)}(0)/5!$ est le coefficient de x^5. Par conséquent, comme ce coefficient est zéro, on a $f^{(5)}(0) = 0$. De même, $f^{(6)}(0)/6!$ est le coefficient de x^6; donc $f^{(6)}(0) = -6!$. Cela est beaucoup plus facile que de calculer la sixième dérivée de $f(x)$ en $x_0 = 0$.

c) En intégrant de 0 à x, on obtient

$$\int_0^x \frac{dt}{1+t^2} = x - \frac{x^3}{3} + \frac{x^5}{5} - \frac{x^7}{7} + \dots$$

mais on sait qu'une primitive de $1/(1 + t^2)$ est $\tan^{-1}t$, alors

$$\tan^{-1}x - \tan^{-1}0 = \tan^{-1}x = x - \frac{x^3}{3} + \frac{x^5}{5} - \frac{x^7}{7} + \dots \quad \text{pour } |x| < 1$$ □

Exemple 4

Démontrer que :

a) $e^x = 1 + x + \frac{x^2}{2} + \frac{x^3}{3!} + \dots$ pour tout x.

b) $\sin x = x - \frac{x^3}{3!} + \frac{x^5}{5!} - \frac{x^7}{7!} + \dots$ pour tout x.

Solution

a) Soit $f(x) = e^x$.

$f^{(n)}(x) = e^x$ pour tout n, car $f'(x) = e^x$.

$f^{(n)}(0) = 1$ pour tout n.

$$f(x) = \sum_{i=0}^{\infty} \frac{f^{(i)}(0)x^i}{i!} \quad \text{devient} \quad e^x = \sum_{i=0}^{\infty} \frac{x^i}{i!} = 1 + x + \frac{x^2}{2} + \frac{x^3}{3!} + \ldots$$

Pour trouver le rayon de convergence, revenons au critère de d'Alembert :

$$l = \lim_{i \to \infty} \left| \frac{a_i}{a_{i-1}} \right| = \lim_{i \to \infty} \left| \frac{1}{i!} \bullet \frac{(i-1)!}{1} \right| = \lim_{i \to \infty} \left| \frac{1}{i} \right| = 0$$

d'où $R = \infty$.

b) Soit $f(x) = \sin x$.

On a : $f'(x) = \cos x$, d'où $f'(0) = 1$;

$f''(x) = -\sin x$, d'où $f''(0) = 0$;

$f^{(3)}(x) = -\cos x$, d'où $f^{(3)}(x) = -1$;

$f^{(4)}(x) = \sin x$, d'où $f^{(4)}(x) = 0$;

et comme $f^{(4)}(x) = f(x) = \sin x$, les mêmes réponses reviendront dans le même ordre. Ainsi

$$f(x) = f(0) + f'(0)x + \frac{f''(0)x^2}{2!} + \frac{f^{(3)}(0)x^3}{3!} + \ldots$$

devient

$$\sin x = 0 + 1 \bullet x + 0 - \frac{x^3}{3!} + 0 + \frac{x^5}{5!} + \ldots$$

ou, en utilisant la notation Σ,

$$\sin x = \sum_{i=0}^{\infty} \frac{(-1)^i x^{2i+1}}{(2i+1)!}$$

Pour trouver le rayon de convergence, utilisons le critère de d'Alembert :

$$l = \lim_{i \to \infty} \left| \frac{a_i}{a_{i-1}} \right|$$

$$= \lim_{i \to \infty} \left| \frac{1}{(2i+1)!} \bullet (2(i-1)+1)! \right|$$

$$= \lim_{i \to \infty} \left| \frac{(2i-1)!}{(2i+1)!} \right|$$

$$= \lim_{i \to \infty} \left| \frac{1}{(2i)(2i+1)} \right|$$

$$= 0$$

d'où $R = \infty$. □

Il convient de discuter ici des restrictions de la série de Taylor (ou de Maclaurin). Considérons, par exemple, la fonction $f(x) = 1/(1 + x^2)$, dont la série de Maclaurin est $1 - x^2 + x^4 - x^6 + \dots$ Bien que la fonction f soit indéfiniment dérivable sur l'axe des nombres réels, sa série de Maclaurin converge seulement pour $|x| < 1$. Si l'on souhaite représenter $f(x)$ pour x près de 1 par une série, on peut utiliser une série de Taylor avec $x_0 = 1$ (voir l'exemple 2).

L'encadré suivant renferme les séries de puissances de quelques fonctions les plus courantes.

Séries de Taylor et de Maclaurin d'importance

Géométrique $\quad \dfrac{1}{1-x} = 1 + x + x^2 + \dots = \sum_{i=0}^{\infty} x^i, \quad R = 1.$

Sinus $\quad \sin x = x - \dfrac{x^3}{3!} + \dfrac{x^5}{5!} - \dots = \sum_{i=0}^{\infty} \dfrac{(-1)^i x^{2i+1}}{(2i+1)!}, \quad R = \infty.$

Cosinus $\quad \cos x = 1 - \dfrac{x^2}{2!} + \dfrac{x^4}{4!} - \dots = \sum_{i=0}^{\infty} (-1)^i \dfrac{x^{2i}}{(2i)!}, \quad R = \infty.$

Exponentielle $\quad e^x = 1 + x + \dfrac{x^2}{2!} + \dfrac{x^3}{3!} + \dots = \sum_{i=0}^{\infty} \dfrac{x^i}{i!}, \quad R = \infty.$

Logarithmique $\quad \ln x = (x-1) - \dfrac{(x-1)^2}{2} + \dfrac{(x-1)^3}{3} - \dots$

$$= \sum_{i=1}^{\infty} (-1)^{i+1} \frac{(x-1)^i}{i}, \quad R = 1.$$

$$\ln(1+x) = x - \frac{x^2}{2} + \frac{x^3}{3} - \dots = \sum_{i=1}^{\infty} (-1)^{i+1} \frac{x^i}{i}, \quad R = 1.$$

Exemple 5

Développer la série de Maclaurin pour $f(x) = \ln(x+1)$ et étudier le rayon de convergence.

Solution

Soit $f(x) = \ln(x+1)$. On a donc $f(0) = 0$. De même :

$$f'(x) = \frac{1}{x+1} \quad \Rightarrow \quad f'(0) = 1$$

$$f''(x) = \frac{-1}{(x+1)^2} \quad \Rightarrow \quad f''(0) = -1$$

$$\vdots \qquad\qquad\qquad \vdots$$

$$f^{(n)}(x) = \frac{(-1)^{n-1}(n-1)!}{(x+1)^n} \quad \Rightarrow \quad f^{(n)}(0) = (-1)^{n-1}(n-1)!$$

Ainsi

$$f(x) = f(0) + f'(0)x + \frac{f''(0)x^2}{2!} + \frac{f'''(0)x^3}{3!} + \ldots$$

devient

$$\ln(x+1) = 0 + 1x + \frac{(-1)x^2}{2} + \frac{x^3}{3} + \ldots + \frac{(-1)^{n+1}x^n}{n} + \ldots$$

ou, en utilisant la notation Σ,

$$\ln(x+1) = \sum_{i=1}^{\infty} \frac{(-1)^{i+1}x^i}{i}$$

Pour trouver le rayon de convergence, utilisons le critère de d'Alembert :

$$\begin{aligned}
\lim_{i\to\infty} \left| \frac{a_i}{a_{i-1}} \right| &= \lim_{i\to\infty} \left| \frac{\dfrac{(-1)^{i+1}x^i}{i}}{\dfrac{(-1)^i x^{i-1}}{i-1}} \right| \\
&= \lim_{i\to\infty} \left| \frac{x^i}{x^{i-1}} \cdot \frac{i-1}{i} \right| \\
&= \lim_{i\to\infty} \left| x \cdot \frac{i-1}{i} \right| \\
&= |x| \lim_{i\to\infty} \left| \frac{i-1}{i} \right| \\
&= |x|
\end{aligned}$$

Et cette série converge si $|x| < 1$ (ou bien si $-1 < x < 1$).

Analysons maintenant la série aux bornes $+1$ et -1.

Si $x = -1$, la série diverge car elle devient

$$\sum_{i=1}^{\infty} \frac{(-1)^{i+1}x^i}{i} = \sum_{i=1}^{\infty} \frac{(-1)^{i+1}(-1)^i}{i}$$

$$= \sum_{i=1}^{\infty} \frac{(-1)^{2i+1}}{i}$$

$$= -\sum_{i=1}^{\infty} \frac{1}{i} \qquad \text{(qui est une série harmonique négative)}$$

Si $x = 1$, la série converge car elle devient

$$\sum_{i=1}^{\infty} \frac{(-1)^{i+1}}{i} = \frac{1}{1} - \frac{1}{2} + \frac{1}{3} - \frac{1}{4} + \ldots$$

qui est une série alternée. Donc, la série trouvée converge pour $-1 < x \leq 1$, c'est-à-dire $]-1, 1]$. □

Exercices de la section 6.5

Écrire la série de Maclaurin pour les fonctions des problèmes 1 à 4.

1. $f(x) = \sin 3x$

2. $f(x) = \cos 4x$

3. $f(x) = \cos x + e^{-2x}$

4. $f(x) = \sin 2x - e^{-4x}$

Déterminer les termes de la série de Taylor autour de $x_0 = 1$ jusqu'à la puissance 3, pour les fonctions des problèmes 5 à 8.

5. $f(x) = 1/(1 + x^2 + x^4)$

6. $f(x) = 1/\sqrt{2 - x^2}$

7. $f(x) = e^x$

8. $f(x) = \tan(\pi x/4)$

9. a) Exprimer $f(x) = 1/(1 + x^2 + x^4)$ sous la forme d'une série de Maclaurin jusqu'au terme de puissance x^6, en se servant d'une série géométrique.

b) Utiliser a) pour calculer $f^{(6)}(0)$.

10. Développer $g(x) = e^{x^2}$ en une série de Maclaurin aussi longue qu'il le faut pour calculer $g^{(8)}(0)$ et $g^{(9)}(0)$.

Dans les exercices 11 et 12, indiquer le domaine de x pour lequel chaque égalité est vérifiée.

11. $\ln(1 + x) = x - x^2/2 + x^3/3 - \ldots$

12. $e^{1+x} = e + ex + \dfrac{ex^2}{2!} + \dfrac{ex^3}{3!} + \ldots$

13. Représenter graphiquement les polynômes de Maclaurin jusqu'au quatrième degré pour $f(x) = \cos x$.

14. a) Est-il possible d'utiliser le développement de $f(x) = \sqrt{1 + x}$ pour obtenir une série convergente pour $\sqrt{2}$? Pourquoi ?

b) En écrivant $2 = 9/4 \bullet 8/9$, on a $\sqrt{2} = 3/2\sqrt{8/9}$. En se servant de cette équation, est-il possible d'utiliser le développement de

$$f(x) = \sqrt{1+x}$$

pour obtenir une approximation de $\sqrt{2}$?

Exprimer chacune des fonctions des problèmes 15 à 18 sous la forme d'une série de Maclaurin et déterminer pour quels x elles sont valides.

15. $f(x) = \dfrac{1}{1-x}$

16. $f(x) = \dfrac{1}{1+x}$

17. $f(x) = \dfrac{1}{1-x} - \dfrac{1}{1+x}$

18. $f(x) = \dfrac{1}{2}\left(\dfrac{1}{1-x} + \dfrac{1}{1+x}\right)$

19. Déterminer la série de Maclaurin associée à $f(x) = (1 + x^2)^2$ de deux façons :
a) en élevant au carré;
b) en prenant les dérivées successives et en les évaluant à $x = 0$ (sans les multiplier).

20. Écrire la série de Taylor pour $\ln x$ autour de $x_0 = 2$.

Déterminer les développements de Maclaurin jusqu'au terme en x^5 pour chacune des fonctions des problèmes 21 à 24.

21. $f(x) = (1 - \cos x)/x^2$

22. $f(x) = \dfrac{x - \sin 3x}{x^3}$

23. $f(x) = \dfrac{1-x}{1+x}$

24. $f(x) = \dfrac{d^2}{dx^2}\left(\dfrac{1}{\sqrt{1+x^2}}\right)$

25. Déterminer le polynôme de Taylor de degré 4 pour $\ln x$ autour de :
a) $x_0 = 1$;
b) $x_0 = e$;
c) $x_0 = 2$.

26. a) Développer une série de puissances pour une fonction $f(x)$ telle que $f(0) = 0$ et $f'(x) - f(x) = x$. (Écrire $f(x) = a_0 + a_1x + a_2x^2 + \ldots$ et trouver la valeur de tous les a_i.)

b) Déterminer une relation pour la fonction décrite à la partie a).

Déterminer les quatre premiers termes qui ne s'annulent pas dans les séries de puissances des fonctions des problèmes 27 et 28.

27. $f(x) = \ln(1 + e^x)$

28. $f(x) = e^{x^2+x}$

***29.** Une ingénieure est sur le point de calculer sin(36°) lorsque les piles de sa calculette flanchent. Elle en possède une autre, spécialement conçue pour le calcul des statistiques et sans touche « sin ». L'ingénieure entre 3,141 592 6, divise ce nombre par 5 et met en mémoire le résultat, que l'on appellera « x » à partir de maintenant.

Elle calcule ensuite $x(1 - x^2/6)$ et utilise cette valeur comme étant celle de $\sin(36°)$.

a) Quelle est sa réponse ?

b) Est-elle exacte ?

c) Expliquer ce que cette ingénieure a fait en termes de développement en série de Taylor.

***30.** Une automobile se déplace en ligne droite sur une autoroute. À midi, elle se trouve à 30 km de la prochaine ville et roule à 80 km à l'heure, son accélération se situant entre 30 km et −15 km à l'heure par heure. Évaluer à quelle distance l'automobile se trouve de la prochaine ville 15 minutes plus tard, en utilisant l'équation

$$x(t) = x(0) + x'(0)t + \int_0^t (t - s)x''(s)ds$$

Exercices de révision du chapitre 6

Dans les exercices 1 à 8, étudier la convergence des séries données. Trouver la somme, si possible.

1. $\sum_{i=1}^{\infty} \left(\frac{1}{12}\right)^i$

2. $\sum_{i=1}^{\infty} \frac{1}{100}(i+1)$

3. $\sum_{i=1}^{\infty} \frac{3^{i+1}}{5^{i-1}}$

4. $\sum_{i=1}^{\infty} \frac{8}{9^i}$

5. $1 + 2 + \frac{1}{3} + \frac{1}{3^2} + \frac{1}{3^3} + \ldots$

6. $100 + \frac{1}{9} + \frac{1}{9^2} + \frac{1}{9^3} + \ldots$

7. $\sum_{i=1}^{\infty} \frac{9}{10 + 11i}$

8. $\sum_{i=1}^{\infty} \frac{6}{7 + 8i}$

Dans les exercices 9 à 22, étudier la convergence des séries données.

9. $\sum_{n=1}^{\infty} 5^{-n}$

10. $\sum_{n=1}^{\infty} \frac{4^n}{(2n+1)!}$

11. $\sum_{k=1}^{\infty} \frac{k}{3^k}$

12. $\sum_{n=1}^{\infty} \frac{2n}{n+3}$

13. $\sum_{n=1}^{\infty} \frac{(-1)^n n}{3^n}$

14. $\sum_{n=1}^{\infty} \frac{2n}{n^2+3}$

15. $\sum_{n=1}^{\infty} \frac{(-1)^{2n}}{n}$

16. $\sum_{j=0}^{\infty} \frac{(-1)^j j}{j^2+8}$

17. $\sum_{n=1}^{\infty} \frac{2^{n^2}}{n!}$

18. $\sum_{i=1}^{\infty} \frac{i}{i^3 + 8}$

19. $\sum_{n=1}^{\infty} ne^{-n^2}$

20. $\sum_{n=1}^{\infty} \left(\frac{1}{n} - \frac{1}{\sqrt{n}}\right)$

21. $\sum_{n=1}^{\infty} \frac{n}{(n+1)!}$

22. $\sum_{n=1}^{\infty} \frac{n^2}{(n+1)!}$

Dans les exercices 23 à 34, répondre à chacun des énoncés par **vrai** ou **faux**; justifier la réponse.

23. Si $a_n \to 0$, alors la série $\sum_{n=1}^{\infty} a_n$ converge.

24. Toute série géométrique $\sum_{i=1}^{\infty} r^i$ converge.

25. Le critère de d'Alembert permet de conclure à la convergence ou à la divergence de n'importe quelle série.

26. $\sum_{i=1}^{\infty} \frac{1}{2^i} = 1.$

27. $e^{2x} = 1 + 2x + x^2 + \frac{x^3}{3} + \ldots$

28. Si une série converge, alors elle converge absolument.

29. Si $\sum_{j=1}^{\infty} a_j$ et $\sum_{k=0}^{\infty} b_k$ convergent, alors

$$\sum_{j=1}^{\infty} a_j + \sum_{k=0}^{\infty} b_k = b_0 + \sum_{i=1}^{\infty} (a_i + b_i)$$

30. $\sum_{i=1}^{\infty} (-1)^i \frac{3}{i+2}$ converge conditionnellement.

31. Si $\sum_{n=1}^{\infty} a_n$ converge, alors $\sum_{n=1}^{\infty} (a_n + a_{n+1})$ converge.

32. Si $\sum_{n=1}^{\infty} (a_n + a_{n+1})$ converge, alors

$\sum_{n=1}^{\infty} a_n$ converge.

33. Si $\sum_{n=1}^{\infty} (|a_n| + |b_n|)$ converge, alors

$\sum_{n=1}^{\infty} |a_n|$ converge.

34. Si $\sum_{n=1}^{\infty} a_n$ converge, alors $\sum_{n=1}^{\infty} a_n^2$ converge.

Dans les exercices 35 à 40, trouver le rayon de convergence des séries données.

35. $1 - \frac{x^2}{2!} + \frac{x^4}{3!} - \frac{x^6}{4^1} + \ldots$

36. $1 + 3x + 5x^2 + 7x^3 + \ldots$

37. $\sum_{n=0}^{\infty} \frac{x^n}{(3n)!}$

38. $\sum_{n=0}^{\infty} \frac{(x - 1/2)^n}{(n+1)!}$

39. $\sum_{n=0}^{\infty} \frac{(-1)^n}{2^n} x^n$

40. $\sum_{n=0}^{\infty} \frac{n^n}{n!} x^n$

Dans les exercices 41 à 46, trouver la série de Maclaurin pour les fonctions données.

41. $f(x) = \cos 3x + e^{2x}$

42. $g(x) = \dfrac{1}{1 - x^3}$

43. $f(x) = \ln(1 + x^4)$

44. $g(x) = \dfrac{1}{\sqrt{1 - x^4}}$

45. $f(x) = \dfrac{d}{dx}(\sin x - x)$

46. $g(k) = \dfrac{d^2}{dk^2}(\cos k^2)$

Dans les exercices 47 à 50, trouver la série de Taylor autour du point demandé et donner le rayon de convergence.

47. $f(x) = e^x$ autour de $x = 2$.

48. $f(x) = \dfrac{1}{x}$ autour de $x = 1$.

49. $f(x) = x^{3/2}$ autour de $x = 1$.

50. $f(x) = \cos(\pi x)$ autour de $x = 1$.

Réponses

Chapitre R

R.1 Limite et continuité

1. 2 **3.** −192 **5.** 6 **7.** 11; 0; n'existe pas; n'existe pas; 1; 2; 2

9. 0 **11.** 2/5 **13.** $+\infty$

15. A.H. $y = 0$
A.V. $x = 2$ et $x = 3$

17. A.H. $y = 0$
A.V. $x = \pm 3$

19. Oui **21.** Continue pour tout x.

R.2 Dérivée

1. $f'(x) = 2x$ **3.** $f'(x) = 3x^2$ **5.** $f'(x) = 2$ **7.** $f'(s) = 2s + 2$

9. $f'(x) = -50x^4 + 24x^2$ **11.** $f'(x) = 4x^3$ **13.** $f'(x) = 9x^2 - 1/\sqrt{x}$

15. $f'(x) = 50x^{49} - 1/x^2$ **17.** $f'(x) = -4x/(x^2 - 1)^2$

19. $f'(x) = -(5x^2 + 2)/2x^{3/2}(x^2 + 2)^2$ **21.** $(5s^2 + 8s^{3/2} + 6s + 8\sqrt{s} + 1)/2\sqrt{s}$

23. $(4\pi r + 3\pi r^{3/2})/2(1 + \sqrt{r})^2$ **25.** $-6t/(3t^2 + 2)^2$

27. $2\sqrt{2}p/(p^2 + 1)^2$ **29.** $-(2\sqrt{x} - 1)/2\sqrt{x}(x - \sqrt{x})^2$

31. $f'(x) = (5/3)x^{2/3}$ **33.** $g'(x) = (3\sqrt{x} + x^{5/2})/[2(1 + x^2)^{3/2}]$

35. $f'(x) = 3\sqrt{x}/(1 - x^{3/2})^2$ **37.** $f'(x) = 4/\sqrt{x}(1 + \sqrt{x})^2 + 3(1 - x + \sqrt{x})/(1 - \sqrt{x})^2$

39. $y = -2x + 2$

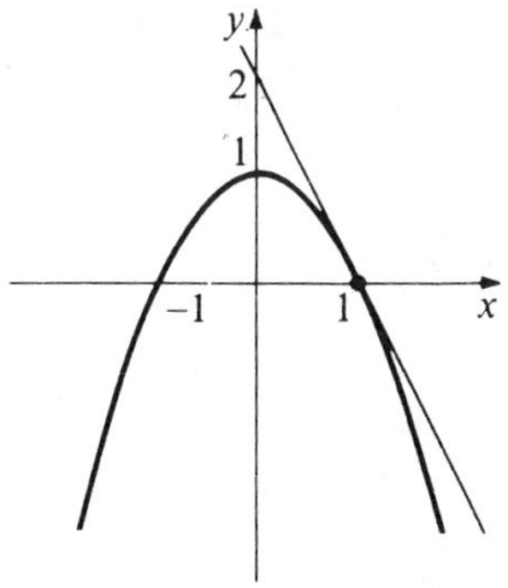

41. $y = 2x - 3$

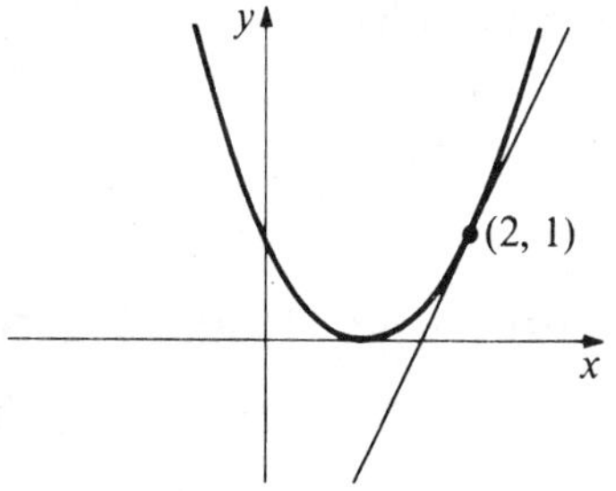

43. $dy = (4x^3 + 10)dx$ **45.** $dy = (9x^2 - 1/\sqrt{x})dx$

R.3 Applications de la dérivée

1. $12x^2 - 6$ **3.** $10/(x+2)^3$ **5.** 3 m/s; 0 m/s^2 **7.** 0 m/s; 16 m/s^2 **9.** 0

11. Croissante sur $-\infty, 0[$ et $]1/4, +\infty$; décroissante sur $]0, 1/4[$.

13. Croissante sur $]-\sqrt{2}, \sqrt{2}[$; décroissante sur $-\infty, -\sqrt{2}[$ et $]\sqrt{2}, +\infty$.

15. Un maximum en $x = 2/3$ et un minimum en $x = 1$.

17. Des minimums en $x = -3$ et $x = 1$ et un maximum en $x = -1$.

19.

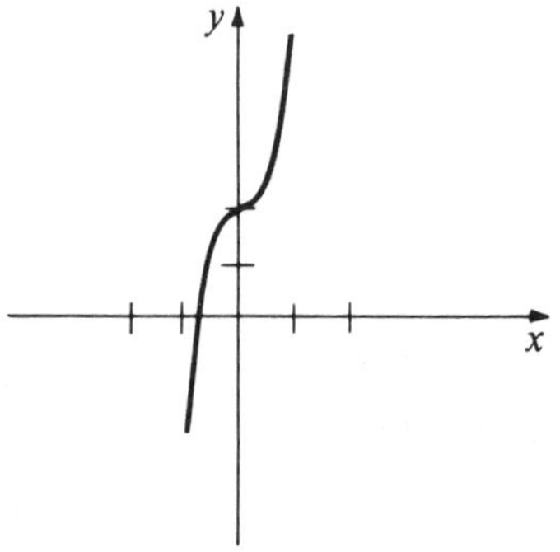

21.

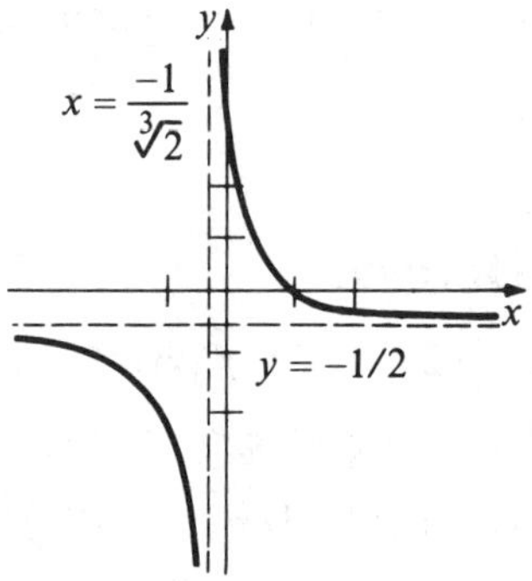

23. Il n'y en a pas. **25.** $2 + 5\sqrt{2}$ cm par $4 + 10\sqrt{2}$ cm **27.** $10\sqrt{5}$ m par $16\sqrt{5}$ m

R.4 L'intégrale

1. $10x + C$ **3.** $x^4 + x^3 + x^2 + x + C$ **5.** $10x^{7/5}/21 + C$

7. $1/x + 1/x^2 + 1/x^3 + 1/x^4 + C$ **9.** $x^3/3 + 2x^{3/2}/3 + C$ **11.** $2x^{5/2}/5 + 2\sqrt{x} + C$

13. $2x^{9/2}/9 + 2x^{13/2}/13 + 2\sqrt{x} + C$ **15.** $2(x-1)^{3/2}/3 + C$ **17.** $-1/(x-1) + C$

19. $2(x-1)^{3/2}/3 - 2(x-2)^{7/2}/7 + C$

R.5 Fonctions transcendantes

1. $y' = -6 \cos 2x$ **3.** $y' = 1 + \sin 3x + 3x \cos 3x$

5. $f'(\theta) = 2\theta + \csc \theta - \theta \cot \theta \csc \theta$ **7.** $h'(y) = 3y^2 + 2 \tan(y^3) + 6y^3 \sec^2(y^3)$

9. $y'(x) = [-\sin(x^8 - 7x^4 - 10)](8x^7 - 28x^3)$

11. $f'(x) = 2(1 + \cos x)/(x + \sin x)\sqrt{(x + \sin x)^4 - 1}$

13. $r'(\theta) = -36\theta\cos^2(\theta^2 + 1)\sin(\theta^2 + 1)$ **15.** $f'(x) = 1/2\sqrt{x - x^2}$

17. $f'(x) = \cos\sqrt{x}\,\sec^2(\sin\sqrt{x})/2\sqrt{x}$

19. $f'(x) = (1/2\sqrt{x} - 3\sin 3x)/\sqrt{1 - (\sqrt{x} + \cos 3x)^2}$

21. $dy/dx = 2x + 2\cos(2x + 1)$, $dy/dt = 6t^5 + 6t^2 + 6t^2\cos(2t^3 + 3)$

23. $(-\cos 3x)/3 + C$ **25.** $-\cos x^3 + x^2 + C$ **27.** $f'(x) = 3x^2e^{x^3}$

29. $f'(x) = e^x(\cos x - \sin x)$ **31.** $f'(x) = e^{\cos 2x}(-2\sin 2x)$

33. $f'(x) = 2xe^{10x}(1 + 5x)$ **35.** $f'(x) = 6e^{6x}$ **37.** $f'(x) = \ln(x + 3) + x/(x + 3)$

39. $f'(x) = -2xe^{-x^2}(x^2 + 2)/(1 + x^2)^2$

41. $f'(x) = \dfrac{e^{\cos x}[(-\sin x)(\cos(\sin x)) + (\cos x)(\sin(\sin x))]}{\cos^2(\sin x)}$

43. $f'(x) = \dfrac{[((e^x)\cos(e^x))(e^x + x^2) - (\sin(e^x))(e^x + 2x)]}{(e^x + x^2)^2}$

45. $e^{3x}/3 + C$ **47.** $\sin x + (1/3)\ln|x| + C$ **49.** $x + \ln|x| + C$

51. $3/2 + \sin 1 - \sin 2 + e - e^2$ **53.** $3^x/\ln 3 + C$

Exercices de révision du chapitre R

1. La limite n'existe pas **3.** $2a$ **5.** $2x$ **7.** $-\dfrac{1}{x^2}$

9. a) 2 b) 3 c) 30 **11.** La limite n'existe pas **13.** 1/2 **15.** 2/3

17. A.H. $y = 1$
A.V. $x = 2$

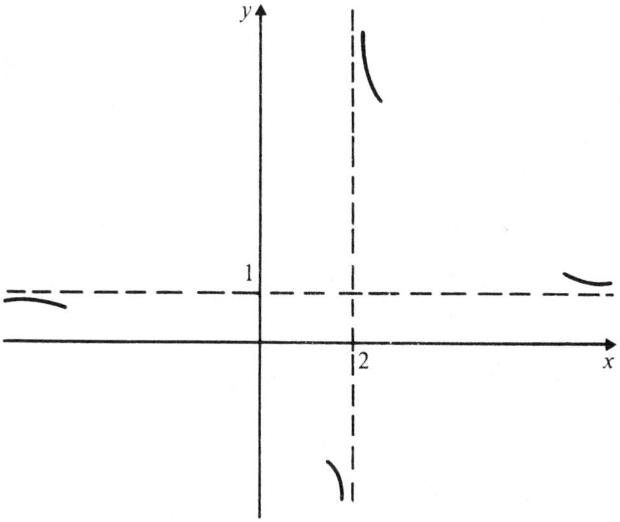

19. Continue en $x = 0$, 1 et 2 **21.** $p'(x) = 6x^5 + 12x^3 + 6x$

23. $f'(t) = 24t^7 - 306t^5 + 130t^4 + 48t^2 - 18t + 17$ **25.** $f'(x) = -1$

27. $f'(x) = 3x^2$ **29.** $f'(x) = -2/x^3 + (-x^2 + 1)/(x^2 + 1)^2$ **31.** $f'(x) = 1/\sqrt{x}(\sqrt{x} + 1)^2$

33. $y = (-25/2)x + (17/2)$ **35.** $f''(x) = 2$ **37.** $y'' = 4(3t^2 + 1)/(t^2 - 1)^3$

39. Un minimum en $x = 0$; croissante sur $]0, +\infty$; décroissante sur $-\infty, 0[$ et toujours concave vers le haut.

41. Un maximum en $x = -2$; un minimum en $x = 2/3$ et un point d'inflexion en $x = -2/3$; croissante sur $-\infty, -2[$ et $]2/3, +\infty$; décroissante sur $]-2, 2/3[$; concave vers le haut $]-2/3, +\infty$ et concave vers le bas $-\infty, -2/3[$.

43.

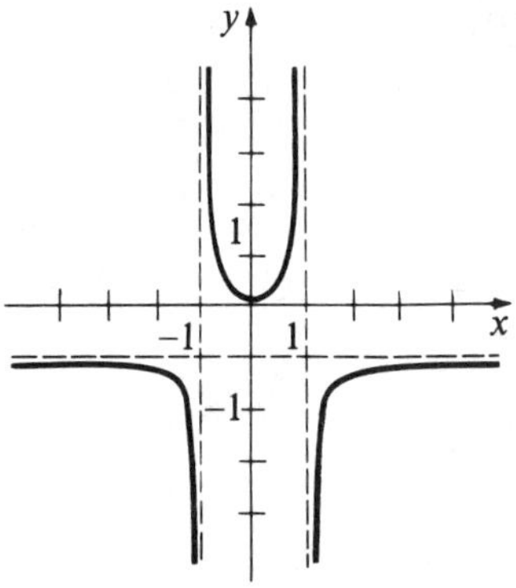

45.

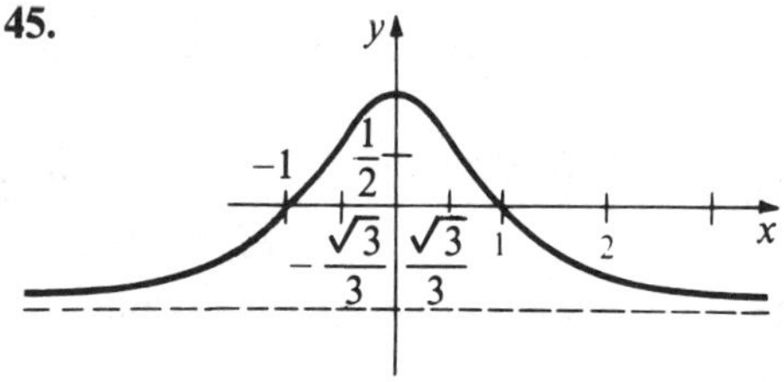

	Points critiques	Bornes	Maximum absolu	Minimum absolu
47.	1/2	0	(0, 0)	(1/2, −1/4)
49. a)	—	—	—	—
b)	—	1/2	—	(1/2, −1/4)
c)	3/2	—	—	(3/2, −5/4)
d)	3/2	—	—	(3/2, −5/4)

51. $(1/4)x^4 + (3/2)x^2 + C$ **53.** $-1/(t + 1) + C$ **55.** $(8x + 3)^{3/2}/12 + C$

57. $f'(\theta) = \cos 2\theta - \theta \sin\theta + \cos\theta$ **59.** $f'(\theta) = (\cos\theta - \sin\theta - 1)/(\sin\theta + 1)^2$

61. $f'(x) = \dfrac{\cos x + \sin(x^2) + x \sin x - 2x^2 \cos(x^2)}{[\cos x + \sin(x^2)]^2}$ **63.** $f'(x) = 8/\sqrt{1 - 64x^2}$

65. $f'(x) = \dfrac{(1 - x^2)(10x^4 + 1) + 2x^2(2x^4 + 1)}{(1 - x^2)^2 + x^2(2x^4 + 1)^2}$ **67.** $f'(x) = 2xe^{x^2+1}$

69. $f'(x) = -2xe^{1-x^2} + 3x^2$ **71.** $f'(x) = \cot x$ **73.** $x^4/4 - \cos x + C$

75. $e^{2x}/2 + C$ **77.** $\sin x + e^{4x}/4 + C$

Chapitre 1

1.1 Sommation

1. 20,4 m **3.** 91,0 m **5.** 34 **7.** 40 **9.** 325 **11.** 1 035

13. 3 003 **15.** 9 999 **17.** 0 **19.** 5 865 **21.** $[n(n+1)-(m-1)m]/2$

23. Comme $1/(1+k^2) \leq 1$ pour $k \geq 1$, $\sum_{k=1}^{1000} 1/(1+k^2) \leq \sum_{k=1}^{1000} (1)$ **25.** 100 000 000

27. 10 400

29.

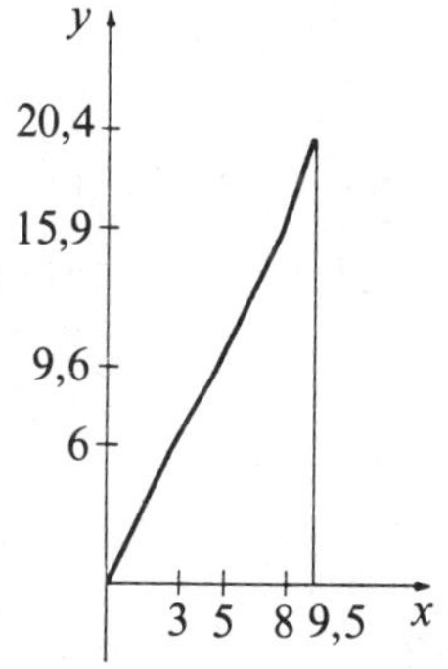

31. 14 948 **33.** 124

35. a) On applique la formule des sommes réductibles.
b) $[n(n+1)(2n+1)]/6 - [(m-1)(2m-1)m]/6$
c) $[n(n+1)/2]^2$

1.2 Sommes et aires

1.

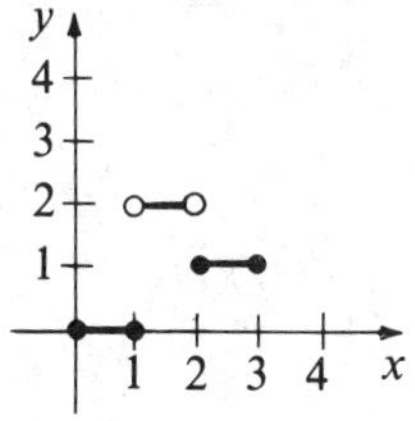

3.

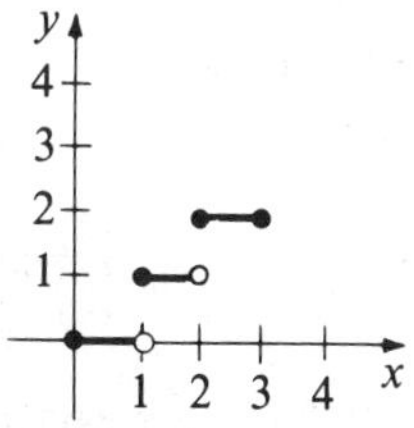

	x_0	x_1	x_2	x_3	Δx_1	Δx_2	Δx_3	k_1	k_2	k_3	Aire
5.	0	1	2	3	1	1	1	0	2	1	3
7.	0	1	2	3	1	1	1	0	1	2	3

9. $L = 5$, $U = 13$

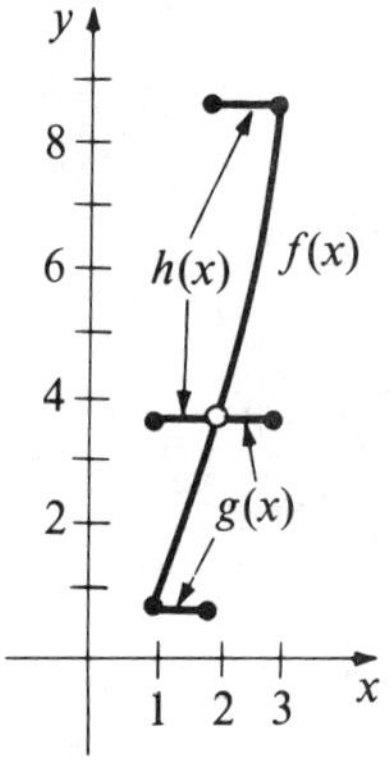

11. $91{,}5\text{ m} \le d \le 117\text{ m}$ **13.** $0{,}01\text{ m} \le d \le 0{,}026\text{ m}$ **15.** $3/2$

17. $5(b^2 - a^2)/2$ **19.** $1/2$ **21.** $11/6$ **23.** $1/6$

1.3 Définition de l'intégrale

1. -2

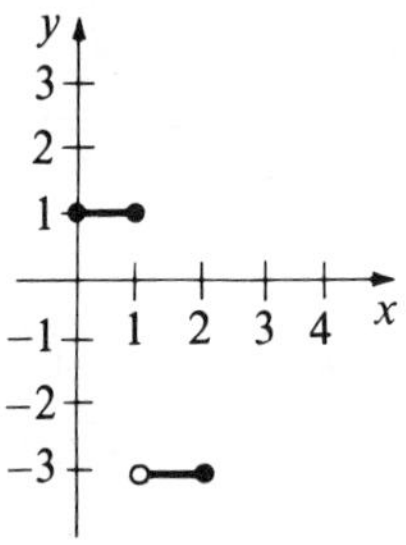

3. 0

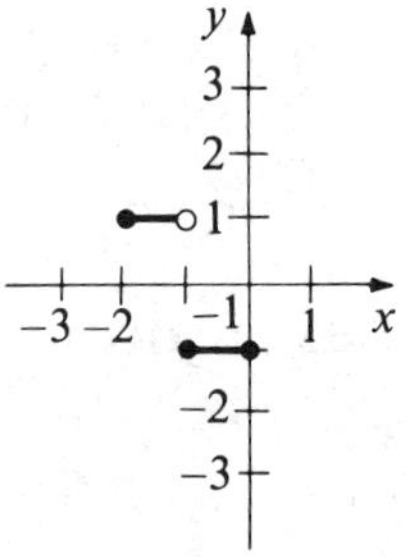

5. -2 **7.** 0 **9.** $\int_{-1}^{2} x^2\,dx$ **11.** $\int_{-1}^{-1/2} (1/x)dx + \int_{1}^{2} (1/x)dx$

13. $\frac{533}{840} < A < \frac{638}{840}$; $A \approx 0{,}697$

15. $\lim_{n\to\infty} (1/n^6) \sum_{i=1}^{n} i^5$ **17.** $\lim_{n\to\infty} \frac{n^3}{2} \left(\sum_{i=1}^{n} \frac{1}{5n^2 + 8in + 4i^2} \right)$

19. Prendre des fonctions en escalier avec une seule marche.

21. a) $\int_0^x f(t)dt = \begin{cases} 2x & \text{si } 0 \leq x < 1 \\ 2 & \text{si } 1 \leq x < 3 \\ -x+5 & \text{si } 3 \leq x \leq 4 \end{cases}$

b)

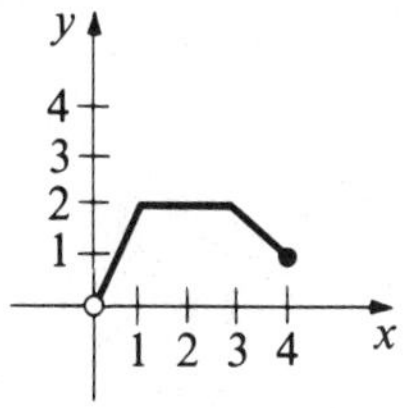

c) F est dérivable sur $]0, 4[$ sauf en $x = 1$ et $x = 3$.

$$F'(x) = \begin{cases} 2 & \text{si } 0 < x < 1 \\ 0 & \text{si } 1 < x < 3 \\ -1 & \text{si } 3 < x < 4 \end{cases}$$

23. a)

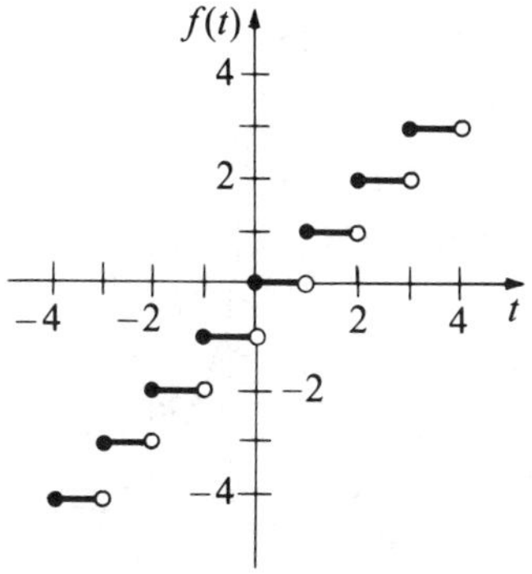

b) 0, 15, −2, 8

c) $(n-1)n/2$

d)

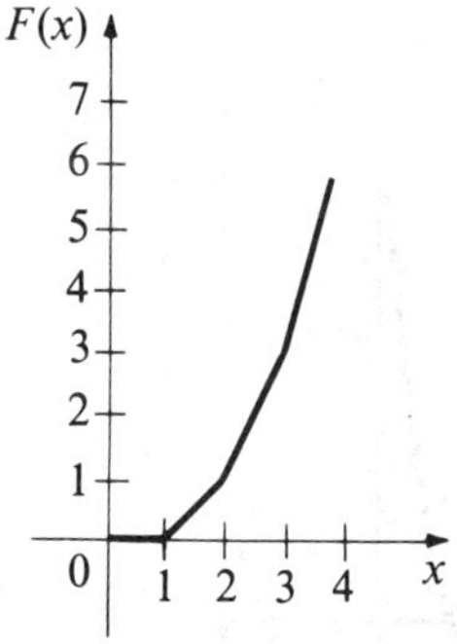

$$F'(x) = \begin{cases} 0 & \text{si } 0 < x < 1 \\ 1 & \text{si } 1 < x < 2 \\ 2 & \text{si } 2 < x < 3 \\ 3 & \text{si } 3 < x < 4 \end{cases}$$

25. a) Montrer que pour n'importe quelle partition de $f(x)$ sur $[a, h]$, $h(x)$ est une fonction en escalier.

b) $k \int_a^b f(x)dx$

27. a) 19/2

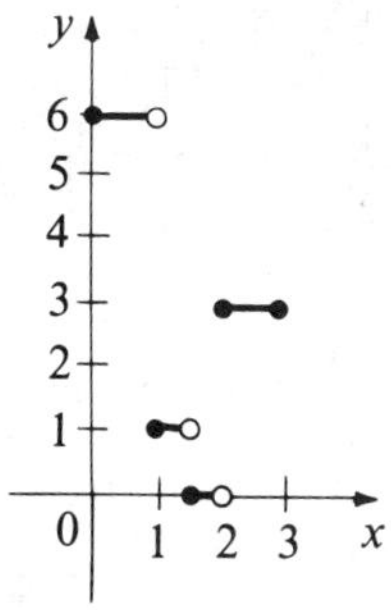

b) 1/2
c) Elles valent environ 19 toutes les deux.
d) Il suffit de calculer séparément chaque membre de l'égalité.
e) Non.

1.4 Théorème fondamental du calcul intégral

1. 20 **3.** 30 **5.** $8^{1/4}$ **7.** 24 **9.** $(3/7)(b^{7/3} - a^{7/3})$

11. $(12\pi/5)(\sqrt[3]{32} - 1)$ **13.** $-400/3$ **15.** 78/5 **17.** 11/1 800 **19.** 29/6

21. 319/24 **23.** 59/6 **25.** 7/3 **27.** 3/4

29. 2

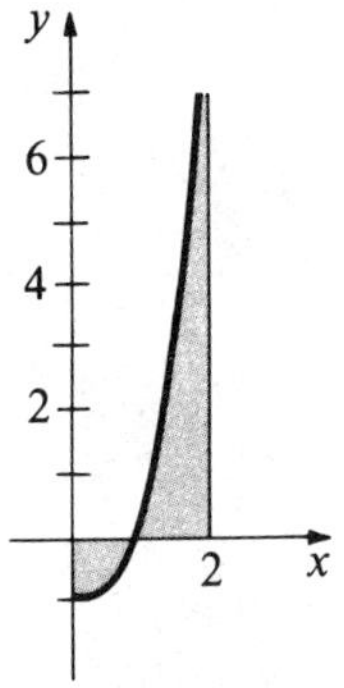

31. 4

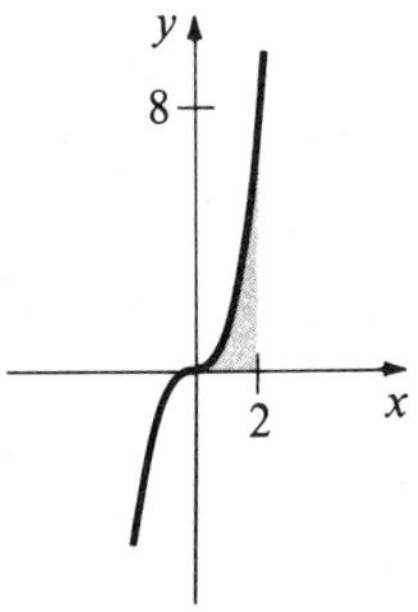

33. 25/3

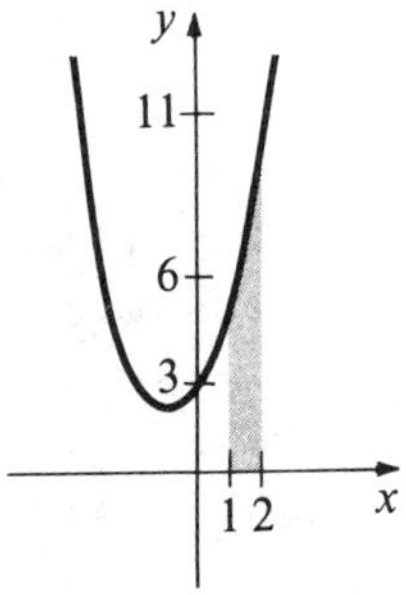

35. 22/5

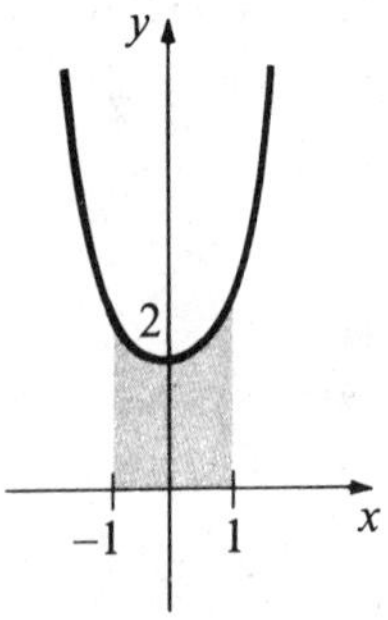

37. 93/5

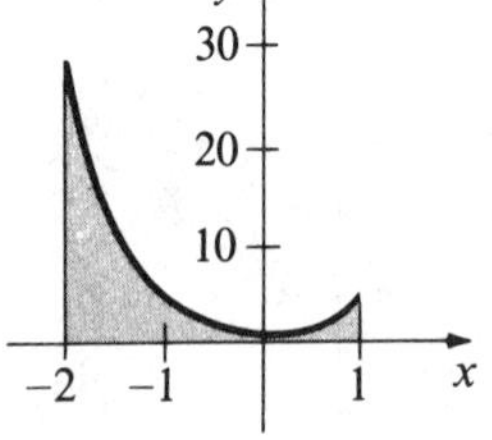

39. 82/9

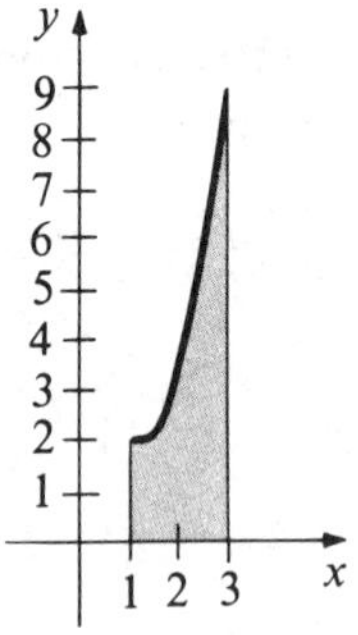

41 604 989/5 unités **43.** à $x = -\frac{29}{3}$; 16 unités **45.** 490 m

47. $F(2) - F(0) < \frac{7}{3}$

1.5 Intégrales définies et intégrales indéfinies

1. $(d/dx)(x^5) = 5x^4$ **3.** $(d/dx)(t^{10}/2 + t^5) = 5t^9 + 5t^4$

5. a) $(d/dt)[t^3/(1+t^3)] = 3t^2/(1+t^3)^2$ b) $-1/2$

7. a) $(3x^2 + x^4)/(x^2+1)^2$ b) $1/2$

9. 370/3 **11.** 16 512/7 **13.** 11/6 **15.** 1/6 **17.** 3 724/3

19. a) Quel que soit c, l'aire sous la courbe $c \bullet f(x)$ est égale à l'aire sous la courbe $f(x)$ prise c fois.

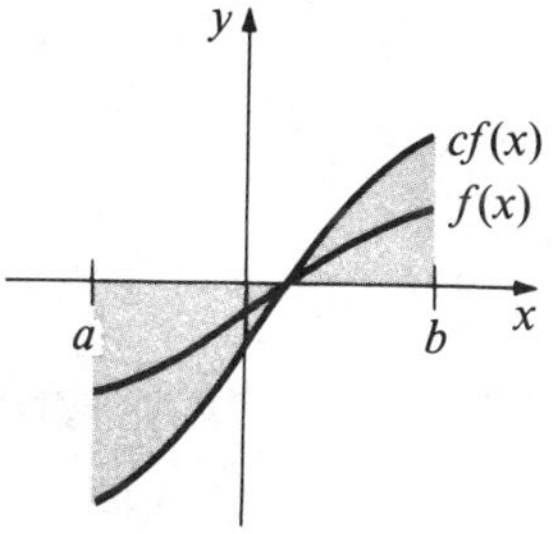

b) Si on va à une vitesse c fois plus grande, on ira c fois plus loin.

21. 7 **23.** -8 **25.** $-5/2$ **27.** $-199/16\,200$

29. $\frac{d}{dx}\left(\frac{x^4}{4} - x - \frac{a^4}{4} + a\right) = x^3 - 1$ **31.** 1/512 **33.** $3/(t^4 + t^3 + 1)^6$

35. $-t^2(1+t)^5$

37. Dériver la fonction distance par rapport au temps donne la fonction vitesse.

39. a)

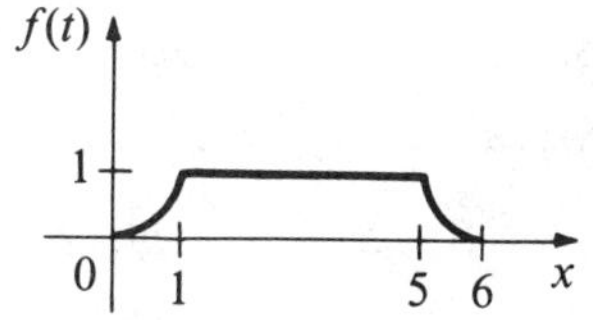

b) 14/3
c) 14/3

d) $F(t) = \begin{cases} t^3/3 & 0 \le t < 1 \\ t - 2/3 & 1 \le t < 5 \\ (t-6)^3/3 + 14/3 & 5 \le t \le 6 \end{cases}$

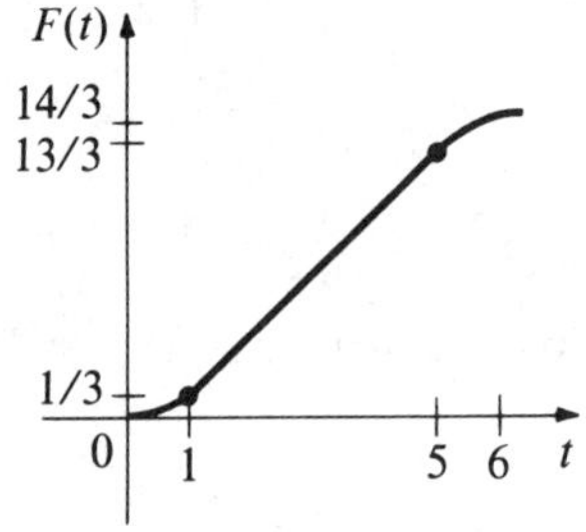

e) $F'(t) = \begin{cases} t^2 & 0 \le t < 1 \\ 1 & 1 \le t < 5 \\ (t-6)^2 & 5 \le t \le 6 \end{cases}$

41. a) $\frac{d}{dt}[F_1(t) - F_2(t)] = f(t) - f(t) = 0$ b) $\int_{a_1}^{a_2} f(s)ds$

43. a) Poser $u = g(t)$ et $G(u) = \int_a^u f(s)ds$.

Ainsi $\int_a^{g(t)} f(s)ds = G(g(t))$ et $\frac{dG(g(t))}{dt} = G'(g(t)) \bullet g'(t)$

$= f(g(t)) \bullet g'(t)$

b) Le taux de variation de l'aire est égal à la hauteur $f(g(t))$ fois la vitesse à laquelle le cache se déplace $(g'(t))$.

45. $2/x$ **47.** $f(g(t)) \bullet g'(t) - f(h(t)) \bullet h'(t)$

1.6 Applications de l'intégrale

1. 160/3 **3.** 16 970 \$ **5.** 16/3 **7.** 31/5 **9.** 1/6 **11.** 3/10

13. 141/80 **15.** 8 **17.** 207/4 **19.** 1/4, 1/4 **21.** 32/3 **23.** 1/8

25. 12 500 litres **27.** a) $bh/2$ b) $bh/2$ **29.** 23,3 minutes

31. a) Il suffit d'intégrer par rapport à t chaque membre de l'équation $W'(t) = 4(t/100) - 3(t/100)^2$

b) $t^2/50 - t^3/10\,000$

c) 100 mots

Exercices de révision du chapitre 1

1. 30 **3.** 21/5 **5.** 379 500 **7.** 14 641 **9.** 223/60

11. Si x représente le temps en secondes, $\int_0^1 f(x)dx$ représente la distance totale parcourue et $f(x)$, la vitesse.

13. −718/3 **15.** −5/4 **17.** 7/12 **19.** $(3/7)(5^{7/3} - 3^{7/3})$

21. a) 3,2399; 3,0399 b) 3,1399. La valeur exacte est π.

23. a) $-2x/(1+x^2)^2$ b) 1/4

25. $(a_2 - a_1)(ma_1 + b + ma_2 + b)/2$ **27.** 6

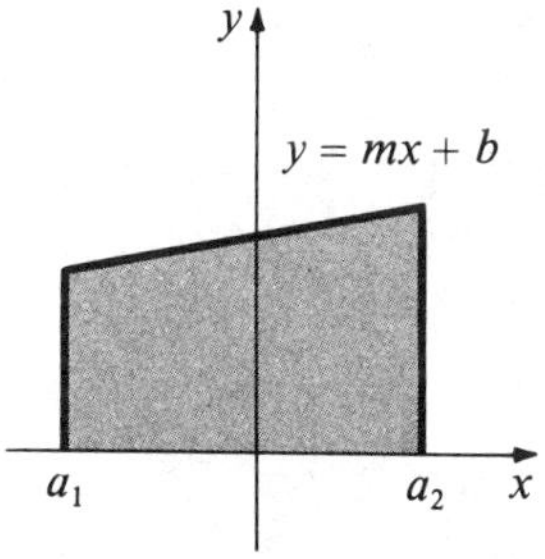

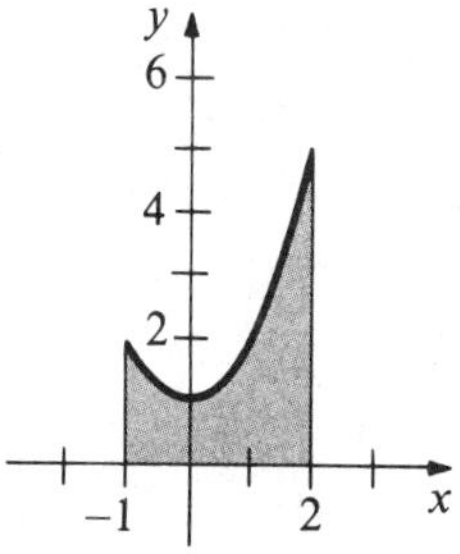

29. a) Il suffit de dériver le membre de droite. b) 2/63 **31.** 64/21 **33.** 125/6

35. L'avion était à au moins 590 m.

37. a) 22 litres
b) 16 litres
c) 256/27 litres (*Attention* : Le bidon est vide jusqu'à $t = 5/3$.)

39. 110/3

41. a) $\int_0^t 9{,}8t\,dt$; $\int_0^t 340dt$ b) 5,2 s c) 133 m d) 0,4 s

43. 4 **45.** $x^2/(1+x^3)$ **47.** 15/2

Chapitre 2

2.1 Intégration par changement de variable

1. $\frac{2}{5}(x^2 + 4)^{5/2} + C$ **3.** $-1/4(y^8 + 4y - 1) + C$ **5.** $-1/2 \tan^2\theta + C$
7. $\sin(x^2 + 2x)/2 + C$ **9.** $(x^4 + 2)^{1/2}/2 + C$ **11.** $-3(t^{4/3} + 1)^{-1/2}/2 + C$
13. $-\cos^4(r^2)/4 + C$ **15.** $\tan^{-1}(x^4)/4 + C$ **17.** $-\cos(\theta + 4) + C$
19. $(x^5 + x)^{101}/101 + C$ **21.** $\sqrt{t^2 + 2t + 3} + C$ **23.** $(t^2 + 1)^{3/2}/3 + C$
25. $\sin\theta - \sin^3\theta/3 + C$ **27.** $\ln|\ln x| + C$ **29.** $2\sin^{-1}(x/2) + x\sqrt{4 - x^2}/2 + C$
31. $\ln(1 + \sin\theta) + C$ **33.** $-\cos(\ln t) + C$ **35.** $-3(3 + 1/x)^{4/3}/4 + C$
37. $(\sin^2 x)/2 + C$
39. m et n doivent être des entiers positifs et au moins un des deux doit être un nombre pair.

2.2 Changement de variable dans l'intégrale définie

1. $2(3\sqrt{3} - 1)/3$ **3.** $(5\sqrt{5} - 1)/3$ **5.** $2[(25)^{9/4} - (9)^{9/4}]/9$ **7.** $1/7$
9. $(e - 1)/2$ **11.** $-1/3$ **13.** 0 **15.** 1 **17.** $\ln(\sqrt{2}\cos(\pi/8))$
19. $1/2$ **21.** $4 - \tan^{-1}(3) + \pi/4$ **23.** a) $\pi/2$ b) $\pi/4$ c) $\pi/8$
25. Ce changement de variable ne nous aide pas, car il ne permet pas d'obtenir une intégrale simple en u.
27. $\frac{1}{18\sqrt{2}}$ **29.** $\frac{1}{6}\ln 2$
31. Poser $u = x - t$
33. $(5\sqrt{2} - 2\sqrt{5})/10$ **35.** $(\pi/27)(145\sqrt{145} - 10\sqrt{10})$ **37.** a) $1/3$ b) Oui

2.3 Intégration par parties

1. $(x + 1)\sin x + \cos x + C$ **3.** $x \sin 5x/5 + \cos 5x/25 + C$
5. $(x^2 - 2)\sin x + 2x\cos x + C$ **7.** $(x + 1)e^x + C$ **9.** $x\ln(10x) - x + C$
11. $(x^3/9)(3\ln x - 1) + C$ **13.** $e^{3s}(9s^2 - 6s + 2)/27 + C$ **15.** $t^2 \sin t^2 + \cos t^2 + C$
17. $\sin^2 x/2 + C$ **19.** $(16 + \pi)/5$ **21.** $3(3\ln 3 - 2)$
23. $\sqrt{2}[(\pi/4)^2 + 3\pi/4 - 2]/2 - 1$ **25.** $e - 2$ **27.** $-(e^{2\pi} - e^{-2\pi})/4$

29. $(-2\pi \cos 2\pi a)/a + (\sin 2\pi a)/a^2$. Elle tend vers 0 quand a tend vers l'infini. Les oscillations sont de plus en plus fréquentes et de moins en moins fortes.

31. b) $(5e^{3\pi/10} - 3)/34$

33. a) Remplacer $\cos^n x$ par $\cos^{n-1} x \bullet \cos x$.

35. $2\pi^2$

37. a) $Q = \int EC(\alpha^2/\omega + \omega)e^{-\alpha t}\sin(\omega t)dt$

b) $Q(t) = EC\,\{1 - e^{\alpha t}[\cos(\omega t) + \alpha \sin(\omega t)/\omega]\}$

39. a) $a_0 = 2$, et tous les autres coefficients sont nuls.

b) $a_0 = 2\pi$, $b_n = -2/n$ si $n \neq 0$ et tous les autres coefficients sont nuls.

2.4 Équations différentielles à variables séparables

1. $y = \sin x + 1$ **3.** $y = e^{x^2-2x+1}$ **5.** $y = -2x$

7. $e^y(y - 1) = (1/2)\ln(x^2 + 1)$ **9.** $y = 2x + 1$ **11.** $y = e^{-\sin x} + 1$

13.

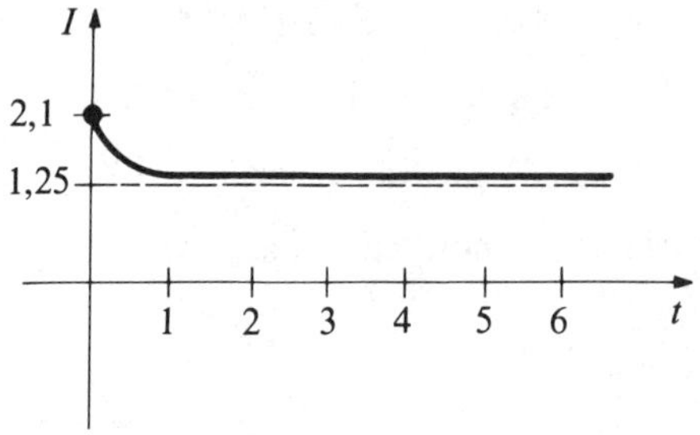

15. a) $Q = EC(1 - e^{-t/RC})$ b) $t = RC \ln(100)$

17. Il faut montrer que $\dfrac{dx}{dt} = 0$ et $\dfrac{dy}{dt} = 0$.

2.5 Croissance et décroissance naturelles

1. $dT/dt = -0{,}11(T - 20)$ **3.** $dQ/dt = -(0{,}000\,28)Q$ **5.** $f(x) = 2e^{-3x}$ **7.** $x(t) = e^{3t}$

9. $g(t) = 2e^{8t-8}$ **11.** $v(s) = 2e^{6-2s}$ **13.** 7,86 minutes **15.** 2 476 années

17. $f(t) = e^{3t}$

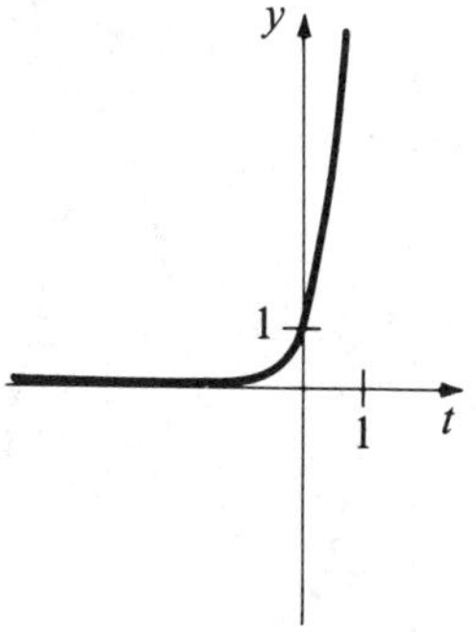

19. $f(t) = e^{8t+1}$

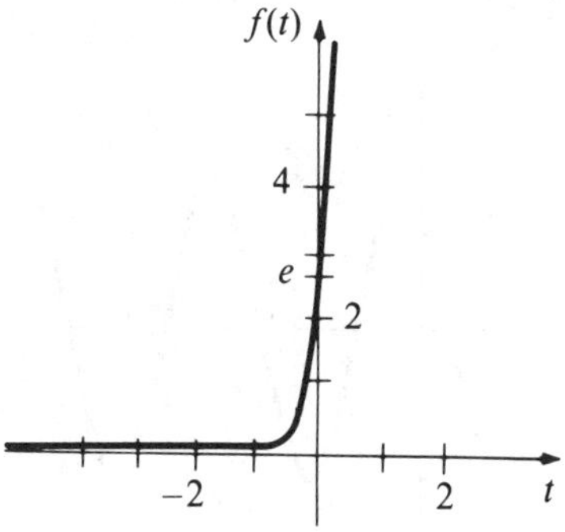

21. Croissante **23.** Décroissante **25.** 33 000 années **27.** 173 000 années

29. $1{,}5 \times 10^9$ années **31.** 2 880 années **33.** 49 minutes **35.** 4,3 minutes

37. 18,5 années **39.** Le taux annuel est d'environ 18,53 %.

41. a) $S'(t) = 300e^{-0{,}3t}$ b) 2 000 livres seront éventuellement vendus.

c)

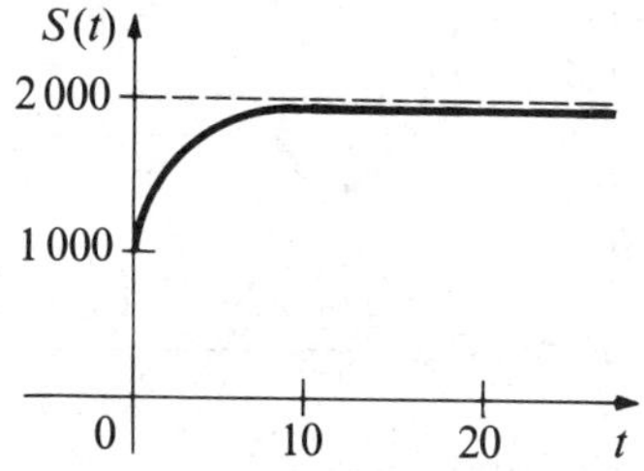

43. K représente la différence entre le niveau de l'eau et la hauteur désirée.

2.6 Oscillations

1. $\cos(3t) = \cos\left[3\left(t + \frac{2\pi}{3}\right)\right]$

3. $\cos(6t) + \sin(3t) = \cos\left[6\left(t + \frac{2\pi}{3}\right)\right] + \sin\left[3\left(t + \frac{2\pi}{3}\right)\right]$

5. $x(t) = \cos 3t - 2 \sin 3t/3$ **7.** $x(t) = -\frac{1}{6}\sqrt{3}\sin(2\sqrt{3}\,t)$

9. $\frac{2\pi}{3}$, 3, $\frac{1}{3}$

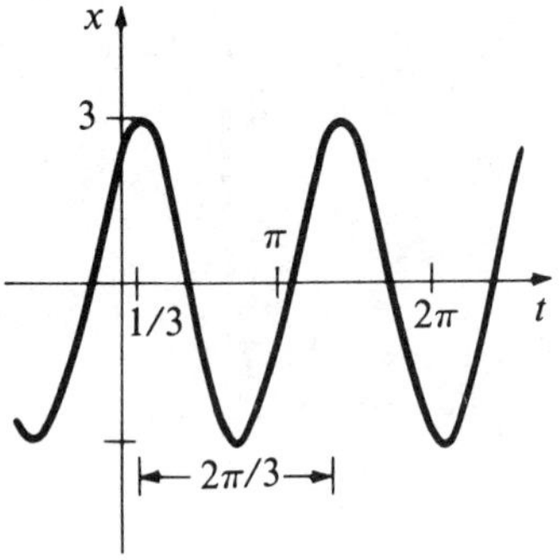

11. 2π, 4, -1

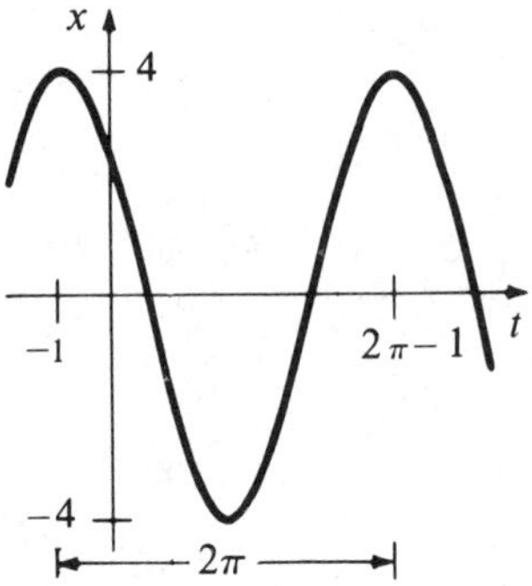

13. $x(t) = -\cos 2t$

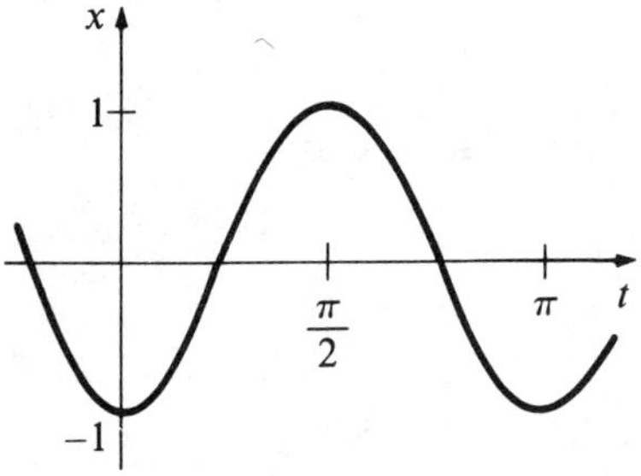

15. $x(t) = \sqrt{26}\cos(5t - \tan^{-1}(1/5))$

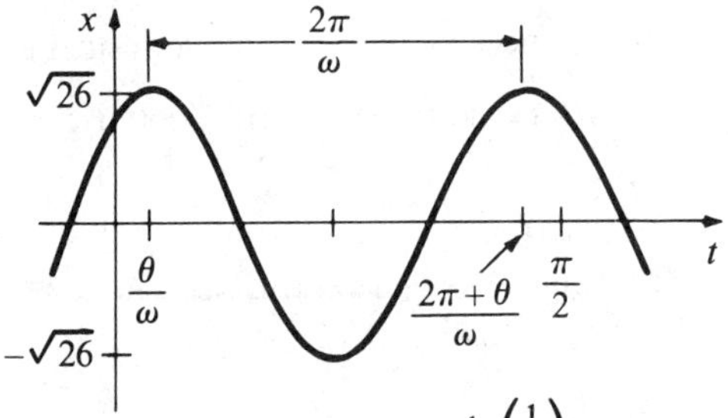

$$\text{Déphasage} = \frac{\theta}{\omega} = \frac{\tan^{-1}\left(\frac{1}{5}\right)}{5}$$

$$\text{Période} = \frac{2\pi}{\omega} = \frac{2\pi}{5}$$

17. $y(t) = \cos 2t + (3/2)\sin 2t$

19. $f(x) = 2\cos 4x$

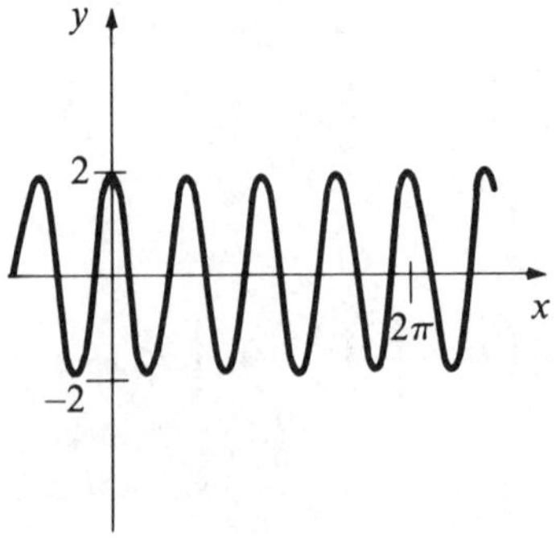

21. a) $16\pi^2$

b)

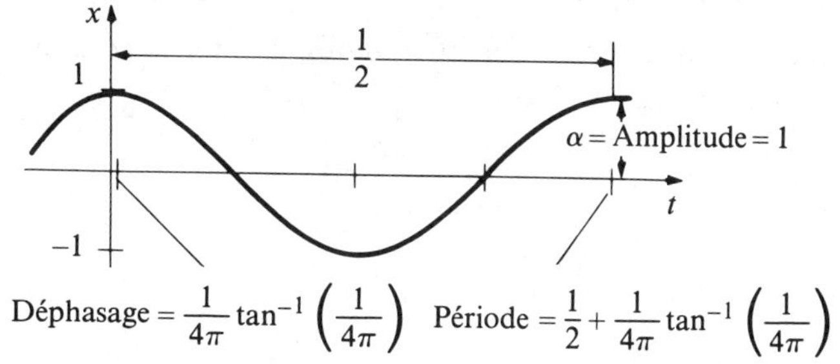

23. Elle est divisée par $\sqrt{3}$.

Exercices de révision du chapitre 2

1. $x^2/2 - \cos x + C$ **3.** $e^x - x^3/3 - \ln|x| + \sin x + C$ **5.** $-\cos(x^3/3) + C$

7. $e^{(x^3)}/3 + C$ **9.** $xe^{4x}/4 - e^{4x}/16 + C$ **11.** $(e^{-x}\sin x - e^{-x}\cos x)/2 + C$

13. $x^3 \ln 3x/3 - x^3/9 + C$ **15.** $x^2(\ln x)^2/2 - x^2(\ln x)/2 + x^2/4 + C$

17. $2e^{\sqrt{x}}(\sqrt{x} - 1) + C$ **19.** -1 **21.** $\pi/25$ **23.** $\sin(1) - \sin(1/2)$

25. $2/(n+1)$ **27.** 18,225 **29.** $y = e^{3t}$ **31.** $y = (1/\sqrt{3})\sin\sqrt{3}\,t$

33. $y = 4/(4 - t^4)$ **35.** $y = -\ln(1/e + 1 - e^x)$ **37.** $y = -t$

39. $g(t) = \cos(\sqrt{7/3}\,t) - (2/\sqrt{7/3})\sin(\sqrt{7/3}\,t)$; l'amplitude est $\sqrt{19/7}$; le déphasage est $-\sqrt{3/7}\tan^{-1}(2\sqrt{3/7})$

41. $\lim_{t\to\infty} x(t) = 3$

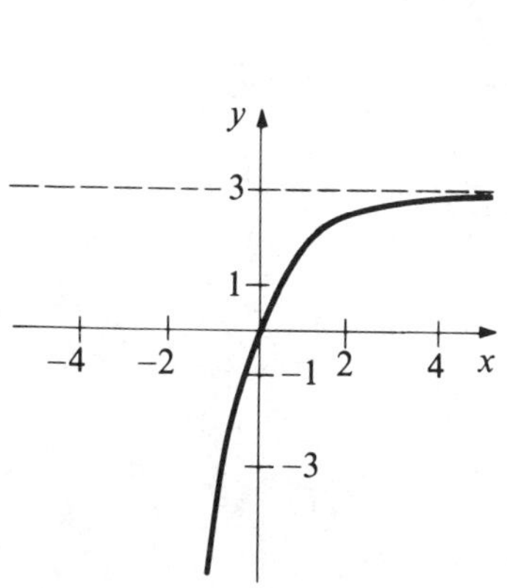

43. $x = e^t$ **45.** a) $k = 640$ b) $-6\,400$ newtons **47.** 54 150 années

49. 27 minutes **51.** 33,2 années

53. 15,2 minutes. Non, car il aurait fallu 16 minutes; 8 minutes pour le vider et 8 autres pour le remplir du mélange à 95 %.

Chapitre 3

3.1 Calcul du volume d'un solide par découpage en tranches

1. 3π **3.** $Ah/3$ **5.** 2125/54 **7.** $4\sqrt{3}/3$ **9.** 0,022 m^3

11. 1 487,5 cm^3

13. 38π

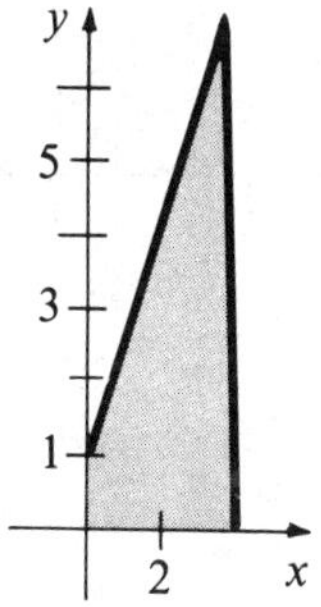

15. $3\pi2$

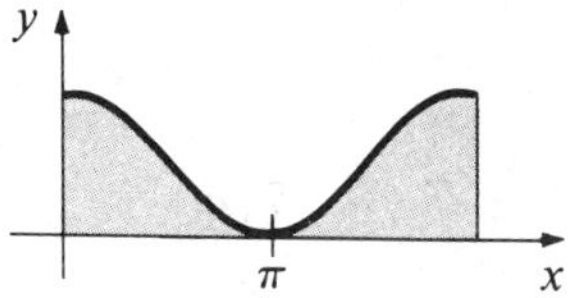

17. $71\pi/105$

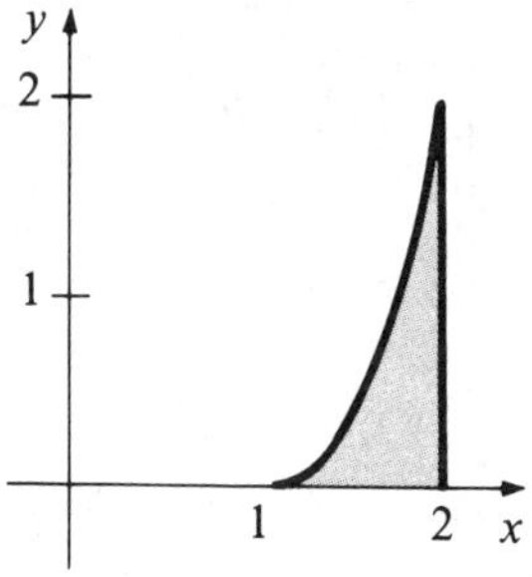

19. $\frac{4}{3}\pi r^3$

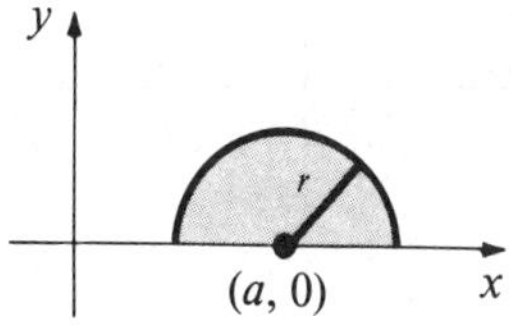

21. 13π

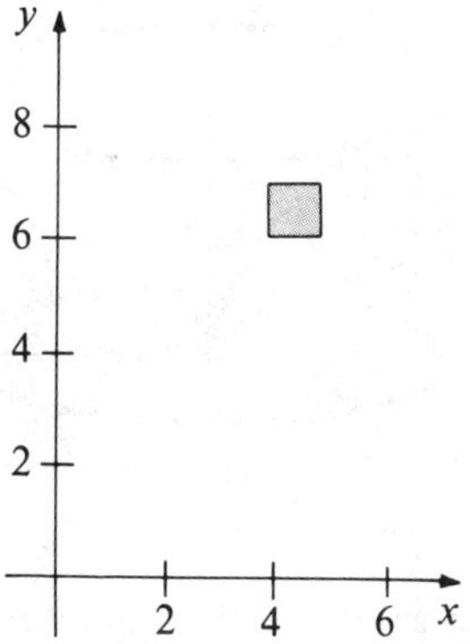

23. 13π **25.** $V = \pi^2(R + r)(R - r)^2/4$

3.2 Calcul des volumes par la méthode des tubes

1. $2\pi^2$

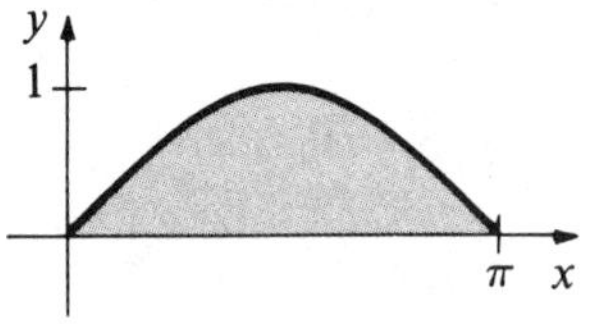

3. $20\pi/3$

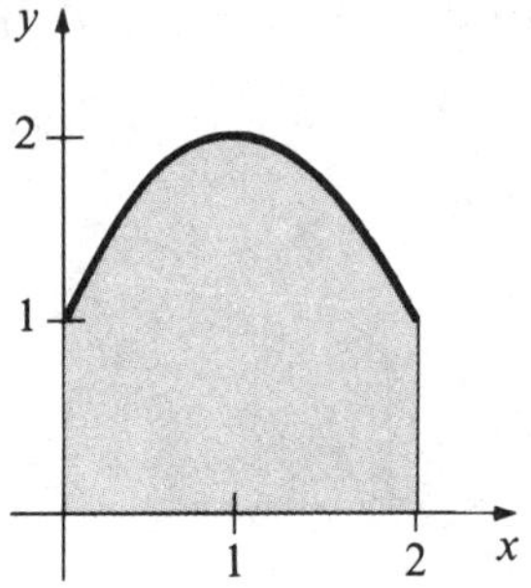

5. $\pi(17 + 4\sqrt{2} - 6\sqrt{3})/3$

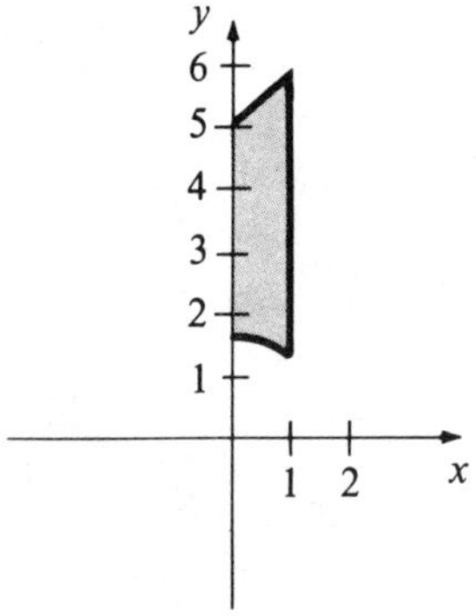

7. $2\pi^2 r^2 a$

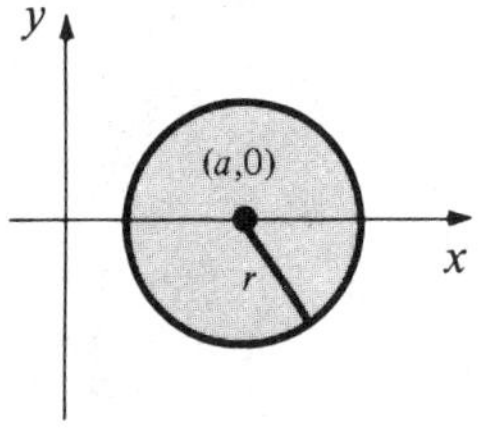

9. 9π

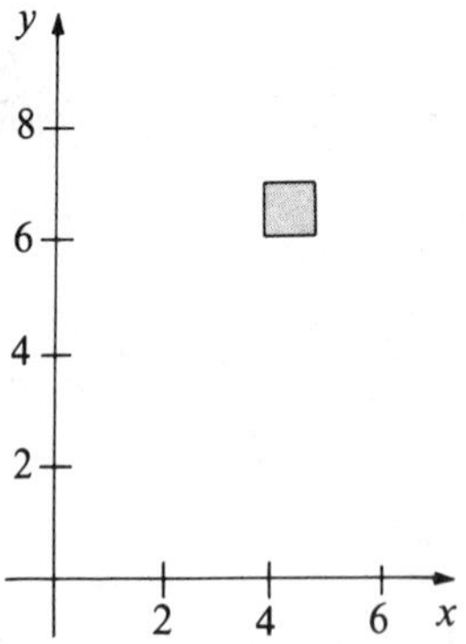

11. $4\pi/5$

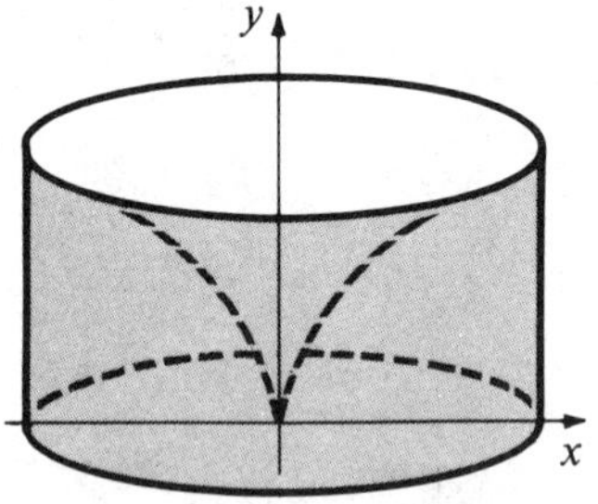

13. $\sqrt{3}\,\pi/2$ **15.** $24\pi^2$ **17.** a) $2\pi^2 a^2 b$ b) $2\pi^2 b(2ah + h^2)$ c) $4\pi^2 ab$

3.3 Valeur moyenne

1. 1/4 **3.** $\ln\sqrt{5/2}$ **5.** 2 **7.** $\pi/4$ **9.** $-2/3\pi$ **11.** $9+\sqrt{3}$

13. 1/2 **15.** 55 °F

17. a) $x^2/3 + 3x/2 + 2$

b) La fonction s'approche de 2, qui est la valeur de $f(0)$.

19. Il faut utiliser le théorème fondamental du calcul et la définition de la valeur moyenne.

21. La valeur moyenne de $[f(x)+k]$ est égale à k + la valeur moyenne de $f(x)$.

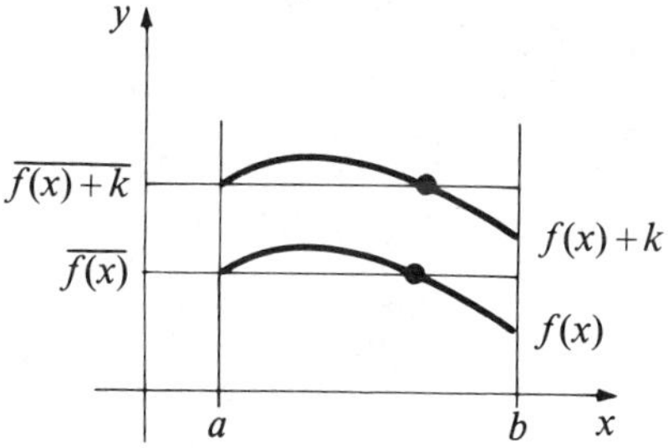

3.4 Énergie, puissance et travail

1. 1 890 000 joules **3.** $360 + 96/\pi$ watt-heures **5.** 3/2 **7.** 0,232

9. 98 watts **11.** a) $18t^2$ joules b) 360 watts **13.** 1,5 joule

15. a) 45 000 joules b) 69,3 mètres/seconde **17.** 41 895 000 joules

19. 125 685 000 joules **21.** 0,15 joule

Exercices de révision du chapitre 3

1. a) $\pi^2/2$ b) $2\pi^2$ **3.** a) $3\pi/2$ b) $2\pi(2\ln 2 - 1)$ **5.** $64\sqrt{2}\,\pi/81$

7. $(862{,}4)\pi$ **9.** 5/4 **11.** 1 **13.** 6 **15.** 1/3, 4/45, $2\sqrt{5}/15$

17. 3/2, 1/4, 1/2 **19.** a) $7\,500 - 2\,100e^{-6}$ joules b) $\frac{1}{6}(125 - 35e^{-6})$ watts

21. $120/\pi$ joules

Chapitre 4

4.1 Intégrales des fonctions trigonométriques

1. $(\cos^6 x)/6 - (\cos^4 x)/4 + C$ **3.** $3\pi/4$ **5.** $(\sin 2x)/4 - x/2 + C$

7. $1/4 - \pi/16$ **9.** $(\sin 2x)/4 - (\sin 6x)/12 + C$ **11.** 0

13. $-1/(3\cos^3 x) + 1/(5\cos^5 x) + C$

15. Les deux méthodes donnent $\tan^{-1} x + C$

17. $\sqrt{x^2-4} - 2\cos^{-1}(2/|x|) + C$ **19.** $(1/2)(\sin^{-1} u + u\sqrt{1-u^2}) + C$

21. $\sqrt{4+s^2} + C$ **23.** $(-1/3)\sqrt{4-x^2}\,(x^2+8) + C$

25. $3\ln|\sqrt{x^2-6x+10} + x - 3| + \sqrt{x^2-6x+10} + C$

27. 1, 0, 1/2, 0, 3/8, 0, 5/16 **29.** 125

4.2 Fractions partielles

1. $\ln\left(\dfrac{x-2}{x+3}\right)^{1/5} + C$ **3.** $\ln\left(\dfrac{\sqrt{x^2-1}}{x}\right) + C$ **5.** $\dfrac{x+3}{(x+2)^2} + \ln(x+2) + C$

7. $\dfrac{x^2}{2} - 4x + 12\ln(x+2) + \dfrac{7}{x+2} + C$ **9.** $\dfrac{3}{4\sqrt{5/2}}\ln\left(\dfrac{\sqrt{5/2}+x}{\sqrt{5/2}-x}\right) + C$

11. $(1/125)\{4\ln[(x^2+1)/(x^2-4x+4)] + (37/2)\tan^{-1} x + (15x-20)/2(1+x^2) - 5/(x-2)\} + C$

13. $5/4 - 3\pi/8$

15. $(1/5)\{\ln(x+2)^2 + (3/2)\ln(x^2+2x+2) - \tan^{-1}(x+1)\} + C$

17. $2 + (1/3)\ln 3 + (2/\sqrt{3})(\tan^{-1}(5/\sqrt{3}) - \tan^{-1}(3/\sqrt{3}))$

19. $(1/8)\ln((x^2-1)/(x^2+3)) + C$ **21.** $(1/2)\ln(5/2)$ **23.** $2\sqrt{x} - 2\tan^{-1}\sqrt{x} + C$

25. $(3/2)[(x^2+1)^{7/3}/7 - (x^2+1)^{4/3}/4] + C$ **27.** $-2/(1+\tan(x/2)) + C$

29. $\pi/16 - (1/4)\ln|(1+\tan(\pi/8))(1+2\tan(\pi/8) - \tan^2(\pi 8))| \approx -0{,}017$

31. $\pi\ln(225/176)$

33. $3(1+x)^{2/3}/4 + (3/4\sqrt[3]{4})\ln|\sqrt[3]{4}(1+x)^{2/3} + (2+2x)^{1/3} + 1|$
$- (1/2\sqrt[6]{432})\tan^{-1}[(2(4+4x)^{1/3} + \sqrt[3]{2}/\sqrt[6]{108}] + C$

4.3 Longueur d'un arc de courbe

1. 92/9 **3.** 14/3 **5.** $\int_a^b \sqrt{1 + n^2x^{2n-2}}\,dx$

7. $\int_0^1 \sqrt{1 + \cos^2 x - 2x \sin x \cos x + x^2 \sin^2 x}\,dx$

9. $\int_0^{\pi/2} \sqrt{5 + \sec^4 x + 4 \sec^2 x}\,dx$ **11.** $\int_1^2 \sqrt{1 + (1 - 1/x^2)^2}\,dx$

13. Utiliser le fait que $|\sin \sqrt{3}x| \le 1$ et que $L \le \int_0^{2\pi} \sqrt{1 + 3}\,dx = 4\pi$.

Exercices de révision du chapitre 4

1. $\sin^3 x + C$ **3.** $(\cos 2x)/4 - (\cos 8x)/16 + C$

5. $(1/3)(1 - x^2)^{3/2} - \sqrt{1 - x^2} + C$ **7.** $4(x/4 - \tan^{-1}(x/4)) + C$

9. $(2\sqrt{7}/7)\tan^{-1}[(2x + 1)/\sqrt{7}\,] + C$ **11.** $\ln|(x + 1)/x| - 1/x + C$

13. $(1/2)[\ln|x^2 + 1| + 1/(x^2 + 1)] + C$ **15.** $\tan^{-1}(x + 2) + C$

17. $-2\sqrt{x}\cos\sqrt{x} + 2\sin\sqrt{x} + C$ **19.** $-(1/2a)\cot(ax/2) - (1/6a)\cot^3(ax/2) + C$

21. $\ln|\sec x + \tan x| - \sin x + C$ **23.** $(\tan^{-1}x)^2/2 + C$

25. $(1/3\sqrt[3]{9})[\ln|x - \sqrt[3]{9}| - \ln\sqrt{x^2 + \sqrt[3]{9}x + 3\sqrt[3]{3}} + \sqrt{3}\tan^{-1}((2x/\sqrt[3]{9} + 1)/\sqrt{3})] + C$

27. $2(\sqrt{x}\,e^{\sqrt{x}} - e^{\sqrt{x}}) + C$ **29.** $x - \ln(e^x + 1) + C$

31. $(-1/4)[(2x^2 - 1)/(x^2 - 1)^2] + C$ **33.** $-(1/10)\cos 5x - (1/2)\cos x + C$

35. $\ln\sqrt{x^2 + 1} + C$ **37.** $2e^{\sqrt{x}} + C$ **39.** $\frac{1}{2}\ln 2$ **41.** $\frac{1}{2}\ln(x^2 + 1) + C$

43. $x^4 \ln x/4 - x^4/16 + C$ **45.** $\frac{1}{4}[(\ln 6 + 5)^4 - (\ln 3 + 5)^4] \approx 186{,}12$

47. $(733^{3/2} - 4^{3/2})/243$ **49.** 59/24

51. $b_2 = 1$, tous les autres donnent 0 **53.** $a_3 = 1$, tous les autres donnent 0

Chapitre 5

5.1 Propriétés fondamentales

1. Soit $f(s) = -s^5 + s^2 - 2s + b$. Il suffit d'utiliser le théorème de la valeur intermédiaire en remarquant que $f(2) = -26$ et que $f(-2) = 46$.

3. On considère $f(-1) = 3$, $f(0) = -1$ et $f(1) = 3$ et on utilise le théorème de la valeur intermédiaire.

5. Elle est négative sur $-\infty, -\sqrt{2}[$ et sur $]1, \sqrt{2}[$, alors qu'elle est positive sur $]-\sqrt{2}, 1[$ et sur $]\sqrt{2}, \infty$.

7. $\approx 1{,}34$

9. On utilise la seconde version du théorème de la valeur intermédiaire.

11. Non, parce que $f(x)$ n'est pas continue sur $[0, 2]$.

13. On utilise le théorème de la valeur moyenne.

15. $f(x) = 2g(x) + C$

17. On utilise le théorème de la valeur moyenne.

19. Elle est comprise entre 72 et 76.

21. $x_0 = 1/2$

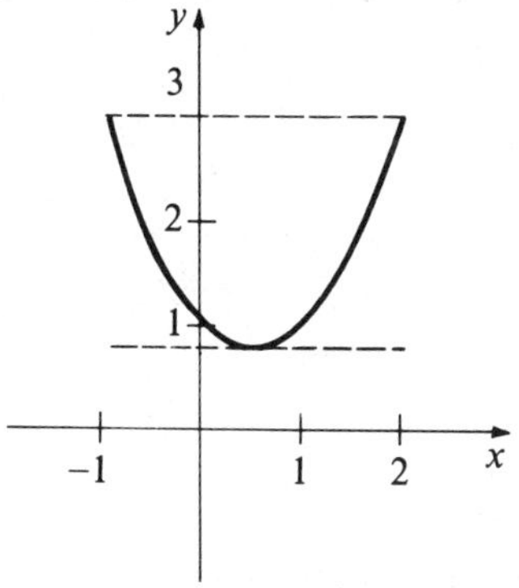

23. Non, car $f'(0)$ n'existe pas.

25. On utilise le théorème de la valeur moyenne deux fois.

27. 2,22

29. De fait, il faut augmenter de 10 fois la précision pour augmenter la précision de une décimale.

31. On utilise la comparaison avec la course de chevaux.

33. Il faut montrer que dN/dt ne peut être positive sur $]t_1, t_2[$ puisque N n'est pas constante. Puis on répète sur $]t_2, t_3[$.

5.2 Règle de l'Hospital

1. 108 **3.** 2 **5.** $-9/10$ **7.** $-4/3$ **9.** ∞ **11.** 0 **13.** 0

15. 0 **17.** 1 **19.** 0 **21.** 0 **23.** 0 **25.** 0

27. La limite n'existe pas (ici $\lim_{x\to 5^+} f(x) = +\infty$).

29. 0 **31.** 1/24 **33.** 0 **35.** 1/120 **37.** 0

39.

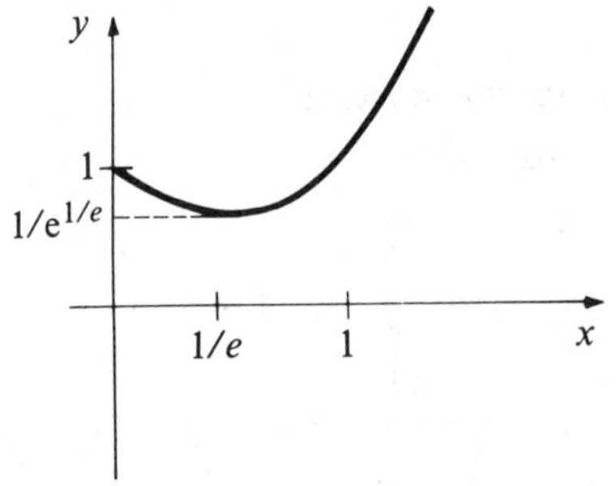

5.3 Intégrales impropres

1. 3 **3.** $e^{-5}/5$ **5.** $(\ln 3)/2$ **7.** $\pi/2$

9. Comparer avec $1/x^3$ **11.** Comparer avec e^{-x}

13. Comparer avec $1/x$ sur $[1, \infty)$ **15.** Comparer avec $1/x$

17. $3\sqrt[3]{10}$ **19.** 2

21. Diverge **23.** Converge **25.** Converge **27.** Converge

29. Converge **31.** Diverge **33.** Converge **35.** Converge

37. Diverge **39.** Diverge **41.** $\approx 2{,}209$ **43.** $\ln(2/3)$

5.4 Intégration numérique

1. 2, 68; la vraie valeur est 8/3.

3. $\approx 0{,}137\,25$ (trapèze) et $\approx 0{,}134\,88$ (Simpson)

5. $\approx 0{,}324\,6$ **7.** $\approx 1{,}464$ **9.** $\approx 2{,}182\,4$

11. L'intégrale vaut $\frac{p}{3}(b^3 - a^3) + \frac{q}{2}(b^2 - a^2) + r(b - a)$.

La méthode de Simpson donne la valeur exacte puisque $f''''(x) = 0$, donc l'erreur est nulle.

13. 180 pour la méthode des trapèzes; 9 pour celle de Simpson.

Exercices de révision du chapitre 5

1. 1/4 **3.** 0 **5.** 0 **7.** 5 **9.** $-1/6$ **11.** $\sec^2(3)$ **13.** 0

15. 0 **17.** 1 **19.** e^2 **21.** 0 **23.** Converge vers 1 **25.** Diverge

27. Converge vers 2 **29.** Converge vers 5/3 **31.** Converge vers $-1/4$

33. $(2\sqrt{3}/3)\pi$ **35.** $\pi/4$ **37.** 2,319 92 **39.** 41,85

41. b) $\lim_{h\to 0} \{[f(x_0 + 2h) - 3f(x_0 + h) + 3f(x_0) - f(x_0 - h)]/h^3\}$

43. Il suffit d'appliquer la $2^{\text{ième}}$ conséquence du théorème de la moyenne.

45. a)

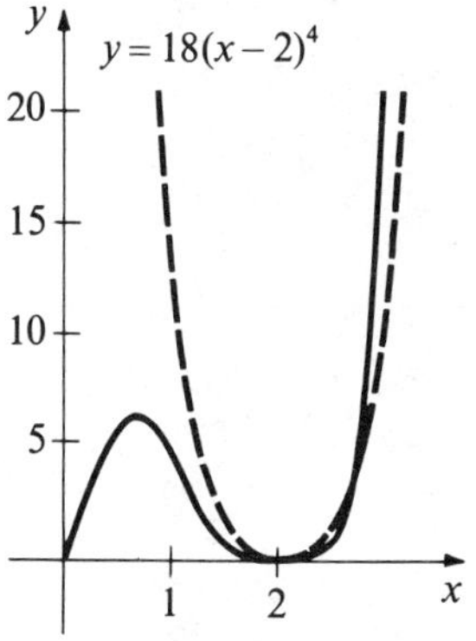

b)

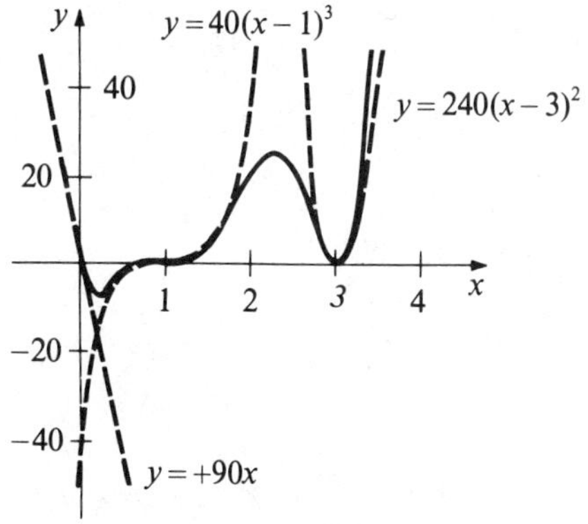

47. S'il n'y avait pas de maximum ou de minimum, cela contredirait le fait que $f(0) = f(1)$.

49. Les extremums ne peuvent se situer tous deux aux extrémités de [a, b].

51. Utiliser le théorème de la valeur moyenne pour la fonction $f(x)/x$.

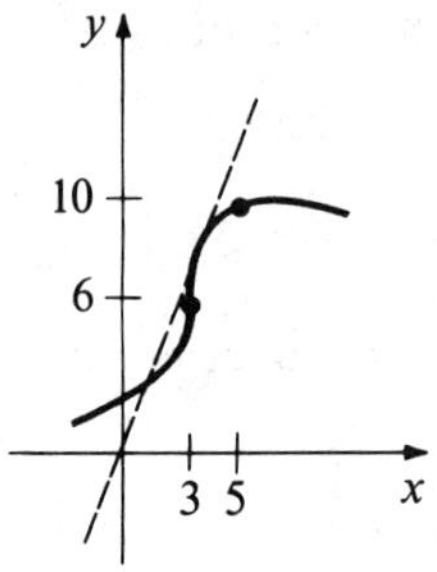

Chapitre 6

6.1 Somme d'une série infinie

1. 1/2, 5/6, 13/12, 77/60 **3.** 2/3, 10/9, 38/27, 130/81 **5.** 7/6 **7.** 7

9. 40 000 $ **11.** 1/12 **13.** 16/27 **15.** 81/2 **17.** 3/2 **19.** 64/9

21. $\Sigma 1$ diverge et $\Sigma 1/2^i$ converge

23. 7 **25.** Diverge **27.** Diverge **29.** Diverge

31. La série peut s'exprimer comme la somme d'une série convergente et d'une série divergente.

33. Utiliser $a_i = 1$ et $b_i = -1$

35. a) $a_1 + a_2 + \ldots + a_n = (b_2 - b_1) + (b_3 - b_2) + \ldots + (b_{n+1} - b_n) = b_{n+1} - b_1$
b) 1

6.2 Critère de comparaison et séries alternées

1. Comparer avec $8/3^i$ **3.** Comparer avec $1/3^i$ **5.** Comparer avec $1/3^i$

7. Comparer avec $1/2^i$ **9.** Comparer avec $1/i$ **11.** Comparer avec $4/3i$

13. Converge **15.** Diverge **17.** Diverge **19.** Converge **21.** Converge

23. Converge **25.** Diverge **27.** Diverge **29.** Converge absolument

31. Diverge **33.** Converge conditionnellement

6.3 Critère de comparaison à une intégrale et critère de d'Alembert

1. Diverge **3.** Converge **5.** Converge **7.** Converge **9.** Converge

11. Converge **13.** Converge **15.** Diverge **17.** Converge **19.** Diverge

21. Converge **23.** Converge **25.** Converge **27.** Converge

6.4 Séries de puissances

1. Converge pour $-1 \leq x < 1$ **3.** Converge pour $-1 \leq x < 1$

5. Converge pour $0 < x < 2$ **7.** Converge pour tout x

9. Converge pour $-4 < x < 4$ **11.** $R = \infty$ **13.** $R = 2$ **15.** $R = \infty$

17. $R = 1$, converge pour $x = 1$ et -1 **19.** $R = 3$ **21.** $R = 0$

23. Effectivement $f''(x) = -x + x^3/3! - x^5/5! + \dots$

25. a) $R = 1$

b) $\sum_{i=1}^{\infty} x^{i+1}$

c) $f(x) = x(2-x)/(1-x)^2$ pour $|x| < 1$

d) 3

27. $1/2 + 3x/4 + 7x^2/8 + 15x^3/16 + \dots$

6.5 Formule de Taylor

1. $3x - 9x^3/2 + 81x^5/80 - 243x^7/1120 + \dots$

3. $2 - 2x + 3x^2/2 - 4x^3/3 + 17x^4/24 - 4x^5/15 + 7x^6/80 - 8x^7/315 + \dots$

5. $1/3 - 2(x-1)/3 + 5(x-1)^2/9 + 0 \cdot (x-1)^3$

7. $e + e(x+1) + e(x-1)^2/2 + e(x-1)^3/6$

9. a) $1 - x^2 + x^6 + \dots$ b) 720

11. Valide si $-1 < x \leq 1$ (Intégrer $1/(1+x) = 1 - x + x^2 - x^3 + \dots$)

13. $f_0(x) = f_1(x) = 1$, $f_2(x) = f_3(x) = 1 - x^2/2$, $f_4(x) = 1 - x^2/2 + x^4/24$

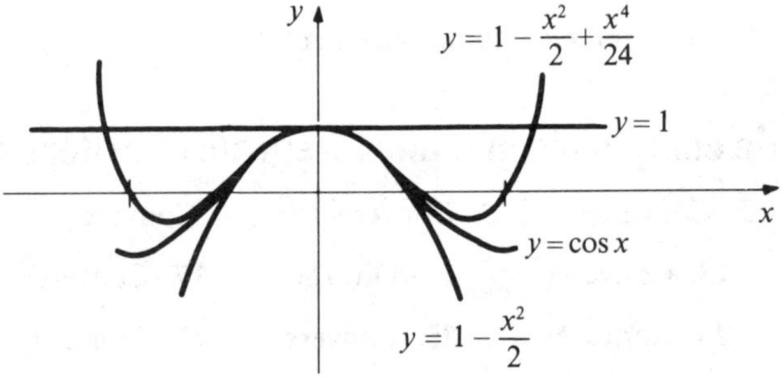

15. $\sum_{n=0}^{\infty} x^n$ pour $|x| < 1$ **17.** $\sum_{n=0}^{\infty} 2x^{2n+1}$ pour $|x| < 1$ **19.** $1 + 2x^2 + x^4$

21. $1/2 - x^2/4! + x^4/6! - \dots$ **23.** $1 - 2x + 2x^2 - 2x^3 + \dots$

25. a) $(x-1) - (x-1)^2/2 + (x-1)^3/3 - (x-1)^4/4$

b) $1 + (x-e)/e - (x-e)^2/2e^2 + (x-e)^3/3e^3 - (x-e)^4/4e^4$

c) $\ln 2 + (x-2)/2 - (x-2)^2/8 + (x-2)^3/24 - (x-2)^4/64$

27. $\ln 2 + x/2 + x^2/8 - x^4/192 + \ldots$

29. a) 0,586 976 8
b) Elle est à près de 1/1000 de sin 36°
c) 36° = $\pi/5$ radians, et elle a utilisé le premier des deux termes de la formule de Taylor.

Exercices de révision du chapitre 6

1. Converge vers 1/11 **3.** Converge vers 45/2

5. Converge vers 7/2 **7.** Diverge **9.** Converge

11. Converge **13.** Converge **15.** Diverge **17.** Diverge

19. Converge **21.** Converge **23.** Faux **25.** Faux **27.** Faux

29. Vrai **31.** Vrai **33.** Vrai **35.** $R = \infty$ **37.** $R = \infty$ **39.** $R = 2$

41. $f(x) = \sum_{n=0}^{\infty} a_n x^n$, où $a_{2i+1} = \dfrac{2^{2i+1}}{(2i+1)!}$ et $a_{2i} = \dfrac{(-1)3^{2i} + 2^{2i}}{(2i)!}$

43. $\sum_{i=1}^{\infty} [(-1)^{i+1}x^{4i}/i]$ **45.** $\sum_{i=1}^{\infty} [(-1)^i x^{2i}/(2i)!]$

47. $\sum_{i=0}^{\infty} [e^2(x-2)^i/i!]$, $R = \infty$

49. $\sum_{i=0}^{\infty} \dfrac{\frac{3}{2}\left(\frac{3}{2}-1\right)\cdot \ldots \cdot\left(\frac{3}{2}-i+1\right)}{i!}(x-1)^i$, $R = 1$

Annexe

Formules géométriques

Périmètre d'un rectangle	$P = 2(b + h)$	Aire d'une sphère	$A = 4\pi r^2$
Circonférence d'un cercle	$C = 2\pi r$	Aire d'un cylindre	$A = 2\pi rh$
Périmètre d'un triangle	$P = a + b + c$	Volume d'une boîte	$V = lhe$
Aire d'un rectangle	$A = bh$	Volume d'une sphère	$V = \frac{4}{3}\pi r^3$
Aire d'un cercle	$A = \pi r^2$	Volume d'un cylindre	$V = \pi r^2 h$
Aire d'un triangle	$A = \frac{1}{2}bh$	Volume d'un cône	$V = \frac{1}{3}\pi r^2 h$

Identités trigonométriques

$$\cos^2\theta + \sin^2\theta = 1, \quad 1 + \tan^2\theta = \sec^2\theta, \quad \cot^2\theta + 1 = \csc^2\theta$$

$$\sin(-\theta) = -\sin\theta, \quad \cos(-\theta) = \cos\theta, \quad \tan(-\theta) = -\tan\theta$$

$$\cos\theta = \sin\left(\frac{\pi}{2} - \theta\right)$$

$$\sin 2\theta = 2\sin\theta\cos\theta$$

$$\cos 2\theta = \cos^2\theta - \sin^2\theta = 2\cos^2\theta - 1 = 1 - 2\sin^2\theta$$

$$\tan 2\theta = \frac{2\tan\theta}{(1 - \tan^2\theta)}$$

Additions

$$\sin(\theta \pm \phi) = \sin\theta\cos\phi \pm \cos\theta\sin\phi$$

$$\cos(\theta \pm \phi) = \cos\theta\cos\phi \pm \sin\theta\sin\phi$$

$$\tan(\theta \pm \phi) = \frac{(\tan\theta \pm \tan\phi)}{(1 \pm \tan\theta\tan\phi)}$$

Produits

$$\sin\theta\sin\phi = \frac{1}{2}[\cos(\theta - \phi) - \cos(\theta + \phi)]$$

$$\cos\theta\cos\phi = \frac{1}{2}[\cos(\theta + \phi) + \cos(\theta - \phi)]$$

$$\sin\theta\cos\phi = \frac{1}{2}[\sin(\theta + \phi) + \sin(\theta - \phi)]$$

Intégrales

(Une constante arbitraire pourrait être ajoutée à chaque intégrale.)

1. $\int x^n\,dx = \frac{1}{n+1}x^{n+1} \quad (n \neq -1)$

2. $\int \frac{1}{x}\,dx = \ln|x|$

3. $\int e^x\,dx = e^x$

4. $\int a^x\,dx = \frac{a^x}{\ln a}$

5. $\int \sin x\,dx = -\cos x$

6. $\int \cos x\,dx = \sin x$

7. $\int \tan x\,dx = -\ln|\cos x|$

8. $\int \cot x\,dx = \ln|\sin x|$

9. $\int \sec x\,dx = \ln|\sec x + \tan x|$
   $= \ln\left|\tan\left(\frac{1}{2}x + \frac{1}{4}\pi\right)\right|$

10. $\int \csc x\,dx = \ln|\csc x - \cot x|$
    $= \ln\left|\tan\frac{1}{2}x\right|$

11. $\int \sin^2 mx\,dx = \frac{1}{2m}(mx - \sin mx \cos mx)$

12. $\int \cos^2 mx\,dx = \frac{1}{2m}(mx + \sin mx \cos mx)$

13. $\int \sec^2 x\,dx = \tan x$

14. $\int \csc^2 x\,dx = -\cot x$

15. $\int \sin^n x\,dx = -\frac{\sin^{n-1}x \cos x}{n} + \frac{n-1}{n}\int \sin^{n-2}x\,dx$

16. $\int \cos^n x\,dx = \frac{\cos^{n-1}x \sin x}{n} + \frac{n-1}{n}\int \cos^{n-2}x\,dx$

17. $\int \tan^n x\,dx = \frac{\tan^{n-1}x}{n-1} - \int \tan^{n-2}x\,dx \quad (n \neq 1)$

18. $\int \cot^n x\,dx = -\frac{\cot^{n-1}x}{n-1} - \int \cot^{n-2}x\,dx \quad (n \neq 1)$

19. $\int \sec^n x\,dx = \frac{\tan x \sec^{n-2}x}{n-1} + \frac{n-2}{n-1}\int \sec^{n-2}x\,dx \quad (n \neq 1)$

20. $\int \csc^n x\, dx = -\frac{\cot x \csc^{n-2} x}{n-1} + \frac{n-2}{n-1}\int \csc^{n-2} x\, dx \quad (n \neq 1)$

21. $\int \frac{1}{\sqrt{a^2 + x^2}} dx = \ln(x + \sqrt{a^2 + x^2}) = \sinh^{-1}\frac{x}{a} \quad (a > 0)$

22. $\int \frac{1}{a^2 + x^2}\, dx = \frac{1}{a}\tan^{-1}\frac{x}{a} \quad (a > 0)$

23. $\int \sqrt{a^2 - x^2}\, dx = \frac{x}{2}\sqrt{a^2 - x^2} + \frac{a^2}{2}\sin^{-1}\frac{x}{a} \quad (a > 0)$

24. $\int \frac{1}{\sqrt{a^2 - x^2}}\, dx = \sin^{-1}\frac{x}{a} \quad (a > 0)$

25. $\int \frac{1}{a^2 - x^2}\, dx = \frac{1}{2a}\ln\left|\frac{a + x}{a - x}\right|$

26. $\int \frac{1}{(a^2 - x^2)^{3/2}}\, dx = \frac{x}{a^2\sqrt{a^2 - x^2}}$

27. $\int \sqrt{x^2 \pm a^2}\, dx = \frac{x}{2}\sqrt{x^2 \pm a^2} \pm \frac{a^2}{2}\ln|x + \sqrt{x^2 \pm a^2}|$

28. $\int \frac{1}{\sqrt{x^2 - a^2}}\, dx = \ln|x + \sqrt{x^2 - a^2}| = \cosh^{-1}\frac{x}{a} \quad (a > 0)$

29. $\int \frac{1}{x(a + bx)}\, dx = \frac{1}{a}\ln\left|\frac{x}{a + bx}\right|$

30. $\int \sin ax \sin bx\, dx = \frac{\sin(a - b)x}{2(a - b)} - \frac{\sin(a + b)x}{2(a + b)} \quad (a^2 \neq b^2)$

31. $\int \sin ax \cos bx\, dx = -\frac{\cos(a - b)x}{2(a - b)} - \frac{\cos(a + b)x}{2(a + b)} \quad (a^2 \neq b^2)$

32. $\int \cos ax \cos bx\, dx = \frac{\sin(a - b)x}{2(a - b)} + \frac{\sin(a + b)x}{2(a + b)} \quad (a^2 \neq b^2)$

33. $\int x^n \sin ax\, dx = -\frac{1}{a}x^n \cos ax + \frac{n}{a}\int x^{n-1}\cos ax\, dx$

34. $\int x^n \cos ax\, dx = \frac{1}{a}x^n \sin ax - \frac{n}{a}\int x^{n-1}\sin ax\, dx$

35. $\int x^n e^{ax}\, dx = \frac{x^n e^{ax}}{a} - \frac{n}{a}\int x^{n-1}e^{ax}\, dx$

36. $\int x^n \ln ax\, dx = x^{n+1}\left[\frac{\ln ax}{n + 1} - \frac{1}{(n + 1)^2}\right]$

37. $\int e^{ax} \sin bx\, dx = \dfrac{e^{ax}(a \sin bx - b \cos bx)}{a^2 + b^2}$

38. $\int e^{ax} \cos bx\, dx = \dfrac{e^{ax}(b \sin bx + a \cos bx)}{a^2 + b^2}$

Dérivées

1. $\dfrac{d(au)}{dx} = a\dfrac{du}{dx}$

2. $\dfrac{d(u + v - w)}{dx} = \dfrac{du}{dx} + \dfrac{dv}{dx} - \dfrac{dw}{dx}$

3. $\dfrac{d(uv)}{dx} = u\dfrac{dv}{dx} + v\dfrac{du}{dx}$

4. $\dfrac{d(u/v)}{dx} = \dfrac{v(du/dx) - u(dv/dx)}{v^2}$

5. $\dfrac{d(u^n)}{dx} = nu^{n-1}\dfrac{du}{dx}$

6. $\dfrac{d(e^u)}{dx} = e^u\dfrac{du}{dx}$

7. $\dfrac{d(a^u)}{dx} = a^u(\ln a)\dfrac{du}{dx}$

8. $\dfrac{d(\ln u)}{dx} = \dfrac{1}{u}\dfrac{du}{dx}$

9. $\dfrac{d(\log_a u)}{dx} = \dfrac{1}{u(\ln a)}\dfrac{du}{dx}$

10. $\dfrac{d \sin u}{dx} = \cos u\dfrac{du}{dx}$

11. $\dfrac{d \cos u}{dx} = -\sin u\dfrac{du}{dx}$

12. $\dfrac{d \tan u}{dx} = \sec^2 u\dfrac{du}{dx}$

13. $\dfrac{d \cot u}{dx} = -\csc^2 u\dfrac{du}{dx}$

14. $\dfrac{d \sec u}{dx} = \tan u \sec u\dfrac{du}{dx}$

15. $\dfrac{d \csc u}{dx} = -(\cot u)(\csc u)\dfrac{du}{dx}$

16. $\dfrac{d \sin^{-1} u}{dx} = \dfrac{1}{\sqrt{1 - u^2}}\dfrac{du}{dx}$

17. $\dfrac{d \cos^{-1} u}{dx} = \dfrac{-1}{\sqrt{1 - u^2}}\dfrac{du}{dx}$

18. $\dfrac{d \tan^{-1} u}{dx} = \dfrac{1}{1 + u^2}\dfrac{du}{dx}$

19. $\dfrac{d \cot^{-1} u}{dx} = \dfrac{-1}{1 + u^2}\dfrac{du}{dx}$

20. $\dfrac{d \sec^{-1} u}{dx} = \dfrac{1}{u\sqrt{u^2 - 1}}\dfrac{du}{dx}$

21. $\dfrac{d \csc^{-1} u}{dx} = \dfrac{-1}{u\sqrt{u^2 - 1}}\dfrac{du}{dx}$

Alphabet grec

α	alpha	η	êta	ν	nu	τ	tau
β	bêta	θ	thêta	ξ	xi	υ	upsilon
γ	gamma	ι	iota	o	omicron	ϕ	phi
δ	delta	κ	kappa	π	pi	χ	chi
ϵ	epsilon	λ	lambda	ρ	rho	ψ	psi
ζ	zêta	μ	mu	σ	sigma	ω	oméga

Index

Achevé d'imprimer au Canada
Imprimerie Gagné Ltée Louiseville